W0269390

# Wärmeübertragung

Peter von Böckh · Thomas Wetzel

# Wärmeübertragung

## Grundlagen und Praxis

7., aktualisierte und überarbeitete Auflage

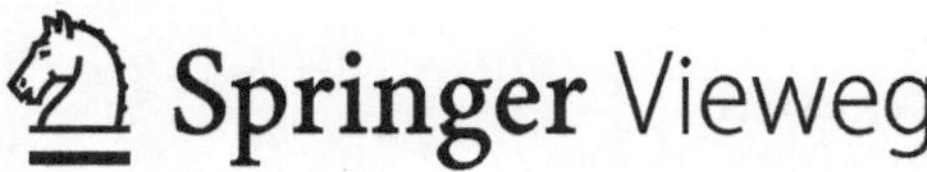

Peter von Böckh
Karlsruhe, Deutschland

Thomas Wetzel
Karlsruhe Institute of Technology (KIT)
Karlsruhe, Deutschland

Zusatzmaterialien zu diesem Buch finden Sie auf
Extras im Web: http://www.tvt.kit.edu/1706.php
KIT-Fakultätslehrpreis 2015 für Thomas Wetzel:
http://mediaservice.bibliothek.kit.edu/#/details/DIVA-2015-251

ISBN 978-3-662-55479-1           ISBN 978-3-662-55480-7 (eBook)
https://doi.org/10.1007/978-3-662-55480-7

Die Deutsche Nationalbibliothek verzeichnet diese Publikation in der Deutschen Nationalbibliografie; detaillierte bibliografische Daten sind im Internet über http://dnb.d-nb.de abrufbar.

Springer Vieweg


Gedruckt auf säurefreiem und chlorfrei gebleichtem Papier

Springer Vieweg ist Teil von Springer Nature
Die eingetragene Gesellschaft ist Springer-Verlag GmbH Deutschland
Die Anschrift der Gesellschaft ist: Heidelberger Platz 3, 14197 Berlin, Germany

*Für Brigitte von Böckh.
Sie hat dieses Buch von Beginn an sprachlich
mitgestaltet und wesentlich zu dessen Lesbarkeit
beigetragen. Während der Entstehung der siebten
Auflage ist sie im März 2017 verstorben.*

# Was ist neu in der siebten Auflage?

Im Kap. 3 wurden einige Anpassungen an den neuesten Stand der Literatur vorgenommen. Neu hinzugekommen sind Abschnitte zur Berechnung lokaler Wärmeübergangszahlen in Rohren und zur Berücksichtigung unbeheizter Vorlaufstrecken, die z. B. in Wärmeübertragern mit relativ dicken Rohrböden von Relevanz sind. Ein neues Beispiel zur Auslegung der Wassermantel-Kühlung eines chemischen Reaktors ergänzt das überarbeitete Kapitel.

Im Kap. 8 wurde der Abschnitt mit den Berechnungskonzepten für Wärmeübertrager neu strukturiert und textlich überarbeitet. Ein neues, umfangreiches Beispiel zeigt im typischen Stil des Buches anhand praktisch erprobter Vorgehensweisen, wie auch komplexe Apparate mit den im Buch vermittelten Kenntnissen ausgelegt werden können.

Die Beschreibung der Berechnung von Stoffwerten mittels des OpenSource-Programms CoolProp mit Mathcad 15 und Prime 3.0 ist weiter Bestandteil des Buches. Die zugehörigen Mathcad-Programme sind in Mathcad 15 und Prime 3.0 im Internet unter www.tvt.kit.edu/1706.php abrufbar.

Karlsruhe, im Sommer 2017

Peter von Böckh
Thomas Wetzel

# Vorwort zur ersten Auflage

Warum ein neues Buch über Wärmeübertragung? Meine Tätigkeit bei Asea Brown Boveri bis 1991 war eng mit der Entwicklung von Wärmeübertragern für Dampfkraftwerke verbunden. Dabei mussten stets die neuesten Forschungsergebnisse auf dem Gebiet der Wärmeübertragung berücksichtigt oder neue Berechnungsverfahren für unsere Apparate entwickelt werden. Bei den jungen Ingenieuren, die nach Abschluss ihres Studiums bei uns anfingen, stellten wir fest, dass sie auf dem Gebiet der Wärmeübertragung mit theoretischem Wissen über Grenzschichten, Ähnlichkeitstheoreme und einer Vielzahl von Berechnungsverfahren vollgestopft waren. Sie konnten jedoch kaum einen Wärmeübertrager berechnen bzw. auslegen.

Als ich dann mit dem Unterricht an der Fachhochschule beider Basel begann, sah ich, dass die meisten Lehrbücher nicht auf dem neuesten Stand der Technik waren. Insbesondere die didaktisch ausgezeichneten amerikanischen Lehrbücher weisen große Mängel bezüglich Aktualität auf. In meiner nun 12-jährigen Unterrichtstätigkeit arbeitete ich ein Skript aus, in dem ich versuchte, die neuesten Erkenntnisse zu berücksichtigen und die Studierenden so auszubilden, dass sie in der Lage sind, Wärmeübertrager zu berechnen und auszulegen. Vom Umfang her musste der Stoff für den Unterricht an Fachhochschulen und Universitäten für Maschinen- und Verfahrensingenieure geeignet sein. Der VDI-Wärmeatlas ist dem Stand der Technik am besten angepasst, für den Unterricht jedoch viel zu umfangreich. Sowohl in meinem Skript als auch im vorliegenden Buch wurde der VDI-Wärmeatlas, 9. Ausgabe (2002) oft als Quelle verwendet.

Das Buch setzt grundlegende Kenntnisse der Thermodynamik und Fluidmechanik wie z. B. den ersten Hauptsatz und die Gesetze der Strömungswiderstände voraus. Die Studierenden werden zunächst in die Grundlagen der Wärmeübertragung eingeführt. Durch Beispiele werden die Berechnung und Auslegung von Apparaten aufgezeigt und das theoretische Wissen vertieft. An unserer Fachhochschule sind die Studierenden nach 34 zweistündigen Lektionen in der Lage, selbstständig Apparate auszulegen oder nachzurechnen. Das Buch kann später im Beruf als Nachschlagewerk benutzt werden. Auf zu viele theoretische Herleitungen wurde absichtlich verzichtet, da sie eher in der Forschung benötigt werden.

Die im Buch behandelten Beispiele können als *Mathcad*-Programme unter www.fhbb. ch/maschinenbau oder www.springer.com/de/3-540-31432-6 aus dem Internet heruntergeladen werden.

Professor *Dr. Holger Martin*, Professor *Dr. Kurt Heiniger* und *Dr. Hartwig Wolf* danke ich für die wertvollen Hinweise, die zur Verbesserung des Buches führten. Sie hatten im Auftrag des Springer-Verlags das Manuskript zu begutachten. Insbesondere danke ich Herrn Prof. *Holger Martin* für den Hinweis, dass es nur zwei Arten der Wärmeübertragung gibt. In meiner Vorlesung lehrte ich mit fast allen Lehrbüchern übereinstimmend die vier Arten der Wärmeübertragung, erwähnte aber, dass bei Konvektion Wärme durch Wärmeleitung transferiert wird. Mir war der Aufsatz von *Nußelt* (Kap. 1), in dem er darauf hinweist, dass es nur zwei Arten der Wärmeübertragung gibt, nämlich Wärmeleitung und Strahlung, nicht bekannt. Ich möchte die Leser bitten, diese Erkenntnis weiter zu verbreiten, damit mit der Zeit die irrigen vier Arten der Wärmeübertragung verschwinden.

Meiner Frau Brigitte, die viel zum Gelingen dieses Buches beigetragen hat, danke ich sehr. Sie las mein Manuskript kritisch durch und trug bezüglich der sprachlichen Formulierungen wesentlich zum Stil und zur Lesbarkeit des Buches bei.

Ich möchte nicht versäumen, dem Springer-Verlag für die ausgezeichnete Zusammenarbeit und Unterstützung zu danken.

Muttenz, Frühjahr 2003

# Abkürzungsverzeichnis

## Formelzeichen

| | |
|---|---|
| $a$ | Temperaturleitfähigkeit ($m^2$/s) |
| $a = s_1/d$ | dimensionsloser Rohrabstand senkrecht zur Anströmung (–) |
| $A$ | Strömungsquerschnitt, Austauschfläche, Oberfläche ($m^2$) |
| $Bi$ | *Biot*zahl (–) |
| $B, b$ | Breite (m) |
| $b = s_2/d$ | dimensionsloser Rohrabstand parallel zur Anströmung (–) |
| $C_{12}$ | Strahlungsaustauschzahl (W/($m^2$ $K^4$)) |
| $C_s$ | Strahlungskonstante des schwarzen Körpers (5,67 W/($m^2$ $K^4$)) |
| $c$ | Strömungsgeschwindigkeit (m/s) |
| $c_0$ | Anströmgeschwindigkeit (m/s) |
| $c_p$ | isobare spezifische Wärmekapazität (J/(kg K)) |
| $D, d$ | Durchmesser (m) |
| $d_A$ | Blasenabreißdurchmesser (m) |
| $d_h$ | hydraulischer Durchmesser (m) |
| $F$ | Kraft (N) |
| $E$ | Elastitzitätsmodul (N/$m^2$) |
| $F_s$ | Schwerkraft (N) |
| $F_\tau$ | Schubspannungskraft (N) |
| $Fo$ | *Fourier*zahl (–) |
| $f_1, f_2$ | Korrekturfunktionen für die Wärmeübergangszahlen (–) |
| $f_A$ | Korrekturfaktor für die Rohranordnung im Rohrbündel (–) |
| $f_n$ | Korrekturfaktor für die Anzahl der Rohrreihen im Rohrbündel (–) |
| $g$ | Erdbeschleunigung (9,806 m/$s^2$) |
| $Gr$ | *Grashof*zahl (–) |
| $H$ | Höhe des Bündels (m) |
| $H = m \cdot h$ | Enthalpie (J) |
| $h$ | *Planck*'sches Wirkungsquantum (6,6260755 $\cdot$ $10^{-34}$ J s) |

| | |
|---|---|
| $h$ | spezifische Enthalpie (J/kg, kJ/kg) |
| $h_{Ri}$ | Rippenhöhe (m) |
| $i$ | Anzahl der Rohre pro Rohrreihe (–) |
| $i_{\lambda,s}$ | spektralspezifische Intensität der schwarzen Strahlung ($W/m^3$) |
| $k$ | Wärmedurchgangszahl ($W/(m^2\,K)$) |
| $k$ | *Boltzmann*konstante ($1{,}380641 \cdot 10^{-23}$ J/K) |
| $L$ | charakteristische Länge (m) |
| $L' = A/U_{proj}$ | Überströmlänge = charakteristische Länge (m) |
| $L' = \sqrt[3]{v_l^2/g}$ | charakteristische Länge bei der Kondensation (m) |
| $l$ | Länge (m) |
| $m$ | Masse (kg) |
| $m$ | Hilfsgröße zur Charakterisierung der Rippen ($m^{-1}$) |
| $\dot{m}$ | Massenstrom (kg/s) |
| $NTU$ | Anzahl Übertragungseinheiten dbbnndng (–) |
| $Nu$ | *Nußelt*zahl (–) |
| $n$ | Anzahl der Rohrreihen, Anzahl der Rippen (–) |
| $p$ | Druck (Pa, bar) |
| $P$ | dimensionslose Temperatur (–) |
| $Pr$ | *Prandtl*zahl (–) |
| $Q$ | Wärme (J) |
| $\dot{Q}$ | Wärmestrom (W) |
| $\dot{q}$ | Wärmestromdichte ($W/m^2$) |
| $R$ | individuelle Gaskonstante ($J/(kg\,K)$) |
| $R_a$ | arithmetischer Mittenrauwert (m) |
| $R_v$ | Verschmutzungswiderstand ($(m^2\,K)/W$) |
| $r$ | Radius (m) |
| $r$ | Verdampfungsenthalpie (J/kg) |
| $R_1$ | Verhältnis der Wärmekapazitätsströme des Fluids 1 zu Fluid 2 (–) |
| $Ra$ | *Rayleigh*zahl (–) |
| $Re$ | *Reynolds*zahl (–) |
| $Sr$ | *Strouhal*zahl (–) |
| $s_1$ | Rohrabstand senkrecht zur Anströmung (m) |
| $s_2$ | Rohrabstand parallel zur Anströmung (m) |
| $s$ | Wandstärke (m) |
| $s_{Ri}$ | Rippendicke (m) |
| $T$ | absolute Temperatur (K) |
| $T_i$ | dimensionslose Temperatur (–) |
| $t$ | Zeit (s) |
| $t_{Ri}$ | Abstand der Rippen (m) |
| $V$ | Volumen ($m^3$) |
| $\dot{W} = \dot{m} \cdot c_p$ | Wärmekapazitätsstrom (W/K) |

| | |
|---|---|
| $X$ | Hilfsgröße zur Charakterisierung der Rippen (–) |
| $x, y, z$ | Ortskoordinaten (m) |
| $\alpha_x$ | lokale Wärmeübergangszahl (W/(m$^2$ K)) |
| $\alpha$ | mittlere Wärmeübergangszahl (W/(m$^2$ K)) |
| $\alpha$ | Absorptionsverhältnis, Absorptionskonstante (–) |
| $\beta$ | Wärmedehnungskoeffizient (1/K) |
| $\beta^0$ | Randwinkel (°) |
| $\delta$ | Dicke des Kondensatfilms (m) |
| $\delta_\vartheta$ | Temperaturgrenzschichtdicke (m) |
| $\varepsilon$ | Emissionsverhältnis (–) |
| $\Delta\vartheta$ | Temperaturdifferenz (K) |
| $\Delta\vartheta_{gr}$ | größere Temperaturdifferenz am Ein- bzw. Austritt (K) |
| $\Delta\vartheta_{kl}$ | kleinere Temperaturdifferenz am Ein- bzw. Austritt (K) |
| $\Delta\vartheta_m$ | mittlere logarithmische Temperaturdifferenz (K) |
| $\vartheta$ | Celsiustemperatur (°C) |
| $\vartheta', \vartheta''$ | Ein- bzw. Austrittstemperatur (°C) |
| $\Theta$ | dimensionslose Temperatur (–) |
| $\eta_{Ri}$ | Rippenwirkungsgrad (–) |
| $\eta$ | dynamische Viskosität (kg/(m s)) |
| $\nu$ | kinematische Viskosität (m$^2$/s) |
| $\nu$ | Frequenz (1/s) |
| $\lambda$ | Wärmeleitfähigkeit (W/(m K)) |
| $\lambda$ | Wellenlänge (m) |
| $\rho$ | Dichte (kg/m$^3$) |
| $\sigma$ | Oberflächenspannung (N/m) |
| $\sigma$ | *Stefan-Boltzmann*-Konstante (5,6696 $\cdot$ 10$^{-8}$ W/(m$^2$ K$^4$)) |
| $\tau$ | Schubspannung (N/m$^2$) |
| $\Psi$ | Hohlraumanteil (–) |
| $\xi$ | Rohrreibungszahl (–) |

## Indizes

| | |
|---|---|
| 1, 2, … | Hinweis auf den Zustand, den Zustandspunkt oder das Fluid |
| 12, 23, … | zur Zustandsänderung von 1 nach 2 gehörende Prozessgröße |
| $A$ | Anfangszustand bei instationärer Wärmeleitung zur Zeit $t = 0$ |
| $A$ | Auftrieb |
| $a$ | Austritt, außen |
| $e$ | Eintritt |
| $f$ | Fluid |
| $f_1, f_2$ | Fluid 1, Fluid 2 |
| $g$ | Gas |

| | |
|---|---|
| $i$ | innen |
| $l$ | Flüssigkeit |
| $lam$ | laminar |
| $m$ | mittlerer Wert |
| $m$ | Mitte |
| $max$ | maximal |
| $n$ | Normalkomponente eines Vektors |
| $O$ | Oberfläche |
| $r$ | Radialkomponente eines Vektors |
| $Ri$ | Rippe |
| $s$ | schwarzer Körper |
| $turb$ | turbulent |
| $W$ | Wand |
| $x$ | lokale Werte am Ort $x$ |
| $x, y, z$ | $x$-, $y$- und $z$-Komponente eines Vektors |

# Inhaltsverzeichnis

# Einleitung und Definitionen

**1**

Die Wärmeübertragung ist ein Teilgebiet der Wärmelehre. Sie beschreibt die Gesetzmäßigkeiten, nach denen der Transport von Wärme zwischen Systemen unterschiedlicher Temperatur erfolgt. In der Thermodynamik werden Wärmeströme und Wärme, die von einem System zum anderen zu- oder abgeführt werden, als gegebene Prozessgrößen angenommen. Dabei bleibt unberücksichtigt, wie die Wärme übertragen wird und auf Grund welcher Gesetzmäßigkeiten die Quantität der transferierten Wärme entsteht. Die Wärmeübertragung behandelt die Mechanismen, die die Größe des Wärmestromes bzw. der übertragenen Wärme bei den vorhandenen Temperaturdifferenzen und sonstigen physikalischen Bedingungen bestimmen. Bei der Behandlung der Wärmeübertragung werden die in der Thermodynamik verwendeten Begriffe System und Kontrollraum [1] benutzt. Ein System kann ein Stoff, ein Körper oder eine Kombination mehrerer Stoffe und Körper sein, das zu einem anderen System Wärme transferiert oder von dort Wärme erhält.

Hier stellen sich folgende Fragen:

- Was ist Wärmeübertragung?
- Wozu benötigt man Wärmeübertragung?

*Wärmeübertragung ist der Transfer der Energieform Wärme auf Grund einer Temperaturdifferenz.*

Besteht innerhalb eines Systems oder zwischen zwei Systemen, die miteinander in thermischem Kontakt sind, eine Temperaturdifferenz, findet Wärmeübertragung statt.

Wozu man Wärmeübertragung benötigt, kann man am Beispiel eines Heizkörpers erklären. Um eine bestimmte Raumtemperatur zu erreichen, werden Heizkörper verwendet, in denen warmes Wasser strömt und die damit einen Raum beheizen (Abb. 1.1). In der Ausschreibung für die Heizkörper gibt der Architekt die Heizleistung (Wärmestrom),

© Springer-Verlag Berlin Heidelberg 2017
P. von Böckh und T. Wetzel, *Wärmeübertragung*, https://doi.org/10.1007/978-3-662-55480-7_1

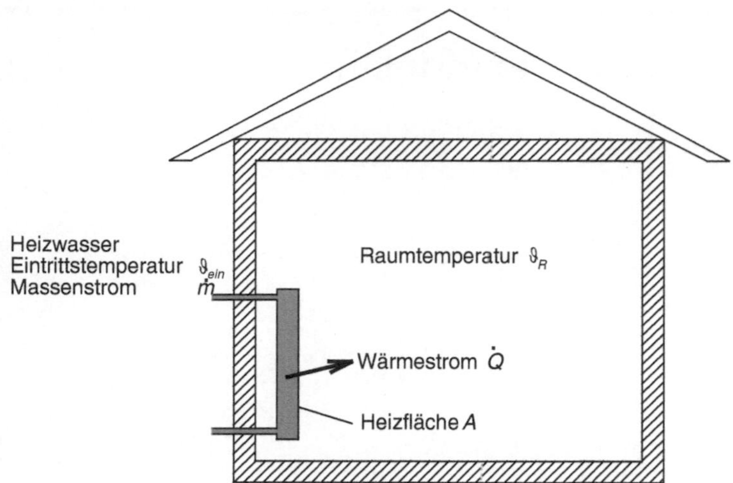


**Abb. 1.1**  Auslegung des Heizkörpers

den Heizwassermassenstrom, die Eintrittstemperatur des warmen Heizwassers und die gewünschte Raumtemperatur an. Auf Grund dieser Daten werden entsprechende Heizkörper angeboten. Ist der gewählte Heizkörper zu klein, wird die gewünschte Raumtemperatur nicht erreicht. Der Käufer ist unzufrieden, der Heizkörper muss ausgetauscht werden. Ist er überdimensioniert, wird der Raum zu warm. In diesem Fall kann man zwar durch Drosseln des Heizwassers die gewünschte Raumtemperatur einstellen, aber der ausgewählte Heizkörper ist zu groß und damit zu teuer. Der Konkurrent mit der passenden Heizkörpergröße kann billiger und damit erfolgreich anbieten. Durch Versuche könnte man zwar für jeden Raum den richtigen Heizkörper ermitteln, dies wäre jedoch sehr aufwändig und unwirtschaftlich. Daher benötigt man Rechenmethoden, mit denen das optimale System ausgelegt werden kann. Für das behandelte Beispiel ist es die Aufgabe der Wärmeübertragung, mit den vorgegebenen Größen Wärmestrom, Raumtemperatur, Heizwassertemperatur und -massenstrom die richtige Dimension des Heizkörpers zu bestimmen.

Zur Auslegung von Apparaten und Anlagen, in denen Wärme transferiert wird, ist in der Praxis neben anderen technischen Wissenschaften (Thermodynamik, Fluidmechanik, Mechanik, Werkstoffkunde usw.) die Wärmeübertragung notwendig. Dabei ist man stets bestrebt, die Produkte zu optimieren und zu verbessern. Wesentlich dafür ist:

- Die Erhöhung des Wirkungsgrades
- der optimale Einsatz der Energieressourcen
- das Erreichen minimaler Umweltbelastungen
- die Optimierung der Gesamtkosten.

**Tab. 1.1**  Anwendungsgebiete der Wärmeübertragung

– Heizungs-, Lüftungs- und Klimaanlagen
– thermische Kraftwerke
– Kältemaschinen und Wärmepumpen
– Gastrennung und -verflüssigung
– Kühlung von Maschinen
– Prozesse, die Kühlung oder Heizung benötigen
– Erwärmung von Werkstücken
– Rektifikations- und Destillationsanlagen
– Wärme- und Kälteisolation
– solarthermische Systeme
– Verbrennungsanlagen

Um diese Ziele zu erreichen, müssen die Wärmeübertragungsvorgänge möglichst genau bekannt sein.

*Um einen Wärmeübertrager oder eine komplette Anlage, in der Wärmetransfer stattfindet, so auszulegen, dass bei günstigsten Gesamtkosten ein möglichst hoher Wirkungsgrad erreicht wird, benötigt man genaue Kenntnisse der Wärmeübertragung.*

Tab. 1.1 listet die Anwendungsgebiete der Wärmeübertragung auf.

## 1.1  Arten der Wärmeübertragung

In den meisten Lehrbüchern wird trotz gegenteilig gesicherter Erkenntnisse von vier *Arten der Wärmeübertragung* berichtet: Wärmeleitung, freie Konvektion, erzwungene Konvektion und Strahlung. In [2] wird auf die von *Nußelt* [3] in 1915 postulierte Tatsache, dass es nur zwei Arten der Wärmeübertragung gibt, hingewiesen. In dem Aufsatz von *Nußelt* heißt es:

Es wird vielfach in der Literatur behauptet, die Wärmeabgabe eines Körpers habe drei Ursachen: die Strahlung, die Wärmeleitung und die Konvektion.

Diese Teilung der Wärmeabgabe in Leitung und Konvektion erweckt den Anschein, als hätte man es mit zwei unabhängigen Erscheinungen zu tun. Man muss daraus schließen, dass Wärme auch durch Konvektion ohne Mitwirkung der Leitung übertragen werden könnte. Dem ist aber nicht so.

*Die Wärmeübertragung kann durch Wärmeleitung und Strahlung erfolgen.*

Abb. 1.2 demonstriert die zwei Arten der Wärmeübertragung.

1. *Wärmeleitung* entsteht in Stoffen, wenn in ihnen ein Temperaturgradient vorhanden ist. Bezüglich der Berechnung wird zwischen ruhenden Stoffen (feste Stoffe oder ruhende Fluide) und strömenden Fluiden unterschieden. Bei der Wärmeleitung in ruhenden Stoffen ist die Wärmeübertragung nur vom Temperaturgradienten und den Stoffeigenschaften abhängig.

   Bei der Wärmeübertragung zwischen einer festen Wand und einem strömenden Fluid erfolgt durch Wärmeleitung ein Wärmetransport zwischen Wand und Fluid. Außerdem transportiert das bewegte Fluid in der Strömung Enthalpie. Bestimmend für die Wärmeübertragung sind Wärmeleitung und Temperaturgrenzschicht des Fluids, wobei Letztere von der Strömung beeinflusst wird. Zur Unterscheidung der Berechnung nennt man die Wärmeübertragung zwischen einer Wand und einem strömenden Fluid „Wärmeübertragung bei *Konvektion*" oder kurz nur Konvektion. Hier wird zwischen *freier Konvektion* und *erzwungener Konvektion* unterschieden. Bei freier Konvektion entsteht die Strömung durch Temperatur- und damit verbundene Dichteunterschiede im Fluid, bei erzwungener Konvektion durch einen äußeren Druckunterschied.

2. *Strahlung* erfolgt ohne stoffliche Träger. Die Wärme wird durch elektromagnetische Wellen von einer Oberfläche zu einer anderen Oberfläche transferiert.

Bei den in Abb. 1.2 aufgeführten Beispielen ist die Temperatur $\vartheta_1$ größer als $\vartheta_2$, somit fließt der Wärmestrom in Richtung der Temperatur $\vartheta_2$. Bei der Strahlung emittieren beide Oberflächen einen Wärmestrom, wobei jener von der Oberfläche mit höherer Temperatur $\vartheta_1$ größer ist.

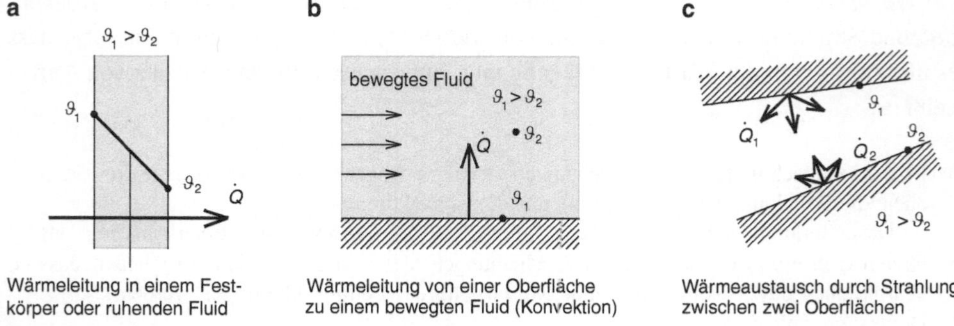


**Abb. 1.2**  Arten der Wärmeübertragung

Wärmeübertragung erfolgt oft durch eine Kombination von Wärmeleitung mit oder ohne Konvektion und Strahlung. In vielen Fällen können einzelne Mechanismen als vernachlässigbar von der Betrachtung ausgeschlossen werden. Im Beispiel des Heizkörpers erfolgt die Wärmeübertragung zwischen dem warmen Wasser und der Innenwand durch Wärmeleitung an einem bewegten Fluid, d. h. durch Konvektion. Je nach Bauart des Heizkörpers kann dabei die Wärmeleitung bei freier bzw. erzwungener Konvektion oder der Kombination beider auftreten. Wärmeübertragung durch die Wand des Heizkörpers erfolgt durch Wärmeleitung. Die Wände des Heizkörpers geben durch Wärmeleitung bei freier Konvektion und Strahlung Wärme an den Raum ab.

Die Übertragungsmechanismen der verschiedenen Wärmeübertragungsarten unterliegen unterschiedlichen physikalischen Gesetzmäßigkeiten und werden daher getrennt behandelt.

## 1.2  Definitionen

Die zur Beschreibung der Wärmeübertragung notwendigen Größen werden hier erklärt.

> *Bei der Temperatur wird für die Celsius-Temperatur das Symbol $\vartheta$, für die Absoluttemperatur das Symbol T verwendet.*

### 1.2.1  Wärmestrom und Wärmestromdichte

Die Bestimmung des *Wärmestromes* $\dot{Q}$ ist eine der Aufgaben der Wärmeübertragung.

> *Der Wärmestrom gibt an, wie viel Wärme pro Zeiteinheit übertragen wird.*

Die Einheit des Wärmestromes ist Watt W.

Eine weitere wichtige Größe ist die *Wärmestromdichte* $\dot{q}$, die angibt, welcher Wärmestrom pro Flächeneinheit übertragen wird. Ihre Einheit ist W/m$^2$.

### 1.2.2  Wärmeübergangszahl und Wärmedurchgangszahl

Die Definition der Größen, die wir für die Bestimmung des Wärmestromes aus vorhandener Temperaturdifferenz und Geometrie benötigen, wird am Beispiel eines Wärmeübertragers (Abb. 1.3) vorgenommen. Der Wärmeübertrager besteht aus einem Rohr, das von einem zweiten, konzentrisch angeordneten Rohr umhüllt ist. In das innere Rohr strömt ein

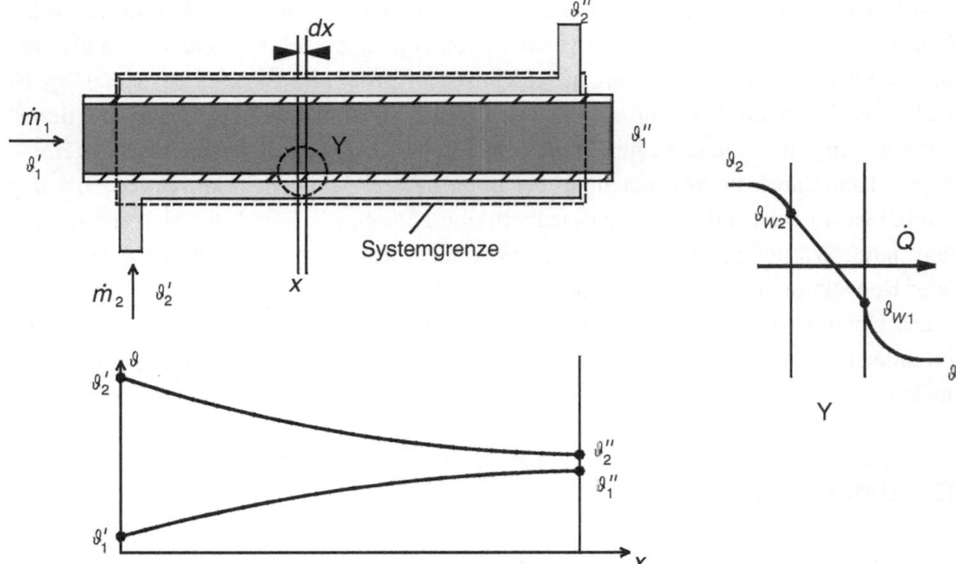



**Abb. 1.3**  Temperaturverlauf in einem Wärmeübertrager

Fluid mit der Temperatur $\vartheta_1'$ ein und wird dort auf die Temperatur $\vartheta_1''$ erwärmt. Im äußeren Ringraum strömt ein zweites wärmeres Fluid mit der Temperatur $\vartheta_2'$ ein und wird dort auf die Temperatur $\vartheta_2''$ abgekühlt. Ohne dass hier auf die Wärmeübertragungsmechanismen eingegangen wird, sind im Folgenden die Größen für die Wärmeübertragung definiert.

Abb. 1.3 zeigt den Temperaturverlauf in den Fluiden und in der Wand eines Wärmeübertragers.

Die Größe des übertragenen Wärmestromes wird durch die  *Wärmeübergangszahl* $\alpha$, die Übertragungsfläche $A$ und die Temperaturdifferenz bestimmt.

> *Die Wärmeübergangszahl gibt an, welcher Wärmestrom pro Flächeneinheit und pro Grad Temperaturdifferenz übertragen wird.*

Die Einheit der Wärmeübergangszahl ist W/(m$^2$ K).

Mit der Definition der Wärmeübergangszahl ist der Wärmestrom durch ein Flächenelement d$A$ gleich:

$$\delta\dot{Q}_2 = \alpha_2 \cdot (\vartheta_2 - \vartheta_{W2}) \cdot \mathrm{d}A_2 \tag{1.1}$$

$$\delta\dot{Q}_1 = \alpha_1 \cdot (\vartheta_{W1} - \vartheta_1) \cdot \mathrm{d}A_1 \tag{1.2}$$

$$\delta\dot{Q}_W = \alpha_W \cdot (\vartheta_{W2} - \vartheta_{W1}) \cdot \mathrm{d}A_W \tag{1.3}$$

Dabei ist $\delta\dot{Q}$ ein inexaktes Differential, weil die Integration je nach Art der Wärmeübertragung unterschiedliche Werte annehmen kann.

> *Das Integral von $\delta\dot{Q}$ ist $\dot{Q}_{12}$ und nicht $\dot{Q}_2 - \dot{Q}_1$.*

Die Temperaturdifferenzen wurden hier so gewählt, dass der Wärmestrom stets positiv ist. Ist der Wärmeübertrager der Umgebung gegenüber thermisch vollständig isoliert, muss der Wärmestrom, den Fluid 2 abgibt, gleich groß wie der Wärmestrom sein, der vom Fluid 1 aufgenommen wird; er muss jedoch auch gleich wie der Wärmestrom sein, der die Wand des Rohres passiert.

$$\delta\dot{Q}_1 = \delta\dot{Q}_2 = \delta\dot{Q}_W = \delta\dot{Q} \tag{1.4}$$

In den meisten Fällen kennt man die Wandtemperaturen nicht. Es ist von Interesse, den Wärmestrom, der vom Fluid 2 auf Fluid 1 übertragen wird, zu bestimmen. Dieses kann mit Hilfe der *Wärmedurchgangszahl k* erfolgen. Sie hat die gleiche Dimension wie die Wärmeübergangszahl.

$$\delta\dot{Q} = k \cdot (\vartheta_2 - \vartheta_1) \cdot \mathrm{d}A \tag{1.5}$$

Mit Hilfe der Gl. 1.1–1.5 kann der Zusammenhang zwischen den Wärmeübergangszahlen und der Wärmedurchgangszahl bestimmt werden. Dabei muss man aber berücksichtigen, dass die Flächen bei gewölbten Wänden auf der Innen- und Außenseite unterschiedlich groß sein können. Die Bestimmung der Wärmedurchgangszahlen erfolgt in den nächsten Kapiteln.

> *Es ist Aufgabe der Wärmeübertragung, die Wärmeübergangszahlen in Abhängigkeit von Stoffeigenschaften, Temperaturen und Strömungsbedingungen zu bestimmen.*

### 1.2.3  Kinetische Kopplungsgleichungen

Die Gl. 1.1–1.3 und 1.5 geben den Wärmestrom als eine Funktion der Wärmeübergangszahl oder Wärmedurchgangszahl, der Austauschfläche und der Temperaturdifferenz an. Sie werden *kinetische Kopplungsgleichungen* genannt.

> *Kinetische Kopplungsgleichungen definieren den Wärmestrom, der bei einer Wärmeübergangs- bzw. Wärmedurchgangszahl über die Übertragungsfläche pro Kelvin Temperaturdifferenz transferiert werden kann.*

### 1.2.4  Mittlere Temperaturdifferenz

Sind die Wärmeübergangszahlen bekannt, kann an jeder Stelle des in Abb. 1.3 gezeigten Wärmeübertragers der transferierte Wärmestrom bestimmt werden. In der Technik ist aber nicht der lokale, sondern der insgesamt im Wärmeübertrager transferierte Wärmestrom von Interesse. Um den gesamten Wärmestrom zu bestimmen, muss über der Fläche des Wärmeübertragers integriert werden und man erhält:

$$\dot{Q} = \int_0^A k \cdot (\vartheta_2 - \vartheta_1) \cdot dA \tag{1.6}$$

Die Änderung der Temperaturen über dem Flächenelement d$A$ des Wärmeübertragers kann aus den Energiebilanzgleichungen (s. Abschn. 1.2.5) bestimmt werden.

$$\delta\dot{Q} = \dot{m}_1 \cdot dh_1 = \dot{m}_1 \cdot c_{p1} \cdot d\vartheta_1 \tag{1.7}$$

$$\delta\dot{Q} = -\dot{m}_2 \cdot dh_2 = -\dot{m}_2 \cdot c_{p2} \cdot d\vartheta_2 \tag{1.8}$$

Die Temperaturdifferenz $\vartheta_2 - \vartheta_1$ wird durch $\Delta\vartheta$ ersetzt. Die Änderung der Temperaturdifferenz berechnet man aus der Änderung der Fluidtemperaturen.

$$d\Delta\vartheta = d\vartheta_2 - d\vartheta_1 = -\delta\dot{Q} \cdot \left( \frac{1}{\dot{m}_1 \cdot c_{p1}} + \frac{1}{\dot{m}_2 \cdot c_{p2}} \right) \tag{1.9}$$

Gl. 1.9 in Gl. 1.5 eingesetzt ergibt:

$$\frac{d\Delta\vartheta}{\Delta\vartheta} = -k \cdot \left( \frac{1}{\dot{m}_1 \cdot c_{p1}} + \frac{1}{\dot{m}_2 \cdot c_{p2}} \right) \cdot dA \tag{1.10}$$

Unter der Voraussetzung, dass die Wärmedurchgangszahl, die Flächen und die spezifischen Wärmekapazitäten konstant sind, kann Gl. 1.10 integriert werden. Diese Voraussetzung wird jedoch nie exakt erfüllt. In der Praxis bewährte sich, für die erwähnten Größen mittlere Werte einzusetzen. Aus der Integration erhalten wir:

$$\ln\left( \frac{\vartheta_2' - \vartheta_1'}{\vartheta_2'' - \vartheta_1''} \right) = k \cdot A \cdot \left( \frac{1}{\dot{m}_1 \cdot c_{p1}} + \frac{1}{\dot{m}_2 \cdot c_{p2}} \right) \tag{1.11}$$

Für die gewählten Voraussetzungen können die Gl. 1.7 und 1.8 ebenfalls integriert werden.

$$\dot{Q} = \dot{m}_1 \cdot c_{p1} \cdot \left( \vartheta_1'' - \vartheta_1' \right) \tag{1.12}$$

$$\dot{Q} = \dot{m}_2 \cdot c_{p2} \cdot \left( \vartheta_2' - \vartheta_2'' \right) \tag{1.13}$$

In Gl. 1.11 können die Massenströme und spezifischen Wärmekapazitäten durch den Wärmestrom und die Fluidtemperaturen am Ein- und Austritt des Wärmeübertragers ersetzt werden. Nach Umformung erhält man:

$$\dot{Q} = k \cdot A \cdot \frac{\vartheta_2' - \vartheta_1' - \vartheta_2'' + \vartheta_1''}{\ln \dfrac{\vartheta_2' - \vartheta_1'}{\vartheta_2'' - \vartheta_1''}} = k \cdot A \cdot \Delta\vartheta_m \tag{1.14}$$

*Die Temperaturdifferenz $\Delta\vartheta_m$ ist für die Bestimmung des Wärmestromes in einem Wärmeübertrager maßgebend. Sie heißt mittlere logarithmische Temperaturdifferenz oder mittlere Temperaturdifferenz und ist die integrierte Temperaturdifferenz des Wärmeübertragers.*

Die hier hergeleitete mittlere Temperaturdifferenz gilt für den in Abb. 1.3 dargestellten Spezialfall. Für Wärmeübertrager, in denen die Fluide in gleicher oder entgegengesetzter Richtung parallel strömen, kann die mittlere Temperaturdifferenz als allgemein gültig angegeben werden. Dazu benötigt man die Temperaturdifferenzen am Ein- und Austritt des Wärmeübertragers. Die größere Temperaturdifferenz wird mit $\Delta\vartheta_{gr}$, die kleinere mit $\Delta\vartheta_{kl}$ bezeichnet.

$$\Delta\vartheta_m = \frac{\Delta\vartheta_{gr} - \Delta\vartheta_{kl}}{\ln\left(\Delta\vartheta_{gr}/\Delta\vartheta_{kl}\right)} \quad \text{für} \quad \Delta\vartheta_{gr} - \Delta\vartheta_{kl} \neq 0 \tag{1.15}$$

Sind die Temperaturdifferenzen am Ein- und Austritt gleich groß, ist Gl. 1.15 unbestimmt. Für diesen Fall gilt:

$$\Delta\vartheta_m = \left(\Delta\vartheta_{gr} + \Delta\vartheta_{kl}\right)/2 \quad \text{für} \quad \Delta_{gr} - \Delta\vartheta_{kl} = 0 \tag{1.16}$$

Die mittleren Temperaturdifferenzen für Wärmeübertrager, in denen die Fluide senkrecht zueinander strömen, werden später behandelt.

### 1.2.5 Energiebilanzgleichung

Bei der Wärmeübertragung gilt der erste Hauptsatz der Thermodynamik uneingeschränkt. In den meisten praktischen Fällen der Wärmeübertragung sind die mechanische Arbeit und die Änderung der kinetischen und potentiellen Energie vernachlässigbar, daher werden sie bei den hier behandelten Problemen nicht berücksichtigt. Damit vereinfacht sich die Energiebilanzgleichung [1] zu:

$$\frac{\mathrm{d}E_{KV}}{\mathrm{d}t} = \dot{Q}_{KV} + \sum_e \dot{m}_e \cdot h_e - \sum_a \dot{m}_a \cdot h_a \tag{1.17}$$

Meist ist bei Wärmeübertragungsproblemen nur ein Massenstrom, welcher in den Kontrollraum hinein- und herausströmt, vorhanden. Die Änderung der Enthalpie und Energie des Kontrollraumes kann als eine Funktion der Temperatur angegeben werden. Der Wärmestrom wird über die Systemgrenze dem Kontrollraum zu- bzw. abgeführt oder er stammt aus einer Wärmequelle (z. B. elektrische Heizung, chemische Reaktion usw.) innerhalb des Kontrollraumes. Gl. 1.17 wird in einer für die Wärmeübertragung gebräuchlichen Form angegeben:

$$V_{KV} \cdot \rho \cdot c_p \frac{\mathrm{d}\vartheta}{\mathrm{d}t} = \dot{Q}_{12} + \dot{Q}_{Quelle} + \dot{m} \cdot (h_2 - h_1) \tag{1.18}$$

Dabei ist $\dot{Q}_{12}$ der Wärmestrom, der bei der Zustandsänderung über die Systemgrenzen dem System zu- oder abgeführt wird und $\dot{Q}_{Quelle}$ der Wärmestrom aus einer Wärmequelle. Für stationäre Vorgänge wird die linke Seite der Gleichung zu null, und es gilt:

$$\dot{Q}_{12} + \dot{Q}_{Quelle} = \dot{m} \cdot (h_1 - h_2) = \dot{m} \cdot c_p \cdot (\vartheta_1 - \vartheta_2) \tag{1.19}$$

Die Gl. 1.18 und 1.19 werden *Energiebilanzgleichungen* oder kurz auch *Bilanzgleichungen* genannt.

## 1.2.6  Wärmeleitfähigkeit

Die *Wärmeleitfähigkeit* $\lambda$ ist eine Stoffeigenschaft, die angibt, welcher Wärmestrom pro Längeneinheit des Materials in Richtung des Wärmestromes und pro Grad Temperaturdifferenz übertragen werden kann.

Sie hat die Dimension W/(m K). Die Wärmeleitfähigkeit eines Stoffes hängt von der Temperatur und dem Druck ab, wobei die Druckabhängigkeit bei Festkörpern und Flüssigkeiten praktisch meist vernachlässigbar ist.

Gute elektrische Leiter sind auch gute Wärmeleiter. Damit haben Metalle eine sehr hohe Wärmeleitfähigkeit, Flüssigkeiten eine kleinere. Gase sind „schlechte" Wärmeleiter, wobei der Ausdruck „schlecht" ungünstig gewählt ist, weil bei thermischen Isolationen eine möglichst niedrige Wärmeleitung erwünscht, also „gut" ist.

In Abb. 1.4 sind die Wärmeleitfähigkeiten verschiedener Materialien über der Temperatur aufgetragen.

Die Wärmeleitfähigkeit fester und flüssiger Stoffe hat bei mittleren und hohen Temperaturen eine relativ schwache Temperaturabhängigkeit, sodass bei nicht zu großen Temperaturänderungen mit einer konstanten mittleren Wärmeleitfähigkeit gerechnet werden darf.

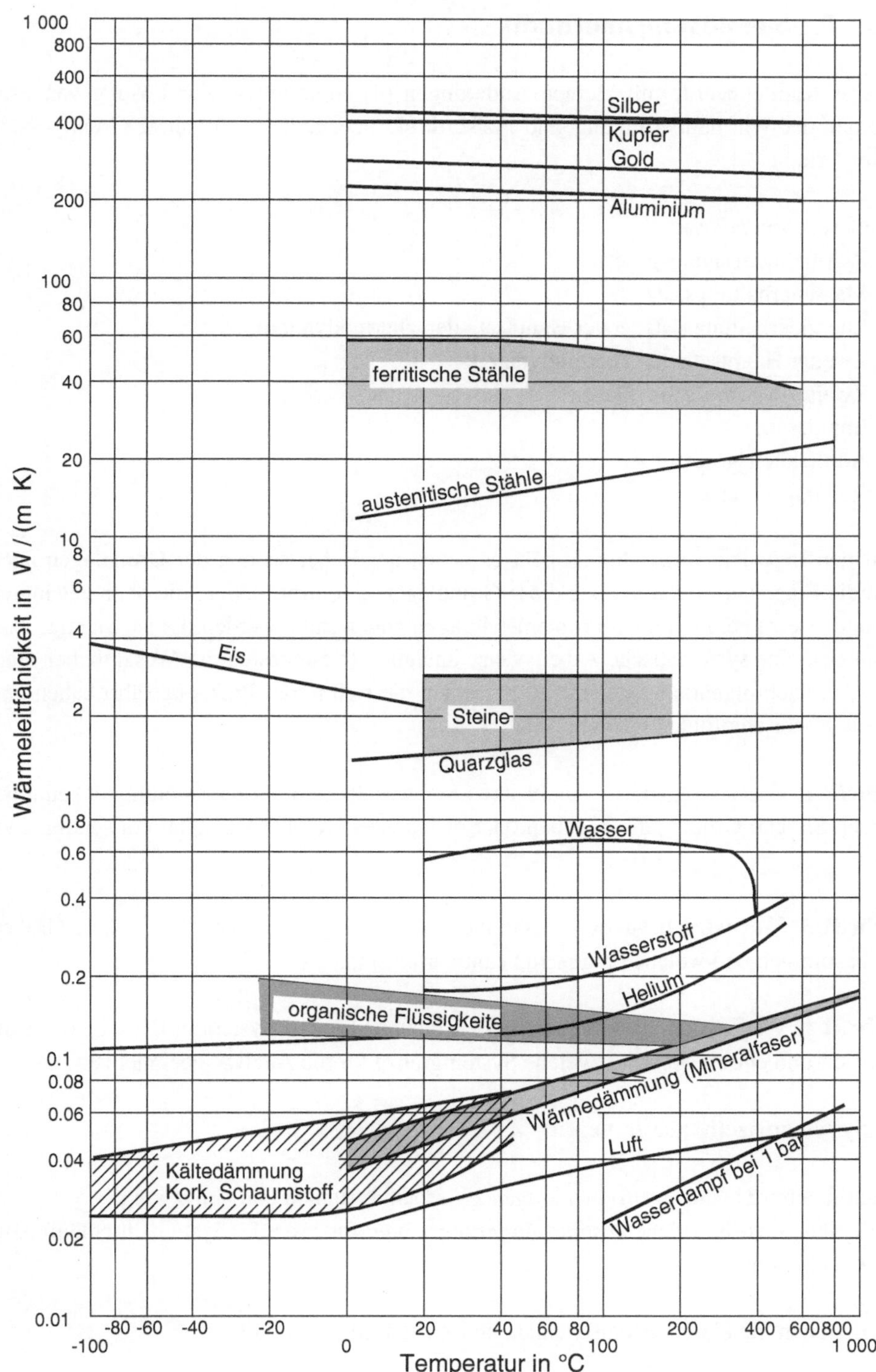


**Abb. 1.4**  Wärmeleitfähigkeit verschiedener Stoffe in Abhängigkeit der Temperatur [4]

## 1.3  Problemlösungsmethodik

Dieses Kapitel wurde mit kleinen Änderungen [4] entnommen. Zur Lösung von Problemen der Wärmeübertragung sind meist, direkt oder indirekt, folgende Grundgesetze erforderlich:

- Gesetz von *Fourier*
- Wärmeübertragungsgesetze
- Massenerhaltungssatz
- Energieerhaltungssatz, erster Hauptsatz der Thermodynamik
- Zweiter Hauptsatz der Thermodynamik
- Zweites *Newton*'sches Gesetz
- Impulssatz
- Ähnlichkeitsgesetze
- Reibungsgesetze

Für den Ingenieur in der Praxis geht es neben der Beherrschung der Grundlagen auch um die Frage der *Methodik*, wie diese Grundlagen und insbesondere die oben genannten Grundgesetze bei konkreten Problemstellungen angewendet werden. Es ist wichtig, dass man sich eine systematische Arbeitsweise aneignet. Diese besteht im Wesentlichen stets aus den nachfolgend angegebenen 6 Schritten, die sich in der Praxis bewährt haben und deshalb sehr empfohlen werden.

**Schritt 1: Was ist gegeben?**  Analysieren Sie, was über die Problemstellung bekannt ist. Legen Sie alle Größen, die gegeben oder die für weitere Überlegungen notwendig sind, fest.

**Schritt 2: Was wird gesucht?**  Zusammen mit Schritt 1 überlegen Sie, welche Größen zu bestimmen und welche Fragen zu beantworten sind.

**Schritt 3: Wie ist das System definiert?**  Zeichnen Sie das System in Form eines Schemas auf und entscheiden Sie, welche Systemgrenze für die Analyse geeignet ist.

- Systemgrenze(n) klar festlegen!

Identifizieren Sie die *Wechselwirkungen* zwischen Systemen und Umgebung.
   Stellen Sie fest, welche *Zustandsänderungen* oder *Prozesse* das System durchläuft bzw. in ihm ablaufen.

- Erstellen Sie klare Systemschemata und Zustandsdiagramme!

**Schritt 4: Annahmen**  Überlegen Sie, wie das System möglichst einfach modelliert werden kann; machen Sie *vereinfachende Annahmen*. Stellen Sie die Randbedingungen und Voraussetzungen fest.

Überlegen Sie, ob *Idealisierungen* zulässig sind: z. B. ideales Gas statt reales Gas, vollständige Wärmeisolierung statt Wärmeverluste und reibungsfrei statt reibungsbehaftet.

**Schritt 5: Analyse**  Beschaffen Sie die erforderlichen *Stoffdaten*. Die Stoffwerte finden Sie im Anhang. Falls dort nicht vorhanden, muss in der Literatur gesucht werden (z. B. VDI-Wärmeatlas [5]).

Unter Berücksichtigung der Idealisierungen und Vereinfachungen formulieren Sie die *Bilanz-* und *kinetischen Kopplungsgleichungen*.

**Empfehlung:** Arbeiten Sie so lange wie möglich mit funktionalen Größen, bevor Sie Zahlenwerte einsetzen.

Prüfen Sie die Beziehungen und Daten auf *Dimensionsrichtigkeit*, bevor Sie nummerische Berechnungen durchführen.

Prüfen Sie die Richtigkeit der Ergebnisse bzw. Größenordnung und Vorzeichen.

**Schritt 6: Diskussion**  Diskutieren Sie die Resultate/Schlüsselaspekte, halten Sie Hauptergebnisse und Zusammenhänge fest.

Von besonderer Bedeutung sind die Schritte 3 und 4. Schritt 3 trägt grundlegend zur Klarheit des Vorgehens insgesamt bei, Schritt 4 legt weitgehend die Qualität und den Gültigkeitsbereich der Ergebnisse fest.

Die Lösung der behandelten Musterbeispiele erfolgt nach obiger Methodik. Die Aufgabenstellungen sind jeweils derart formuliert, dass die Punkte 1 und 2 eindeutig gegeben sind und daher sofort mit Punkt 3 begonnen werden kann.

---

**Beispiel 1.1: Bestimmung des Wärmestromes, der Temperatur und Übertragungsfläche**
In einem Wärmeübertrager, bestehend aus einem Rohr, das in einem zweiten Rohr konzentrisch angeordnet ist, strömt auf beiden Seiten Wasser. Im inneren Rohr ist der Massenstrom 1 kg/s, die Eintrittstemperatur beträgt 10 °C. In dem um das Rohr gebildeten Ringspalt ist der Massenstrom 2 kg/s. Das dort strömende Wasser wird von 90 auf 60 °C abgekühlt. Die Strömung im Ringspalt ist entgegengesetzt zur Strömung im Rohr. Die Wärmedurchgangszahl des Wärmeübertragers wurde mit 4 000 W/(m$^2$ K) ermittelt. Die spezifische Wärmekapazität des Wassers im Rohr ist 4,182 kJ/(kg K), im Ringspalt 4,192 kJ/(kg K).

Bestimmen Sie den Wärmestrom, die Austrittstemperatur des Wassers aus dem Rohr und die notwendige Austauschfläche.

**Lösung**

*Schema* Siehe Skizze

*Annahmen*

- Der Wärmeübertrager gibt nach außen keine Wärme ab.
- Der Vorgang ist stationär.

*Analyse*

Der Wärmestrom des im Ringspalt strömenden Wassers kann mit Gl. 1.19 bestimmt werden.

$$\dot Q = \dot m_2 \cdot c_{p2} \cdot \left(\vartheta_2' - \vartheta_2''\right)$$
$$= 2 \cdot \mathrm{kg/s} \cdot 4\,192 \cdot \mathrm{J/(kg\,K)} \cdot (90 - 60) \cdot \mathrm{K} = \mathbf{251{,}52\,kW}$$

Die Austrittstemperatur des Wassers aus dem Rohr ist ebenfalls mit Gl. 1.19 zu berechnen.

$$\vartheta_1'' = \vartheta_1' + \frac{\dot Q}{\dot m_1 \cdot c_{p1}} = 10\,°C + \frac{251{,}520\,\mathrm{kW}}{1 \cdot \mathrm{kg/s} \cdot 4{,}182 \cdot \mathrm{kJ/(kg\,K)}} = \mathbf{70{,}1\,°C}$$

Die notwendige Austauschfläche kann mit den Gl. 1.14 und 1.15 ermittelt werden. Zuerst wird mit Gl. 1.15 die mittlere Temperaturdifferenz $\Delta \vartheta_m$ bestimmt. Am Eintritt des Rohres beträgt die große Temperaturdifferenz 50 K, die kleine am Austritt 19,9 K.

$$\Delta \vartheta_m = \frac{\Delta \vartheta_{gr} - \Delta \vartheta_{kl}}{\ln\left(\Delta \vartheta_{gr}/\Delta \vartheta_{kl}\right)} = \frac{(50 - 19{,}9) \cdot \mathrm{K}}{\ln(50/19{,}9)} = 32{,}6\,\mathrm{K}$$

Nach Gl. 1.14 ist die notwendige Austauschfläche:

$$A = \frac{\dot Q}{k \cdot \Delta \vartheta_m} = \frac{251\,520\,\mathrm{W}}{4\,000 \cdot \mathrm{W/(m^2\,K)} \cdot 32{,}6 \cdot \mathrm{K}} = \mathbf{1{,}93\,m^2}$$

**Diskussion**

Bei bekanntem Wärmestrom kann die Berechnung der Temperaturänderung mit der Energiebilanzgleichung erfolgen. Zur Bestimmung der Austauschfläche benötigt man die kinetische Kopplung, wobei die Wärmedurchgangszahl bekannt sein muss. Aus dem Beispiel ist ersichtlich, dass mit Wasser über eine relativ kleine Fläche ein sehr großer Wärmestrom übertragen werden kann.

**Beispiel 1.2: Bestimmung der Austrittstemperaturen**

Bei dem in Beispiel 1.1 behandelten Wärmeübertrager hat sich die Eintrittstemperatur des Wassers im Rohr von 10 auf 25 °C verändert. Die Massenströme, Stoffwerte und Wärmeübergangszahl sind unverändert.

Zu bestimmen sind die Austrittstemperaturen und der Wärmestrom.

**Lösung**

**Annahmen**

- Im gesamten Wärmeübertrager ist die Wärmeübergangszahl konstant.
- Der Vorgang ist stationär.

**Analyse**

Die Gl. 1.1–1.4 liefern drei unabhängige Gleichungen, mit denen die drei unbekannten, gesuchten Größen $\dot{Q}$, $\vartheta_1''$, $\vartheta_2''$, bestimmt werden können. Die Bilanzgleichungen beider Massenströme sind:

$$\dot{Q} = \dot{m}_1 \cdot c_{p1} \cdot \left(\vartheta_1'' - \vartheta_1'\right) \quad \text{und} \quad \dot{Q} = \dot{m}_2 \cdot c_{p2} \cdot \left(\vartheta_2' - \vartheta_2''\right)$$

Die kinetische Kopplung ist:

$$\dot{Q} = k \cdot A \cdot \frac{\vartheta_2'' - \vartheta_1' - (\vartheta_2' - \vartheta_1'')}{\ln \dfrac{\vartheta_2'' - \vartheta_1'}{\vartheta_2' - \vartheta_1''}} = k \cdot A \cdot \Delta\vartheta_m$$

Hier können die Temperaturdifferenzen im Zähler mit den Werten aus den Bilanzgleichungen eingesetzt werden. Nach Umformung erhält man:

$$\frac{\vartheta_2'' - \vartheta_1'}{\vartheta_2' - \vartheta_1''} = e^{k \cdot A \cdot \left(\frac{1}{\dot{m}_1 \cdot c_{p1}} - \frac{1}{\dot{m}_2 \cdot c_{p2}}\right)} = e^{4\,000 \cdot 1{,}93 \cdot \frac{W}{K} \cdot \left(\frac{1}{1 \cdot 4182} - \frac{1}{2 \cdot 4192}\right) \cdot \frac{K}{W}} = 2{,}518$$

Die Temperatur $\vartheta_2''$ kann mit den Bilanzgleichungen als eine Funktion der Temperatur $\vartheta_1''$ eingesetzt und die Gleichung nach $\vartheta_1''$ aufgelöst werden.

$$\vartheta_2'' = \vartheta_2' - \frac{\dot{m}_1 \cdot c_{p1}}{\dot{m}_2 \cdot c_{p2}} \cdot \left( \vartheta_1'' - \vartheta_1' \right)$$

$$= 90\,°\text{C} - 0{,}4988 \cdot \left( \vartheta_1'' - 25\,°\text{C} \right)$$

$$= 102{,}47\,°\text{C} - 0{,}4988 \cdot \vartheta_1''$$

$$\vartheta_1'' = \frac{2{,}522 \cdot \vartheta_2' + \vartheta_1' - 102{,}47\,°\text{C}}{2{,}0232}$$

$$= \frac{2{,}522 \cdot 90\,°\text{C} + 25\,°\text{C} - 102{,}47\,°\text{C}}{2{,}0232}$$

$$= \mathbf{73{,}9\,°\text{C}}$$

Für die Temperatur $\vartheta_2''$ erhält man:

$$\vartheta_2'' = 102{,}47\,°\text{C} - 0{,}4988 \cdot \vartheta_1'' = \mathbf{65{,}6\,°\text{C}}$$

Der Wärmestrom wird aus der Bilanzgleichung bestimmt.

$$\dot{Q} = \dot{m}_1 \cdot c_{p1} \cdot (\vartheta_1'' - \vartheta_1') = 1 \cdot \frac{\text{kg}}{\text{s}} \cdot 4\,182 \cdot \frac{\text{J}}{\text{kg}\,\text{K}} \cdot (73{,}9 - 25) \cdot \text{K} = \mathbf{204{,}5\,\text{kW}}$$

***Diskussion***
Mit den Energiebilanzgleichungen und der kinetischen Kopplung können die Austrittstemperaturen berechnet werden. Durch den Anstieg der Eintrittstemperatur des Wassers im Rohr steigt zwar auch die Austrittstemperatur an, der Wärmestrom sinkt jedoch, da Aufwärmung und mittlere Temperaturdifferenz kleiner werden.

## Literatur


1. von Böckh P, Cizmar J, Schlachter W (1999) Grundlagen der technischen Thermodynamik. Aarau. Bildung Sauerländer, Aarau; Fortis-Verl. FH, Mainz
2. Schlünder E-U, Martin H (1995) Einführung in die Wärmeübertragung, 8. neu bearbeitete Aufl. Vieweg Verlag, Braunschweig
3. Nußelt W (1915) Das Grundgesetz des Wärmeüberganges. Gesundh Ing 38:477–482, 490–496
4. Wagner W (1991) Wärmeübertragung, 3. Aufl. Vogel (Kamprath-Reihe), Würzburg
5. VDI-Wärmeatlas (2002) 9. Aufl. Springer, Berlin

# Wärmeleitung in ruhenden Stoffen

Die *Wärmeleitung* ist ein Wärmetransportmechanismus, der in festen, flüssigen und gasförmigen Stoffen auftritt. Träger des Energietransports sind dabei je nach Medium Atome, Moleküle, Elektronen oder Phononen. Letztere sind Energiequanten elastischer Wellen, die in Nichtmetallen und – neben Elektronen – auch in Metallen für den Transport thermischer Energie sorgen.

> *Ist in einem Stoff ein Temperaturgradient vorhanden, tritt Wärmeleitung auf.*

Dieses Kapitel behandelt nur die Wärmeleitung in ruhenden Stoffen. Zur Unterscheidung wird sie bei bewegten Fluiden Konvektion genannt und in den Kap. 3 und 4 besprochen. Bei technischen Problemen kommt Wärmeleitung in ruhenden Fluiden relativ selten vor, weil im Fluid durch die Temperaturdifferenz Dichteunterschiede verursacht werden und dadurch eine Strömung entsteht.

Erfolgt der Wärmetransport unter ständiger Aufrechterhaltung eines konstanten Wärmestromes, sind, zeitlich gesehen, die Temperaturen an jedem Ort jeweils konstant. In diesem Fall spricht man von *stationärer Wärmeleitung*. Erwärmt sich ein Körper oder kühlt er ab, da sich der Wärmestrom zeitlich ändert, verändern sich mit der Zeit die lokalen Temperaturen. Hierbei handelt es sich um *instationäre Wärmeleitung*.

## 2.1 Stationäre Wärmeleitung

Die Wärmestromdichte, die bei der Wärmeleitung in einem Körper durch Temperaturdifferenzen entsteht, wird nach dem Gesetz von *Fourier* folgendermaßen definiert:

$$\dot{q} = -\lambda \cdot \nabla\vartheta = -\lambda \cdot \frac{d\vartheta}{dr} \tag{2.1}$$

© Springer-Verlag Berlin Heidelberg 2017
P. von Böckh und T. Wetzel, *Wärmeübertragung*, https://doi.org/10.1007/978-3-662-55480-7_2

Die Ortskoordinate ist dabei $r$. Die Wärmestromdichte ist proportional zur Wärmeleitfähigkeit des Stoffes und zum *Temperaturgradienten*, zu dem sie stets entgegengesetzt gerichtet ist. Nach Gl. 2.1 ist der Vektor Wärmestromdichte senkrecht zur isothermen Fläche. Alternativ kann das Gesetz von *Fourier* daher auch in folgender Form angegeben werden:

$$\dot{q}_n = -\lambda \cdot \frac{\mathrm{d}\vartheta}{\mathrm{d}n} \tag{2.2}$$

Dabei ist $\dot{q}_n$ die auf die Austauschfläche senkrecht auftreffende Komponente der Wärmestromdichte, $n$ die Normalkomponente des Ortsvektors.

Der Wärmestrom, der durch die Querschnittsfläche $A$ eines Körpers fließt, ist:

$$\dot{Q} = \int\limits_A \dot{q}_n \cdot \mathrm{d}A \tag{2.3}$$

Da die Wärmeleitfähigkeit eine Funktion der Temperatur und die Querschnittsfläche $A$ je nach Form des Körpers eine mehr oder minder komplizierte Funktion der Ortskoordinate ist, kann die Lösung des Integrals sehr kompliziert oder gar unmöglich sein. Für viele technische Anwendungen wird die Wärmeleitfähigkeit mit einem Mittelwert als konstant angenommen. In Körpern mit einfachen geometrischen Formen kann der Wärmestrom mit Gl. 2.3 bestimmt werden.

### 2.1.1  Wärmeleitung in einer ebenen Wand

Abb. 2.1 zeigt eine ebene Wand der Dicke $s$ mit der Wärmeleitfähigkeit $\lambda$. An den Seiten ist sie thermisch isoliert. Da Wärme nur in die $x$-Richtung transportiert werden kann, handelt es sich hier um ein eindimensionales Problem. Die Querschnittsfläche $A$ der Wand, durch die der Wärmestrom fließt, ist konstant, dadurch auch die Wärmestromdichte. Somit gilt:

$$\dot{Q} = -\lambda \cdot A \cdot \frac{\mathrm{d}\vartheta}{\mathrm{d}x} \tag{2.4}$$

Sind die Wände an den Schmalseiten infolge der idealen thermischen Isolation adiabat, kann hier kein Wärmestrom entweichen. Ist zudem die Wärmeleitfähigkeit von Ort und Temperatur unabhängig, fließt der Wärmestrom nur in $x$-Richtung. Damit kann Gl. 2.4 integriert werden.

$$\int\limits_{x_1}^{x_2} \dot{Q} \cdot \mathrm{d}x = \int\limits_{\vartheta_1}^{\vartheta_2} -\lambda \cdot A \cdot \mathrm{d}\vartheta \tag{2.5}$$

$$\dot{Q} = \frac{\lambda}{x_2 - x_1} \cdot A \cdot (\vartheta_1 - \vartheta_2) = \frac{\lambda}{s} \cdot A \cdot (\vartheta_1 - \vartheta_2) \tag{2.6}$$

In einer ebenen Wand mit konstanter Wärmeleitfähigkeit ist der Temperaturverlauf linear. Aus der Definition der Wärmeübergangszahl folgt:

$$\alpha = \lambda / s \tag{2.7}$$

> *Die Wärmeübergangszahl in einer ebenen Wand ist Wärmeleitfähigkeit geteilt durch die Wanddicke.*

Soll, wie in Abb. 2.1 dargestellt, die Temperatur an beiden Seiten der Wand aufrechterhalten werden, muss aus irgendeiner Quelle der konstante Wärmestrom erzeugt und von einer Senke aufgenommen werden. Dieses könnte z. B. auf der einen Seite ein wärmeres, strömendes Fluid, das den Wärmestrom liefert, auf der anderen Seite ein kälteres, strömendes Fluid, das den Wärmestrom aufnimmt, sein. Das ist bei einem Wärmeübertrager der Fall, in dem durch eine feste Wand von einem Fluid 1 zu einem anderen Fluid 2 Wärme transferiert wird. Abb. 2.2 zeigt die Wand eines Wärmeübertragers, in dem ein Wärmestrom von einem strömenden Fluid mit der Temperatur $\vartheta_{f1}$ und Wärmeübergangszahl $\alpha_{f1}$ zu einem anderen strömenden Fluid mit der Temperatur $\vartheta_{f2}$ und Wärmeübergangszahl $\alpha_{f2}$ transferiert wird.

Wie aus der Definition der Wärmeübergangszahl bekannt ist, bestimmt sie den bei einer Temperaturdifferenz transferierten Wärmestrom. Für die Beschreibung der Wärmeströme

**Abb. 2.1** Wärmeleitung in einer ebenen Wand

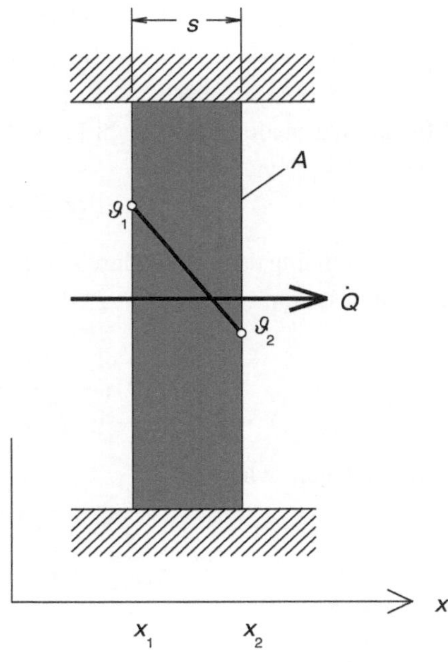

**Abb. 2.2** Zur Bestimmung der
Wärmedurchgangszahl

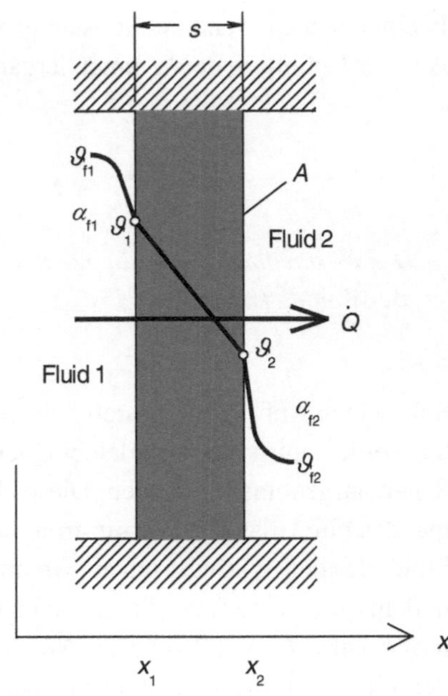


(vom Fluid 1 zur Wand, durch die Wand und von der Wand zum Fluid 2) gelten die kinetischen Kopplungsgleichungen.

$$\dot{Q} = A \cdot \alpha_{f1} \cdot (\vartheta_{f1} - \vartheta_1)$$
$$\dot{Q} = A \cdot \alpha_{w} \cdot (\vartheta_1 - \vartheta_2)$$
$$\dot{Q} = A \cdot \alpha_{f2} \cdot (\vartheta_2 - \vartheta_{f2})$$

(2.8)

Mit der Wärmedurchgangszahl kann der Wärmestrom vom Fluid 1 zum Fluid 2 direkt bestimmt werden.

$$\dot{Q} = A \cdot k \cdot (\vartheta_{f1} - \vartheta_{f2})$$

(2.9)

Zur Berechnung der Wärmedurchgangszahl werden die Wandtemperaturen $\vartheta_1$ und $\vartheta_2$ aus Gl. 2.8 bestimmt.

$$\vartheta_1 = \vartheta_{f1} - \frac{\dot{Q}}{A \cdot \alpha_{f1}} \qquad \vartheta_2 = \vartheta_{f2} + \frac{\dot{Q}}{A \cdot \alpha_{f2}}$$

(2.10)

Damit erhalten wir:

$$\dot{Q} \cdot \left( \frac{1}{\alpha_{f1}} + \frac{1}{\alpha_W} + \frac{1}{\alpha_{f2}} \right) = A \cdot (\vartheta_{f1} - \vartheta_{f2})$$

(2.11)

Der Kehrwert der Wärmedurchgangszahl ergibt sich zu:

$$\frac{1}{k} = \frac{1}{\alpha_{f1}} + \frac{1}{\alpha_W} + \frac{1}{\alpha_{f2}} \qquad (2.12)$$

*Der Kehrwert der Wärmedurchgangszahl einer ebenen Wand ist die Summe der Kehrwerte der Wärmeübergangszahlen.*

Die Kehrwerte der Wärmeübergangszahlen multipliziert mit der Übertragungsfläche sind *Wärmewiderstände*, d. h., die Wärmewiderstände addieren sich wie in Serie geschaltete elektrische Widerstände.

Die Temperaturdifferenzen in den Fluiden und in der Wand können aus den Gl. 2.8 und 2.9 bestimmt werden.

$$\frac{\vartheta_{f1} - \vartheta_1}{\vartheta_{f1} - \vartheta_{f2}} = \frac{k}{\alpha_{f1}} \quad \cdot \quad \frac{\vartheta_1 - \vartheta_2}{\vartheta_{f1} - \vartheta_{f2}} = \frac{k}{\alpha_W} \quad \frac{\vartheta_2 - \vartheta_{f2}}{\vartheta_{f1} - \vartheta_{f2}} = \frac{k}{\alpha_{f2}} \qquad (2.13)$$

*Die Temperaturdifferenzen sind umgekehrt proportional zu den Wärmeübergangszahlen bzw. proportional zum Wärmewiderstand.*

**Beispiel 2.1: Bestimmung der Wärmeübergangszahl, Wärmedurchgangszahl und Wandtemperaturen**

Auf der Innenseite einer Wand hat die Luft eine Temperatur von 22 °C. Die Außentemperatur beträgt 0 °C. Die Wand hat eine Dicke von 400 mm und die Wärmeleitfähigkeit von 1 W/(m K). Die Wärmeübergangszahl beträgt innen und außen 5 W/(m$^2$ K). Bestimmen Sie die Wärmeübergangszahl in der Wand, die Wärmedurchgangszahl, die Wärmestromdichte und die Wandtemperatur innen und außen.

**Lösung**

*Schema* Siehe Skizze

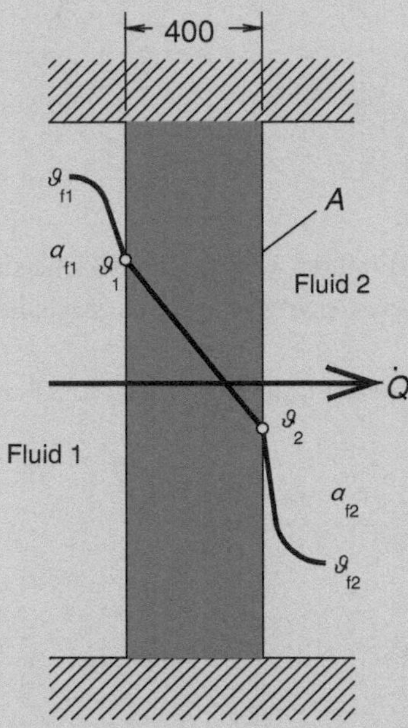


*Annahmen*

- Die Wärmeleitfähigkeit in der Wand ist konstant.
- Aus der Wand tritt seitlich keine Wärme aus.
- Die Temperaturen innen und außen an der Wand sind jeweils konstant.

*Analyse*

Mit Gl. 2.7 kann die Wärmeübergangszahl in der Wand bestimmt werden.

$$\alpha_W = \frac{\lambda}{s} = \frac{1 \cdot \text{W/(m\,K)}}{0{,}4 \cdot \text{m}} = 2{,}5 \ \frac{\text{W}}{\text{m}^2\,\text{K}}$$

Die Wärmedurchgangszahl wird mit Gl. 2.12 berechnet.

$$k = \left( \frac{1}{\alpha_{f1}} + \frac{1}{\alpha_W} + \frac{1}{\alpha_{f2}} \right)^{-1} = \left( \frac{1}{5} + \frac{1}{2{,}5} + \frac{1}{5} \right)^{-1} \cdot \frac{\text{W}}{\text{m}^2\,\text{K}} = 1{,}25 \ \frac{\text{W}}{\text{m}^2\,\text{K}}$$

Die Wärmestromdichte kann man mit Gl. 2.9 ermitteln.

$$\dot{q} = \dot{Q}/A = k \cdot (\vartheta_{f1} - \vartheta_{f2}) = 1{,}25 \cdot \text{W/(m}^2\,\text{K}) \cdot (22 - 0) \cdot \text{K} = \mathbf{27{,}5\ \text{W/m}^2}$$

Die Wandtemperatur innen wird mit Gl. 2.13, außen mit Gl. 2.8 berechnet.

$$\vartheta_1 = \vartheta_{f1} - (\vartheta_{f1} - \vartheta_{f2})\frac{k}{\alpha_{f1}} = 22\,°C - (22 - 0)\cdot K \cdot \frac{1{,}25}{5} = \mathbf{16{,}5\,°C}$$

$$\vartheta_2 = \dot{q}/\alpha_{f2} + \vartheta_{f2} = 27{,}5/5\cdot K + 0\,°C = \mathbf{5{,}5\,°C}$$

**Diskussion**
Die Berechnungen zeigen, dass die kleinste Wärmeübergangszahl die Wärmedurchgangszahl wesentlich bestimmt. Das größte Temperaturgefälle findet im Medium mit der kleinsten Wärmeübergangszahl statt, hier in der Wand mit 11 K.

## 2.1.2 Wärmeübergang durch mehrschichtige ebene Wände

In der Praxis hat man oft ebene Wände, die aus mehreren Schichten bestehen (Hauswand, Isolation eines Kühlschranks etc.). In Abb. 2.3 ist eine ebene Wand aus $n$ Schichten unterschiedlicher Dicke und unterschiedlicher Wärmeleitfähigkeit dargestellt.

Für die Wärmeübergangszahlen durch die einzelnen Wände gilt:

$$\alpha_i = \lambda_i / s_i \tag{2.14}$$

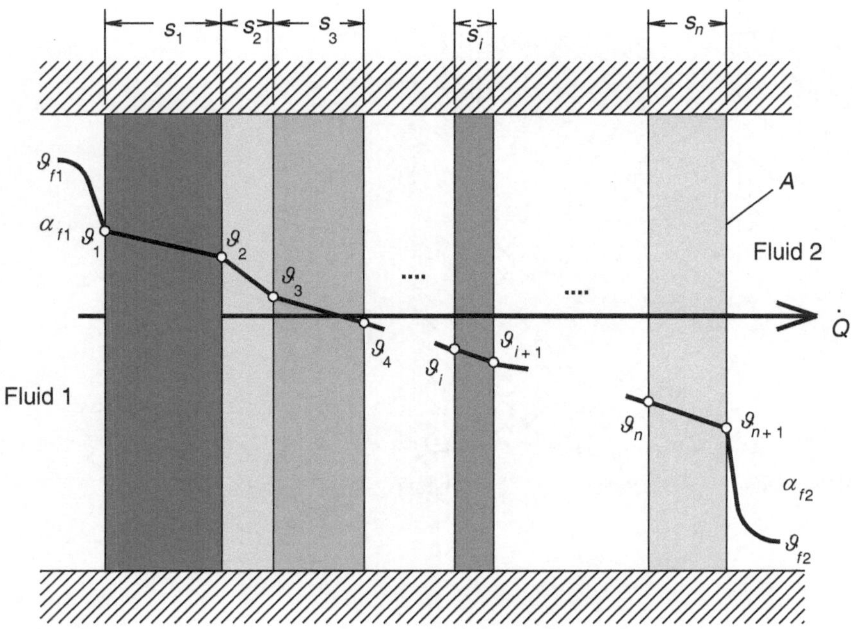


**Abb. 2.3** Wärmeleitung durch mehrschichtige ebene Wände

Für die Wärmedurchgangszahl erhält man nach gleicher Umformung wie im vorhergehenden Kapitel:

$$\frac{1}{k} = \frac{1}{\alpha_{f1}} + \sum_{i=1}^{n} \frac{1}{\alpha_{Wi}} + \frac{1}{\alpha_{f2}} = \frac{1}{\alpha_{f1}} + \sum_{i=1}^{n} \frac{s_i}{\lambda_i} + \frac{1}{\alpha_{f2}} \qquad (2.15)$$

Für die Temperaturdifferenzen gilt:

$$\frac{\vartheta_{f1} - \vartheta_1}{\vartheta_{f1} - \vartheta_{f2}} = \frac{k}{\alpha_{f1}} \qquad \frac{\vartheta_i - \vartheta_{i+1}}{\vartheta_{f1} - \vartheta_{f2}} = \frac{k}{\alpha_{Wi}} \qquad \frac{\vartheta_2 - \vartheta_{f2}}{\vartheta_{f1} - \vartheta_{f2}} = \frac{k}{\alpha_{f2}} \qquad (2.16)$$

**Beispiel 2.2: Bestimmung der Isolationsschicht einer Hauswand**

Die Wand eines Hauses besteht außen aus einer Ziegelmauer von 240 mm und einer Innenmauer von 120 mm Dicke. Zwischen beiden Mauern befindet sich eine Isolationsschicht aus Steinwolle. Die Wärmeleitfähigkeit der Mauern ist 1 W/(m K), die der Isolation 0,035 W/(m K). Die Hauswand soll eine Wärmedurchgangszahl von 0,3 W/(m$^2$ K) haben.

Bestimmen Sie die notwendige Dicke der Isolation.

**Lösung**

*Schema* Siehe Skizze

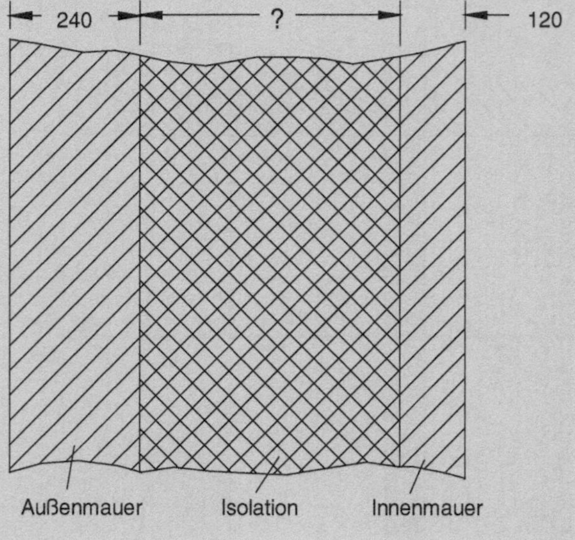

*Annahmen*
- Die Wärmeleitfähigkeit ist in der Wand konstant.
- Aus der Wand tritt seitlich keine Wärme aus.

*Analyse*
Die Wärmedurchgangszahl kann mit Gl. 2.15 berechnet werden.

$$\frac{1}{k} = \sum_{i=1}^{n} \frac{s_i}{\lambda_i} = \frac{s_1}{\lambda_1} + \frac{s_2}{\lambda_2} + \frac{s_3}{\lambda_2}$$

In diesem Beispiel ist die Wärmedurchgangszahl gegeben, die Dicke der Isolationsschicht $s_2$ wird gesucht. Die Gleichung löst man daher nach $s_2$ auf.

$$s_2 = \left( \frac{1}{k} - \frac{s_1}{\lambda_1} - \frac{s_3}{\lambda_3} \right) \cdot \lambda_2$$

$$= \left( \frac{1}{0,3} - \frac{0,24}{1} - \frac{0,12}{1} \right) \cdot \frac{\text{m}^2\,\text{K}}{\text{W}} \cdot 0,035 \cdot \frac{\text{W}}{\text{m}^2\,\text{K}} = \mathbf{0,104\,m}$$

*Diskussion*
Die Isolationsschicht stellt den hauptsächlichen Wärmewiderstand dar. Er beträgt $s_2/\lambda_2 = 2{,}97$ (m² K)/W und ist damit fast gleich groß wie der Kehrwert der Wärmedurchgangszahl mit 3,33 (m² K)/W.

**Beispiel 2.3: Bestimmung der Isolationsschicht und Wandtemperatur**
Die Wand eines Kühlhauses besteht aus einer äußeren Mauer von 200 mm Dicke und einer Isolationsschicht mit einer inneren Kunststoffverkleidung von 5 mm Dicke. Die Wärmeleitfähigkeit der Mauer beträgt 1 W/(m K), die des Kunststoffes 1,5 W/(m K) und die der Isolation 0,04 W/(m K). Im Kühlhaus herrscht eine Temperatur von −22 °C. Die Wärmeübergangszahl innen ist 8 W/(m² K). Bei einer hohen Außentemperatur von 35 °C muss vermieden werden, dass zwischen Außenmauer und Isolationsschicht Taubildung stattfindet. Um dieses zu gewährleisten, darf bei einer äußeren Wärmeübergangszahl von 5 W/(m² K) die Temperatur an der Innenseite der Außenmauer den Wert von 32 °C nicht unterschreiten. Wie dick muss die Isolation gewählt werden?

**Lösung**

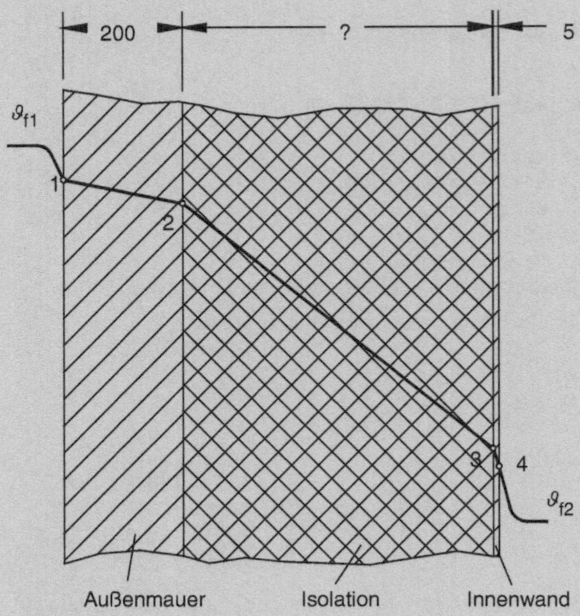


**Schema** Siehe Skizze

**Annahmen**

- Die Wärmeleitfähigkeit in der Wand ist konstant.
- Aus der Wand tritt seitlich keine Wärme aus.

**Analyse**

Für die Wärmedurchgangszahl $k$ erhält man nach Umformungen aus Gl. 2.16:

$$k = \frac{\vartheta_{f_1} - \vartheta_2}{(\vartheta_{f1} - \vartheta_{f2}) \cdot \left( \dfrac{1}{\alpha_{f1}} + \dfrac{s_1}{\lambda_1} \right)} = \frac{(35 - 32) \cdot \mathrm{K}}{(35 + 22) \cdot \mathrm{K} \cdot \left( \dfrac{1}{5} + \dfrac{0{,}2}{1} \right) \cdot \dfrac{\mathrm{m}^2\,\mathrm{K}}{\mathrm{W}}}$$

$$= 0{,}132 \frac{\mathrm{W}}{\mathrm{m}^2\,\mathrm{K}}$$

Jetzt kann mit Gl. 2.15 die notwendige Dicke der Isolation bestimmt werden.

$$s_2 = \left( \frac{1}{k} - \frac{1}{\alpha_{f1}} - \frac{s_1}{\lambda_1} - \frac{s_3}{\lambda_3} - \frac{1}{\alpha_{f2}} \right) \cdot \lambda_2$$

$$= \left( \frac{1}{0{,}132} - \frac{1}{5} - \frac{0{,}2}{1} - \frac{0{,}005}{1{,}5} - \frac{1}{8} \right) \cdot \frac{\mathrm{m}^2\,\mathrm{K}}{\mathrm{W}} \cdot 0{,}04 \cdot \frac{\mathrm{W}}{\mathrm{m}^2\,\mathrm{K}} = \mathbf{0{,}283\,m}$$

### 2.1.3 Wärmeleitung in einem Hohlzylinder

In einer ebenen Wand ist die Querschnittsfläche $A$ für den Wärmestrom konstant. Bei einem Hohlzylinder (Rohrwand) verändert sich die Querschnittsfläche mit dem Radius, sodass $A$ eine Funktion von $r$ ist. Abb. 2.4 zeigt die Wärmeleitung in einem Hohlzylinder.

Der Wärmestrom durch die Wand des Zylinders ist konstant. Da sich die Zylinderfläche mit dem Radius verändert, ändert sich auch die Wärmestromdichte. Setzt man für die Fläche $A$ die Fläche des Zylinders als eine Funktion des Radius' ein, ergibt sich für den Wärmestrom:

$$\dot{Q} = -\lambda \cdot A(r) \cdot \frac{d\vartheta}{dr} = -\lambda \cdot \pi \cdot 2 \cdot r \cdot l \cdot \frac{d\vartheta}{dr} \qquad (2.17)$$

Nach Separation der Variablen erhalten wir:

$$\frac{dr}{r} = -\lambda \cdot \frac{2 \cdot \pi \cdot l}{\dot{Q}} \cdot d\vartheta \qquad (2.18)$$

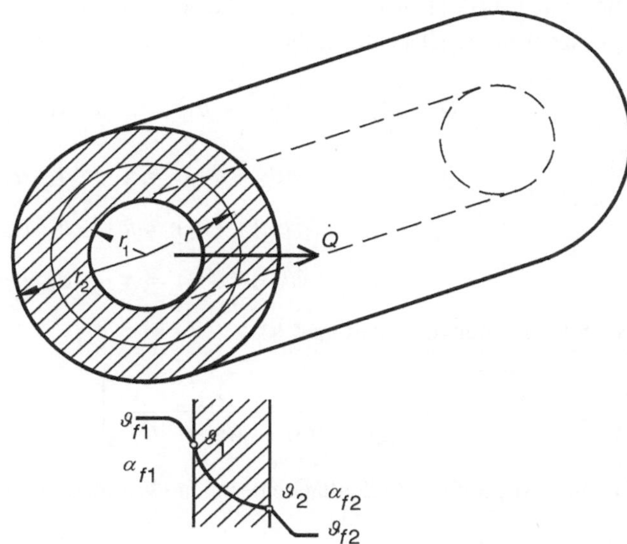



**Abb. 2.4** Wärmeleitung in einem Hohlzylinder

Unter der Voraussetzung, dass die Wärmeleitfähigkeit in der Wand konstant und der Wärmestrom zur Mittelachse des Hohlzylinders axialsymmetrisch ist, kann Gl. 2.18 integriert werden. Wir bekommen für den Wärmestrom:

$$\dot{Q} = \lambda \cdot \frac{2 \cdot \pi \cdot l}{\ln(r_2/r_1)} \cdot (\vartheta_1 - \vartheta_2) \tag{2.19}$$

Um die Wärmeübergangszahl zu erhalten, muss der Wärmestrom auf eine Austauschfläche bezogen werden. In Europa ist es üblich, die Wärmeübergangszahlen auf die Außenfläche zu beziehen, sie könnten aber auch ohne Weiteres auf die Innenfläche bezogen werden. Gl. 2.19 wird so umgeformt, dass der Wärmestrom auf die Außenfläche bezogen ist. Weiterhin ersetzen wir die Radien durch die in der Technik üblicherweise verwendeten Durchmesser.

$$\dot{Q} = \frac{2 \cdot \lambda}{d_2 \cdot \ln(d_2/d_1)} \cdot \pi \cdot l \cdot d_2 \cdot (\vartheta_1 - \vartheta_2) = \frac{2 \cdot \lambda}{d_2 \cdot \ln(d_2/d_1)} \cdot A_a \cdot (\vartheta_1 - \vartheta_2) \tag{2.20}$$

Die auf die Außenfläche bezogene Wärmeübergangszahl in der Wand beträgt:

$$\alpha_{Wa} = \frac{2 \cdot \lambda}{d_2 \cdot \ln(d_2/d_1)} \tag{2.21}$$

> *Sehr wichtig ist es, immer zu beachten, auf welche Übertragungsfläche die Wärmeübergangszahl bezogen ist.*

Die unterschiedlichen Übertragungsflächen sind bei der Berechnung der Wärmedurchgangszahl zu berücksichtigen. Für den Wärmestrom in den Fluiden und in der Wand gilt:

$$\dot{Q} = A_1 \cdot \alpha_{f1} \cdot (\vartheta_{f1} - \vartheta_1) = \pi \cdot l \cdot d_1 \cdot \alpha_{f1} \cdot (\vartheta_{f1} - \vartheta_1) \tag{2.22}$$

$$\dot{Q} = A_2 \cdot \alpha_{f2} \cdot (\vartheta_2 - \vartheta_{f2}) = \pi \cdot l \cdot d_2 \cdot \alpha_{f2} \cdot (\vartheta_2 - \vartheta_{f2}) \tag{2.23}$$

$$\dot{Q} = A_2 \cdot \alpha_{Wa} \cdot (\vartheta_1 - \vartheta_2) = \pi \cdot l \cdot d_2 \cdot \alpha_{Wa} \cdot (\vartheta_1 - \vartheta_2) \tag{2.24}$$

$$\dot{Q} = A_2 \cdot k \cdot (\vartheta_{f1} - \vartheta_{f2}) = \pi \cdot l \cdot d_2 \cdot k \cdot (\vartheta_{f1} - \vartheta_{f2}) \tag{2.25}$$

Nach Umformungen erhält man:

$$\dot{Q} \cdot \left[ \frac{d_2}{d_1} \cdot \frac{1}{\alpha_{f1}} + \frac{1}{\alpha_{Wa}} + \frac{1}{\alpha_{f2}} \right] = A_2 \cdot (\vartheta_{f1} - \vartheta_{f2}) \tag{2.26}$$

Damit ist die auf die Außenfläche bezogene Wärmedurchgangszahl:

$$\frac{1}{k} = \frac{d_2}{d_1} \cdot \frac{1}{\alpha_{f1}} + \frac{1}{\alpha_{Wa}} + \frac{1}{\alpha_{f2}} = \frac{d_2}{d_1} \cdot \frac{1}{\alpha_{f1}} + \frac{d_2}{2 \cdot \lambda} \cdot \ln\left(\frac{d_2}{d_1}\right) + \frac{1}{\alpha_{f2}} \tag{2.27}$$

Es ist unbedingt zu beachten, dass die Wärmedurchgangszahl auf die Außenfläche, d. h. auf den Durchmesser $d_2$ bezogen ist. Bezieht man die Wärmedurchgangszahl auf die Innenfläche, also auf den Durchmesser $d_1$, erhält man:

$$\frac{1}{k_1} = \frac{1}{\alpha_{f1}} + \frac{d_1}{d_2} \cdot \frac{1}{\alpha_{Wa}} + \frac{d_1}{d_2} \cdot \frac{1}{\alpha_{f2}} = \frac{1}{\alpha_{f1}} + \frac{d_1}{2 \cdot \lambda} \cdot \ln\left(\frac{d_2}{d_1}\right) + \frac{d_1}{d_2} \cdot \frac{1}{\alpha_{f2}} \qquad (2.28)$$

Bei der Berechnung des Wärmestromes liefern beide Gleichungen denselben Wert, weil der Wärmestrom mit dem Produkt aus Wärmedurchgangszahl und Austauschfläche gebildet wird. Verwendet man die falsche Bezugsfläche, können große Differenzen entstehen. In Europa ist es gebräuchlich, die Wärmedurchgangszahlen auf die Außenfläche zu beziehen. In den USA werden beide Flächen als Bezug verwendet.

> *Es ist wichtig, dass man bei der Angabe der Wärmedurchgangs- und Wärmeübergangszahlen auch die Fläche angibt, auf die diese Größen bezogen sind.*

Für die Temperaturdifferenzen erhält man:

$$\frac{\vartheta_{f1} - \vartheta_1}{\vartheta_{f1} - \vartheta_{f2}} = \frac{d_2}{d_1} \cdot \frac{k}{\alpha_{f1}} \qquad \frac{\vartheta_1 - \vartheta_2}{\vartheta_{f1} - \vartheta_{f2}} = \frac{k}{\alpha_{Wa}} \qquad \frac{\vartheta_2 - \vartheta_{f2}}{\vartheta_{f1} - \vartheta_{f2}} = \frac{k}{\alpha_{f2}} \qquad (2.29)$$

Bei dünnwandigen Rohren oder für überschlägige Berechnungen kann die Wand als ebene Wand behandelt werden. Für die Wärmeübergangszahl der Wand erhält man dann näherungsweise:

$$\alpha_{Wa} = \frac{2 \cdot \lambda}{d_2 \cdot \ln(d_2/d_1)} \approx \frac{\lambda}{s} = \frac{2 \cdot \lambda}{d_2 - d_1} \qquad (2.30)$$

Obwohl in vielen Büchern in Gewerbeschulen die Benutzung dieser Formel empfohlen wird, sollte man im Zeitalter der Computer und Taschenrechner darauf verzichten. Die Größe der Fehler ist im Beispiel 2.4 veranschaulicht.

**Beispiel 2.4: Wärmedurchgangszahl im durchströmten Rohr**
In dem Rohr eines Hochdruckvorwärmers strömt Wasser, außen am Rohr kondensiert Dampf. Die Wärmeübergangszahl innen im Rohr ist 15 000 W/(m$^2$ K) und außen 13 000 W/(m$^2$ K). Der Außendurchmesser des Rohres beträgt 15 mm, die Wandstärke 2,3 mm. Die Wärmeleitfähigkeit des Rohrmaterials ist 40 W/(m K). Bestimmen Sie die Wärmeübergangszahl, bezogen auf den Außen- und Innendurchmesser und prüfen Sie, welchen Fehler man macht, wenn die Wärmeübergangszahl der Rohrwand mit Gl. 2.30 bestimmt wird.

**Lösung**

*Schema* Siehe Abb. 2.4

*Annahmen*

- Die Wärmeleitfähigkeit in der Wand ist konstant.
- Die Temperaturen innen und außen an der Wand sind jeweils konstant.

*Analyse*

Die auf den Außendurchmesser bezogene Wärmedurchgangszahl kann mit Gl. 2.27 berechnet werden.

$$k_2 = \left( \frac{d_2}{d_1} \cdot \frac{1}{\alpha_{f1}} + \frac{d_2}{2 \cdot \lambda} \cdot \ln\left(\frac{d_2}{d_1}\right) + \frac{1}{\alpha_{f2}} \right)^{-1}$$

$$= \left( \frac{15}{10{,}4} \cdot \frac{1}{15\,000} + \frac{0{,}015}{2 \cdot 40} \cdot \ln\left(\frac{15}{10{,}4}\right) + \frac{1}{13\,000} \right)^{-1} = 4{,}137\,\frac{W}{m^2\,K}$$

Die auf den Innendurchmesser bezogene Wärmedurchgangszahl wird mit Gl. 2.28 bestimmt.

$$k_1 = \left( \frac{1}{\alpha_{f1}} + \frac{d_1}{2 \cdot \lambda} \cdot \ln\left(\frac{d_2}{d_1}\right) + \frac{d_1}{d_2} \cdot \frac{1}{\alpha_{f2}} \right)^{-1}$$

$$= \left( \frac{1}{15\,000} + \frac{0{,}0104}{2 \cdot 40} \cdot \ln\left(\frac{15}{10{,}4}\right) + \frac{10{,}4}{15} \cdot \frac{1}{13\,000} \right)^{-1} = 5\,966\,\frac{W}{m^2\,K}$$

Die Wärmeübergangszahl in der Rohrwand ist nach Gl. 2.21:

$$\alpha_{Wa} = \frac{2 \cdot \lambda}{d_2 \cdot \ln(d_2/d_1)} = \frac{2 \cdot 40 \cdot W/(m\,K)}{0{,}015 \cdot m \cdot \ln(15/10{,}4)} = 14\,562\,\frac{W}{m^2\,K}$$

Der Näherungswert nach Gl. 2.30 beträgt:

$$\alpha_{Wa} = \frac{\lambda}{s} = \frac{40 \cdot W/(m\,K)}{0{,}0023 \cdot m} = 17\,391\,\frac{W}{m^2\,K}$$

Die mit Gl. 2.30 berechnete Wärmeübergangszahl ist 19 % zu groß. Ursache: Die Rohrwandstärke ist im Verhältnis zum Durchmesser relativ groß.

*Diskussion*

Es ist äußerst wichtig, anzugeben, auf welche Fläche die Wärmeübergangs- bzw. Wärmedurchgangszahlen bezogen sind. In diesem Beispiel ist die auf die Innenfläche bezogene Wärmedurchgangszahl um 44 % größer als die auf die Außenfläche bezogene. Verwendet man bei der auf den Innendurchmesser bezogenen Wärmedurchgangszahl die mit dem Außendurchmesser gebildete Fläche, bekommt man

einen 44 % zu großen Wärmestrom. Das ist bei der Auslegung eines Apparates eine
40 % zu kleine Fläche.

Die Berechnung der Wärmeübergangzahl der Wand mit der Näherungsgleichung
liefert zu hohe Werte. Wenn der Außendurchmesser 10 % größer als der Innendurchmesser ist, beträgt der Fehler schon 5 %. Die Abweichung kann mit der
Reihenentwicklung von Gl. 2.21 aufgezeigt werden.

$$\alpha_{Wa} = \frac{2 \cdot \lambda}{d_2 \cdot \ln(d_2/d_1)} = \frac{2 \cdot \lambda}{d_2 \cdot \ln[1/(1 - 2 \cdot s/d_2)]}$$

$$= \frac{2 \cdot \lambda}{d_2 \cdot \left[2 \cdot s/d_2 + (2 \cdot s/d_2)^2/2 + (2 \cdot s/d_2)^3 3 + \ldots\right]}$$

In Gl. 2.30 wird die Reihe im Nenner nach dem ersten Term abgebrochen. Bricht
man nach dem 2. Term ab, erhält man:

$$\alpha_{Wa} = \frac{2 \cdot \lambda}{d_2 \cdot (2 \cdot s/d_2 + (2 \cdot s/d_2^2)/2)} = \frac{\lambda}{s + s^2/d_2} = \frac{\lambda}{s} \cdot \frac{1}{1 + s/d_2}$$

Ist das Verhältnis der Wandstärke zum Außendurchmesser 1/20 (20 mm Rohr mit
1 mm Wandstärke) beträgt der Fehler 5 %. Die Empfehlung, die Gleichung nicht zu
benutzen, ist also gerechtfertigt.

## 2.1.4  Hohlzylinder mit mehreren Schichten

In der Technik verwendet man oft Rohre (Hohlzylinder), die aus mehreren Schichten
bestehen. Beispiele für solche Rohre sind: Wärmeübertragerrohre mit einem korrosions-
beständigen Innenrohr, Rohre mit einer Isolation und Schutzhülle, Rohre mit Verschmut-
zungen und Oxydschichten innen und außen.

Abb. 2.5 zeigt einen Hohlzylinder, dessen Wand aus $n$ Schichten unterschiedlicher
Dicke mit unterschiedlichen Wärmeleitfähigkeiten besteht. Hier erhalten wir für die Wär-
meübergangzahlen der einzelnen Schichten, die auf die Fläche der äußersten Schicht
bezogen sind:

$$\alpha_i = \frac{2 \cdot \lambda_i}{d_{n+1} \cdot \ln(d_{i+1}/d_i)} \tag{2.31}$$

Für die Wärmedurchgangzahl gilt:

$$\frac{1}{k} = \frac{d_{n+1}}{d_1} \cdot \frac{1}{\alpha_{f1}} + \sum_{i=1}^{i=n} \frac{d_{n+1}}{2 \cdot \lambda_i} \cdot \ln(d_{i+1}/d_i) + \frac{1}{\alpha_{f2}} \tag{2.32}$$

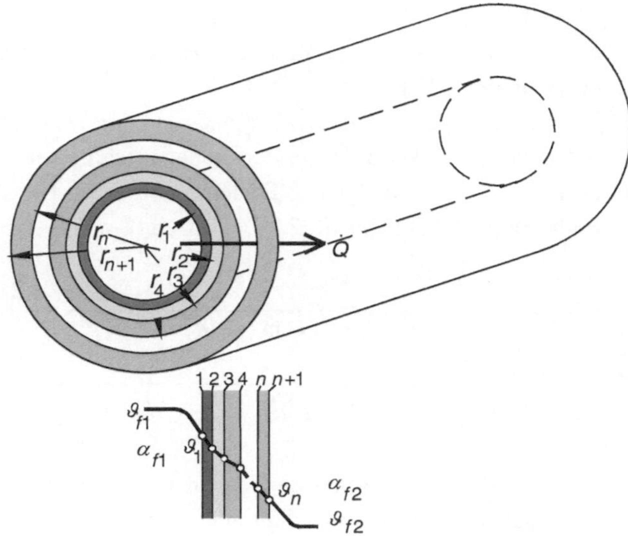

**Abb. 2.5** Wärmeleitung in einem Hohlzylinder mit mehreren Schichten

Bei den Temperaturdifferenzen ist jeweils die Fläche zu berücksichtigen.

$$\frac{\vartheta_{f1} - \vartheta_1}{\vartheta_{f1} - \vartheta_{f2}} = \frac{d_{n+1}}{d_1} \cdot \frac{k}{\alpha_{f1}} \qquad \frac{\vartheta_i - \vartheta_{i+1}}{\vartheta_{f1} - \vartheta_{f2}} = \frac{d_{n+1}}{d_i} \cdot \frac{k}{\alpha_{Wa}} \qquad \frac{\vartheta_{n+1} - \vartheta_{f2}}{\vartheta_{f1} - \vartheta_{f2}} = \frac{k}{\alpha_{f2}} \qquad (2.33)$$

**Beispiel 2.5: Kondensatorrohr mit Verschmutzung**

In einem Kondensatorrohr aus Titan mit 24 mm Außendurchmesser und 0,7 mm Wandstärke wird nach einer gewissen Betriebszeit innen eine Schmutzschicht von 0,05 mm Dicke festgestellt. Die Wärmeleitfähigkeit des Rohres ist 15 W/(m K), die der Schmutzschicht 0,8 W/(m K). Im Rohr beträgt die Wärmeübergangszahl mit und ohne Verschmutzung 18 000 W/(m$^2$ K), außen 13 000 W/(m$^2$ K). Berechnen Sie die durch Verschmutzung bedingte verringerte Wärmedurchgangszahl.

**Lösung**

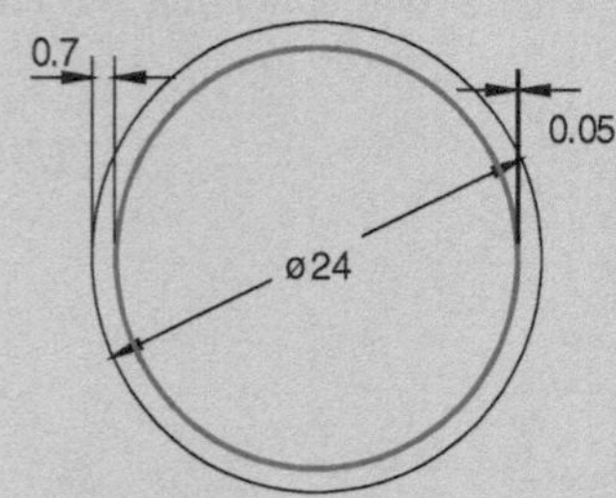

***Schema*** Siehe Skizze

***Annahmen***

- In den Wänden ist die Wärmeleitfähigkeit konstant.
- An den Wänden sind die Temperaturen innen und außen jeweils konstant.

***Analyse***

Die auf den Außendurchmesser bezogene Wärmedurchgangszahl kann mit Gl. 2.32 bestimmt werden. Für das saubere Rohr erhalten wir:

Für das unschmutzte und das verschmutzte Rohr liefert Gl. 2.32:

$$k = \left( \frac{d_2}{d_1} \cdot \frac{1}{\alpha_{f1}} + \frac{d_2}{2 \cdot \lambda_i} \cdot \ln(d_2/d_1) + \frac{1}{\alpha_{f2}} \right)^{-1}$$

$$= \left( \frac{24}{22,6} \cdot \frac{1}{18\,000} + \frac{0,024}{2 \cdot 15} \cdot \ln\left(\frac{24}{22,6}\right) + \frac{1}{13\,000} \right)^{-1} = 5\,435\,\frac{\mathrm{W}}{\mathrm{m^2\,K}}$$

$$k_V = \left( \frac{d_3}{d_1} \cdot \frac{1}{\alpha_{f1}} + \frac{d_3}{2 \cdot \lambda_1} \cdot \ln(d_2/d_1) + \frac{d_3}{2 \cdot \lambda_2} \cdot \ln(d_3/d_2) + \frac{1}{\alpha_{f2}} \right)^{-1}$$

$$= \left( \frac{24}{22,5} \cdot \frac{1}{18\,000} + \frac{0,024}{2 \cdot 0,8} \cdot \ln\left(\frac{22,6}{22,5}\right) + \frac{0,024}{2 \cdot 15} \cdot \ln\left(\frac{24}{22,6}\right) + \frac{1}{13\,000} \right)^{-1}$$

$$= 3\,987\,\frac{\mathrm{W}}{\mathrm{m^2\,K}}$$

Man kann hier zeigen, dass eine einfachere Berechnung fast zum selben Ergebnis führt. Dazu addiert man den Verschmutzungswiderstand zum Kehrwert der sauberen Wärmedurchgangszahl und bildet aus der Summe den Kehrwert.

$$k_V = \left( \frac{1}{k} + \frac{d_3}{2 \cdot \lambda_1} \cdot \ln(d_2/d_3) \right)^{-1} = \left( \frac{1}{5\,435} + \frac{0,024}{2 \cdot 0,8} \cdot \ln\left(\frac{22,6}{22,5}\right) \right)^{-1}$$

$$= 3\,992\,\frac{\mathrm{W}}{\mathrm{m^2\,K}}$$

Der Unterschied von 0,11 % ist sehr gering.

***Diskussion***

Es wurde deutlich, dass auch schon eine sehr dünne Schmutzschicht die Wärmedurchgangszahl wesentlich reduziert. Im Beispiel beträgt die Reduktion 27 %, was durchaus auftreten kann. Auch bei sauberen Titanrohren muss man gegenüber metallisch blanken Rohren mit 6–8 % Reduktion rechnen, weil Titan eine korrosionsfeste Oxidschicht bildet, die die Wärmedurchgangszahl verringert.

In der Praxis kann man die Dicke von Schmutzschichten nicht genau messen. Daher ist die Bestimmung der Wärmeleitfähigkeit schwierig, weil die Schicht trocken oder nass unterschiedliche Werte haben kann. Aus Messungen der Wärmedurchgangszahlen sammelt man Erfahrungswerte für die Verschmutzungswiderstände $R_V$, die bei der Auslegung der Wärmedurchgangszahl $k_V$ des Kondensators zu berücksichtigen sind.

Die Wärmedurchgangszahl des Kondensators ist dann: $k_V = (1/k_{sauber} + R_V)^{-1}$.

### Beispiel 2.6: Isolierung einer Dampfleitung

In einer Dampfleitung aus Stahl mit 100 mm Innendurchmesser und 5 mm Wandstärke strömt Wasserdampf mit der Temperatur von 400 °C. Im Rohr beträgt die Wärmeübergangszahl 1 000 W/(m$^2$ K). Das Rohr muss mit einer Isolation, die außen mit einem Aluminiumblech von 0,5 mm Wandstärke geschützt wird, versehen werden. Die Wärmeleitfähigkeit des Rohres ist 47 W/(m K), die des Aluminiums 220 W/(m K) und des Isolators 0,08 W/(m K). Die Sicherheitsvorschriften verlangen, dass bei einer Raumtemperatur von 32 °C und einer äußeren Wärmeübergangszahl von 15 W/(m$^2$ K) die Außenwand der Aluminiumhülle nicht wärmer als 45 °C werden darf.

Berechnen Sie die notwendige Dicke der Isolation unter der Bedingung, dass die Außendurchmesser der handelsüblichen Isolierschalen in 10 mm-Abstufungen erhältlich sind.

Prüfen Sie, welche Vereinfachungen gemacht werden können.

**Lösung**

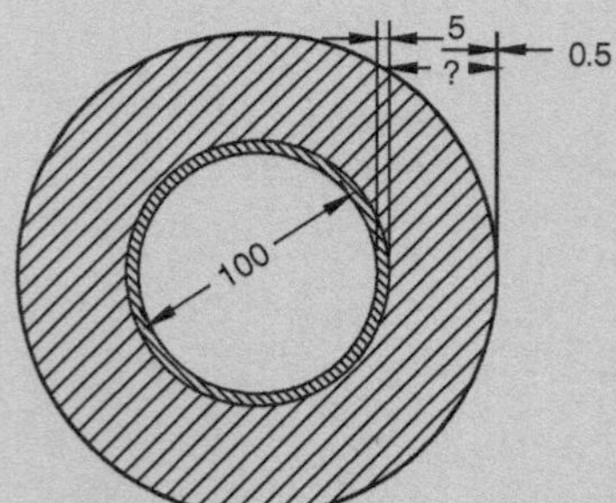


*Schema* Siehe Skizze

*Annahmen*

- In den Wänden ist die Wärmeleitfähigkeit konstant.
- An den Wänden innen und außen sind die Temperaturen jeweils konstant.

*Analyse*

Die Temperaturdifferenz zwischen der Außenwand und dem Raum kann mit Gl. 2.32 berechnet und daraus die Wärmedurchgangszahl, die notwendig ist, um die vorgeschriebene Außenwandtemperatur zu erreichen, ermittelt werden.

$$k = \frac{\vartheta_{n+1} - \vartheta_{f2}}{\vartheta_{f1} - \vartheta_{f2}} \cdot \alpha_{f2} = \frac{45 - 32}{400 - 32} \cdot 15 \cdot \frac{W}{m^2\,K} = 0{,}530\,\frac{W}{m^2\,K}$$

Mit Gl. 2.32 kann man den Durchmesser der Isolation berechnen.

$$\frac{1}{k} = \frac{d_4}{d_1} \cdot \frac{1}{\alpha_{f1}} + \frac{d_4}{2 \cdot \lambda_1} \cdot \ln\left(\frac{d_2}{d_1}\right) + \frac{d_4}{2 \cdot \lambda_2} \cdot \ln\left(\frac{d_3}{d_2}\right) + \frac{d_4}{2 \cdot \lambda_3} \cdot \ln\left(\frac{d_4}{d_2}\right) + \frac{1}{\alpha_{f2}}$$

Dabei ist $d_4 = d_3 + 2s_3$. Diese Gleichung ist analytisch unlösbar. Man ermittelt den Durchmesser entweder per Iteration oder mit einem Gleichungslöser. *Mathcad* errechnete den Wert von 294 mm. Ausgewählt wurde ein Außendurchmesser von **300 mm** und damit die Wärmedurchgangszahl von 0,511 W/(m² K) bestimmt.

Die möglichen Vereinfachungen können mit den Temperaturen an den Wänden einzelner Hohlzylinder demonstriert werden. Die Temperaturen sind mit Gl. 2.33 zu ermitteln:

$$\vartheta_1 = \vartheta_{f1} - (\vartheta_{f1} - \vartheta_{f2})\frac{d_4}{d_1} \cdot \frac{k}{\alpha_{f1}} = 399{,}4\ ^\circ C$$

$$\vartheta_2 = \vartheta_1 - (\vartheta_{f1} - \vartheta_{f2})\frac{d_4}{d_2} \cdot \frac{k}{\alpha_{W1}} = \vartheta_1 - (\vartheta_{f1} - \vartheta_{f2})\frac{d_4}{d_2} \cdot \frac{k \cdot d_4}{2 \cdot \lambda_1} \cdot \ln\left(\frac{d_2}{d_1}\right) = 399{,}3\ ^\circ C$$

$$\vartheta_3 = \vartheta_2 - (\vartheta_{f1} - \vartheta_{f2})\frac{d_4}{d_3} \cdot \frac{k \cdot d_4}{2 \cdot \lambda_2} \cdot \ln\left(\frac{d_3}{d_2}\right) = 43{,}25\ ^\circ C$$

$$\vartheta_4 = \vartheta_3 - (\vartheta_{f1} - \vartheta_{f2})\frac{k \cdot d_4}{2 \cdot \lambda_3} \cdot \ln\left(\frac{d_4}{d_3}\right) = 43{,}25\ ^\circ C$$

Die berechneten Temperaturen zeigen, dass innen im Rohr und in der Rohrwand nur 1 K Temperaturgefälle, in der äußeren Aluminiumhülle praktisch keines vorhanden ist. Damit hätte die Berechnung für eine Temperatur von 400 °C auf der Innen- und 45 °C auf der Außenseite der Isolation durchgeführt werden können.

*Diskussion*

Hat eine Schicht in einer aus mehreren Schichten bestehenden Wand einen im Vergleich zu anderen Schichten sehr großen Wärmewiderstand (sehr kleine Wärmeübergangszahl), tritt in dieser Schicht praktisch das gesamte Temperaturgefälle auf. Die Wärmedurchgangszahl ist fast gleich groß wie die Wärmeübergangszahl der Schicht mit hohem Wärmewiderstand.

## 2.1.5 Wärmeleitung in einer Hohlkugel

Bei der Berechnung des Wärmestromes in einer Hohlkugel (Abb. 2.6) wird wie beim Hohlzylinder vorgegangen. Die Querschnittsfläche $A$ für den Wärmestrom ändert sich mit dem Radius und wird entsprechend der Kugeloberfläche $A = 4 \cdot \pi \cdot r^2$ eingesetzt.

$$\dot{Q} = -\lambda \cdot 4 \cdot \pi \cdot r^2 \cdot \frac{d\vartheta}{dr} \tag{2.34}$$

Wenn der Wärmestrom auf die Außenfläche der Kugel bezogen wird, lautet die Lösung dieser Differentialgleichung:

$$\dot{Q} = \frac{\lambda \cdot 4 \cdot \pi}{1/r_1 - 1/r_2} \cdot (\vartheta_1 - \vartheta_2) = \frac{2 \cdot \lambda}{d_2 \cdot (d_2/d_1 - 1)} \cdot \pi \cdot d_2^2 \cdot (\vartheta_1 - \vartheta_2) \tag{2.35}$$

Damit ist die Wärmeübergangszahl der Hohlkugel:

$$\alpha_{Wa} = \frac{2 \cdot \lambda}{d_2 \cdot (d_2/d_1 - 1)} = \frac{2 \cdot \lambda}{d_2^2 \cdot (1/d_1 - 1/d_2)} \tag{2.36}$$

Die Wärmedurchgangszahl der Hohlkugel, deren Wand aus $n$ Schichten unterschiedlicher Dicke und Wärmeleitfähigkeit besteht, erhält man als:

$$\frac{1}{k} = \frac{d_{n+1}^2}{d_1^2} \cdot \frac{1}{\alpha_{f1}} + \sum_{i=1}^{i=n} \frac{d_{n+1} \cdot (d_{n+1}/d_i - d_{n+1}/d_{i+1})}{2 \cdot \lambda_i} + \frac{1}{\alpha_{f2}} \tag{2.37}$$

**Abb. 2.6** Wärmeleitung in einer Hohlkugel

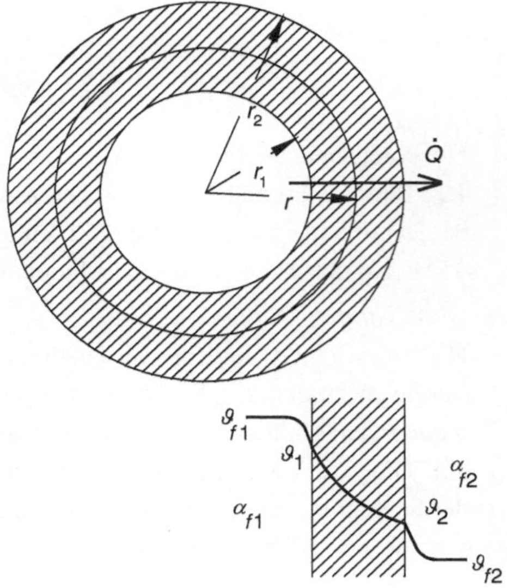

Für die Temperaturdifferenzen gilt:

$$\frac{\vartheta_{f1} - \vartheta_1}{\vartheta_{f1} - \vartheta_{f2}} = \frac{d_{n+1}^2}{d_1^2} \cdot \frac{k}{\alpha_{f1}} \qquad \frac{\vartheta_i - \vartheta_{i+1}}{\vartheta_{f1} - \vartheta_{f2}} = \frac{d_{n+1}^2}{d_i^2} \cdot \frac{k}{\alpha_{Wa}} \qquad \frac{\vartheta_{n+1} - \vartheta_{f2}}{\vartheta_{f1} - \vartheta_{f2}} = \frac{k}{\alpha_{f2}} \qquad (2.38)$$

Es ist bemerkenswert, dass der Wärmestrom bei der Hohlkugel mit zunehmender Wandstärke nicht gegen null geht. Bei der ebenen Platte und beim Hohlzylinder werden, wenn die Wandstärke gegen unendlich strebt, die Wärmeübergangszahl und der Wärmestrom zu null. Bei der Hohlkugel sieht man in Gl. 2.35, dass der Wärmestrom bei zunehmendem Außenradius einem Wert, der größer als null ist, zustrebt.

$$\dot{Q} = \lim_{d_2 \to \infty} \frac{2 \cdot \lambda \cdot \pi \cdot d_2^2}{d_2^2 \cdot (1/d_1 - 1/d_2)} \cdot (\vartheta_1 - \vartheta_2) = 2 \cdot \lambda \cdot d_1 \cdot \pi \cdot (\vartheta_1 - \vartheta_2) \qquad (2.39)$$

Die Wärmeübergangszahl strebt zwar gegen null, aber die Fläche $A = \pi \cdot d_a$ gegen unendlich und der Wärmestrom nimmt den in Gl. 2.39 angegebenen Wert an. Dieses bedeutet, dass von einer Kugeloberfläche an eine unendliche Umgebung immer Wärme transferiert wird, solange eine Temperaturdifferenz zur unendlich fernen Umgebung besteht.

**Beispiel 2.7: Isolierung eines Kugelbehälters**
Ein kugelförmiger Behälter aus Stahl für flüssiges Kohlendioxid hat den Außendurchmesser von 1,5 m und die Wandstärke von 20 mm. Er soll mit einer Isolation versehen werden. Die Temperatur im Behälter beträgt $-15$ °C. Die Isolation muss so ausgelegt werden, dass bei einer Außentemperatur von 30 °C der Wärmestrom zum Kohlendioxid kleiner als 300 W ist. Die Wärmeübergangszahlen im Behälter und außen an der Isolation können vernachlässigt werden. Die Wärmeleitfähigkeit des Isolationsmaterials beträgt 0,05 W/(m K), die des Stahls 47 W/(m K). Bestimmen Sie die notwendige Dicke der Isolation.

**Lösung**

*Annahmen*
- In der Behälterwand und Isolation ist die Wärmeleitfähigkeit konstant.
- An den Wänden sind die Temperaturen innen und außen jeweils konstant.

*Analyse*
Damit der gegebene Wärmestrom nicht überschritten wird, muss die Wärmedurchgangszahl entsprechend klein sein. In diesem speziellen Fall ist es sinnvoll, die Wärmeübergangszahlen und die Wärmedurchgangszahl auf die Innenfläche zu beziehen, da die Außenfläche erst nach Bestimmung der Isolationsdicke bekannt ist.

Die auf die Innenfläche bezogene Wärmedurchgangszahl erhält man als:

$$k_i = \frac{\dot{Q}}{A_i \cdot \left(\vartheta_{f2} - \vartheta_{f1}\right)} = \frac{\dot{Q}}{\pi \cdot d_1^2 \cdot \left(\vartheta_{f2} - \vartheta_{f1}\right)}$$

$$= \frac{300 \cdot \text{W}}{\pi \cdot 1{,}46^2 \cdot \text{m}^2 \cdot (30 + 15) \cdot \text{K}} = 0{,}996 \, \frac{\text{W}}{\text{m}^2 \, \text{K}}$$

Die Vernachlässigung der Wärmeübergangszahlen innen im Behälter und außen an der Isolation bedeutet, dass sie in Gl. 2.36 als unendlich groß eingesetzt werden. Unter Berücksichtigung, dass die Übergangszahlen auf die Innenfläche bezogen sind, ergeben sich mit Gl. 2.35 folgende Beziehungen:

$$\dot{Q} = \frac{2 \cdot \lambda_1}{d_1 \cdot (1 - d_1/d_2)} \cdot \pi \cdot d_1^2 \cdot (\vartheta_2 - \vartheta_1)$$

$$\dot{Q} = \frac{2 \cdot \lambda_2}{d_2 \cdot (1 - d_2/d_3)} \cdot \pi \cdot d_2^2 \cdot (\vartheta_3 - \vartheta_2) = \frac{d_2^2}{d_1^2} \cdot \frac{2 \cdot \lambda_2}{d_2 \cdot (1 - d_2/d_3)} \cdot \pi \cdot d_1^2 \cdot (\vartheta_3 - \vartheta_2)$$

Beide Gleichungen nach $\vartheta_2$ aufgelöst und gleichgesetzt, ergeben:

$$\dot{Q} = \left( \frac{d_1 \left(1 - \dfrac{d_1}{d_2}\right)}{2\lambda_1} + \frac{d_2 \left(1 - \dfrac{d_2}{d_3}\right)}{2\lambda_2} \cdot \frac{d_1^2}{d_2^2} \right)^{-1} \cdot \pi \cdot d_1^2 \cdot (\vartheta_3 - \vartheta_2)$$

Für die auf die Innenfläche bezogene Wärmedurchgangszahl gilt:

$$\dot{Q} = k_i \cdot \pi \cdot d_1^2 \cdot (\vartheta_3 - \vartheta_1)$$

Damit ist die Wärmedurchgangszahl in der oberen Gleichung der Ausdruck in den Klammern. Sie ist bekannt, der Klammerausdruck kann nach dem Durchmesser $d_3$ aufgelöst werden.

$$d_3 = \frac{d_2}{1 - \left( \dfrac{1}{k} - \dfrac{d_1 \cdot (1 - d_1/d_2)}{2 \cdot \lambda_1} \right) \cdot \dfrac{2 \cdot \lambda_2 \cdot d_2}{d_1^2}}$$

$$= \frac{1{,}5 \cdot \text{m}}{1 - \left( \dfrac{1}{0{,}996} - \dfrac{1{,}46 \cdot (1 - 1{,}46/1{,}5)}{2 \cdot 47} \right) \cdot \dfrac{2 \cdot 0{,}05 \cdot 1{,}5}{1{,}46^2}} = 1{,}612 \, \text{m}$$

## 2.1.6 Wärmeleitung mit seitlichem Wärmetransfer (Rippen)

In der Technik werden zur Vergrößerung der Übertragungsfläche *Rippen* angebracht. Ebenso wird Behältern durch Stützen, Streben und Füße Wärme zu- oder abgeführt. Eine Rippe oder eine Stütze kann ein Stab konstanten Querschnitts sein. Wären die Seitenflächen eines Stabes thermisch vollkommen isoliert, hätte man die gleiche Situation wie bei der stationären Wärmeleitung in einer ebenen Wand. Bei konstanter Wärmeleitfähigkeit stellte sich nach Gl. 2.5 ein linearer Temperaturgradient im Stab ein. Bei der technischen Anwendung von Rippen, Streben etc. sind die Seitenwände nicht isoliert. Von ihnen wird Wärme von oder zur Umgebung transferiert. Der Wärmestrom im Stab ist nicht mehr konstant. Er wird entsprechend der seitlich ab- oder zugeführten Wärme verändert. Dieses ist ein zweidimensionales Problem. Eine ebene Wand konstanten Querschnitts, die durch einen Wärmestrom auf der einen Seite auf einer Temperatur von $\vartheta_0$ gehalten und aus der seitlich durch den Wärmeübergang Wärme transferiert wird, kann als eindimensionales Problem behandelt werden, wenn die Temperatur am Querschnitt an jeder beliebigen Stelle $x$ als konstant angenommen werden kann. Abb. 2.7 zeigt eine viereckige Rippe konstanten Querschnitts, die an einem Körper angebracht ist und dort durch einen Wärmestrom auf der konstanten Temperatur $\vartheta_0$ gehalten wird.

Die Rippe ist außen von dem Fluid tieferer Temperatur $\vartheta_u$ umgeben, zu dem Wärme aus der Rippe abgeführt wird. Die Wärmeübergangszahl des Fluids ist $\alpha_u$. In den folgenden Kapiteln werden die Temperatur und der Wärmestrom in der Rippe berechnet.

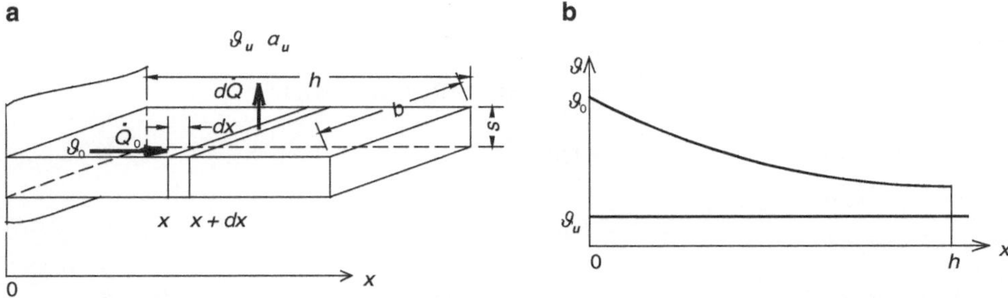


**Abb. 2.7** Wärmeleitung in einer Rippe

### 2.1.6.1 Temperaturverlauf in der Rippe

Der in das Volumenelement $b \cdot s \cdot dx$ über die Querschnittsfläche $A = s \cdot b$ eintretende Wärmestrom an der Stelle $x$ ist:

$$\dot{Q}_x = -\lambda \cdot A \cdot \frac{d\vartheta}{dx} \tag{2.40}$$

An Stelle $x + dx$ tritt folgender Wärmestrom aus dem Volumenelement:

$$\dot{Q}_{x+dx} = \dot{Q}_x + \frac{d\dot{Q}_x}{dx} \cdot dx = -\lambda \cdot A \cdot \frac{d\vartheta}{dx} - \lambda \cdot A \cdot \frac{d^2\vartheta}{dx^2} \cdot dx \tag{2.41}$$

Die Änderung des Wärmestromes im Volumenelement ist:

$$d\dot{Q}_x = \dot{Q}_{x+dx} - \dot{Q}_x = -\lambda \cdot A \cdot \frac{d^2\vartheta}{dx^2} \cdot dx \tag{2.42}$$

Mit umgekehrtem Vorzeichen entspricht diese Änderung aber dem Wärmestrom, der an der äußeren Oberfläche des Volumenelementes $U \cdot dx$ abgeführt wird. Der abgeführte Wärmestrom wird mit der Temperaturdifferenz der äußeren Wärmeübergangszahl bestimmt.

$$-d\dot{Q}_x = \alpha_U \cdot U \cdot (\vartheta - \vartheta_U) \cdot dx \tag{2.43}$$

Der Umfang der Rippe ist $U$. Die Gl. 2.42 und 2.43 gleichgesetzt, ergeben die Differentialgleichung:

$$\frac{d^2\vartheta}{dx^2} = \frac{\alpha_U \cdot U}{\lambda \cdot A} \cdot (\vartheta - \vartheta_U) \tag{2.44}$$

Eine konstante Außentemperatur $\vartheta_u$, Wärmeübergangszahl $\alpha_u$ und Wärmeleitfähigkeit $\lambda$ vorausgesetzt, kann $\vartheta - \vartheta_U$ durch $\Delta\vartheta$ substituiert und der erste Term auf der rechten Seite der Gleichung als die Konstante $m^2$ eingesetzt werden. Damit erhalten wir die Differentialgleichung:

$$\frac{d^2\Delta\vartheta}{dx^2} = m^2 \cdot \Delta\vartheta \tag{2.45}$$

mit

$$m = \sqrt{\frac{\alpha_U \cdot U}{\lambda \cdot A}} \quad \text{und} \quad \Delta\vartheta = (\vartheta - \vartheta_U).$$

Die Lösung der Differentialgleichung lautet:

$$\Delta\vartheta = C_1 \cdot e^{-m \cdot x} + C_2 \cdot e^{m \cdot x} \tag{2.46}$$

Die Konstanten $C_1$ und $C_2$ werden mit den Randbedingungen bestimmt. Sie können an beiden Enden der Rippe ermittelt werden. Bei $x = 0$ ist die Temperaturdifferenz gleich

$\Delta\vartheta_0$. Der Wärmestrom am Ende des Stabes wird oft vernachlässigt. Dadurch kann bei $x = h$ der Temperaturgradient gleich null gesetzt werden. Damit gilt:

$$\Delta\vartheta_0 = C_1 + C_2 \tag{2.47}$$

$$\left(\frac{d\Delta\vartheta}{dx}\right)_{x=h} = -m \cdot C_1 \cdot e^{-m \cdot h} + m \cdot C_2 \cdot e^{m \cdot h} = 0 \tag{2.48}$$

Aus Gl. 2.48 folgt für $C_1$:

$$C_1 = C_2 \cdot \frac{e^{m \cdot h}}{e^{-m \cdot h}} \tag{2.49}$$

Gl. 2.49 in Gl. 2.47 eingesetzt, ergibt für $C_2$:

$$C_2 = \Delta\vartheta_0 \cdot \frac{e^{-m \cdot h}}{e^{m \cdot h} + e^{-m \cdot h}} \tag{2.50}$$

Gl. 2.50 in Gl. 2.49 eingesetzt, ergibt für $C_1$:

$$C_1 = \Delta\vartheta_0 \cdot \frac{e^{+m \cdot h}}{e^{m \cdot h} + e^{-m \cdot h}} \tag{2.51}$$

Damit ist die Temperaturdifferenz $\Delta\vartheta$:

$$\Delta\vartheta(x) = \Delta\vartheta_0 \cdot \frac{e^{-m \cdot (h-x)} + e^{m \cdot (h-x)}}{e^{m \cdot h} + e^{-m \cdot h}} \tag{2.52}$$

Für eine *unendlich lange Rippe* werden die negativen Exponentialfunktionen gleich null und aus Gl. 2.52 erhält man:

$$\Delta\vartheta(x) = \Delta\vartheta_0 \cdot e^{-m \cdot x} \tag{2.53}$$

Für die *endlich lange Rippe* können in Gl. 2.52 die Exponentialfunktionen durch Hyperbelfunktionen ersetzt werden.

$$\frac{\Delta\vartheta(x)}{\Delta\vartheta_0} = \frac{\cosh[m \cdot (h-x)]}{\cosh(m \cdot h)} = \frac{\cosh[m \cdot h \cdot (1 - x/h)]}{\cosh(m \cdot h)} \tag{2.54}$$

Abb. 2.8 zeigt den normierten Temperaturverlauf $\Delta\vartheta/\Delta\vartheta_0$ über die normierte Länge $x/h$ mit der für die Rippen charakteristischen Größe $m \cdot h$ als Parameter.

Bei großen Werten von $m \cdot h$ ändert sich die Temperatur stark. Dieses bedeutet, dass bei langen Rippen bzw. Rippen mit kleiner Wärmeleitfähigkeit und großen äußeren Wärmeübergangszahlen erhebliche Temperaturänderungen vorkommen.

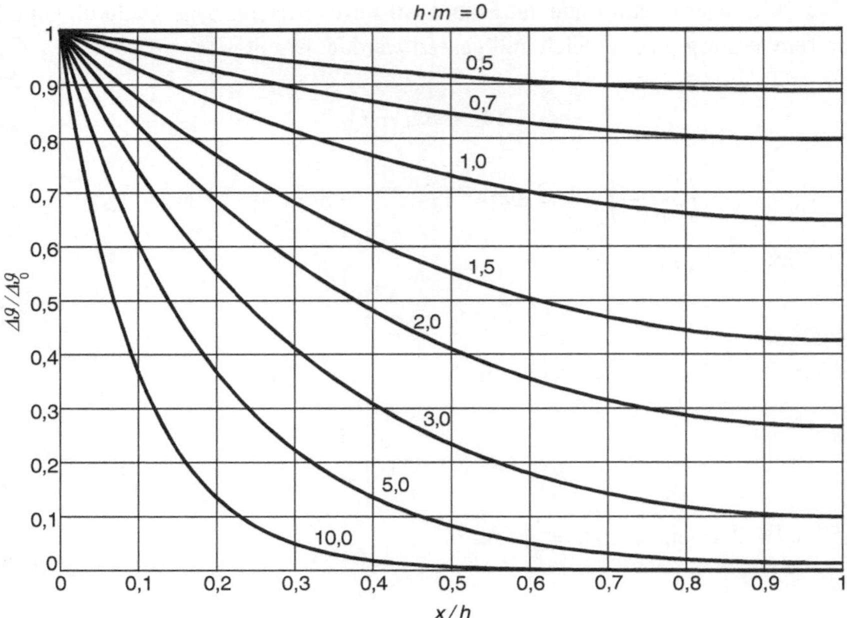



**Abb. 2.8**  Normierter Temperaturverlauf der Rippe

### 2.1.6.2  Temperatur am Ende der Rippe

Die Temperatur am Stabende beträgt:

$$\vartheta(h) = \vartheta_U + \Delta\vartheta(h) = \vartheta_U + \Delta\vartheta_0 \cdot \frac{1}{\cosh(m \cdot h)} \tag{2.55}$$

### 2.1.6.3  Wärmestrom am Anfang der Rippe

Von Interesse ist, wie groß der Wärmestrom am Stabanfang ist, denn er ist gleich dem Wärmestrom, der insgesamt von der Rippe abgegeben wird. Man ermittelt ihn aus Gl. 2.40, indem dort der Temperaturgradient bei $x = 0$ eingesetzt wird.

$$\dot{Q}_{x=0} = -\lambda \cdot A \cdot \left(\frac{d\vartheta}{dx}\right)_{x=0} = -\lambda \cdot A \cdot \Delta\vartheta_0 \cdot m \cdot \frac{-\sinh(m \cdot h)}{\cosh(m \cdot h)}$$
$$= \lambda \cdot A \cdot \Delta\vartheta_0 \cdot m \cdot \tanh(m \cdot h) \tag{2.56}$$

Da der Wärmestrom am Anfang der Rippe gleich dem Wärmestrom ist, der durch den äußeren Wärmeübergang abgeführt wird, erhält man das gleiche Ergebnis, wenn in Gl. 2.43 die Temperaturdifferenz aus Gl. 2.54 eingesetzt und von 0 bis $h$ integriert wird.

### 2.1.6.4  Rippenwirkungsgrad

Um die Austauschfläche zu vergrößern, werden bei kleinen Wärmeübergangszahlen an den Oberflächen der Wärmeübertrager Rippen angebracht. Damit die Oberflächenvergrö-

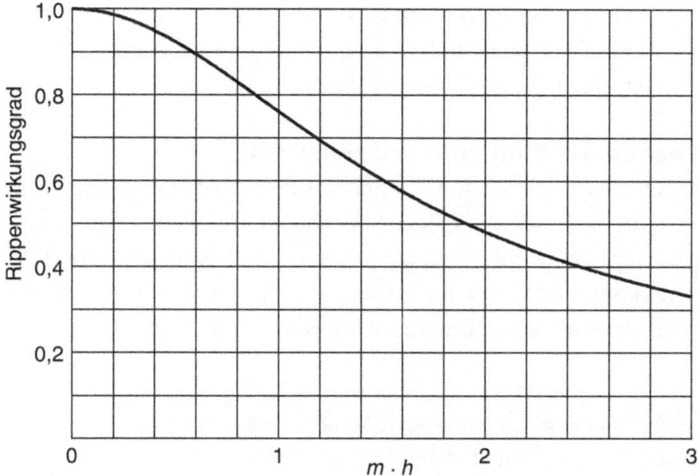

**Abb. 2.9**  Rippenwirkungsgrad als eine Funktion von $m \cdot h$

ßerung möglichst effektiv ist, sollte sich die Temperatur in der Rippe nur wenig ändern. In einer idealen Rippe bliebe die Temperatur konstant, d. h., für den Wärmeaustausch wäre immer die Temperaturdifferenz $\Delta\vartheta_0$ vorhanden. Das ergäbe dort den Wärmestrom:

$$\dot{Q}_{ideal} = U \cdot h \cdot \alpha_U \cdot \Delta\vartheta_0 \tag{2.57}$$

Das Verhältnis vom wirklich ausgetauschten zum idealen Wärmestrom nennt man *Rippenwirkungsgrad* $\eta_{Ri}$. Den tatsächlich übertragenen Wärmestrom erhalten wir aus Gl. 2.56. Damit ist der Rippenwirkungsgrad:

$$\eta_{Ri} = \frac{\dot{Q}_{x=0}}{\dot{Q}_{ideal}} = \frac{\lambda \cdot A \cdot m}{U \cdot \alpha_U \cdot h} \cdot \tanh(m \cdot h) = \frac{\tanh(m \cdot h)}{m \cdot h} \tag{2.58}$$

Abb. 2.9 zeigt den Rippenwirkungsgrad als eine Funktion der charakteristischen Rippengröße $m \cdot h$.

Wie in Abb. 2.8 schon gezeigt, ändern sich die Rippentemperaturen mit zunehmendem Wert der Größe $m \cdot h$ stärker. Damit sinkt der Rippenwirkungsgrad.

> *Der Rippenwirkungsgrad nimmt mit zunehmender Rippenhöhe h, Wärmeübergangszahl $\alpha_U$ und Umfang zum Querschnittsverhältnis U/A ab, mit zunehmender Wärmeleitfähigkeit der Rippe nimmt er zu.*

Rippen sind dann wirtschaftlich, wenn die Mehrkosten für die Berippung zu einer insgesamt kostengünstigeren Lösung führen. Als Faustregel gilt: Der Rippenwirkungsgrad sollte größer als 0,8 sein. Deshalb wählt man Rippen mit großer Wärmeleitfähigkeit und einem möglichst günstigen Verhältnis des Umfangs zum Querschnitt. Berippte Oberflächen kommen hauptsächlich bei Gasen zur Anwendung.

### 2.1.6.5   Anwendbarkeit für andere Geometrien

Die hier angegebenen Beziehungen wurden für eine rechteckige Rippe hergeleitet. Da der Umfang der Rippe $U$ und die Querschnittsfläche $A$ nicht aus den geometrischen Abmessungen der Rippe angegeben wurden, gelten die Beziehungen ganz allgemein für alle Rippen, die eine konstante Querschnittsfläche $A$ haben, wie z. B. Rundstäbe. Die in der Praxis oft verwendeten Rippenrohre werden in Kap. 3 behandelt.

**Beispiel 2.8: Beispiel Erhöhung der Austauschfläche durch Rippen**

Ein Heizkessel hat als Wände ebene Stahlplatten. Um die Austauschfläche zu vergrößern, werden zylindrische Rippen des gleichen Materials mit 8 mm Durchmesser und 25 mm Höhe angebracht. Die Rippen sind angeschweißt und quadratisch angeordnet, der Abstand zwischen ihnen beträgt 8 mm. Die Wärmeübergangszahl außen ist 50 W/(m$^2$ K), die Wärmeleitfähigkeit der Rippen 17 W/(m K). Die Temperatur der Wand beträgt 100 °C, die der Umgebung 1 000 °C. Zu bestimmen sind:

a)  die Vergrößerung der Austauschfläche
b)  die Wärmestromdichte mit und ohne Rippen
c)  die Temperatur an den Rippenenden.

**Lösung**

*Schema* Siehe Skizze

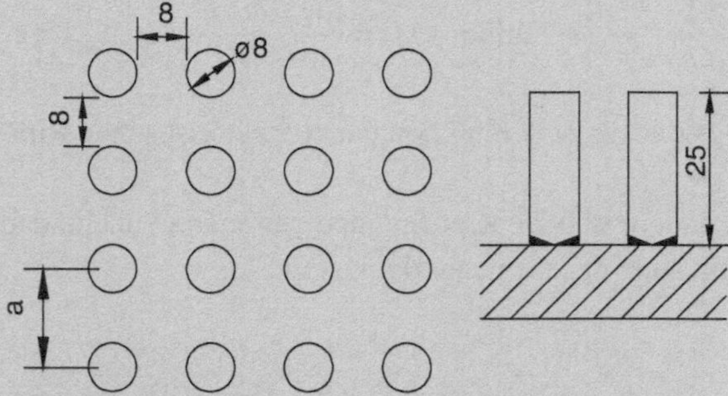


*Annahmen*
- Die Wärmeleitfähigkeit ist in der Wand und in den Rippen konstant.
- An den Enden der Rippen wird keine Wärme transferiert.
- Die Temperatur in der Rippe ändert sich nur in axialer Richtung.
- Die Rippen haben mit der Platte metallischen Kontakt.

*Analyse*

Pro Rippe wird die Fläche des Quadrates, das von den Rippenmitten gebildet wird, benötigt. Da der Abstand $a$ der Rippenmitten 16 mm ist, wird pro Rippe eine Fläche von 256 mm$^2$ benötigt oder pro Quadratmeter Fläche können 3 906 Rippen angebracht werden. Die totale Austauschfläche ist die Fläche $A$ der Platte, verringert um die Grundfläche $A_0$ der Rippen und vergrößert durch die Fläche $A_{Ri}$ der Rippen. Die spezifische Vergrößerung der Fläche beträgt:

$$\frac{A_{tot}}{A} = \frac{A - A_0 + A_{Ri}}{A} = 1 - \frac{\pi}{4} \cdot \frac{d_{Ri}^2}{a^2} + \pi \cdot \frac{d_{Ri} \cdot h}{a^2} = \mathbf{3{,}258}$$

Die Wärmestromdichte der unberippten Platte ist:

$$\dot{q}_{ohne} = \alpha_U \cdot (\vartheta_U - \vartheta_0) = 50 \cdot \frac{W}{m^2\,K} \cdot (1\,000 - 100) \cdot K = \mathbf{45\,\frac{kW}{m^2}}$$

Bei der berippten Platte reduziert sich wegen Verringerung der Plattenfläche einerseits der Wärmestrom zur Platte, andererseits wird durch die Rippen ein zusätzlicher Wärmestrom zugeführt. Bei den Rippen kann entweder der Wärmestrom pro Rippe mit Gl. 2.56 berechnet oder die Verringerung des Wärmestromes pro Rippe durch die Erwärmung der Rippe mit dem Rippenwirkungsgrad berücksichtigt werden. Hier folgen beide Methoden:

$$\dot{q}_{mit} = \frac{A - A_0}{A} \alpha_U \cdot (\vartheta_U - \vartheta_0) + \frac{1}{a^2} \cdot \dot{Q}_0$$

$$= \left(1 - \frac{\pi}{4} \cdot \frac{d_{Ri}^2}{a^2}\right) \cdot \alpha_U \cdot (\vartheta_U - \vartheta_0) + \frac{\lambda \cdot A_{QRi} \cdot \Delta\vartheta_0 \cdot m}{a^2} \cdot \tanh(m \cdot h)$$

$$\dot{q}_{mit} = \frac{A - A_0 + A_{Ri} \cdot \eta_{Ri}}{A} \cdot \alpha_U \cdot (\vartheta_U - \vartheta_0)$$

$$= \left(1 - \frac{\pi}{4} \cdot \frac{d_{Ri}^2}{a^2} + \pi \cdot \frac{d_{Ri} \cdot h}{a^2} \cdot \eta_{Ri}\right) \cdot \alpha_U \cdot (\vartheta_U - \vartheta_0)$$

Für beide Gleichungen ist zunächst die Größe $m$ zu bestimmen.

$$m = \sqrt{\frac{\alpha_U \cdot U}{\lambda \cdot A_{QRi}}} = \sqrt{\frac{\alpha_U \cdot 4 \cdot \pi \cdot d_{Ri}}{\lambda \cdot \pi \cdot d_{Ri}^2}} = \sqrt{\frac{\alpha_U \cdot 4}{\lambda \cdot d_{Ri}}} = \sqrt{\frac{50 \cdot 4}{17 \cdot 0{,}008 \cdot m^2}}$$

$$= 38{,}35\,m^{-1}$$

Der Rippenwirkungsgrad ist: $\eta_{Ri} = \tanh(m \cdot h)/m \cdot h = 0{,}776$.

Aus der oberen Gleichung erhalten wir für die Wärmestromdichte:

$$\dot{q}_{mit} = [\alpha_U - 0{,}25 \cdot \pi \cdot d_{Ri}^2/a^2 \cdot (1 - \lambda \cdot m \cdot \tanh(m \cdot h))] \cdot (\vartheta_U - \vartheta_0)$$
$$= [50 - 3\,906 \cdot \pi/4 \cdot 0{,}008^2 \cdot (50 - 17 \cdot 38{,}35 \cdot \tanh(38{,}35 \cdot 0{,}025))] \cdot 900$$
$$= \mathbf{121{,}8}\,\frac{\mathbf{kW}}{\mathbf{m^2}}$$

Die untere Gleichung ergibt:

$$\dot{q}_{mit} = (1 - n \cdot \pi \cdot d_{Ri} \cdot (d_{Ri}/4 - h \cdot \eta_{Ri}) \cdot 45 \cdot \frac{kW}{m^2}$$
$$= (1 - 3\,906 \cdot \pi \cdot 0{,}008 \cdot (0{,}002 - 0{,}025 \cdot 0{,}776) \cdot 45 \cdot \frac{kW}{m^2} = \mathbf{121{,}8}\,\frac{\mathbf{kW}}{\mathbf{m^2}}$$

Durch das Anbringen der Rippen beträgt die Vergrößerung der Wärmestromdichte:

$$\dot{q}_{mit}/\dot{q}_{ohne} = \mathbf{2{,}708}$$

c)  Mit Gl. 2.51 kann die Temperatur am Ende der Rippe berechnet werden.

$$\vartheta(h) = \vartheta_U + (\vartheta_0 - \vartheta_U) \cdot \frac{1}{\cosh(m \cdot h)} = 1\,000\,°\mathrm{C} - \frac{900 \cdot \mathrm{K}}{\cosh(38{,}35 \cdot 0{,}025)} = \mathbf{398\,°C}$$

*Diskussion*

Durch das Anbringen der Rippen vergrößert sich die Fläche auf das 3,258fache, die Wärmestromdichte auf das 2,7fache. Die geringere Erhöhung der Wärmestromdichte wird durch die Erwärmung der Rippen verursacht. Dadurch nimmt der Wärmetransfer zum Rippenende hin ab. Zur Bestimmung der Wärmestromdichte wurden zwei verschiedene Lösungen gewählt, die jedoch das gleiche Ergebnis liefern. Durch Umformung könnte man zeigen, dass beide Gleichungen identisch sind.

**Beispiel 2.9: Wärmetransfer durch eine Halterung**
Ein Behälter für heißen Dampf wurde zur Befestigung mit Stahlstäben von 400 mm Länge, 20 mm Dicke und 40 mm Breite versehen. Der Behälter hat eine Isolationsschicht von 100 mm Dicke, sodass sich die ersten 100 mm des Stabes in dieser Schicht befinden. Die Isolation kann als ideal angenommen werden. Die Wärmeübergangszahl außen am Stab ist 10 W/(m$^2$ K). An der Behälterwand herrscht eine

Temperatur von 150 °C, außen in der Umgebung die von 20 °C. Das Material des Stabes hat die Wärmeleitfähigkeit von 47 W/(m K). Zu berechnen sind:

a)  der Temperaturverlauf im Stab
b)  die Dicke der Isolation, damit die Stabtemperatur außerhalb der Isolation 90 °C nicht überschreitet.

**Lösung**

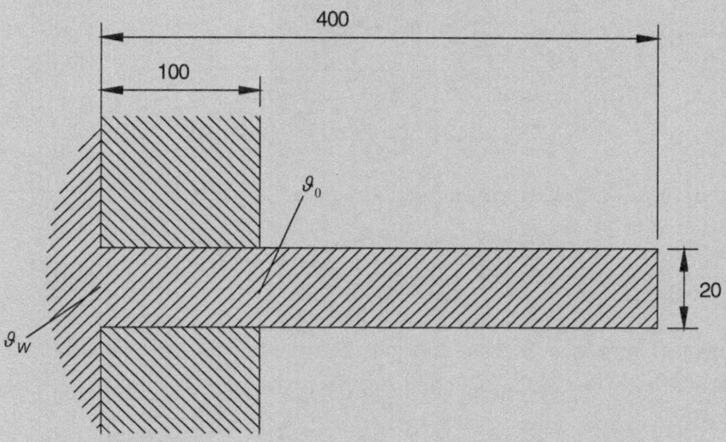


*Schema* Siehe Skizze

*Annahmen*

- Im Stab ist die Wärmeleitfähigkeit konstant.
- An den Enden der Rippen wird keine Wärme transferiert.
- Im Stab ändert sich die Temperatur nur entlang der Stabachse.
- Zwischen Behälter und Stab besteht metallischer Kontakt.

*Analyse*

a)  Aus dem Teil des Stabes (den ersten 100 mm), der von der Isolierung umgeben ist, tritt seitlich keine Wärme aus. Daher kann dieser Teil als ebene Wand mit der Dicke *s*, der übrige Teil des Stabes als Rippe mit der Höhe *h* behandelt werden. Nach Gl. 2.6 ist der Wärmestrom in einer ebenen Wand:

$$\dot{Q} = \frac{\lambda}{s} \cdot A \cdot (\vartheta_W - \vartheta_0)$$

Dieser Wärmestrom ist gleich jenem am Eintritt der Rippe nach Gl. 2.56.

$$\dot{Q} = \lambda \cdot A \cdot \Delta\vartheta_0 \cdot m \cdot \tanh(m \cdot h) = \lambda \cdot A \cdot (\vartheta_0 - \vartheta_U) \cdot m \cdot \tanh(m \cdot h)$$

Die Temperatur des Stabes am Ende der Isolation ist unbekannt. Beide Gleichungen werden gleichgesetzt und nach $\vartheta_0$ aufgelöst.

$$\vartheta_0 = \frac{\vartheta_W + \vartheta_U \cdot s \cdot m \cdot \tanh(m \cdot h)}{s \cdot m \cdot \tanh(m \cdot h) + 1}$$

Zunächst muss noch die Größe $m$ bestimmt werden.

$$m = \sqrt{\frac{\alpha_U \cdot U}{\lambda \cdot A}} = \sqrt{\frac{\alpha_U \cdot 2 \cdot (a + b)}{\lambda \cdot a \cdot b}} = \sqrt{\frac{10 \cdot 2 \cdot (0{,}02 + 0{,}04)}{47 \cdot 0{,}02 \cdot 0{,}04 \cdot \mathrm{m}^2}} = 5{,}649\,\mathrm{m}^{-1}$$

Für die Temperatur $\vartheta_0$ erhalten wir damit:

$$\vartheta_0 = \frac{150 \cdot {}^\circ\mathrm{C} + 20 \cdot {}^\circ\mathrm{C} \cdot 0{,}1 \cdot \mathrm{m} \cdot 5{,}649 \cdot \mathrm{m}^{-1} \cdot \tanh(5{,}649 \cdot 0{,}3)}{0{,}1 \cdot \mathrm{m} \cdot 5{,}649 \cdot \mathrm{m}^{-1} \cdot \tanh(5{,}649 \cdot 0{,}3) + 1} = 105{,}07\,{}^\circ\mathrm{C}$$

In den ersten 100 mm des Stabes fällt die Temperatur linear von 150 auf 105,07 °C. Außerhalb der Isolation kann der Temperaturverlauf mit Gl. 2.54 berechnet werden:

$$\vartheta(x) = \vartheta_U + (\vartheta_0 - \vartheta_U) \cdot \frac{\cosh\left[m \cdot (h - x)\right]}{\cosh(m \cdot h)}$$

Für die Temperaturen wurden folgende Werte ermittelt:

| $x$ | $\vartheta(x)$ |
| --- | --- |
| m | °C |
| 0,00 | 150,00 |
| 0,10 | 105,07 |
| 0,13 | 92,76 |
| 0,16 | 82,53 |
| 0,19 | 74,11 |
| 0,22 | 67,25 |
| 0,25 | 61,74 |
| 0,28 | 57,44 |
| 0,31 | 54,22 |
| 0,34 | 51,98 |
| 0,37 | 50,66 |
| 0,40 | 50,23 |

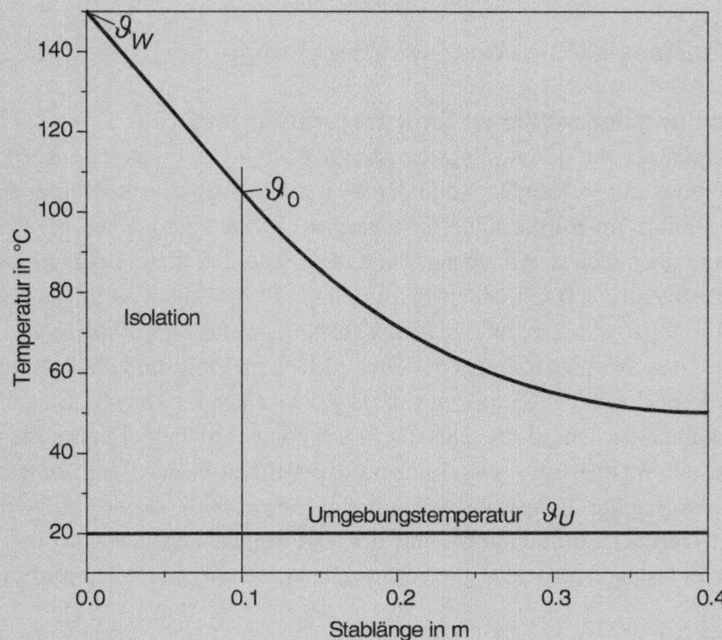


Das Diagramm zeigt den Temperaturverlauf im Stab.

b) Zur Berechnung der Isolationsdicke, die zum Erreichen einer Stabtemperatur von 90 °C notwendig ist, kann man die Gleichung, die zur Bestimmung der Temperatur verwendet wurde, einsetzen. Die unbekannte Größe ist die Länge $s$. Für die Höhe $h$ der Rippe wird $h = l - s$ eingesetzt.

$$\vartheta_0 = \frac{\vartheta_W + \vartheta_U \cdot s \cdot m \cdot \tanh[m \cdot (l - s)]}{s \cdot m \cdot \tanh[m \cdot (l - s)] + 1}$$

Diese Gleichung kann nicht nach $s$ aufgelöst werden. Sie ist iterativ oder mit einem Gleichungslöser zu berechnen. Man erhält $s = \mathbf{0{,}179}$.

### *Diskussion*

Der Wärmestrom, der außen vom nicht isolierten Stab abgegeben wird, bestimmt die Temperaturänderung des Stabes im isolierten Teil. Außerhalb der Isolation nimmt die Temperatur im Stab relativ langsam ab. Am Stabende beträgt sie immer noch 55,2 °C, d. h., sie ist um 35 °C höher als die der Umgebung.

## 2.2 Instationäre Wärmeleitung

### 2.2.1 Eindimensionale instationäre Wärmeleitung

#### 2.2.1.1 Bestimmung der zeitlichen Temperaturänderung

Bringt man einen Körper mit der Anfangstemperatur $\vartheta_A$ mit einem anderen Körper unterschiedlicher Temperatur in Kontakt, verändert sich die Temperatur im Körper sowohl örtlich als auch zeitlich. Im Körper findet *instationäre Wärmeleitung* statt. Als Beispiel betrachten wir eine unendlich große, ebene Platte der Dicke 2 *s*, die die Anfangstemperatur $\vartheta_A$ hat und zur Zeit $t = 0$ mit einem Fluid tieferer Temperatur von $\vartheta_\infty$ in Kontakt gebracht wird (Abb. 2.10). An der Oberfläche der Platte führt das Fluid Wärme ab.

Bestimmend für den Wärmestrom von der Oberfläche zum Fluid sind die Wärmeübergangszahl $\alpha$ des Fluids und die Temperaturdifferenz zwischen der Oberfläche und dem Fluid. Durch Abkühlen der Oberfläche entsteht in der Platte ein Temperaturgradient und dementsprechend ein Wärmestrom. Die Temperaturverteilung in der Platte kennen wir noch nicht. Der dargestellte Temperaturverlauf zeigt nur, dass die Temperatur von der Plattenmitte zur Oberfläche hin abnimmt, mit der Zeit immer niedriger wird und nach unendlich langer Zeit den Wert von $\vartheta_\infty$ erreicht. Die Änderung des Wärmestromes im

**Abb. 2.10** Temperaturverlauf in einer Platte während der Abkühlung

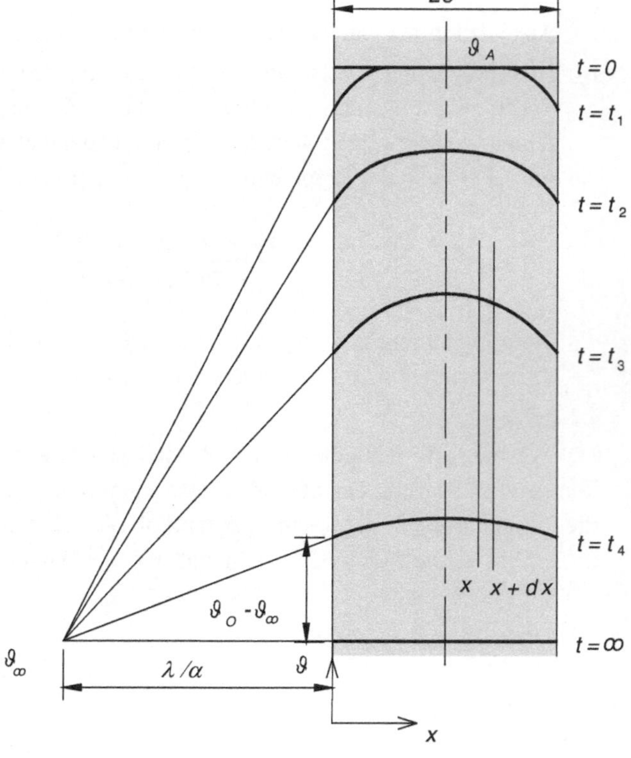

betrachteten Volumenelement der Platte wird nur durch die Änderung des Temperaturgradienten bewirkt. Durch den Wärmestrom sinkt mit der Zeit die Enthalpie (Wärmeinhalt) und damit die Temperatur des Volumenelementes. Die Tangenten der Temperaturgradienten an der Oberfläche der Platte schneiden die mit der Temperatur $\vartheta_\infty$ gebildete Achse in einer Entfernung, die dem Quotienten $\lambda/\alpha$ entspricht.

Da die seitliche Ausdehnung der Platte als unendlich angenommen wurde, erfolgt der Wärmetransfer nur in $x$-Richtung. Der Wärmestrom zum Volumenelement in $x$-Richtung an der Stelle $x$ wird durch folgende Gleichung beschrieben:

$$\dot{Q}_x = -\lambda \cdot A \cdot \frac{\partial \vartheta}{\partial x} \tag{2.59}$$

An der Stelle $x + \mathrm{d}x$ ist der Wärmestrom:

$$\dot{Q}_{x+\mathrm{d}x} = \dot{Q}_x + \frac{\partial \dot{Q}_x}{\partial x} \cdot \mathrm{d}x = -\lambda \cdot A \cdot \frac{\partial \vartheta}{\partial x} - \lambda \cdot A \cdot \frac{\partial^2 \vartheta}{\partial x^2} \cdot \mathrm{d}x \tag{2.60}$$

Die Änderung des Wärmestromes beträgt:

$$\mathrm{d}\dot{Q}_x = \dot{Q}_{x+\mathrm{d}x} - \dot{Q}_x = -\lambda \cdot A \cdot \frac{\partial^2 \vartheta}{\partial x^2} \cdot \mathrm{d}x \tag{2.61}$$

Da seitlich keine Wärme transferiert wird, entspricht die Änderung des Wärmestromes der zeitlichen Änderung der Enthalpie des Materials im Volumenelement. Den Wärmestrom aus dem Volumenelement bestimmt man folgendermaßen:

$$\Delta \dot{Q}_x = -\rho \cdot A \cdot \mathrm{d}x \cdot c_p \cdot \frac{\partial \vartheta}{\partial t} \tag{2.62}$$

Aus den Gl. 2.61 und 2.62 erhalten wir die partielle Differentialgleichung für die zeitliche und örtliche Temperaturverteilung in der Platte.

$$\frac{\partial \vartheta}{\partial t} = a \cdot \frac{\partial^2 \vartheta}{\partial x^2} \quad \text{mit} \quad a = \frac{\lambda}{\rho \cdot c_p} \tag{2.63}$$

Die Größe $a$ ist die *Temperaturleitfähigkeit* des Materials. Sie hat die Dimension **m²/s**. Wie die Differentialgleichung zeigt, ist die Temperaturleitfähigkeit die einzige Stoffeigenschaft, die den zeitlichen Verlauf einer Abkühlung oder Erwärmung bestimmt. Die instationäre Wärmeleitung in einem Stoff wird nur durch Temperaturunterschiede und die Temperaturleitfähigkeit des Stoffes bestimmt. Metalle und Gase haben die größten Temperaturleitfähigkeiten. Dieses bedeutet, dass der Temperaturausgleich in Metallen und Gasen in etwa gleich schnell erfolgt. Flüssigkeiten und nicht metallische Stoffe haben kleinere Temperaturleitfähigkeiten, der Temperaturausgleich läuft dadurch dort langsamer ab.

Die allgemein gültige dreidimensionale Differentialgleichung für die instationäre Wärmeleitung lautet:

$$\frac{\partial \vartheta}{\partial t} = a \cdot \frac{\partial^2 \vartheta}{\partial r^2} = a \cdot \nabla^2 \vartheta \tag{2.64}$$

Die Lösung für ein dreidimensionales Temperaturfeld ist bis auf einige Ausnahmen nur numerisch bestimmbar. Sie können für ein eindimensionales Temperaturfeld auch nur bei einfachen Geometrien angegeben werden, die Lösungen sind *Fourierreihen*. Für die eindimensionale Platte ist eine allgemeine Lösung der Differentialgleichung:

$$\vartheta(x,t) = \sum_{n=1}^{\infty} [C_1 \cdot \cos(B \cdot x) + C_2 \cdot \sin(B \cdot x)] \cdot e^{-a \cdot C_3 \cdot t} \tag{2.65}$$

Für entsprechende Randbedingungen können die Konstanten $B$ und $C$ bestimmt werden. Falls die Wärmeübergangszahl außen unendlich groß ist (d. h., die äußere Wandtemperatur ist gleich der Temperatur des umgebenden Fluids), lautet die Lösung bei der unendlichen Platte:

$$\begin{aligned}
\frac{\vartheta - \vartheta_\infty}{\vartheta_A - \vartheta_\infty} &= \frac{4}{\pi} \cdot \sum_{n=1}^{\infty} \frac{1}{n} \cdot e^{-\frac{n^2 \cdot \pi^2 \cdot a \cdot t}{4 \cdot s^2}} \cdot \sin \frac{n \cdot \pi \cdot x}{2 \cdot s} \\
&= \frac{4}{\pi} \cdot \sum_{n=1}^{\infty} \frac{1}{n} \cdot e^{-\frac{n^2 \cdot \pi^2 \cdot Fo}{4}} \cdot \sin \frac{n \cdot \pi \cdot x}{2 \cdot s}
\end{aligned} \tag{2.66}$$

*Fourier*reihen konvergieren zwar sehr schnell, die Berechnung der Reihen ist aber sehr zeitaufwändig. In den Abb. 2.11, 2.12 und 2.13 sind spezielle Lösungen für eine ebene Platte, einen Kreiszylinder und eine Kugel angegeben. Mit den Diagrammen können die Temperaturen in der Mitte und an der Oberfläche, außerdem die mittlere (kalorische) Temperatur des Körpers bestimmt werden.

In den Diagrammen werden folgende dimensionslose Kennzahlen verwendet:

$$\text{Dimensionslose Temperatur } \Theta: \qquad \Theta = \frac{\vartheta - \vartheta_\infty}{\vartheta_A - \vartheta_\infty} \tag{2.67}$$

$$\textit{Fourierzahl Fo:} \qquad\qquad\qquad\qquad Fo = a \cdot t / s^2 \tag{2.68}$$

$$\textit{Biotzahl Bi:} \qquad\qquad\qquad\qquad Bi = \alpha \cdot s / \lambda \tag{2.69}$$

Die dimensionslose Temperatur gibt an, wie sich die Temperatur, bezogen auf die Außentemperatur $\vartheta_\infty$ von der Anfangstemperatur $\vartheta_A$ beginnend zeitlich verändert.

Die *Fourier*zahl ist eine *dimensionslose Zeit*. Sie ist das Verhältnis des Wärmestromes zur zeitlichen Änderung des Wärmeinhaltes des Körpers.

Die *Biot*zahl ist eine *dimensionslose Wärmeübergangszahl*. Sie ist das Verhältnis der Wärmeübergangszahl außen am Körper zu derjenigen im Körper.

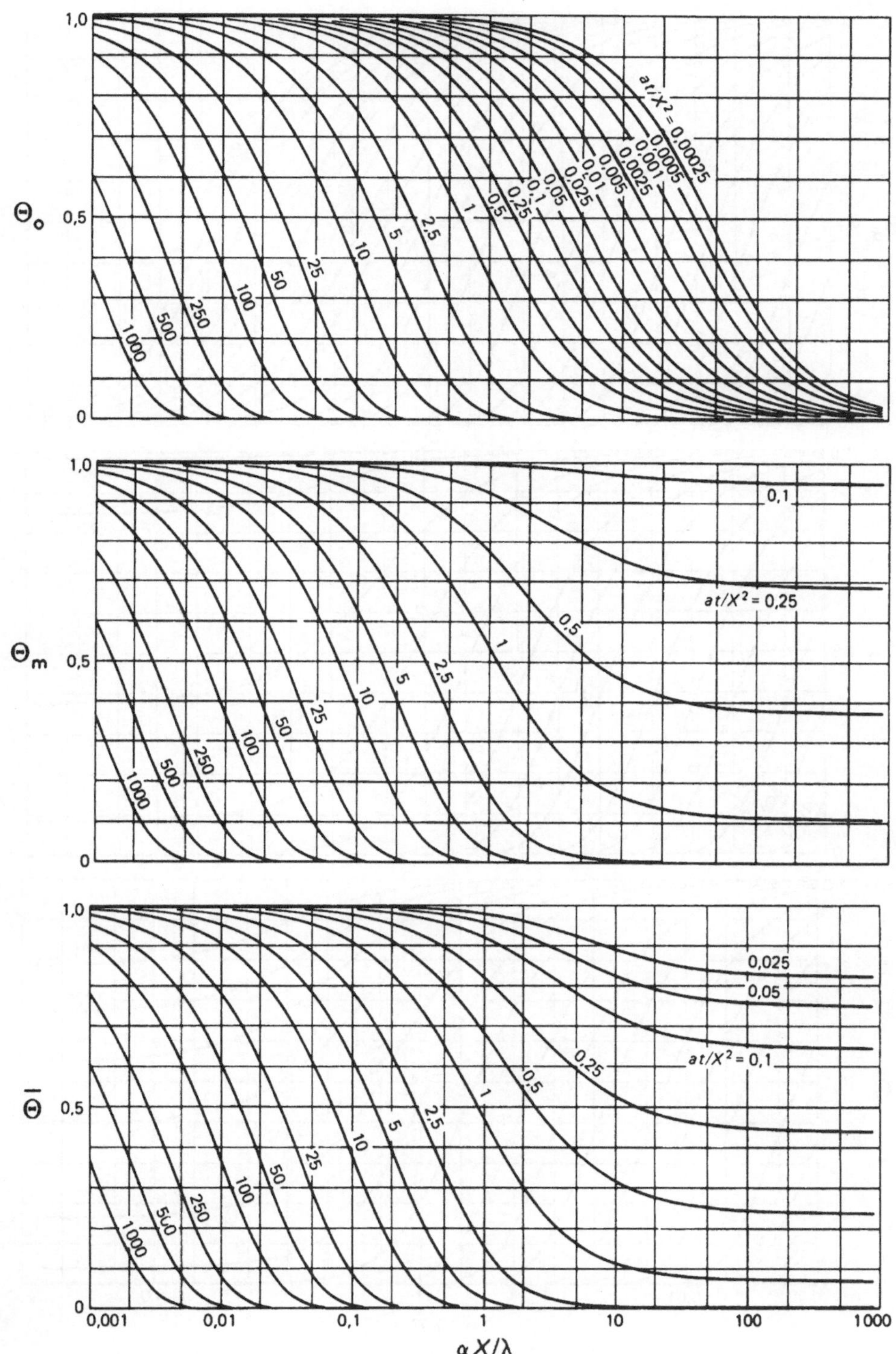


**Abb. 2.11**  Temperaturverlauf der instationären Wärmeleitung in einer Platte [1]

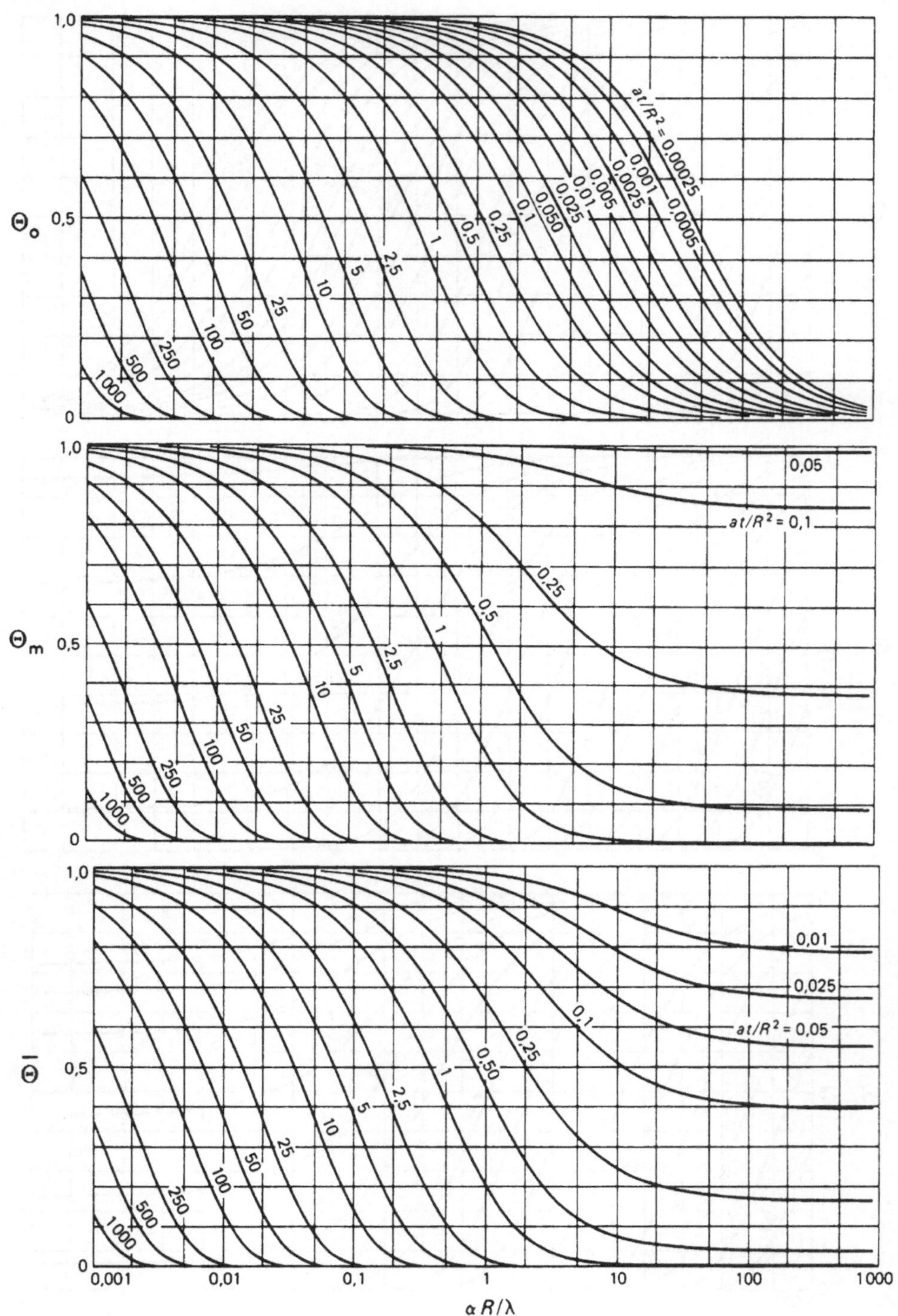


**Abb. 2.12** Temperaturverlauf der instationären Wärmeleitung in einem Kreiszylinder [1]

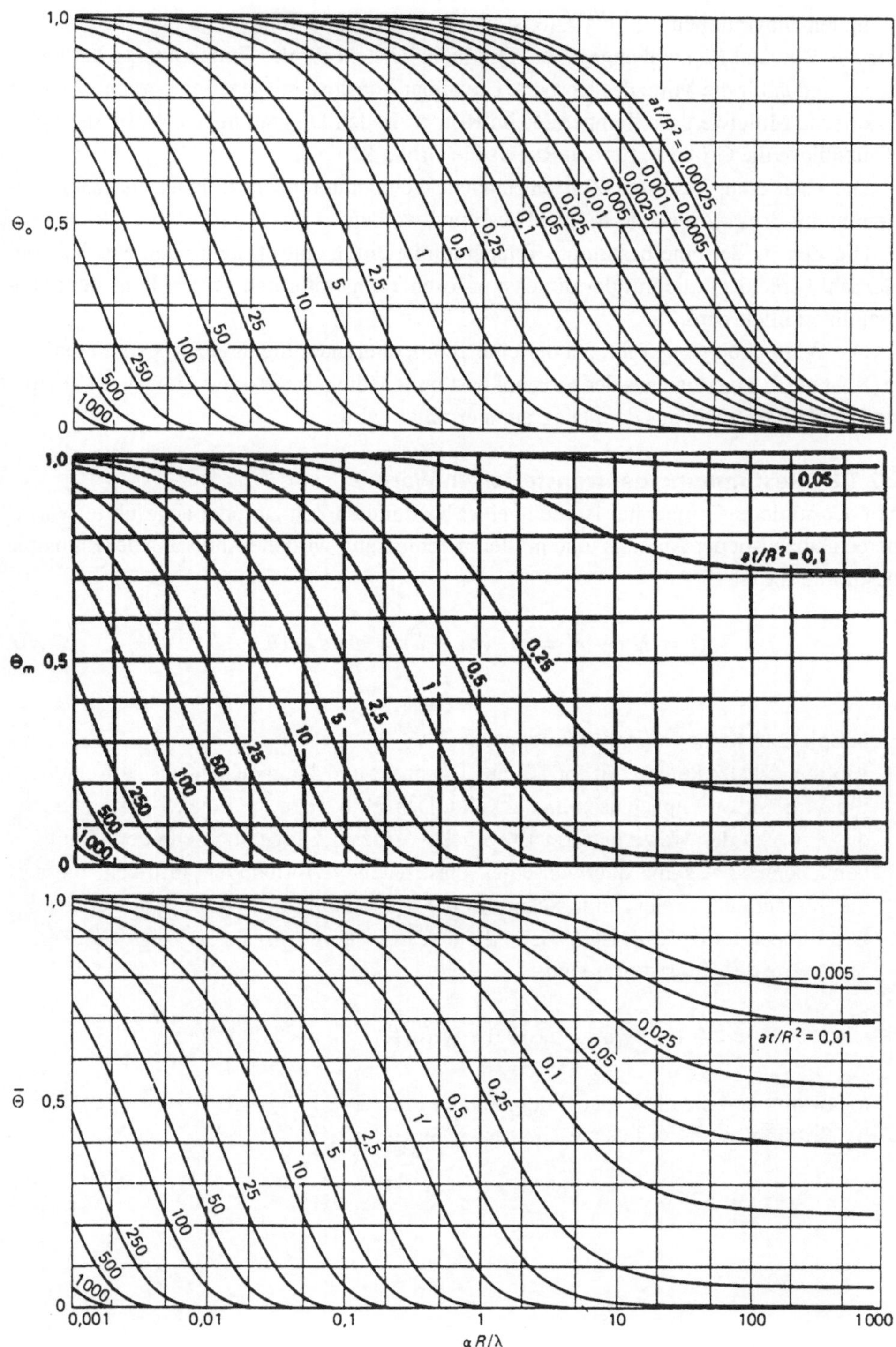


**Abb. 2.13**  Temperaturverlauf der instationären Wärmeleitung in einer Kugel [1]

In den Diagrammen 2.11 bis 2.13 ist die dimensionslose Temperatur als eine Funktion der *Fourier-* und *Biot*zahl angegeben. Der Index $O$ steht für die Temperatur an der Oberfläche und $m$ für die Mitte des Körpers. Die dimensionslose mittlere Temperatur $\bar{\Theta}$ ist der kalorische Mittelwert der Temperatur im Körper. In den Diagrammen steht für die halbe Plattendicke die Größe $X$, für den Radius die Größe $R$.

Die nach einer gewissen Zeit entstandene Temperaturänderung kann aus dem Diagramm mit der *Fourier-* und *Biot*zahl bestimmt werden.

Die Zeit, in der eine bestimmte Temperaturänderung eintritt, kann man aus der *Fourier*zahl berechnen, die mit der dimensionslosen Temperatur und *Biot*zahl aus dem Diagramm ermittelt wird.

Die Wärmeübergangszahl, bei der eine Temperaturänderung in einer bestimmten Zeit erreicht wird, kann man aus der *Biot*zahl bestimmen, die mit der dimensionslosen Temperatur und *Fourier*zahl aus dem Diagramm ermittelt wird.

### 2.2.1.2  Bestimmung der transferierten Wärme

Mit der mittleren Temperatur ist die in einer bestimmten Zeit zu- oder abgeführte Wärme berechenbar. Mit der Anfangs- und mittleren Temperatur wird die Änderung der Enthalpie bestimmt. Sie ist:

$$Q = H_A - \bar{H} = m \cdot (h_A - \bar{h}) = m \cdot c_p \cdot (\vartheta_A - \bar{\vartheta}) \qquad (2.70)$$

**Beispiel 2.10: Kühlen einer Kunststoffplatte**

Aus einer Walze kommt mit 150 °C eine 1 m breite und 4 mm dicke Kunststoffplatte. Sie wird mit Luft angeblasen und gekühlt. Danach werden mit einer Schlagschere, die 5 m von der Walze entfernt ist, Stücke von 2 m Länge abgeschnitten. Damit beim Schneiden keine unerwünschten plastischen Verformungen auftreten, muss die Temperatur bei der Schlagschere in der Plattenmitte niedriger als 50 °C sein. Die Temperatur der Luft ist 25 °C und die Wärmeübergangszahl 50 W/(m² K). Die Stoffwerte des Kunststoffes sind:

$$\rho = 2\,400\,\text{kg/m}^3, \quad \lambda = 0{,}8\,\text{W/(m K)}, \quad c_p = 800\,\text{J/(kg K)}.$$

a)  Bestimmen Sie die Geschwindigkeit der Platte.
b)  Bestimmen Sie, welcher Wärmestrom abgeführt wird.

**Lösung**

*Schema* Siehe Skizze

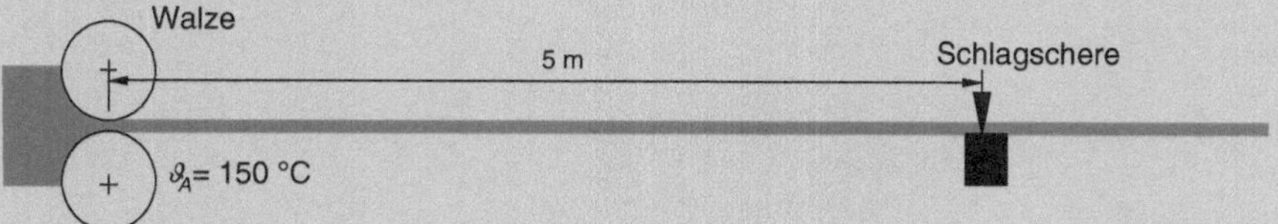


*Annahmen*

- In der Platte sind die Stoffwerte konstant.
- Randeffekte dürfen vernachlässigt werden.
- Die Geschwindigkeit der Platte ist konstant.

*Analyse*

a) Die Geschwindigkeit der Platte kann ermittelt werden, wenn die Zeit, die für die Abkühlung der Plattenmitte von 150 °C auf 50 °C benötigt wird, bestimmt ist. Dazu müssen zunächst die dimensionslose Temperatur und *Biot*zahl berechnet werden. Die dimensionslose Temperatur ist nach Gl. 2.67:

$$\Theta_m = \frac{\vartheta_m - \vartheta_\infty}{\vartheta_A - \vartheta_\infty} = \frac{50 - 25}{150 - 25} = 0{,}2$$

Die *Biot*zahl wird mit Gl. 2.69 bestimmt:

$$Bi = \frac{\alpha \cdot s}{\lambda} = \frac{50 \cdot W \cdot 0{,}002 \cdot m \cdot m \cdot K}{m^2 \cdot K \cdot 0{,}8 \cdot W} = 0{,}125$$

Aus dem mittleren Diagramm in Abb. 2.11 erhält man die *Fourier*zahl als $Fo = 15$. Um aus ihr die Zeit bestimmen zu können, muss zunächst die Temperaturleitfähigkeit berechnet werden.

$$a = \frac{\lambda}{\rho \cdot c_p} = \frac{0{,}8 \cdot W \cdot m^3 \cdot kg \cdot K}{m \cdot K \cdot 2\,400 \cdot kg \cdot 800 \cdot J} = 4{,}17 \cdot 10^{-7}\ \frac{m^2}{s}$$

Aus der *Fourier*zahl nach Gl. 2.68 erhalten wir für die Zeit:

$$t = \frac{Fo \cdot s^2}{a} = \frac{15 \cdot 0{,}002^2 \cdot m^2 \cdot s}{4{,}17 \cdot 10^{-7} \cdot m^2} = 144\ s$$

Diese Zeit wird für die Abkühlung benötigt, wobei die Platte den Weg von 5 m zurücklegt, d. h., die Geschwindigkeit beträgt **0,0347 m/s**.

b) Um den Wärmestrom zu ermitteln, ist zunächst die spezifische Wärme, die pro kg der Platte abgeführt wird, zu bestimmen. Dieses kann mit Gl. 2.70 erfolgen.

Dazu muss zuerst aus dem unteren Diagramm in Abb. 2.11 die dimensionslose mittlere Temperatur $\bar{\Theta}$ berechnet werden. Mit der *Fourier*zahl 15 und *Biot*zahl 0,125 erhalten wir: $\bar{\Theta} = 0{,}17$. Die mittlere Temperatur der Platte ist damit nach 5 m:

$$\bar{\vartheta} = \vartheta_\infty + (\vartheta_A - \vartheta_\infty) \cdot \bar{\Theta} = 25\,°\mathrm{C} + (150 - 25) \cdot \mathrm{K} \cdot 0{,}17 = 46{,}25\,°\mathrm{C}$$

Dividiert man beide Seiten der Gl. 2.70 durch die Masse, erhält man die auf ein kg Masse bezogene spezifische Wärme $q$. Der Wärmestrom ist die spezifische Enthalpie, multipliziert mit dem Massenstrom. Dieser kann mit der aus der Strömungslehre bekannten Kontinuitätsgleichung berechnet werden.

$$\dot{m} = c \cdot \rho \cdot 2 \cdot s \cdot b = 0{,}0347 \cdot \mathrm{m/s} \cdot 2\,400 \cdot \mathrm{kg/m^3} \cdot 2 \cdot 0{,}002 \cdot \mathrm{m} \cdot 1 \cdot \mathrm{m} = 0{,}333\,\mathrm{kg/s}$$

Der Wärmestrom ist damit:

$$\dot{Q} = \dot{m} \cdot q = \dot{m} \cdot c_p \cdot (\vartheta_A - \bar{\vartheta})$$
$$= 0{,}417 \cdot \mathrm{kg/s} \cdot 800 \cdot \mathrm{J/(kg \cdot K)} \cdot (150 - 46{,}25) \cdot \mathrm{K} = \mathbf{27{,}67\,kW}$$

*Diskussion*

Technische Probleme können einfach mit Hilfe der Diagramme berechnet werden. In der Wirklichkeit sind allerdings oft noch andere Effekte zu berücksichtigen. Üblicherweise wird ein Luftstrom parallel zur Platte geführt. Damit erwärmt sich die Luft, die Umgebungstemperatur ist nicht mehr konstant. Unter Berücksichtigung der Lufterwärmung ist eine schrittweise Berechnung durchzuführen. Wegen der Vielzahl der Rechenschritte sind entsprechende Computerprogramme notwendig.

**Beispiel 2.11: Kühlen einer Bierdose**

Für ein Fest sollen im Kühlschrank Bierdosen von 30 °C auf 4 °C mittlere Temperatur abgekühlt werden. Die Dose hat einen Durchmesser von 65 mm. Die Temperatur im Kühlschrank beträgt 1 °C, die Wärmeübergangszahl 10 W/(m$^2$ K). Das Material der Dose kann vernachlässigt werden. Die Stoffwerte des Bieres sind:

$$\rho = 1\,020\,\mathrm{kg/m^3}, \quad \lambda = 0{,}64\,\mathrm{W/(m\,K)}, \quad c_p = 4\,000\,\mathrm{J/(kg\,K)}.$$

Bestimmen Sie die Abkühlzeit.

**Lösung**

*Annahmen*

- Die Stoffwerte des Bieres sind konstant.
- Die Dose wird als unendlich lang angenommen.
- Die Temperatur und Wärmeübergangszahl im Kühlschrank sind konstant.

*Analyse*

Zur Berechnung der Abkühlzeit sind die dimensionslose mittlere Temperatur und *Biot*zahl zu ermitteln.

$$\bar{\Theta} = \frac{\bar{\vartheta} - \vartheta_\infty}{\vartheta_A - \vartheta_\infty} = \frac{4 - 1}{30 - 1} = 0{,}103$$

$$Bi = \frac{\alpha \cdot R}{\lambda} = \frac{10 \cdot \mathrm{W} \cdot \mathrm{m} \cdot \mathrm{K} \cdot 0{,}0325 \cdot \mathrm{m}}{\mathrm{m}^2 \cdot \mathrm{K} \cdot 0{,}64 \cdot \mathrm{W}} = 0{,}51$$

Für die *Fourier*zahl erhalten wir aus dem untersten Diagramm in Abb. 2.12 *Fo* = 2,5. Um aus ihr die Zeit zu bestimmen, muss zunächst die Temperaturleitfähigkeit berechnet werden.

$$a = \frac{\lambda}{\rho \cdot c_p} = \frac{0{,}64 \cdot \mathrm{W} \cdot \mathrm{m}^3 \cdot \mathrm{kg} \cdot \mathrm{K}}{\mathrm{m} \cdot \mathrm{K} \cdot 1\,020 \cdot \mathrm{kg} \cdot 4\,000 \cdot \mathrm{J}} = 1{,}57 \cdot 10^{-7} \frac{\mathrm{m}^2}{\mathrm{s}}$$

Aus der *Fourier*zahl nach Gl. 2.68 erhalten wir für die Zeit:

$$t = \frac{Fo \cdot r^2}{a} = \frac{2{,}5 \cdot 0{,}0325^2 \cdot \mathrm{m}^2 \cdot \mathrm{s}}{1{,}57 \cdot 10^{-7} \cdot \mathrm{m}^2} = \mathbf{16\,834\,s = 4{,}7\,h}$$

*Diskussion*

Diese Berechnung erfolgte mit sehr vielen Annahmen. In Wirklichkeit ändern sich während des Abkühlprozesses im Kühlschrank die Wärmeübergangszahl und Temperatur. Die Annahme der unendlich langen Bierdose ist ebenfalls fraglich. Das Material der Dose beeinflusst die Berechnung praktisch nicht. Trotz der gemachten Annahmen stimmt die berechnete Zeit recht gut mit der Wirklichkeit überein. Ein von mir zu Hause durchgeführter Versuch ergab eine Zeit von ca. 5 h.

**Beispiel 2.12: Kühlen eines Drahtes im Ölbad**

Ein Draht wird aus einer heißen Stahlmasse auf einen Durchmesser von 4 mm gezogen und anschließend in einem Ölbad, das eine Temperatur von 30 °C hat, abgekühlt. Die Temperatur des Drahtes vor dem Bad ist 600 °C. Die Wärmeübergangszahl im Bad beträgt 1 600 W/(m$^2$ K). Der Draht hält sich im Bad 5 Sekunden auf. Die Stoffwerte des Drahtes sind:

$$\rho = 8\,000 \, \text{kg/m}^3, \quad \lambda = 40 \, \text{W/(m K)}, \quad c_p = 800 \, \text{J/(kg K)}.$$

Berechnen Sie die Temperaturen in der Mitte und an der Oberfläche des Drahtes beim Verlassen des Bades.

**Lösung**

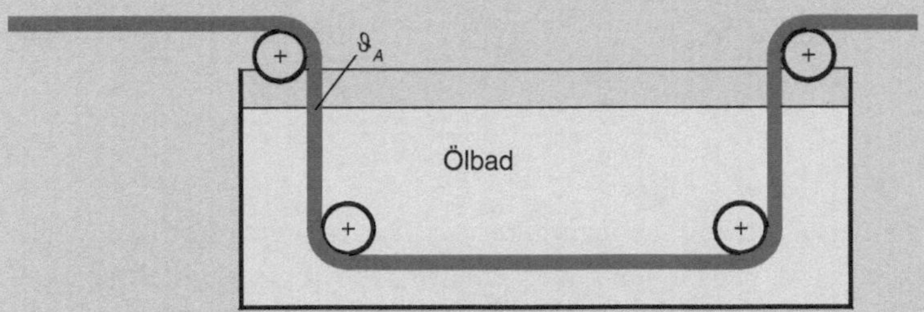


*Schema* Siehe Skizze

*Annahmen*

- Die Stoffwerte des Drahtes sind konstant.
- Die Temperatur und Wärmeübergangzahl im Ölbad sind konstant.

*Analyse*

Zur Bestimmung der Temperaturen sind die *Fourier-* und *Biot*zahl zu berechnen. Für die *Fourier*zahl muss zunächst die Temperaturleitfähigkeit des Drahtes ermittelt werden.

$$a = \frac{\lambda}{\rho \cdot c_p} = \frac{40 \cdot \text{W} \cdot \text{m}^3 \cdot \text{kg} \cdot \text{K}}{\text{m} \cdot \text{K} \cdot 8\,000 \cdot \text{kg} \cdot 800 \cdot \text{J}} = 6{,}25 \cdot 10^{-6} \frac{\text{m}^2}{\text{s}}$$

*Fourier*zahl: $\quad Fo = \dfrac{t \cdot a}{r^2} = \dfrac{5 \cdot \text{s} \cdot 6{,}25 \cdot 10^{-6} \cdot \text{m}^2}{\text{s} \cdot 0{,}002^2 \cdot \text{m}^2} = 7{,}8$

*Biot*zahl: $\quad Bi = \dfrac{\alpha \cdot r}{\lambda} = \dfrac{1\,600 \cdot \text{W} \cdot 0{,}002 \cdot \text{m} \cdot \text{m} \cdot \text{K}}{\text{m}^2 \cdot \text{K} \cdot 40 \cdot \text{W}} = 0{,}08$

Die dimensionslose Oberflächentemperatur erhalten wir aus dem oberen Diagramm, die Temperatur in der Mitte aus dem mittleren Diagramm in Abb. 2.11 mit $\Theta_O = 0{,}26$ und $\Theta_m = 0{,}27$. Daraus errechnen sich folgende Temperaturen:

$$\vartheta_O = \vartheta_\infty + (\vartheta_A - \vartheta_\infty) \cdot \Theta_O = 30\,°\text{C} + (600 - 30) \cdot \text{K} \cdot 0{,}26 = \mathbf{178{,}2\,°C}$$

$$\vartheta_m = \vartheta_\infty + (\vartheta_A - \vartheta_\infty) \cdot \Theta_m = 30\,°\text{C} + (600 - 30) \cdot \text{K} \cdot 0{,}26 = \mathbf{183{,}9\,°C}$$

***Diskussion***

In diesem Bereich der Diagramme ist die Ablesegenauigkeit nicht mehr sehr gut. Die beiden Temperaturen sind schon fast gleich groß. Das Verfahren eignet sich jedoch für die Bestimmung der Endtemperatur auf 20 °C genau sehr gut.

**Beispiel 2.13: Eier kochen**

In einem Eierkocher werden Eier mit kondensierendem Dampf bei 100 °C erwärmt. Zu Beginn der Erwärmung beträgt die Temperatur der Eier 20 °C. Die Wärmeübergangszahl außen ist 13 000 W/(m² K). Die Eier werden als Kugeln homogener Zusammensetzung mit 50 mm Durchmesser behandelt. Die Stoffwerte der Eier sind:

$$\rho = 1\,050\,\text{kg/m}^3, \quad \lambda = 0{,}5\,\text{W/(m\,K)}, \quad c_p = 3{,}20\,\text{kJ/(kg\,K)}$$

Zu berechnen sind:

a) die Temperatur, die nach 5 Minuten in der Mitte der Eier erreicht wird
b) die Zeit, die bis zum Erreichen der gleichen Temperatur in einer Höhe von ca.
   2 500 m, auf der die Kondensationstemperatur auf 80 °C sinkt, benötigt wird.

**Lösung**

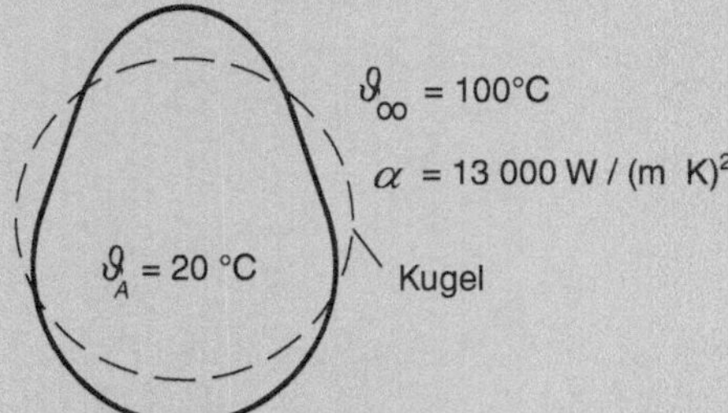


***Schema*** Siehe Skizze

***Annahmen***

- Die Stoffwerte der Eier sind konstant.
- Die Eier sind näherungsweise als Kugeln homogener Zusammensetzung zu betrachten.
- Auf der Außenseite sind die Temperatur und Wärmeübergangszahl konstant.

*Analyse*

a) Zur Bestimmung der Temperatur müssen die *Fourier-* und *Biot*zahl ermittelt und
   die Temperaturleitfähigkeit der Eier berechnet werden.

$$a = \frac{\lambda}{\rho \cdot c_p} = \frac{0{,}5 \cdot W \cdot m^3 \cdot kg \cdot K}{m \cdot K \cdot 1\,050 \cdot kg \cdot 3\,200 \cdot J} = 1{,}49 \cdot 10^{-7} \frac{m^2}{s}$$

$$\text{Fourierzahl:} \quad Fo = \frac{t \cdot a}{r^2} = \frac{300 \cdot s \cdot 1{,}49 \cdot 10^{-7} \cdot m^2}{s \cdot 0{,}025^2 \cdot m^2} = 0{,}071$$

$$\text{Biotzahl:} \quad Bi = \frac{\alpha \cdot r}{\lambda} = \frac{13\,000 \cdot W \cdot 0{,}025 \cdot m \cdot m \cdot K}{m^2 \cdot K \cdot 0{,}5 \cdot W} = 650$$

Für die dimensionslose Temperatur in der Mitte erhalten wir aus dem mittleren
Diagramm in Abb. 2.13 $\Theta_m = 0{,}75$. Daraus errechnet sich folgende Temperatur:

$$\vartheta_m = \vartheta_\infty + (\vartheta_A - \vartheta_\infty) \cdot \Theta_m = 100\,°C + (20 - 100) \cdot K \cdot 0{,}75 = \mathbf{40\,°C}$$

b) Zur Bestimmung der Kochzeit muss die neue dimensionslose Mittentemperatur
   berechnet und aus dem Diagramm die *Fourier*zahl ermittelt werden.

$$\Theta_m = \frac{\vartheta_m - \vartheta_\infty}{\vartheta_A - \vartheta_\infty} = \frac{40 - 80}{20 - 80} = 0{,}67$$

Aus dem mittleren Diagramm in Abb. 2.13 erhalten wir für die *Fourier*zahl $Fo =$
0,115. Die Kochzeit ist proportional zur *Fourier*zahl und damit:

$$t = 0{,}115/0{,}071 \cdot 5\,\text{min} = \mathbf{8{,}1\ min}$$

*Diskussion*

Obwohl sehr stark vereinfachende Annahmen wie z. B. die Kugelform und Homo-
genität der Eier gemacht wurden, sind die Ergebnisse recht gut. Eiweiß fängt bei
42 °C an zu gerinnen. Die Eier wären also in der Mitte noch flüssig, aber nach
außen hin hart, also so, wie ein gut gekochtes Ei sein sollte!

**Beispiel 2.14: Erwärmen einer Spanplatte**

Eine Spanplatte von 20 mm Dicke soll auf einer Seite mit einem Furnier versehen
werden. Dazu muss die Seite, die furniert wird, eine Temperatur von 150 °C haben. Die Platte wird auf einer Seite mit 200 °C heißer Luft angeblasen. Die andere

Seite liegt auf einer thermisch isolierenden Auflage, die als vollkommener Isolator angesehen werden darf. Zu Beginn des Aufwärmvorganges ist die Temperatur der Spanplatte 20 °C. Die Wärmeübergangszahl des Luftstromes beträgt 50 W/(m² K). Die Stoffwerte der Spanplatte sind:

$$\rho = 1\,500\,\text{kg/m}^3, \quad \lambda = 1{,}0\,\text{W/(m K)}, \quad c_p = 1\,200\,\text{J/(kg K)}.$$

Zu berechnen sind:

a) die für die Aufwärmung notwendige Zeit
b) wie viel mehr Heizenergie benötigt wird beim beidseitigen Beheizen der Platte.

**Lösung**

*Schema* Siehe Skizze

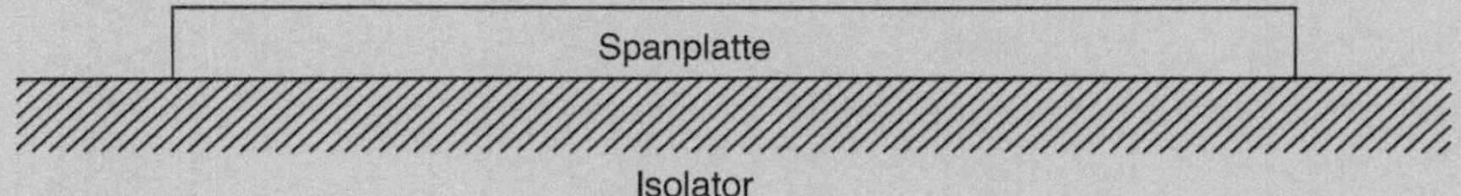


*Annahmen*

• Die Stoffwerte der Spanplatte sind konstant.
• Auf der unbeheizten Seite der Platte wird keine Wärme transferiert.
• In der Luft sind Temperatur und Wärmeübergangszahl konstant.

*Analyse*

a) Auf der thermisch isolierten Seite der Platte wird keine Wärme transferiert. Damit muss der Temperaturgradient dort gleich null sein. Der Temperaturverlauf in der Platte entspricht derjenigen in einer von beiden Seiten beheizten, doppelt so dicken Platte. Zur Ermittlung der Aufwärmzeit sind die dimensionslose Oberflächentemperatur und *Biot*zahl zu bestimmen.

Die dimensionslose Oberflächentemperatur ist:

$$\Theta_O = \frac{\vartheta_O - \vartheta_\infty}{\vartheta_A - \vartheta_\infty} = \frac{150 - 200}{20 - 200} = 0{,}28$$

$$Biotzahl: \quad Bi = \frac{\alpha \cdot 2 \cdot s}{\lambda} = \frac{50 \cdot \text{W} \cdot 0{,}02 \cdot \text{m} \cdot \text{m} \cdot \text{K}}{\text{m}^2 \cdot \text{K} \cdot 1 \cdot \text{W}} = 1$$

Die aus dem obersten Diagramm in Abb. 2.11 ermittelte *Fourier*zahl ist *Fo* = 1,25. Um aus ihr die Zeit zu bestimmen, muss zunächst die Temperaturleitfähigkeit berechnet werden.

$$a = \frac{\lambda}{\rho \cdot c_p} = \frac{1 \cdot \text{W} \cdot \text{m}^3 \cdot \text{kg} \cdot \text{K}}{\text{m} \cdot \text{K} \cdot 1\,500 \cdot \text{kg} \cdot 1\,200 \cdot \text{J}} = 5{,}56 \cdot 10^{-7} \frac{\text{m}^2}{\text{s}}$$

Aus der *Fourier*zahl nach Gl. 2.68 erhalten wir für die Zeit:

$$t = \frac{Fo \cdot (2 \cdot s)^2}{a} = \frac{1{,}25 \cdot 0{,}02^2 \cdot \text{m}^2 \cdot \text{s}}{5{,}56 \cdot 10^{-7} \cdot \text{m}^2} = \mathbf{900\,s} = \mathbf{15\,min}$$

b) Die von der Platte pro Quadratmeter aufgenommene Wärme ist:

$$\frac{Q}{A} = \frac{m \cdot c_p \cdot (\bar{\vartheta} - \vartheta_A)}{A} = s \cdot \rho \cdot c_p \cdot (\bar{\vartheta} - \vartheta_A)$$

Aus dem unteren Diagramm in Abb. 2.11 beträgt die dimensionslose mittlere Temperatur für $Bi = 1$ und $Fo = 1{,}25$: $\bar{\Theta} = 0{,}41$. Damit ist die mittlere Temperatur:

$$\bar{\vartheta} = \vartheta_\infty + (\vartheta_A - \vartheta_\infty) \cdot \bar{\Theta} = 200\,°\text{C} + (20 - 200) \cdot \text{K} \cdot 0{,}41 = 126{,}2\,°\text{C}$$

Für die pro Quadratmeter aufgenommene Wärme erhält man:

$$Q/A = s \cdot \rho \cdot c_p \cdot (\bar{\vartheta} - \vartheta_A)$$
$$= 0{,}02 \cdot \text{m} \cdot 1\,500 \cdot \text{kg/m}^3 \cdot 1\,200 \cdot \text{J/(kg} \cdot \text{K)} \cdot (126{,}2 - 20) \cdot \text{K}$$
$$= \mathbf{3\,823{,}2\,kJ/m^2}$$

Beheizte man die Platte von beiden Seiten, müsste zur Bildung der *Fourier*- und *Biot*zahl die halbe Plattendicke verwendet werden. Die *Biot*zahl wäre damit $Bi = 0{,}5$, die *Fourier*zahl $Fo = 2{,}6$. Die Aufwärmzeit wird, da die Plattendicke quadratisch in die Gleichung eingeht, auf 468 s verkürzt. Die dimensionslose mittlere Temperatur ist: $\bar{\Theta} = 0{,}31$. Die mittlere Temperatur und die pro Quadratmeter zugeführte Wärme ergeben sich als: $\bar{\vartheta} = 144{,}2\,°\text{C}$ und $Q/A = \mathbf{4\,471{,}2\,kJ/m^2}$.

*Diskussion*
Platten, die auf einer Seite thermisch ideal isoliert sind, können bezüglich der Temperatur als Platte mit doppelter Dicke behandelt werden.

### 2.2.1.3   Spezielle Lösungen für kurze Zeiten

In Abb. 2.10 erkennt man, dass bei der Zeit $t = t_1$ die Temperatur in der Plattenmitte von der Temperaturänderung noch nicht betroffen ist. In den Diagrammen 2.11 bis 2.13 sieht man ebenfalls, dass bei *Fourier*zahlen, die kleiner als 0,01 sind, in der Körpermitte keine Änderung der Temperatur auftritt. Für die kurzen Zeiten gilt folgende spezielle Lösung der Differentialgleichung 2.63:

$$\Theta = erf(x^*) + e^{-(x^*)^2} \cdot e^{(x^* + Bi^*)^2} \cdot [1 - erf(x^* - Bi^*)] \qquad (2.71)$$

Das *Gauß'sche Fehlerintegral* ist *erf* (**er**ror **f**unction), $x^*$ ein dimensionsloser Wandabstand, der auf $(a \cdot t)^{0,5}$ bezogen ist, und $Bi^*$ die *Biot*zahl, die mit diesem Wandabstand gebildet wird.

Der dimensionslose Wandabstand $x^*$ und die dimensionslose *Biot*zahl $Bi^*$ sind folgendermaßen definiert:

$$x^* = \frac{x}{2 \cdot \sqrt{a \cdot t}} \qquad Bi^* = \frac{\alpha \cdot \sqrt{a \cdot t}}{\lambda} \tag{2.72}$$

Das *Gauß*'sche Fehlerintegral ist definiert als:

$$erf(z) = \frac{2}{\sqrt{\pi}} \cdot \int_0^z e^{-x^2} \cdot dx \tag{2.73}$$

Es ist nur numerisch lösbar. Das Ergebnis ist in Abb. 2.14 dargestellt.

Bei kurzen Zeiten ist die Temperatur $\vartheta_m$ in der Mitte des Körpers gleich der Anfangstemperatur $\vartheta_A$. Die Temperatur $\vartheta_O$ der Oberfläche erhält man bei $x = 0$. Sie beträgt:

$$\Theta_0 = e^{Bi^{*2}} \cdot [1 - erf(Bi^*)] \tag{2.74}$$

Wenn $Bi^*$ größer als 2 ist, kann Gl. 2.74 näherungsweise als

$$\Theta_O = \frac{1}{\sqrt{\pi} \cdot Bi^*} \tag{2.75}$$

angegeben werden. Die Fehler sind kleiner als 1 %.

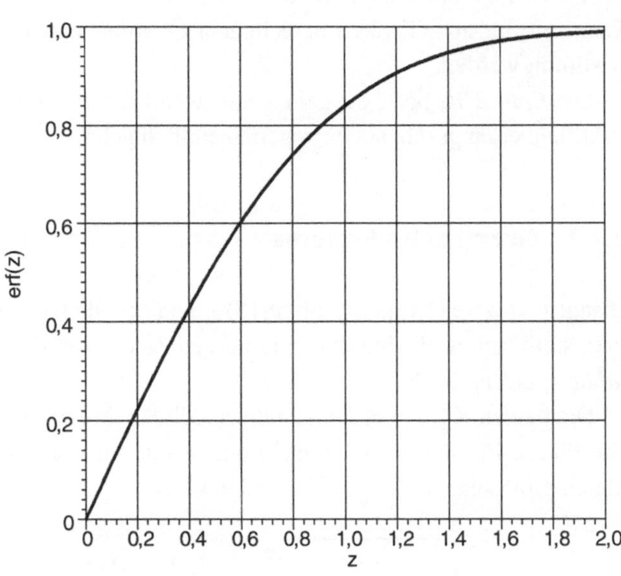

**Abb. 2.14**  Das *Gauß*'sche Fehlerintegral

Bei unendlich großer $Bi^*$ ist der Grenzwert der Gl. 2.71:

$$\Theta_O = erf(x^*) = erf\left(\frac{x}{2 \cdot \sqrt{a \cdot t}}\right) \tag{2.76}$$

An der Oberfläche des Körpers beträgt die momentane Wärmestromdichte:

$$\dot{q}_O(t) = \frac{\lambda}{\sqrt{\pi \cdot a \cdot t}} \cdot (\vartheta_A - \vartheta_O) = \frac{\sqrt{\lambda \cdot \rho \cdot c_p}}{\sqrt{\pi \cdot t}} \cdot (\vartheta_A - \vartheta_O) \tag{2.77}$$

Die in der Zeit $t$ durch die Oberfläche $A$ abgeführte Wärme erhält man durch Integration von Gl. 2.77 über die Zeit von null bis $t$.

$$Q_O(t) = A \cdot \int_0^t \dot{q}_O(t) \cdot dt = \frac{2 \cdot A \cdot \lambda \cdot t}{\sqrt{\pi \cdot a \cdot t}} \cdot (\vartheta_A - \vartheta_O) \tag{2.78}$$

Mit der Energiebilanzgleichung lässt sich die in der Zeit $t$ abgeführte Wärme mit Gl. 2.70 bestimmen.

$$Q = V \cdot \rho \cdot c_p \cdot (\vartheta_A - \bar{\vartheta}) \tag{2.79}$$

Für die mittlere Temperatur erhält man somit:

$$(\vartheta_A - \bar{\vartheta}) = \frac{2 \cdot A \cdot \lambda \cdot t}{V \cdot \rho \cdot c_p \cdot \sqrt{\pi \cdot a \cdot t}} \cdot (\vartheta_A - \vartheta_O) = \frac{2 \cdot A \cdot \sqrt{a \cdot t}}{V \cdot \sqrt{\pi}} \cdot (\vartheta_A - \vartheta_O) \tag{2.80}$$

Das Verhältnis der Oberfläche zum Volumen ist bei einer Platte $1/s$ (wobei zu beachten ist, dass $s$ die halbe Plattendicke ist), beim Kreiszylinder $4/d$ und bei der Kugel $6/d$. Damit kann mit der aus Gl. 2.76 berechneten Oberflächentemperatur die mittlere Temperatur bestimmt werden.

Die Gln. 2.76 bis 2.80 gelten nur, wenn die *Biot*zahl sehr groß ist, d. h. wenn die Wärmeübergangszahl außen gegen unendlich geht.

## 2.2.2   Gekoppelte Systeme

Bringt man zwei Körper (Abb. 2.15) unterschiedlicher Temperatur miteinander in Kontakt, stellt sich nach einer beliebig kurzen Zeit an der Oberfläche beider Körper die *Kontakttemperatur* $\vartheta_K$ ein.

Die beiden Körper können unterschiedliche Stoffeigenschaften haben. Da sie die gleiche Fläche für den Wärmetransfer aufweisen, muss der Wärmestrom in beiden Körpern gleich groß sein. Aus Gl. 2.77 erhalten wir:

$$\sqrt{\lambda_1 \cdot \rho_1 \cdot c_{p1}} \cdot (\vartheta_{A1} - \vartheta_K) = \sqrt{\lambda_2 \cdot \rho_2 \cdot c_{p2}} \cdot (\vartheta_K - \vartheta_{A2}) \tag{2.81}$$

**Abb. 2.15** Berührung zweier Körper unterschiedlicher Temperatur

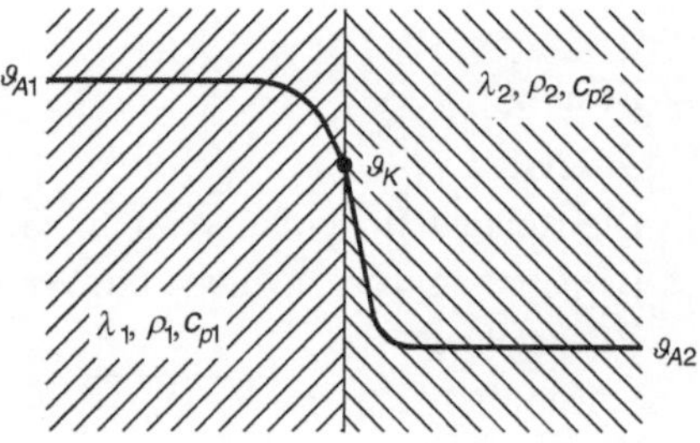


Die Kontakttemperatur $\vartheta_K$ ist:

$$\vartheta_K = \left(\vartheta_{A1} + \sqrt{\frac{\lambda_2 \cdot \rho_2 \cdot c_{p2}}{\lambda_1 \cdot \rho_1 \cdot c_{p1}}} \cdot \vartheta_{A2}\right) \cdot \left(1 + \sqrt{\frac{\lambda_2 \cdot \rho_2 \cdot c_{p2}}{\lambda_1 \cdot \rho_1 \cdot c_{p1}}}\right)^{-1} \tag{2.82}$$

Mit Gl. 2.82 kann man erklären, warum sich verschiedene Körper unterschiedlich warm anfühlen. Die Kontakttemperaturen werden vom Verhältnis der Größen $(\lambda \cdot \rho \cdot c_p)^{0.5}$ in beiden Körpern, die als *Wärmeeindringkoeffizienten* bezeichnet werden, bestimmt. Eine Kupferplatte hat einen wesentlich größeren Wärmeeindringkoeffizienten als die menschliche Hand. Deshalb fühlt man in etwa die Temperatur der Kupferplatte. Bei einer Styroporplatte ist es umgekehrt, hier empfindet man eher die Temperatur der Hand.

Solange die Temperaturänderung keine tieferen Schichten des Körpers erreicht, bleibt die Kontakttemperatur konstant. Werden größere Schichten erfasst, kommt es zu einem allmählichen Temperaturausgleich, der vom Wärmeinhalt beider Körper bestimmt wird. Dieses kann beispielsweise an einer Aluminiumfolie demonstriert werden. Fasst man eine sehr dünne, heiße Alufolie an, entsteht im ersten Moment eine Kontakttemperatur, die etwa der Temperatur der Alufolie entspricht. Da die Folie sehr dünn ist und so nur wenig Masse zum Speichern der Wärme hat, kühlt sie sehr schnell ab. Sie ist nicht in der Lage, die Haut so zu erwärmen, dass die Temperaturerhöhung zu den Nerven, mit denen die Temperatur registriert wird, gelangt. Die Folie fühlt sich nur mäßig warm an. Fasst man eine Aluminiumplatte gleicher Temperatur an, verbrennt man sich die Finger.

**Beispiel 2.15: Berechnung der Kontakttemperatur**
Ein Körper aus Styropor und einer aus Kupfer haben beide die Temperatur von 0 °C. Sie werden mit der Hand berührt. Die Stoffwerte sind:

| | | | | | | |
|---|---|---|---|---|---|---|
| Styropor: | $\rho =$ | 15 kg/m³ | $\lambda =$ | 0,029 W/(m K) | $c_p =$ | 1 250 J/(kg K) |
| Kupfer: | $\rho =$ | 8 300 kg/m³ | $\lambda =$ 372 | W/(m K) | $c_p =$ | 419 J/(kg K) |
| Hand: | $\rho =$ | 1 021 kg/m³ | $\lambda =$ | 0,5 W/(m K) | $c_p =$ | 2 400 J/(kg K) |

Berechnen Sie die Kontakttemperatur.

**Lösung**

*Analyse*

Die Kontakttemperatur kann mit Gl. 2.82 bestimmt werden. Zur Vereinfachung der Berechnung werden zuerst die Wärmeeindringkoeffizienten berechnet, die wir mit $\xi$ bezeichnen.

Styropor: $\xi_{Styropor} = \sqrt{\rho \cdot c_p \cdot \lambda} = \sqrt{15 \cdot 1\,250 \cdot 0{,}029} = 23{,}3$

Kupfer: $\xi_{Kupfer} = \sqrt{\rho \cdot c_p \cdot \lambda} = \sqrt{8\,300 \cdot 419 \cdot 372} = 35\,968$

Hand: $\xi_{Hand} = \sqrt{\rho \cdot c_p \cdot \lambda} = \sqrt{1\,020 \cdot 2\,400 \cdot 0{,}5} = 1\,106$

Die Kontakttemperatur zwischen Styropor und Hand ist:

$$
\begin{aligned}
\vartheta_{K,Styropor-Hand} &= \frac{\vartheta_{A,\,Hand} + (\xi_{Styropor}/\xi_{Hand}) \cdot \vartheta_{A,\,Styropor}}{1 + (\xi_{Styropor}/\xi_{Hand})} \\[2mm]
&= \frac{36\,°\mathrm{C} + (23{,}3/1\,106) \cdot 0\,°\mathrm{C}}{1 + 23{,}3/1\,106} = \mathbf{35{,}26\,°C}
\end{aligned}
$$

Die Kontakttemperatur zwischen Kupfer und Hand ist:

$$
\begin{aligned}
\vartheta_{K,Kupfer-Hand} &= \frac{\vartheta_{A,\,Hand} + (\xi_{Kupfer}/\xi_{Hand}) \cdot \vartheta_{A,\,Kupfer}}{1 + \xi_{Kupfer}/\xi_{Hand}} \\[2mm]
&= \frac{36\,°\mathrm{C} + (35\,968/1\,106) \cdot 0\,°\mathrm{C}}{1 + 35\,968/1\,106} = \mathbf{1{,}07\,°C}
\end{aligned}
$$

*Diskussion*

Wegen des sehr kleinen Wärmeeindringkoeffizienten fühlt sich die Temperatur des 0 °C kalten Styropors handwarm an, bei Kupfer ist es umgekehrt.

### 2.2.3  Sonderfälle bei *Bi* = 0 und *Bi* = ∞

Geht die *Biot*zahl gegen null, d. h., die äußere Wärmeübergangszahl ist sehr klein bzw. die Wärmeleitfähigkeit des Material sehr groß, dann ist die Temperatur im Körper unabhängig vom Ort und daher nur noch von der Zeit abhängig.

Bei sehr großen *Biot*zahlen, d. h., bei sehr großen äußeren Wärmeübergangszahlen oder sehr kleiner Wärmeleitfähigkeit des Körpers nähert sich die Oberflächentemperatur $\vartheta_O$ der Außentemperatur $\vartheta_\infty$ an.

Dieses Verhalten ist in Abb. 2.16 dargestellt. Links ist der Temperaturverlauf bei *Bi* = ∞. Die Oberflächentemperatur ist gleich groß wie die Außentemperatur. Rechts im Bild bei *Bi* = 0 ist die Temperatur im Körper vom Ort unabhängig. Das Bild in der Mitte zeigt

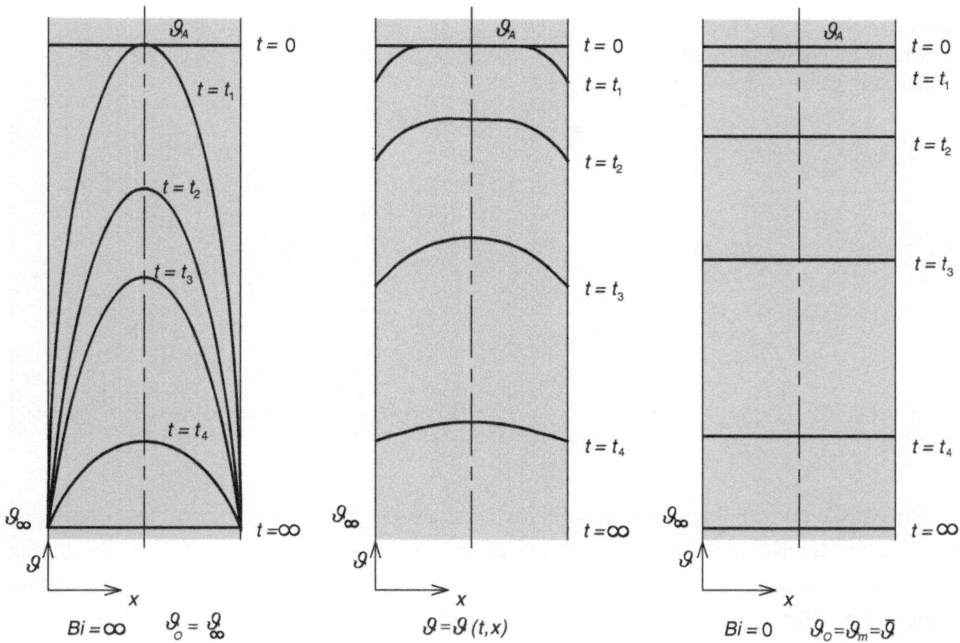


**Abb. 2.16** Temperaturverlauf bei Extremfällen

den Temperaturverlauf bei endlichen *Biot*zahlen. Die Temperatur ist von Ort und Zeit abhängig.

## 2.2.4 Temperaturänderung bei kleinen *Biot*zahlen

Bei vielen technischen Prozessen interessiert während der Abkühlung oder Erwärmung nicht die Temperaturverteilung im Körper, sondern die mittlere Temperaturänderung. Wie die Diagramme in den Abb. 2.11 bis 2.13 zeigen, ist bei kleinen *Biot*zahlen – d. h., die äußere Wärmeübergangszahl ist kleiner als die im Körper – zwischen der Oberflächen-, der mittleren und der Temperatur in der Körpermitte nur ein kleiner Temperaturunterschied. Sind die *Biot*zahlen kleiner als 0,5, kann man mit recht guter Genauigkeit die Berechnungen so durchführen, dass die Temperatur im ganzen Körper als mittlere Temperatur angenommen wird. Bei *Biot*zahlen, die kleiner als 1 sind, ist für Abschätzungen eine so durchgeführte Berechnung immer noch zulässig.

### 2.2.4.1 Ein kleiner Körper taucht in ein Fluid großer Masse

Ein kleiner Körper mit der Masse $m_1$, der Wärmekapazität $c_{p\,1}$ und Temperatur $\vartheta_{A\,1}$ wird in ein Fluid mit der Temperatur $\vartheta_{A2}$ eingetaucht (Abb. 2.17).

**Abb. 2.17** Ein Körper kleiner Masse taucht in ein Fluid großer Masse ein

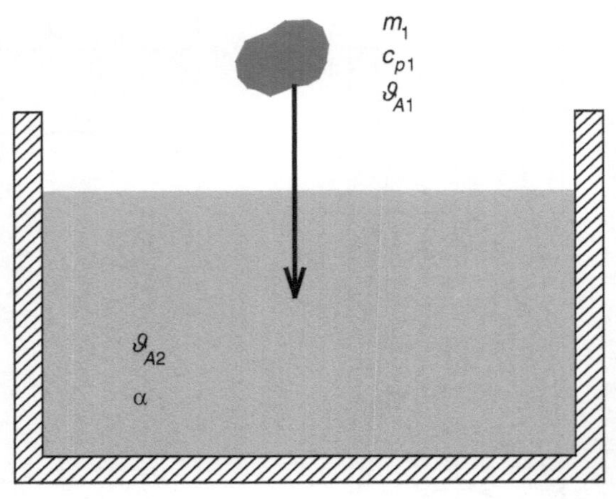


Die Masse (Wärmekapazität) des Fluids wird als so groß angenommen, dass durch das Eintauchen des Körpers keine Temperaturänderung im Fluid auftritt. An der Oberfläche des Körpers ist die Wärmeübergangszahl $\alpha$. Die Wände des Behälters sind nach außen isoliert. Der Wärmestrom, der vom Körper zum Fluid geht, ist die zeitliche Änderung der Enthalpie des Körpers.

$$\dot{Q} = -m_1 \cdot c_{p1} \cdot \frac{\mathrm{d}\vartheta_1}{\mathrm{d}t} \tag{2.83}$$

Der Wärmestrom wird aber von der Wärmeübergangszahl und Temperaturdifferenz zwischen dem Fluid und Körper bestimmt. Beachtet man, dass bei einer Abkühlung des Körpers seine Temperaturänderung negativ und die Temperaturdifferenz positiv ist, gilt:

$$\dot{Q} = \alpha \cdot A \cdot (\vartheta_1 - \vartheta_{A2}) \tag{2.84}$$

Beide Gleichungen gleichgesetzt, ergeben folgende Differentialgleichung:

$$\frac{\mathrm{d}\vartheta_1}{\mathrm{d}t} = -\frac{\alpha \cdot A}{m_1 \cdot c_{p1}} \cdot (\vartheta_1 - \vartheta_{A2}) \tag{2.85}$$

Wird die Temperatur $\vartheta_1$ durch die Temperaturdifferenz $\vartheta_1 - \vartheta_{A2}$ substituiert, erhalten wir nach Separation der Variablen:

$$\frac{\mathrm{d}(\vartheta_1 - \vartheta_{A2})}{\vartheta_1 - \vartheta_{A2}} = -\frac{\alpha \cdot A}{m_1 \cdot c_{p1}} \cdot \mathrm{d}t \tag{2.86}$$

**Abb. 2.18**  Temperaturverlauf
bei der Abkühlung des Körpers

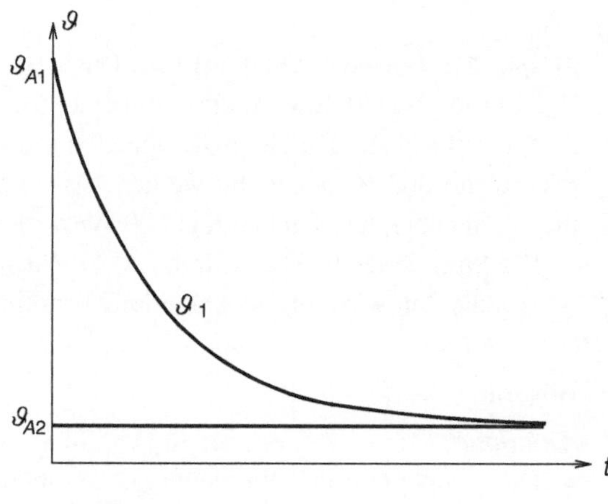

**Abb. 2.19**  Dimensionslose
Darstellung des zeitlichen
Temperaturverlaufs

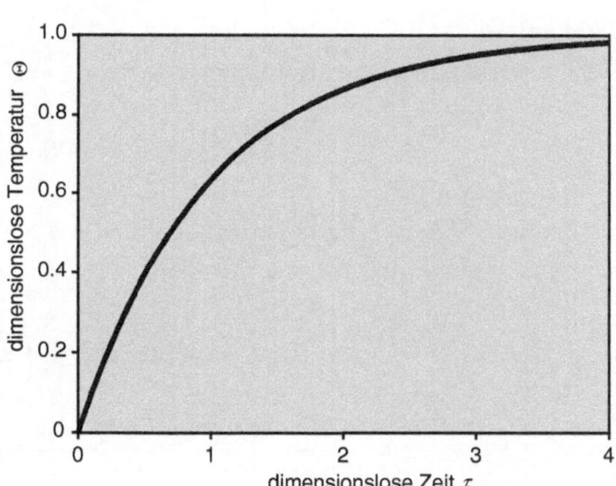


Konstante Wärmeübergangszahl und konstante Stoffwerte vorausgesetzt, kann diese Gleichung integriert werden.

$$(\vartheta_1 - \vartheta_{A2}) = (\vartheta_{A1} - \vartheta_{A2}) \cdot e^{-\frac{\alpha \cdot A}{m_1 \cdot c_{p1}} \cdot t} \tag{2.87}$$

Abb. 2.18 zeigt den zeitlichen Verlauf der Körperabkühlung. Die Temperatur des Körpers nähert sich mit zunehmender Zeit der Fluidtemperatur asymptotisch.

Für die dimensionslose Darstellung müssen die dimensionslose Temperatur $\Theta$ und dimensionslose Zeit $\tau$ folgendermaßen gebildet werden:

$$\Theta = \frac{\vartheta_{A1} - \vartheta_1}{\vartheta_{A1} - \vartheta_{A2}} = 1 - e^{-\tau} \quad \text{mit:} \quad t_0 = \frac{m_1 \cdot c_{p1}}{\alpha \cdot A} \quad \tau = \frac{t}{t_0}$$

Die Zeit $t_0$ ist die Zeit, in der der eingetauchte Körper bei 1 K Temperaturdifferenz zum umgebenden Fluid um 1 K erwärmt wird. Abb. 2.19 zeigt den dimensionslosen Temperaturverlauf.

**Beispiel 2.16: Härten von Stahlwerkstücken**

Zylinderförmige Stahlwerkstücke mit einer Masse von 1,2 kg, einer Oberfläche von 300 cm$^2$ und einem Durchmesser von 20 mm sollen zum Härten in einem Ölbad von 800 °C auf 300 °C abgekühlt werden. Das Ölbad hat eine Temperatur von 50 °C, die Wärmeübergangszahl beträgt 600 W/(m$^2$ K).

Die Stoffwerte des Stahls sind: $\lambda$ = 47 W/(m K), $c_p$ = 550 J/(kg K).

Welche Zeit wird für die Abkühlung benötigt?

**Lösung**

*Annahme*

- Die Temperatur und Wärmeübergangszahl des Ölbades sind konstant.

*Analyse*

Zunächst muss geprüft werden, wie groß die *Biot*zahl ist.

$$Bi = \alpha \cdot r / \lambda = 600 \cdot 0{,}01 / 47 = 0{,}128$$

Damit ist die Bedingung erfüllt, dass $Bi < 0{,}5$ ist. Die Auskühlzeit kann mit Gl. 2.87 berechnet werden.

$$t = \frac{m_1 \cdot c_{p1}}{\alpha \cdot A} \ln \left( \frac{\vartheta_{A1} - \vartheta_{A2}}{\vartheta_1 - \vartheta_{A2}} \right)$$

$$= \frac{1{,}2 \cdot \text{kg} \cdot 550 \cdot \text{J} \cdot \text{m}^2 \cdot \text{K}}{\text{kg} \cdot \text{K} \cdot 600 \cdot \text{W} \cdot 0{,}03 \cdot \text{m}^2} \cdot \ln \left( \frac{800 - 50}{300 - 50} \right) = \mathbf{40{,}2\,s}$$

*Diskussion*

Die Berechnung ist relativ einfach. Aus den Diagrammen in Abb. 2.12 erhält man einen Wert von 46,8 s, also beträgt der Fehler 14 %. Es wäre hier zu prüfen, ob dieser Fehler mit dem Härteverfahren vereinbar ist.

## 2.2.4.2 Ein Körper taucht in ein Fluid mit vergleichbarer Masse

Abb. 2.20 zeigt das Eintauchen eines Körpers in ein isoliertes, mit einem Fluid gefülltes Becken mit einer relativ kleinen Wärmekapazität $m_2 \cdot c_{p2}$. Beim Eintauchen hat der Körper die Temperatur $\vartheta_{A1}$, das Fluid $\vartheta_{A2}$.

Die Masse und die spezifische Wärmekapazität des Körpers haben den Index 1, die des Fluids den Index 2. Da die Wärmekapazität des Fluids nicht mehr sehr groß ist, wird durch das Eintauchen des Körpers dessen Temperatur verändert.

Der vom Körper abgegebene Wärmestrom ist die zeitliche Änderung der Enthalpie des Körpers.

$$- \dot{Q} = m_1 \cdot c_{p1} \cdot \frac{d\vartheta_1}{dt} \tag{2.88}$$

**Abb. 2.20**  Ein Körper kleiner Masse taucht in ein Fluid vergleichbarer Masse ein

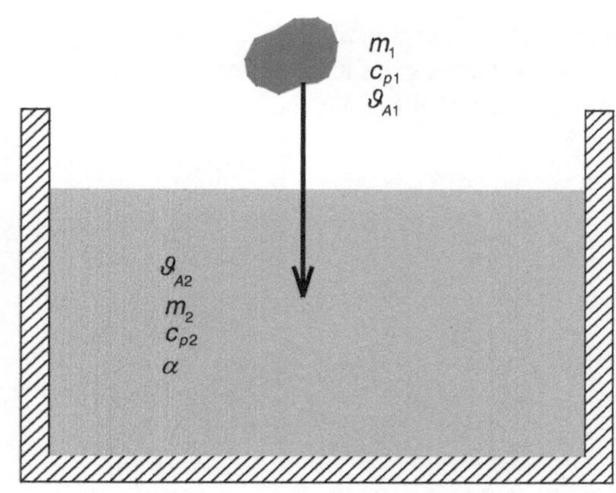


Der vom Fluid aufgenommene Wärmestrom ist entgegengesetzt gleich groß wie die zeitliche Änderung der Enthalpie des Fluids.

$$\dot{Q} = m_2 \cdot c_{p2} \cdot \frac{\mathrm{d}\vartheta_2}{\mathrm{d}t} \tag{2.89}$$

Der Wärmestrom wird von der Wärmeübergangszahl und der Temperaturdifferenz zwischen Fluid und Körper bestimmt.

$$\dot{Q} = \alpha \cdot A \cdot (\vartheta_1 - \vartheta_2) \tag{2.90}$$

Für die Änderung der Temperaturdifferenz zwischen Fluid und Körper erhält man aus den Gl. 2.88 und 2.89:

$$\mathrm{d}(\vartheta_1 - \vartheta_2) = -\dot{Q} \cdot \left[ \frac{1}{m_1 \cdot c_{p1}} + \frac{1}{m_2 \cdot c_{p2}} \right] \cdot \mathrm{d}t \tag{2.91}$$

Aus Gl. 2.90 kann der Wärmestrom in Gl. 2.91 eingesetzt werden.

$$\frac{\mathrm{d}(\vartheta_1 - \vartheta_2)}{(\vartheta_1 - \vartheta_2)} = \alpha \cdot A \cdot \left[ \frac{1}{m_1 \cdot c_{p1}} + \frac{1}{m_2 \cdot c_{p2}} \right] \cdot \mathrm{d}t \tag{2.92}$$

Unter der Voraussetzung, dass die Massen, die Wärmeübergangszahl und spezifischen Wärmekapazitäten konstant sind, kann Gl. 2.92 integriert werden. Die Integration erfolgt von der Zeit $t = 0$ bis $t$ und von den Anfangstemperaturen $\vartheta_{A1}$ und $\vartheta_{A2}$ bis zu den Temperaturen $\vartheta_1$ und $\vartheta_2$.

$$\ln \frac{(\vartheta_1 - \vartheta_2)}{(\vartheta_{A1} - \vartheta_{A2})} = -\alpha \cdot A \cdot \left[ \frac{1}{m_1 \cdot c_{p1}} + \frac{1}{m_2 \cdot c_{p2}} \right] \cdot t \tag{2.93}$$

Für die Temperaturdifferenz zwischen dem Körper und Fluid erhält man:

$$\vartheta_1 - \vartheta_2 = (\vartheta_{A1} - \vartheta_{A2}) \cdot \exp \left[ -\alpha \cdot A \left( \cdot \frac{1}{m_1 \cdot c_{p1}} + \frac{1}{m_2 \cdot c_{p2}} \right) \cdot t \right] \tag{2.94}$$

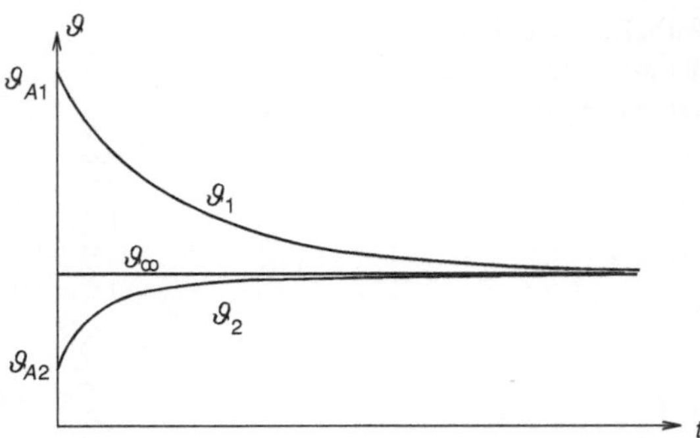

**Abb. 2.21** Temperaturverlauf bei der Abkühlung des Körpers mit veränderlicher Fluidtemperatur

Mit Gl. 2.94 kann die Temperaturdifferenz zwischen dem Fluid und Körper, nicht aber die Temperatur des Körpers oder Fluids bestimmt werden. Die Temperatur des Körpers und Fluids können aus den Gl. 2.88 und 2.89 für jede beliebige Zeit ermittelt werden. Da in den Gleichungen die Massen und spezifischen Wärmekapazitäten konstant sind, kann die in der Zeit $t$ ab- und zugeführte Wärme berechnet werden.

$$
\begin{aligned}
Q(t) &= m_1 \cdot c_{p1} \cdot (\vartheta_{A1} - \vartheta_1) \\
Q(t) &= m_2 \cdot c_{p2} \cdot (\vartheta_2 - \vartheta_{A2})
\end{aligned}
\tag{2.95}
$$

Gl. 2.95 gilt auch für eine unendlich lange Zeit, bei der ein Temperaturausgleich zwischen dem Körper und Fluid erreicht wird. Die Temperatur nach dem Ausgleich ist:

$$
\vartheta_\infty = \frac{m_1 \cdot c_{p1} \cdot \vartheta_{A1} + m_2 \cdot c_{p2} \cdot \vartheta_{A2}}{m_1 \cdot c_{p1} + m_2 \cdot c_{p2}}
\tag{2.96}
$$

Für die Temperaturänderungen erhält man aus den Gl. 2.95 und 2.96:

$$
\frac{\vartheta_{A1} - \vartheta_1}{\vartheta_2 - \vartheta_{A2}} = \frac{\vartheta_{A1} - \vartheta_\infty}{\vartheta_\infty - \vartheta_{A2}} = \frac{m_2 \cdot c_{p2}}{m_1 \cdot c_{p1}}
\tag{2.97}
$$

Gl. 2.97 kann nach $\vartheta_1$ oder $\vartheta_2$ aufgelöst und in Gl. 2.94 eingesetzt werden. Damit erhält man die Temperatur des Körpers und Fluids.

$$
\vartheta_1 - \vartheta_\infty = (\vartheta_{A1} - \vartheta_\infty) \cdot \exp\left[ -\alpha \cdot A \cdot \left( \frac{1}{m_1 \cdot c_{p1}} + \frac{1}{m_2 \cdot c_{p2}} \right) \cdot t \right]
\tag{2.98}
$$

$$
\vartheta_2 - \vartheta_\infty = (\vartheta_{A2} - \vartheta_\infty) \cdot \exp\left[ -\alpha \cdot A \cdot \left( \frac{1}{m_1 \cdot c_{p1}} + \frac{1}{m_2 \cdot c_{p2}} \right) \cdot t \right]
\tag{2.99}
$$

Der Temperaturverlauf ist in Abb. 2.21 dargestellt.

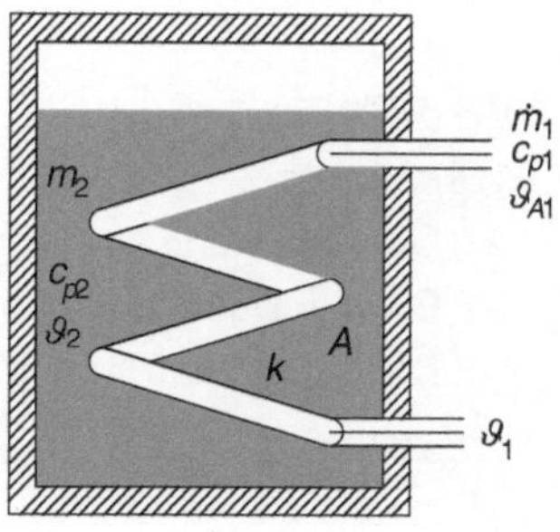

**Abb. 2.22** Erwärmung oder Abkühlung eines Fluids durch einen strömenden Wärmeträger

### 2.2.4.3  Wärmetransfer durch einen strömenden Wärmeträger

Abb. 2.22 zeigt einen nach außen isolierten Behälter mit einem Fluid, das durch einen strömenden Wärmeträger aufgeheizt oder abgekühlt wird.

Das Fluid ist durch eine Wand vom Wärmeträger getrennt. Die Temperatur des Fluids ist zu Beginn der Erwärmung oder Abkühlung gleich $\vartheta_{A2}$. Der Wärmeträger hat am Eintritt die Temperatur $\vartheta_{A1}$, am Austritt $\vartheta_1$. Er wird durch das Fluid gekühlt oder erwärmt. Die Wärmeübertragung erfolgt mit einer konstanten Wärmedurchgangszahl. Nach unendlich langer Zeit nimmt das Fluid die Eintrittstemperatur des Wärmeträgers an, die Wärmeträgertemperatur verändert sich nicht mehr. Unter der Voraussetzung, dass der Massenstrom des Wärmeträgers, die Wärmedurchgangszahl, die spezifischen Wärmekapazitäten und örtlichen Fluidtemperaturen konstant sind, können die Temperaturänderung des Fluids und die des Wärmeträgers am Austritt berechnet werden. Ohne auf die Herleitung einzugehen, sind hier die Ergebnisse dargestellt.

$$\vartheta_{A1} - \vartheta_2 = (\vartheta_{A1} - \vartheta_{A2}) \cdot \exp\left\{\left[\frac{\dot{m}_1 \cdot c_{p1}}{m_2 \cdot c_{p2}} \cdot \left(\exp\left(\frac{-k \cdot A}{\dot{m}_1 \cdot c_{p1}}\right) - 1\right)\right] \cdot t\right\} \qquad (2.100)$$

**Beispiel 2.17: Kühlen eines Drahtes im Wasserbad**

Ein Draht mit 2 mm Durchmesser und einer Temperatur von 300 °C wird durch ein Wasserbad geführt, um ihn dort abzukühlen. Er bewegt sich mit einer Geschwindigkeit von 0,5 m/s durch das Bad und befindet sich auf 5 m Länge im Wasser. Das Wasser hat eine Masse von 5 kg und zu Beginn des Prozesses eine Temperatur von 20 °C. Stoffwerte des Drahtes: $\rho = 8\,000$ kg/m³, $\lambda = 47$ W/(m K), $c_p = 550$ J/(kg K). Die Wärmeübergangszahl im Bad ist 1 200 W/(m² K) und die spezifische Wärmekapazität des Wassers beträgt $c_{p2} = 4\,192$ (J/kg K). Nach welcher Zeit muss das Wasser ausgewechselt werden, wenn die Temperatur des Drahtes nach Verlassen des Wasserbades nicht über 100 °C sein darf?

**Lösung**

*Annahmen*

- Die Stoffwerte sind konstant.
- Die Eintrittstemperatur des Drahtes ist konstant.
- Die Temperatur und Wärmeübergangszahl des Wasserbades sind konstant.

*Analyse*

Hier müssen wir mit Gl. 2.87 bestimmen, bei welcher Wassertemperatur die Temperatur des Drahtes am Austritt aus dem Bad 100 °C überschreitet. Zunächst wird die Zeit, die bis zur Erwärmung des Bades auf diese Temperatur vergeht, berechnet. Der Draht wird als strömender Wärmeträger behandelt. Jetzt muss geprüft werden, wie groß die *Biot*zahl ist. $Bi = \rho \cdot r/\lambda = 1\,200 \cdot 0{,}001/47 = 0{,}026$. Damit ist die Bedingung erfüllt, dass $Bi < 0{,}5$ ist. Die Temperatur des Bades kann mit Gl. 2.87 berechnet werden. Der Draht befindet sich 10 Sekunden lang im Bad. Aus Gl. 2.87 ist ersichtlich, dass die Länge des Drahtes für die Abkühlung keine Rolle spielt. Im Exponent steht der Ausdruck $A/m_1$. Berechnet man die Oberfläche des Drahtes und seine Masse, fällt die Länge weg. Dieses ist gültig, solange die Stirnfläche keine Rolle spielt, was bei diesem Beispiel zutrifft.

$$(\vartheta_1 - \vartheta_{A2}) = (\vartheta_{A1} - \vartheta_{A2}) \cdot \exp\left(-\frac{\alpha \cdot A}{m_1 \cdot c_{p1}} \cdot t\right)$$

$$= (\vartheta_{A1} - \vartheta_{A2}) \cdot \exp\left(-\frac{4 \cdot \alpha \cdot \pi \cdot d \cdot l}{\rho \cdot \pi \cdot d^2 \cdot l \cdot c_{p1}} \cdot t\right)$$

$$= (\vartheta_{A1} - \vartheta_{A2}) \cdot \exp\left(-\frac{4 \cdot \alpha}{\rho \cdot d \cdot c_{p1}} \cdot t\right)$$

Bei der gegebenen Austrittstemperatur von $\vartheta_1 = 100$ °C kann die Temperatur $\vartheta_{A2}$ bestimmt werden.

$$\vartheta_{A2} = \frac{\vartheta_{A1} \cdot \exp\left(-\frac{4 \cdot \alpha}{\rho \cdot d \cdot c_{p1}} \cdot t\right) - \vartheta_1}{\exp\left(-\frac{4 \cdot \alpha}{\rho \cdot d \cdot c_{p1}} \cdot t\right) - 1}$$

$$= \frac{300 \cdot \exp\left(-\frac{4 \cdot 1\,200}{8\,000 \cdot 0{,}002 \cdot 550} \cdot 10\right) - 100}{\exp\left(-\frac{4 \cdot 1\,200}{8\,000 \cdot 0{,}002 \cdot 550} \cdot 10\right) - 1} \cdot ° \mathrm{C} = 99{,}14 \; °\mathrm{C}$$

Mit Gl. 2.100 kann die Zeit berechnet werden, in der sich das Wasser von 20 °C auf 99,14 °C erwärmt. In der Gleichung benötigt man den Massenstrom und die Oberfläche.

$$\dot{m}_1 = c \cdot 0{,}25 \cdot \pi \cdot d^2 \cdot \rho_1$$

$$= 0{,}5 \cdot \mathrm{m/s} \cdot 0{,}25 \cdot \pi \cdot 0{,}002^2 \cdot \mathrm{m}^2 \cdot 8\,000 \cdot \mathrm{kg/m}^3 = 0{,}01257 \; \mathrm{kg/s}$$

$$A = \pi \cdot d \cdot l = \pi \cdot 0{,}002 \cdot \mathrm{m} \cdot 5 \cdot \mathrm{m} = 0{,}0314 \ \mathrm{m}^2$$

$$t = \frac{\ln \frac{\vartheta_{A1}-\vartheta_2}{\vartheta_{A1}-\vartheta_{A2}}}{\frac{\dot{m}_1 \cdot c_{p1}}{m_2 \cdot c_{p2}} \cdot \left[ \exp\left( \frac{-\alpha \cdot A}{\dot{m}_1 \cdot c_{p1}} - 1 \right) \right]} = \frac{\ln \frac{300-99{,}14}{300-20}}{\frac{0{,}01257 \cdot 550}{5 \cdot 4\,192} \cdot \left[ \exp\left( \frac{-1\,200 \cdot 0{,}0314}{0{,}01\,257\,550} \right) - 1 \right]}$$

$$= 1\,012 \ \mathrm{s}$$

**Diskussion**

Dieses Beispiel zeigt, dass auch bewegte feste Körper einen Massenstrom haben können. Die Kombination des bewegten Wärmeträgers und die Abkühlung des festen Körpers erlauben die Berechnung des Problems.

## 2.2.5  Numerische Lösung der instationären Wärmeleitungsgleichung

In Abschn. 2.2.1.1 wurde die instationäre Wärmeleitungsgleichung 2.64 hergeleitet. Anschließend wurde eine Reihe von Lösungen für vergleichsweise einfache Geometrien angegeben, für die eindimensionale Wärmeleitung angenommen werden darf. Für die Bestimmung einer Temperaturverteilung in komplizierteren Geometrien mit mehrdimensionaler Wärmeleitung werden numerische Lösungsmethoden benutzt, die in Form von Computerprogrammen implementiert sind. Nachfolgend sollen einige wesentliche Grundlagen der numerischen Lösungsverfahren anhand der Methode der finiten Differenzen beleuchtet werden.

### 2.2.5.1  Diskretisierung

Für die Betrachtungen nutzen wir das Beispiel eines zylindrischen Stabes mit der Anfangstemperatur $\vartheta_A$, der an der gesamten Mantelfläche und an einem Ende adiabat ist. An seinem anderen Ende wird er zum Zeitpunkt $t_0 = 0$ auf die Temperatur $\vartheta_\infty$ gebracht. In Abb. 2.23 ist der Temperaturverlauf im Stab zu verschiedenen Zeitpunkten skizziert.

Statt des kontinuierlichen Temperaturverlaufs $\vartheta(x,t)$ können auch Temperaturen $\vartheta(x_i,t_j)$ an einer begrenzten Anzahl von Punkten in Raum und Zeit bestimmt werden. Solche Punkte und die zugehörigen Temperaturwerte sind in Abb. 2.23 ebenfalls eingezeichnet. Die Ermittlung der Temperatur in solchen diskreten Punkten ist mathematisch erheblich einfacher als die analytische Lösung der Wärmeleitungsgleichung, wie nachfolgend gezeigt wird.

Hierfür muss zunächst die Wärmeleitungsgleichung in eine diskretisierte Form überführt werden. Die mathematische Basis für diese Überführung ist die *Taylor*-Reihe für eine beliebige Funktion $f$:

$$f(\xi + \Delta\xi) = \sum_{n=0}^{\infty} \frac{\partial^n f}{\partial \xi^n}\bigg|_{\xi} \frac{(\Delta\xi)^n}{n!} \tag{2.101}$$

**Abb. 2.23**  Zeitliche Entwicklung des Temperaturverlaufs in einem adiabten Stab

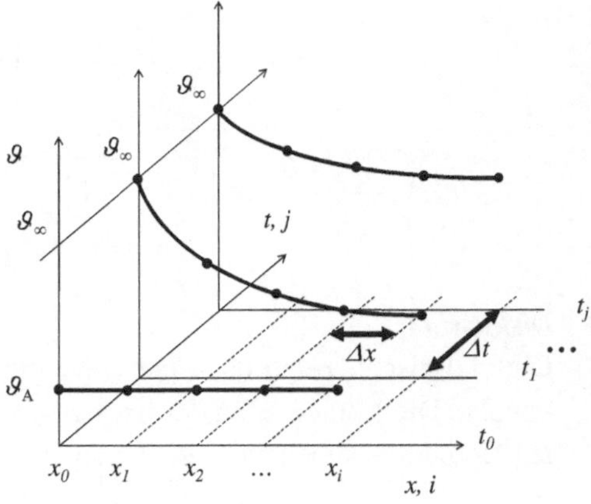


Schreibt man diese Reihe bis zum vierten Reihenglied für den linken und rechten Nachbarpunkt von $\xi$ aus, so erhält man:

$$f\,(\xi + \Delta\xi) = f(\xi) + f'(\xi)\Delta\xi + f''\frac{(\Delta\xi)^2}{2} + f'''\frac{(\Delta\xi)^3}{6} + \dots$$

$$f\,(\xi - \Delta\xi) = f(\xi) - f'(\xi)\Delta\xi + f''\frac{(\Delta\xi)^2}{2} - f'''\frac{(\Delta\xi)^3}{6} + \tag{2.102}$$

Eine Addition dieser Gleichungen liefert einen Ausdruck für die zweite Ableitung, der nur von den Werten der Funktion bei $\xi$ und in den unmittelbaren Nachbarpunkten abhängt:

$$f''\,(\xi) = \frac{f(\xi + \Delta\xi) - 2f(\xi) + f(\xi - \Delta\xi)}{(\Delta\xi)^2} \tag{2.103}$$

Neben der Addition wurden die Reihen hierfür auch nach dem jeweils dritten Glied abgebrochen. Das führt zu einer sehr einfachen Approximation für die zweite Ableitung, bringt aber zugleich einen Fehler durch den Abbruch ein. Da der vernachlässigte Term proportional $(\Delta\xi)^2$ ist, wird dieser Fehler quadratisch mit kleiner werdendem $\Delta\xi$ abnehmen. Man spricht daher im Hinblick auf die Genauigkeit der o.g. Approximation von einem Ansatz zweiter Ordnung.

Bricht man die erste Gleichung aus 2.102 nach dem zweiten Glied ab und löst nach der ersten Ableitung von $f$ auf, hängt der entstehende Ausdruck wiederum nur vom Funktionswert von $f$ in $\xi$ und in einem Nachbarpunkt ab:

$$f'\,(\xi) = \frac{f(\xi + \Delta\xi) - f(\xi)}{\Delta\xi} \tag{2.104}$$

Da hier der Abbruch nach dem zweiten Glied der Reihe erfolgt, nimmt der Fehler proportional mit dem Abstand zwischen den Punkten ab. Man spricht daher in diesem Fall von einer Approximation erster Ordnung.

*Bei der Überführung von Differentialen in Differenzenquotienten entsteht ein Fehler, der Diskretisierungsfehler genannt wird. Er wird umso kleiner, je kleiner die Abstände zwischen den diskreten Punkten gewählt werden.*

Da bei dem Ausdruck in Gl. 2.104 nur der in positiver $\xi$-Richtung gelegene Funktionswert und der Funktionswert bei $\xi$ selbst in die Berechnung eingehen, spricht man auch von einem Vorwärts-Differenzenquotienten (engl. Downwind). Ebenso kann man einen Rückwärts-Quotienten angeben (engl. Upwind). Der Ausdruck in Gl. 2.103 wird dagegen zentraler Differenzenquotient (engl. Central Difference) genannt, da in ihn der Funktionswert bei $\xi$ sowie beide Nachbarwerte eingehen.

Nunmehr lässt sich die für den betrachteten Zylinder gültige Form der Wärmeleitungsgleichung nach Gl. 2.63

$$\frac{\partial \vartheta}{\partial t} = a \frac{\partial^2 \vartheta}{\partial x^2}$$

durch Einsetzen der Approximationen nach Gl. 2.103 und 2.104 als diskrete Differenzengleichung angeben:

$$\left. \frac{\vartheta\,(t+\Delta t) - \vartheta\,(t)}{\Delta t} \right|_x = a \cdot \left. \frac{\vartheta\,(x+\Delta x) - 2\vartheta\,(x) + \vartheta\,(x-\Delta x)}{(\Delta x)^2} \right|_t \tag{2.105}$$

Dazu wurde in Gl. 2.103 und 2.104 die allgemeine Koordinate $\xi$ jeweils durch die Raumkoordinate $x$ und die Zeit $t$ ersetzt. Weiterhin geht man von einem jeweils gleichen Abstand zwischen allen Raumpunkten sowie allen Zeitpunkten aus, man spricht von einem äquidistanten Netz. Die Angabe der Indizes $x$ auf der linken Seite der Gleichung sowie $t$ auf der rechten Seite bedeutet, dass die zeitliche Differenzenbildung am Ort $x$ erfolgt und die räumliche Differenzenbildung zum Zeitpunkt $t$.

### 2.2.5.2 Numerische Lösung

Um die Differenzengleichung 2.105 für eine große Zahl an diskreten Punkten $i, j$ effizient anschreiben und numerisch lösen zu können, führt man noch eine Indexschreibweise ein. Die äquidistanten Raumpunkte werden mit dem Index $i$ versehen, die äquidistanten Zeitpunkte mit dem Index $j$. Die Indexschreibweise für die räumliche Verteilung sieht dann so aus:

$$\vartheta\,(x_i + \Delta x) = \vartheta\,(x_{i+1}) = \vartheta_{i+1} \qquad \vartheta''\,(x_i) = \vartheta_i'' \tag{2.106}$$

Für die Zeitebene wird lediglich $x$ durch $t$ sowie $i$ durch $j$ ersetzt, ansonsten gilt das gleiche Vorgehen. Danach stellt sich Gl. 2.105 in Indexschreibweise so dar:

$$\frac{\vartheta_{i,j+1} - \vartheta_{i,j}}{\Delta t} = a \cdot \frac{\vartheta_{i+1,j} - 2\vartheta_{i,j} + \vartheta_{i-1,j}}{(\Delta x)^2} \tag{2.107}$$

**Abb. 2.24** Graphische Ver-
anschaulichung des FTCS-
Schemas

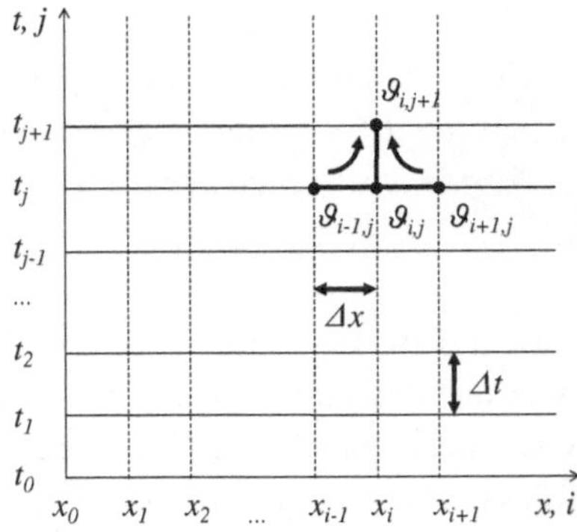


Diese Gleichung läßt sich explizit nach $\vartheta_{i,j+1}$ auflösen:

$$\vartheta_{i,j+1} = a \cdot \Delta t \frac{\vartheta_{i+1,j} - 2\vartheta_{i,j} + \vartheta_{i-1,j}}{(\Delta x)^2} + \vartheta_{i,j} \qquad (2.108)$$

Bei genauerem Hinsehen stellt man fest, dass auf der rechten Seite dieser Gleichung nur Terme stehen, die in der Zeitebene $j$ liegen. Kennt man also die räumliche Verteilung der Temperatur in der Ebene $j$, so kann man daraus die Temperaturwerte in der Ebene $j + 1$ auf einfachste Weise ermitteln. Von der bekannten Anfangsverteilung der Temperatur bei $j = 0$ kann man so sukzessive durch „Vorwärtsbewegung" für eine Zeitebene nach der anderen die räumliche Temperaturverteilung in den Ebenen $j > 0$ bestimmen. Da hierbei im Raum jeweils zentrale Differenzen gebildet werden, spricht man in der englischen Literatur auch vom FTCS-Verfahren (Forward Time Center Space).

In Abb. 2.24 ist eine Projektion der Darstellung aus Abb. 2.23 auf die $t$-$x$-Ebene bzw. eine Draufsicht auf das dortige Diagramm dargestellt. Hier ist das Vorgehen zur Ermittlung eines Temperaturwertes in der nächsten Zeitebene nochmals graphisch veranschaulicht. Aus dieser Darstellung wird auch ersichtlich, warum von einem „Berechnungsgitter" gesprochen wird, wenn es um die numerische Lösung einer Differentialgleichung geht.

*Durch Diskretisierung lässt sich eine Differentialgleichung in eine Differenzengleichung überführen, die mit vergleichsweise einfachen mathematischen Mitteln gelöst werden kann. Die Lösung der Differenzengleichung ist dann in einer Vielzahl von Punkten in Raum und Zeit zu ermitteln, wofür durchweg Computerprogramme eingesetzt werden.*

Die Übertragung der Methode auf mehrdimensionale Gebiete bzw. Geometrien ist einfach möglich. Es muss auf der rechten Seite der Gl. 2.63 lediglich die räumliche Ableitung in den zusätzlichen Dimensionen $y$ und $z$ addiert werden. Damit kommen in den Gl. 2.107 und 2.108 Terme mit den Indizes $k$ und $l$ hinzu, am prinzipiellen Vorgehen zur Ermittlung des Temperaturwertes in der nächsten Zeitebene ändert sich aber nichts.

> *Im Gegensatz zu den analytischen Methoden zur Lösung der instationären Wärme-
> leitungsgleichung lassen sich die numerischen Methoden einfach auf komplizierte
> mehrdimensionale Geometrien erweitern.*

### 2.2.5.3 Wahl der Gitterweite und des Zeitschritts

Oben wurde dargelegt, dass durch die Diskretisierung ein Approximationsfehler in die Wärmeleitungsgleichung und damit in ihre numerische Lösung eingebracht wird. Durch Verkleinerung der räumlichen Gitterweite sowie des Zeitschrittes lässt sich dieser Fehler klein halten. Dabei besteht ein wichtiger Zusammenhang zwischen der Gitterweite und dem Zeitschritt, der *Stabilitätsbedingung* des numerischen Verfahrens genannt wird:

$$\Delta t \leq \frac{(\Delta x)^2}{2a} \tag{2.109}$$

Überschreitet die gewählte Zeitschrittweite diesen Wert, so wird das Verfahren nicht zu sinnvollen Ergebnissen führen, die Lösung divergiert. Somit erzwingt die Wahl einer kleinen räumlichen Gitterweite auch einen kleinen Zeitschritt. Dieser Zusammenhang gilt streng für das hier vorgestellte explizite Finite-Differenzen-Verfahren. Er läßt sich aber z. B. durch Einsetzen der Rückwärtsdifferenz zur Approximation der Zeitableitung auflösen. Allerdings ergibt sich dabei eine Gleichung, die nur implizit, d. h. durch die Lösung eines Gleichungssystems für die räumliche Temperaturverteilung im jeweils folgenden Zeitschritt gelöst werden kann.

Das ist mathematisch möglich, aber etwas aufwändiger als die oben vorgestellte Methode. Gleichwohl ist die implizite Methode wegen ihrer besseren Stabilität und der damit verbundenen Möglichkeit, den Zeitschritt erheblich größer zu wählen, in kommerziellen numerischen Programmen stets implementiert. Für große Gebiete mit einer Vielzahl von räumlichen Gitterpunkten ist so eine effizientere numerische Lösung möglich.

Es gibt eine Vielzahl anderer Methoden der räumlichen und zeitlichen Diskretisierung sowie der Lösung der entstehenden Gleichungssysteme, z. B. die Finite-Elemente-Methode (FEM) und die Finite-Volumen-Methode (FVM), auf die hier aber nicht eingegangen werden soll. Mit diesen Verfahren lassen sich auch weitere Nachteile der hier vorgestellten Finite-Differenzen-Methode, wie das äquidistante Gitter, vermeiden.

## Literatur


1. VDI-Wärmeatlas (2002) 9. Aufl. Springer, Berlin
2. Grigull U, Sandner H (1979) Wärmeleitung. Springer, Berlin
3. Martin H, Saberian M (1992) Verbesserte asymptotische Näherungsgleichungen zur Lösung instationärer Wärmeleitungsprobleme auf einfachste Art. Vortrag GVC Fachausschuss Wärme- u. Stoffübertragung Mai 1992. Baden-Baden

# Erzwungene Konvektion 3

Bei *erzwungener Konvektion* wird der Wärmeübergang durch die Temperaturunterschiede und die Strömung, die durch eine äußere Druckdifferenz aufrechterhalten wird, bestimmt. Die Druckdifferenz kann z. B. durch eine Pumpe oder einen Höhenunterschied erzeugt werden. Erzwungene Konvektion ist die in der Technik am häufigsten vorkommende Wärmeübergangsart. In Wärmeübertragern wird zwischen zwei Fluiden, die durch eine Wand getrennt sind, Wärme übertragen. Unsere Aufgabe wird sein, die Wärmeübergangszahlen in Abhängigkeit von den Strömungsbedingungen, den Temperaturen und der Geometrie des Wärmeübertragers zu bestimmen.

Betrachtet man ein Fluid mit der Temperatur $\vartheta_F$, das in einem Rohr, dessen Wandtemperatur $\vartheta_W$ ist, entlangströmt, ist die Wärmestromdichte an einem beliebigen Punkt der Rohrinnenwand gegeben als:

$$\dot{q} = \alpha \cdot (\vartheta_F - \vartheta_W) \tag{3.1}$$

Bei dieser Definition wird das Fluid mit einer konstanten Temperatur im gesamten Raum angenommen. Die Erfahrung zeigt, dass im Fluid in Wandnähe ein Temperaturprofil, analog dem Geschwindigkeitsprofil, entsteht. Bei einer turbulenten Strömung, auf deren Behandlung sich dieses Kapitel hier zunächst beschränkt, ist in der Wandnähe eine *Temperaturgrenzschicht* vorhanden [1, 2], in der sich die Temperatur von der Wandtemperatur zur Fluidtemperatur ändert (Abb. 3.1).

In der Grenzschicht bzw. unmittelbar vor der Wand wird die Wärme durch Wärmeleitung übertragen. Erweitert man Gl. 3.1, indem man eine Bilanz an der Oberfläche der Wand bildet, so kann man schreiben:

$$\dot{q} = \alpha \cdot (\vartheta_F - \vartheta_W) = -\lambda \left( \frac{\partial \vartheta}{\partial r} \right)_{r_W}$$
$$\alpha = -\lambda \frac{\left( \frac{\partial \vartheta}{\partial r} \right)_{r_W}}{\vartheta_F - \vartheta_W} \tag{3.2}$$

© Springer-Verlag Berlin Heidelberg 2017

P. von Böckh und T. Wetzel, *Wärmeübertragung*, https://doi.org/10.1007/978-3-662-55480-7_3

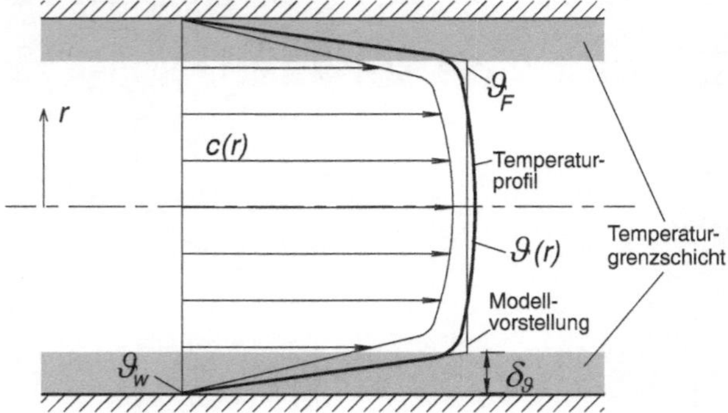



**Abb. 3.1** Temperaturverlauf in einer turbulenten Rohrströmung

Die Wärmeübergangszahl hängt demnach von der Temperaturverteilung im Fluid sowie von der Wärmeleitfähigkeit des Fluids ab. Die Temperaturverteilung im Fluid ist ihrerseits in komplizierter Weise mit dem Geschwindigkeitsfeld im Fluid verknüpft. Durch Linearisierung des Temperaturverlaufs im Fluid kann man jedoch zunächst eine Näherung für den Temperaturanstieg in der Grenzschicht und damit eine Abschätzung für den Zusammenhang zwischen Dicke $\delta_\vartheta$ der Grenzschicht, Wärmeübergangszahl und Wärmeleitfähigkeit angeben:

$$\left(\frac{\partial \vartheta}{\partial r}\right)_{r_W} \approx \frac{\vartheta_F - \vartheta_W}{\delta_\vartheta}$$

$$\alpha \approx \frac{\lambda}{\delta_\vartheta} \quad \text{bzw.} \quad \delta_\vartheta = \frac{\lambda}{\alpha} \tag{3.3}$$

In den meisten für die Praxis relevanten Fällen kann die Temperaturgrenzschicht wegen ihrer geringen Dicke nicht vermessen werden. Bei der Messung würde man durch den Messfühler die Grenzschicht stören. Ähnlich wie bei der Bestimmung der Rohrreibungszahlen turbulenter Strömungen kann die Wärmeübergangszahl auch nicht analytisch hergeleitet werden. Sie muss vielmehr aus Messungen empirisch ermittelt werden. Da die Anzahl der unabhängigen Einflussgrößen größer ist als bei der Bestimmung der Reibung [3], müsste eine noch größere Zahl von Versuchen durchgeführt werden. Um den Messaufwand in einem vernünftigen Rahmen zu halten, nutzt man *Modellvorstellungen* und physikalische Ähnlichkeitsprinzipien, nach denen sich Unterschiede beim Wärmeübergang für verschiedene Geometrien, Stoffe und Fluidzustände letztlich auf wenige *charakteristische Kennzahlen* zurückführen lassen.

Bei der laminaren Strömung entsteht ein ganz anders verlaufendes Temperaturprofil, das für einfache Geometrien mit einigem mathematischen Aufwand analytisch berechenbar ist. Wegen ihrer geringeren technischen Bedeutung werden die Beziehungen für die laminare Rohrströmung in diesem Kapitel zwar angegeben, die Herleitung wird jedoch nicht behandelt.

## 3.1 Kennzahlen

Die beim konvektiven Wärmeübergang auftretenden Transportvorgänge lassen sich durch Differentialgleichungen beschreiben. Grundsätzlich müssen Geschwindigkeit (mit drei Komponenten), Druck und Temperatur des Mediums bestimmt werden. Hierfür benötigt man fünf unabhängige Gleichungen, die aus Erhaltungssätzen bzw. Bilanzen hergeleitet werden können:

- Erhaltung der Masse – Massenbilanz – Kontinuitätsgleichung
- Erhaltung des Impulses – Impulsbilanz – Bewegungsgleichung
- Erhaltung der Energie – Energiebilanz – Energiegleichung

In den nachfolgenden Abschnitten wird vereinfacht aufgezeigt, wie aus diesen Gleichungen die wichtigsten charakteristischen Kennzahlen und damit die Grundlage für die empirische Bestimmung der Wärmeübergangszahlen abgeleitet werden können.

### 3.1.1 Kontinuitätsgleichung

Wir betrachten zunächst einen ortsfesten Quader mit den Kantenlängen $dx$, $dy$, $dz$ in einem kartesischen Koordinatensystem (s. Abb. 3.2).

Die in den Quader über die Fläche $dy \cdot dz$ einfließende Masse ist

$$\dot{m}_x = \rho \cdot c_x \cdot dy \cdot dz$$

und die an der gegenüberliegenden Fläche ausfließende Masse kann mit

$$\dot{m}_{x+dx} = \rho \cdot c_x \cdot dy \cdot dz + \frac{\partial (\rho \cdot c_x)}{\partial x} dx \cdot dy \cdot dz$$

angegeben werden. Betrachtet man ein inkompressibles Fluid mit der Dichte $\rho$, so ist die Differenz beider Massenströme:

$$d\dot{m}_x = -\frac{\partial c_x}{\partial x} \rho \cdot dx \cdot dy \cdot dz$$

**Abb. 3.2** Zur Herleitung der Kontinuitätsgleichung

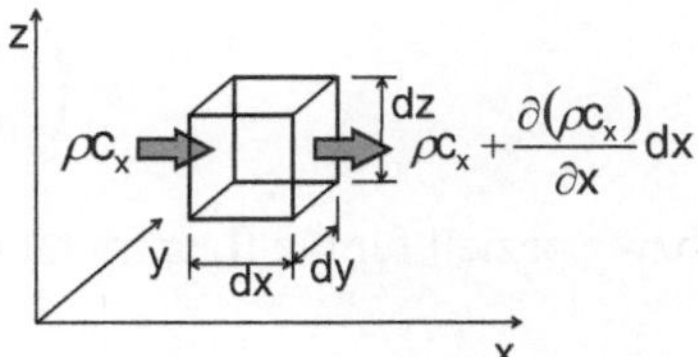

Führt man diese Berechnung auch für die anderen Raumrichtungen durch, so erhält man nach Summieren, Umordnen und Teilen durch $\rho \cdot \mathrm{d}x \cdot \mathrm{d}y \cdot \mathrm{d}z$

$$0 = \frac{\partial c_x}{\partial x} + \frac{\partial c_y}{\partial y} + \frac{\partial c_z}{\partial z}$$

Dies ist die Kontinuitätsgleichung für ein inkompressibles Medium in kartesischen Koordinaten. Aus ihr lässt sich keine charakteristische Kennzahl ermitteln, da diese Gleichung ohnehin keine spezifischen Größen eines bestimmten Fluids oder einer bestimmten *geometrischen* Anordnung enthält. Die Kontinuitätsgleichung ist aber die erste der fünf benötigten unabhängigen Gleichungen.

### 3.1.2   Bewegungsgleichung

Diese Gleichung folgt aus einer Kräftebilanz an einem Massenelement im strömenden Fluid, wobei $s$ zunächst eine allgemeine Ortskoordinate ist:

$$\sum \mathrm{d}F_{\ddot{a}u\beta ere} = \mathrm{d}m \cdot \frac{\mathrm{d}c_x}{\mathrm{d}t} = \rho \cdot \mathrm{d}V \cdot \frac{\mathrm{d}c_x}{\mathrm{d}t}$$

Diese Bilanz besagt, dass die zeitliche Änderung der Geschwindigkeit bzw. des Impulses des Fluides durch äußere Kräfte bewirkt wird. Wenn wir hier Kraftwirkungen aufgrund von elektrischen, magnetischen und Gravitationsfeldern ausschließen, lassen sich die äußeren Kräfte auf Druck- und Zähigkeitskräfte, letztere ausgedrückt mittels der Spannung $\tau$, reduzieren:

$$\sum \mathrm{d}F_{\ddot{a}u\beta ere} = -\mathrm{d}p \cdot \mathrm{d}A + \sum \mathrm{d}\tau \cdot \mathrm{d}A$$

Wenn wir weiterhin beachten, dass $\mathrm{d}V = \mathrm{d}A \cdot \mathrm{d}s$ gilt und $c_x = f(s,t)$, d. h. die Geschwindigkeit allgemein eine Funktion von Ort und Zeit ist, so können wir zusammenfassend schreiben:

$$\rho \cdot \frac{\mathrm{d}c_x}{\mathrm{d}t} = \rho \cdot \left( \frac{\partial c_x}{\partial t} + \frac{\partial c_x}{\partial s}\frac{\partial s}{\partial t} \right) = -\frac{\partial p}{\partial s} + \sum \frac{\partial \tau}{\partial s}$$

Für die Schubspannung wird der *Newton*'sche Schubspannungsansatz $\tau = \eta \cdot \mathrm{d}c_x/\mathrm{d}s$ eingeführt und wir erhalten dann für eine stationäre Strömung allgemein

$$\rho \cdot \left( \frac{\partial c_x}{\partial s}c_x \right) = -\frac{\partial p}{\partial s} + \eta \cdot \sum \frac{\partial^2 c_x}{\partial s^2}$$

bzw. speziell für die Raumrichtung $x$ mit der Geschwindigkeit $c_x = f(x,y)$:

$$\rho \cdot \frac{\partial c_x}{\partial x}c_x = -\frac{\partial p}{\partial x} + \eta \cdot \sum \frac{\partial^2 c_x}{\partial y^2}$$

Durch geschicktes Umschreiben dieser Gleichung kann man nun versuchen, möglichst viele der fluid-, zustands- oder geometriespezifischen Größen in der Gleichung zusammenzufassen. Der übliche Weg hierfür ist die Überführung in eine dimensionslose Gleichung. Diese erhalten wir, indem alle Variablen auf charakteristische Maße bezogen werden:

Bezugslänge $L$:  $\quad\quad\quad\quad x = x^* \cdot L$

Bezugsgeschwindigkeit $c$:  $\quad c_x = c_x^* \cdot c$

Bezugsdruck $\rho \cdot c^2$:  $\quad\quad\quad p = p^* \cdot \rho \cdot c^2$

Die mit Stern versehenen Größen $x^*$, $c_x^*$ und $p^*$ sind die dimensionslose Ortskoordinate, die dimensionslose Geschwindigkeitskomponente sowie der dimensionslose Druck. Wir werden später sehen, welche Größen in praktischen Einsatzfällen als Bezugsgrößen dienen. Einsetzen der genannten Größen in die hergeleitete Bewegungsgleichung und Umordnen führt zu:

$$c_x^* \frac{\partial c_x^*}{\partial x^*} = -\frac{\partial p^*}{\partial x^*} + \frac{\eta}{\rho \cdot c \cdot L} \cdot \sum \frac{\partial^2 c_x^*}{\partial y^{*2}}$$

Der Kehrwert des Faktors vor dem Differential im dritten Term wird *Reynoldszahl* genannt. Sie ist das Verhältnis der Trägheits- zu den Reibungskräften.

$$Re_L = \frac{c \cdot L}{\nu} = \frac{c \cdot L \cdot \rho}{\eta} = \frac{\dot{m} \cdot L}{A \cdot \eta} \tag{3.4}$$

Die mittlere Geschwindigkeit der Strömung ist $c$, die charakteristische Länge $L$, die kinematische Viskosität des Fluids $\nu$ und $\eta$ die dynamische Viskosität. Es ist üblich, die *Reynolds*zahl mit einem Index zu versehen, der die charakteristische Länge $L$ repräsentiert. Da in der dimensionslosen Bewegungsgleichung außer $Re$ nur dimensionslose Lösungsvariablen und unabhängige Variablen stehen, ist die Lösung der Gleichung für alle Strömungen mit gleicher *Reynolds*zahl identisch. Umgekehrt gilt: Die Unterschiede in den Lösungen der Differentialgleichung für unterschiedliche Fluide, Zustände oder Geometrien lassen sich auf die Unterschiede in der *Reynolds*zahl zurückführen. Mit je einer Bewegungsgleichung für jede Raumrichtung gewinnen wir drei weitere Gleichungen für die fünf unbekannten Variablen.

### 3.1.3 Energiegleichung

Die *Reynolds*zahl enthält die Geschwindigkeit, die Zähigkeit sowie eine charakteristische Länge. Aus den vorangegangenen Kapiteln wissen wir aber, dass für die Wärmeübertragung auch Eigenschaften wie Wärmeleitfähigkeit oder Wärmekapazität relevant sind. Wir werden daher eine Energiegleichung für das strömende Fluid ableiten und analog der Bewegungsgleichung entdimensionieren, um zu einer weiteren charakteristischen Kennzahl zu kommen.

$$\mathrm{d}\dot{m}_x = -\frac{\partial c_x}{\partial x}\rho \cdot \mathrm{d}x \cdot \mathrm{d}y \cdot \mathrm{d}z$$

Wir gehen hierfür von der Temperaturfeldgleichung in einem ruhenden Medium aus, die bereits in Abschn. 2.2.1 aus einer Energiebilanz bestimmt wurde:

$$\frac{\partial \vartheta}{\partial t} = a \cdot \left( \frac{\partial^2 \vartheta}{\partial x^2} + \frac{\partial^2 \vartheta}{\partial y^2} + \frac{\partial^2 \vartheta}{\partial z^2} \right)$$

Für ein strömendes Fluid muss auf der linken Seite der Gleichung noch die Temperaturänderung aufgrund des Enthalpietransports hinzugefügt werden. Hierzu ersetzen wir das partielle Differential durch das totale Differential der Temperatur und beachten, dass $\mathrm{d}x/\mathrm{d}t = c_x$, $\mathrm{d}y/\mathrm{d}t = c_y$ und $\mathrm{d}z/\mathrm{d}t = c_z$ gilt. Damit ergibt sich:

$$\frac{\mathrm{d}\vartheta}{\mathrm{d}t} = \frac{\partial \vartheta}{\partial t} + \frac{\partial \vartheta}{\partial x}\frac{\mathrm{d}x}{\mathrm{d}t} + \frac{\partial \vartheta}{\partial y}\frac{\mathrm{d}y}{\mathrm{d}t} + \frac{\partial \vartheta}{\partial z}\frac{\mathrm{d}z}{\mathrm{d}t}$$

$$= \frac{\partial \vartheta}{\partial t} + \frac{\partial \vartheta}{\partial x}c_x + \frac{\partial \vartheta}{\partial y}c_y + \frac{\partial \vartheta}{\partial z}c_z = a \cdot \left( \frac{\partial^2 \vartheta}{\partial x^2} + \frac{\partial^2 \vartheta}{\partial y^2} + \frac{\partial^2 \vartheta}{\partial z^2} \right)$$

Die Variablen dieser Gleichung können analog jenen der Impulsgleichung entdimensioniert werden. Hier kommen aber noch folgende Größen hinzu:

Bezugstemperaturdifferenz  $(\vartheta_F - \vartheta_W)$: $\vartheta = \vartheta^* \cdot (\vartheta_F - \vartheta_W) + \vartheta_F$
Bezugszeit                 $L/c{:}t = t^* \cdot L/c$

Durch Einsetzen der dimensionslosen Variablen und Umordnen gewinnen wir folgende dimensionslose Form der Temperaturfeldgleichung:

$$\frac{\partial \vartheta^*}{\partial t^*} + \frac{\partial \vartheta^*}{\partial x^*}c_x^* + \frac{\partial \vartheta^*}{\partial y^*}c_y^* + \frac{\partial \vartheta^*}{\partial z^*}c_z^* = \frac{a}{c \cdot L} \cdot \left( \frac{\partial^2 \vartheta^*}{\partial x^{*2}} + \frac{\partial^2 \vartheta^*}{\partial y^{*2}} + \frac{\partial^2 \vartheta^*}{\partial z^{*2}} \right)$$

Den Vorfaktor vor dem rechten Term können wir etwas umschreiben:

$$\frac{a}{c \cdot L} = \frac{\nu}{c \cdot L} \cdot \frac{a}{\nu} = \frac{1}{Re} \cdot \frac{1}{Pr}$$

Die neue, neben der *Reynolds*zahl auftretende Kennzahl wird *Prandtlzahl Pr* genannt:

$$Pr = \frac{\nu}{a} = \frac{\nu \cdot \rho \cdot c_p}{\lambda} \tag{3.5}$$

Sie kann auch als das Verhältnis der Dicken der laminaren Strömungs- und Temperaturgrenzschicht aufgefasst werden. Gase haben eine *Prandtl*zahl von etwa 0,7, die der Flüssigkeiten variiert in einem weiten Bereich. Sie ist temperaturabhängig.

Wir haben nun fünf Gleichungen für fünf abhängige Variable hergeleitet, entdimensioniert und auf diese Weise zwei für die konvektive Wärmeübertragung wesentliche charakteristische Kennzahlen gewonnen. Nun wenden wir die Methodik der Entdimensionierung abschließend auf die Gl. 3.2 an und erhalten

$$\frac{\alpha \cdot L}{\lambda} = -\left(\frac{\partial \vartheta^*}{\partial r^*}\right)_{r^*=1} = Nu_L \qquad (3.6)$$

Die dimensionslose Wärmeübergangszahl wird *Nußeltzahl* genannt. Sie ist das Verhältnis der für die Strömung charakteristischen Länge $L$ und der Dicke der Temperaturgrenzschicht $\delta_\vartheta$.

Zugleich stellen wir fest, dass diese dimensionslose Wärmeübergangszahl offenbar nur vom dimensionslosen Temperaturfeld abhängig ist! Dieses wiederum erhalten wir aber als eine Lösung des eben hergeleiteten Gleichungssystems, die durch *Reynolds*- bzw. *Prandtl*zahl und die durchströmte Geometrie charakterisiert ist.

Trotz der sehr vereinfachten Herleitung des o. g. Gleichungssystems findet man diesen Zusammenhang auch empirisch bestätigt und gibt die *Nußelt*zahlen daher in folgender Form an:

$$Nu_L = f(Re_L, Pr, \text{Geometrie}, \vartheta/\vartheta_W) \qquad (3.7)$$

Der letzte Term berücksichtigt die Abhängigkeit der *Nußelt*zahl von der Richtung des Wärmestroms. Näheres dazu wird später ausgeführt. *Nußelt*zahlen wurden in der o. g. Form für verschiedenste Geometrien, Stoffe und Strömungen experimentell bestimmt und in Form sogenannter Korrelationen, d. h. Funktionen, die die erhaltenen Messwerte bestmöglich wiedergeben, von zahlreichen Autoren veröffentlicht. Eine der umfangreichsten Darstellungen von *Nußelt*funktionen findet sich im VDI-Wärmeatlas [3].

> Die Ermittlung von Wärmeübergangszahlen wird also auf die Ermittlung der für das jeweils vorliegende Problem passenden Nußeltzahl zurückgeführt. Aus dieser Nußeltzahl wird dann die Wärmeübergangszahl nach der o. g. Definition bestimmt.

In den nachfolgenden Kapiteln wird dies für einige technisch wichtige Fälle näher erläutert.

## 3.2 Bestimmung der Wärmeübergangszahlen

Wie erwähnt, hängt die Wärmeübergangszahl von der *Reynolds*zahl, den Stoffeigenschaften, der Geometrie und Richtung des Wärmestromes ab. Die Stoffeigenschaften werden durch die *Prandtl*zahl berücksichtigt. Die Wärmeübergangszahl wird aus der *Nußelt*zahl bestimmt. Man gibt die *Nußelt*zahlen in der Gl. 3.7 definierten Form an.

### 3.2.1  Rohrströmung

Bei der Strömung von Fluiden in zylindrischen Rohren ist die charakteristische Länge der Innendurchmesser $d_i$ des Rohres. Zur Bestimmung der Wärmeübergangszahlen muss zwischen der turbulenten und laminaren Strömung unterschieden werden.

#### 3.2.1.1  Turbulente Rohrströmung

Das Temperaturprofil einer turbulenten Rohrströmung ist in Abb. 3.1 dargestellt. Die Temperatur des Fluids ist die Temperatur in der Rohrmitte. Die von *Gnielinski* [4, 5] angegebene Gl. 3.8 für die *Nußelt*zahl gibt nach heutigem Kenntnistand die Messergebnisse am besten wieder.

$$Nu_{d_i,\,turb} = \frac{(\xi/8) \cdot Re_{d_i} \cdot Pr}{1 + 12{,}7 \cdot \sqrt{\xi/8} \cdot (Pr^{2/3} - 1)} \cdot f_1 \cdot f_2 \qquad (3.8)$$

Die *Rohrreibungszahl* ist dabei $\xi$. Sie ist folgendermaßen gegeben:

$$\xi = [1{,}8 \cdot \log(Re_{d_i}) - 1{,}5]^{-2} \qquad (3.9)$$

Die Stoffwerte werden mit der Temperatur des Fluids in der Rohrmitte bestimmt. Die Gl. 3.8 und 3.9 geben die Wärmeübergangszahl mit der besten Genauigkeit bei der Strömung durch Rohre wieder.

Gl. 3.8 zeigt auch, dass zwischen der Reibung und dem Wärmeübergang ein grundsätzlicher Zusammenhang besteht. Je größer die Reibungszahl $\xi$ der turbulenten Strömung im Rohr ist, desto größer auch die *Nußelt-* und damit die Wärmeübergangszahl. Dieses verlangt vom Ingenieur, Wärmeübertrager so zu optimieren, dass er bezüglich Reibung und Wärmeübertragung die günstigste Lösung findet.

Die Funktion $f_1$ gibt den Einfluss der Rohrlänge und $f_2$ den der Richtung des Wärmestromes an. Die Rohrlänge beeinflusst die Wärmeübergangszahl, weil das Temperaturprofil am Eintritt des Rohres nicht ausgebildet und damit die Dicke der Temperaturgrenzschicht dort gleich null ist. Die Wärmeübergangszahl ist unendlich. Abb. 3.1 zeigt das Strömungs- und Temperaturprofil.

Die Dicke der Temperaturgrenzschicht nimmt mit steigender Lauflänge zu und die lokale Wärmeübergangszahl wird kleiner, bis sie bei ausgebildeter Temperaturgrenzschicht konstant bleibt. In der Regel ist bei der Berechnung von Wärmeübertragern nicht die lokale Wärmeübergangszahl von Interesse, sondern deren mittlerer Wert für die gesamte Rohrlänge. Die höheren Wärmeübergangszahlen am Eintritt des Rohres beeinflussen die mittlere Wärmeübergangszahl. Die Funktion $f_1$ zur Berücksichtigung der Rohrlänge (siehe auch Abb. 3.3) lautet:

$$f_1 = 1 + (d_i/l)^{2/3} \qquad (3.10)$$

Die Richtung des Wärmestromes beeinflusst die Wärmeübergangszahl, weil die *Reynolds-* und *Prandtl*zahl mit den temperaturabhängigen Stoffwerten des Fluids gebildet werden und in der Temperaturgrenzschicht eine andere Temperatur herrscht. Für

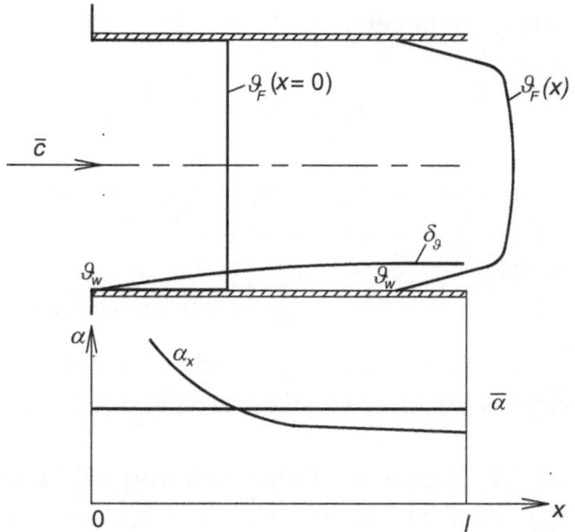


**Abb. 3.3** Einfluss der Rohrlänge auf die Wärmeübergangszahl

die Funktion $f_2$ hat man für Flüssigkeiten und Gase zwei unterschiedliche Beziehungen gefunden:

$$f_2 = \begin{cases} (Pr/Pr_W)^{0,11} & \text{für Flüssigkeiten} \\ (T/T_W)^{0,45} & \text{für Gase} \end{cases} \qquad (3.11)$$

Die angegebenen Gleichungen gelten für:

$$10^4 < Re_{d_i} < 10^6$$
$$l/d_i > 1$$

In Wärmeübertragerrohren sind die Temperatur des Fluids und die Temperatur der Wand nicht konstant.

Die Stoffwerte des Fluids bestimmt man mit der mittleren Temperatur:

$$\vartheta_m = (\vartheta_{ein} + \vartheta_{aus})/2$$

Zur Berechnung des Wärmestromes wird die mittlere Temperaturdifferenz nach Gl. 1.15 verwendet. Sie wird mit den Temperaturdifferenzen am Ein- und Austritt des Rohres gebildet.

$$\dot{Q} = \alpha \cdot A \cdot \Delta\vartheta_m \qquad (3.12)$$

Strömt außen am Rohr ebenfalls ein Fluid, wird zur Bestimmung des Wärmestromes die Wärmedurchgangszahl eingesetzt und mit den Fluidtemperaturen die mittlere Temperaturdifferenz gebildet. Die Wandtemperatur ist:

$$\vartheta_{Wi} = \vartheta_{mi} + \frac{k \cdot d_a}{\alpha_i \cdot d_i} \cdot \Delta\vartheta_m \qquad \vartheta_{Wa} = \vartheta_{ma} - \frac{k}{\alpha_a} \cdot \Delta\vartheta_m \qquad (3.13)$$

Für überschlägige Berechnungen kann an Stelle von Gl. 3.8 eine vereinfachte Potenzgleichung verwendet werden, die die Wärmeübergangszahl mit etwa 5 % Genauigkeit angibt:

$$Nu_{d_i} = 0,0235 \cdot (Re_{d_i}^{0,8} - 230) \cdot Pr^{0,48} \cdot f_1 \cdot f_2 \qquad (3.14)$$

Zur Berücksichtigung der Richtung des Wärmestromes bei Gasen sind im VDI-Wärmeatlas [4] weitere Funktionen angegeben.

### 3.2.1.2  Laminare Rohrströmung bei konstanter Wandtemperatur

Hier wird nur die Strömung bei konstanter Wandtemperatur behandelt. In [3] findet man Beziehungen für konstante Wärmestromdichte. Bei laminarer Rohrströmung ist in sehr langen Rohren (thermisch und hydraulisch ausgebildeter Strömung) die Wärmeübergangszahl von der *Reynolds-* und *Prandtl*zahl unabhängig. Die *Nußelt*zahl hat einen konstanten Wert.

$$Nu_{d_i, lam} = 3,66 \qquad (3.15)$$

Bei kürzeren Rohren, in denen die Temperatur- und Strömungsgrenzschicht nicht ausgebildet sind, ist die *Nußelt*zahl:

$$Nu_{d_i, lam} = 0,644 \cdot \sqrt[3]{Pr} \cdot \sqrt{Re_{d_i} \cdot d_i / l} \qquad (3.16)$$

Da der Übergang asymptotisch erfolgt, gilt folgende Ausgleichsgleichung:

$$Nu_{d_i, lam} = \sqrt[3]{3,66^3 + 0,644^3 \cdot Pr \cdot (Re_{d_i} \cdot d_i / l)^{3/2}} \qquad (3.17)$$

Bis zu *Reynolds*zahlen von 2 300 ist Gl. 3.17 gültig. Abb. 3.4 zeigt die *Nußelt*zahlen für *Pr* = 1 in Abhängigkeit von der *Reynolds*zahl für verschiedene Rohrlängen.

### 3.2.1.3  Gleichungen für den Übergangsbereich

Aus dem Diagramm in Abb. 3.4 ist ersichtlich, dass es beim Übergang von der laminaren zur turbulenten Strömung sprunghafte Übergänge gibt Gl. 3.8. ist wie angegeben nur ab $Re > 10^4$ gültig. Für den Übergangsbereich $2\,300 < Re_{di} < 10^4$ wird folgende Interpolationsgleichung vorgeschlagen:

$$Nu_{d_i} = (1 - \gamma) \cdot Nu_{d_i, lam}(Re = 2\,300) + \gamma \cdot Nu_{d_i, turb}(Re = 10^4)$$

$$\text{mit } \gamma = \frac{Re - 2\,300}{7\,700} \qquad (3.18)$$

Abb. 3.5 zeigt die mit der Ausgleichsgleichung berechneten *Nußelt*zahlen.

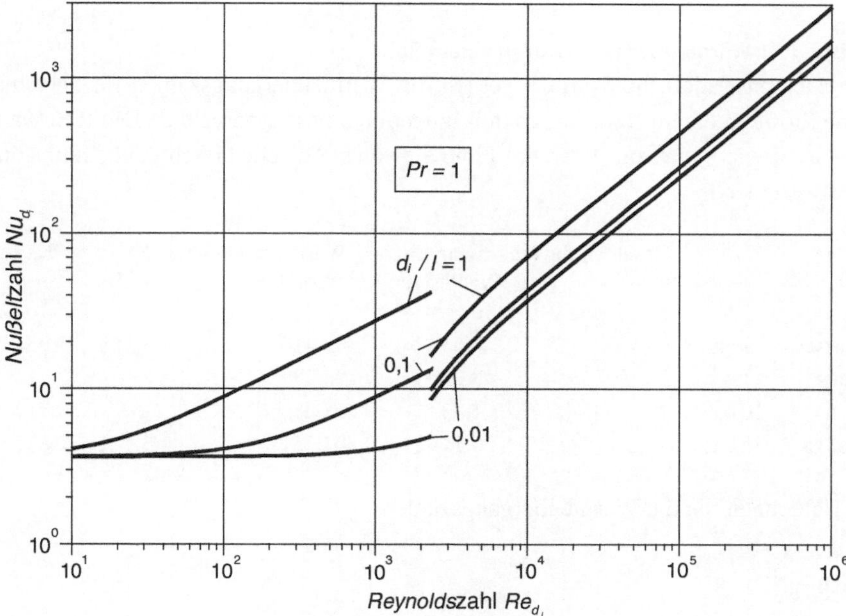


**Abb. 3.4**  *Nußelt*zahl bei $Pr = 1$; Sprünge beim Übergang von laminar zu turbulent

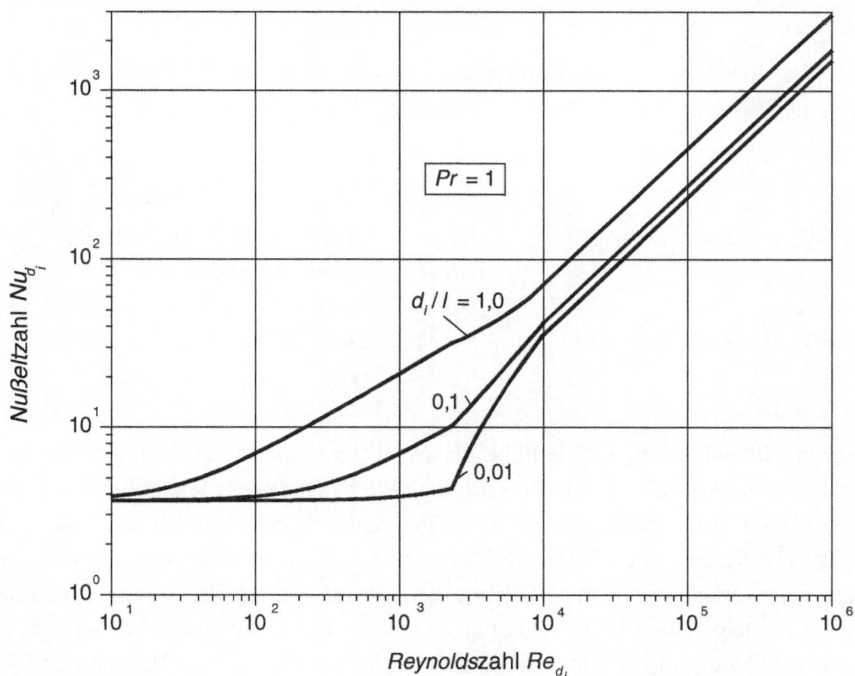


**Abb. 3.5**  *Nußelt*zahl als Funktion der *Reynolds*zahl und $d_i/l$ nach Gl. 3.18 bei $Pr = 1$

**Beispiel 3.1: Wärmeübergangszahl in einem Rohr**

Zur Demonstration ihrer Größe werden die Wärmeübergangszahlen für verschiedene Stoffe in einem Rohr mit 25 mm Innendurchmesser berechnet. Die Rohrwand hat eine Temperatur von 90 °C, das Fluid die von 50 °C. Die Geschwindigkeiten und Stoffwerte sind:

| | | Geschwindigkeit m/s | kinematische Viskosität $10^{-6}$ m²/s | Wärmeleitfähigkeit W/(m K) | $Pr$ | $Pr_{Wi}$ |
|---|---|---|---|---|---|---|
| Wasser | 1 bar | 2 | 0,554 | 0,6410 | 3,565 | 1,964 |
| Luft | 1 bar | 20 | 18,210 | 0,0279 | | 0,711 |
| Luft | 10 bar | 20 | 1,833 | 0,0284 | | 0,712 |
| R134a | 25 bar | 2 | 0,114 | 0,0751 | 3,111 | 2,817 |

Berechnen Sie die Wärmeübergangszahlen.

**Lösung**

*Annahmen*

- Die Rohrwandtemperatur ist konstant.
- Der Einfluss der Anlaufströmung bleibt unberücksichtigt.

*Analyse*

Wie man später sieht, ist die *Reynolds*zahl in allen Fällen größer als 10, sodass mit Gl. 3.8 gerechnet werden kann. Die ermittelten Werte sind:

| | | $Re_{di}$ | $\xi$ | $f_2$ | $Nu_{di\,turb}$ | $\alpha$ W/(m² K) |
|---|---|---|---|---|---|---|
| Wasser | 1 bar | 90 253 | 0,0182 | 1,068 | 431,8 | 11 070,4 |
| Luft | 1 bar | 27 397 | 0,0238 | 0,949 | 63,9 | 71,3 |
| Luft | 10 bar | 272 777 | 0,0146 | 0,949 | 377,0 | 428,3 |
| R134a | 55 bar | 439 367 | 0,0133 | 1,011 | 1 452,6 | 4 363,7 |

*Diskussion*

Die Berechnungen zeigen, dass Flüssigkeiten wesentlich größere Wärmeübergangszahlen als Gase haben, obwohl die Gasgeschwindigkeiten sehr viel höher als die der Flüssigkeiten sind. Die kleineren Wärmeübergangszahlen werden durch größere kinematische Viskosität und kleinere Wärmeleitfähigkeit der Gase verursacht, wobei Wasser auf Grund seiner hohen Wärmeleitfähigkeit eine Sonderstellung einnimmt. Bei Gasen steigen wegen Verringerung der kinematischen Viskosität mit dem Druck die *Reynolds*zahl und Wärmeübergangszahl an. Der Einfluss der Rohrlänge bleibt unberücksichtigt, da er in diesem Beispiel keine Rolle spielt.

**Beispiel 3.2: Wärmeübergangszahl in einem Wärmeübertrager**

In einem Wärmeübertrager mit 1 m langen Rohren, 15 mm Außendurchmesser und
1 mm Wandstärke strömt Wasser mit der Geschwindigkeit von 1 m/s. Außen an den
Rohren kondensiert Frigen R134a bei 50 °C. Die Wärmeübergangszahl des Frigens
ist 5 500 W/(m$^2$ K). Wärmeleitfähigkeit des Rohrmaterials: 230 W/(m K). Am Rohreintritt hat das Wasser eine Temperatur von 20 °C.

Stoffwerte des Wassers:

| | $\rho$ | $c_p$ | $\lambda$ | $\nu$ | $Pr$ |
|---|---|---|---|---|---|
| | kg/m$^3$ | J/(kg K) | W/(m K) | m$^2$/s | – |
| 20 °C: | 998,2 | 4 184 | 0,598 | $1{,}003 \cdot 10^{-6}$ | 7,00 |
| 30 °C: | 995,7 | 4 180 | 0,616 | $0{,}801 \cdot 10^{-6}$ | 5,41 |
| 40 °C: | 992,2 | 4 179 | 0,631 | $0{,}658 \cdot 10^{-6}$ | 4,34 |

Berechnen Sie die Wärmeübergangszahl, die Austrittstemperatur des Wassers
und den pro Rohr transferierten Wärmestrom.

**Lösung**

***Schema*** Siehe Skizze

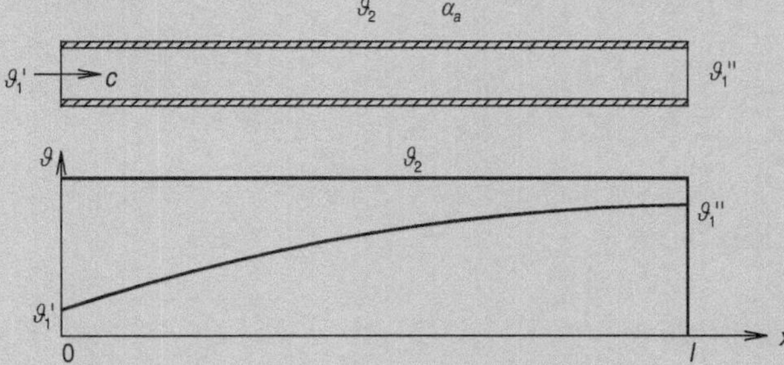


***Annahme***

- Die mittlere Wärmeübergangszahl ist konstant.

***Analyse***

Die Austrittstemperatur des Wassers ist nicht bekannt, d. h., zur Bestimmung der
Stoffwerte muss eine mittlere Temperatur angenommen und damit die Wärmeübergangszahl, Wärmedurchgangszahl und der Wärmestrom bestimmt werden. Dann
können die Austrittstemperatur des Wassers und die mittlere Temperatur berechnet werden. Zunächst wird angenommen, dass die Austrittstemperatur des Wassers
30 °C ist. Die mittlere Temperatur beträgt 25 °C. Die Stoffwerte des Wassers sind:

$$\rho = 997{,}9\,\text{kg/m}^3, \quad c_p = 4\,182\,\text{J/(kg K)}, \quad \lambda = 0{,}607\,\text{W(m K)}, \quad Pr = 6{,}205,$$

$$\nu = 0{,}902 \cdot 10^{-6}\,\text{m}^2/\text{s}$$

Die *Reynolds*zahl ist:

$$Re = \frac{c \cdot d_i}{v} = \frac{1 \cdot \mathrm{m} \cdot 0{,}013 \cdot \mathrm{m} \cdot \mathrm{s}}{\mathrm{s} \cdot 0{,}902 \cdot 10^{-6} \cdot \mathrm{m}^2} = 14\,412$$

Widerstandszahl nach Gl. 3.9:

$$\xi = [1{,}8 \cdot \log(Re_{d_i}) - 1{,}5]^{-2} = 0{,}0279$$

Die *Nußelt*zahl kann jetzt mit den Gln. 3.8, 3.10 und 3.11 berechnet werden. Der Einfluss der Richtung des Wärmestromes nach Gl. 3.11 benötigt die *Prandtl*zahl, gebildet mit der Wandtemperatur. Da diese erst nach Berechnung der Wärmeübergangs- und Wärmedurchgangszahl möglich ist, muss später iteriert werden. Die Größe $f_2$ wird zunächst als 1 angenommen. Die Größe $f_1$ ist:

$$f_1 = 1 + (d_i/l)^{2/3} = 1 + (0{,}013/1)^{2/3} = 1{,}055$$

Die *Nußelt*zahl nach Gl. 3.8 berechnet sich als:

$$Nu_{d_i,\,turb} = \frac{(\xi/8) \cdot Re_{d_i} \cdot Pr}{1 + 12{,}7 \cdot \sqrt{\xi/8} \cdot (Pr^{2/3} - 1)} \cdot f_1 \cdot f_2 = 118{,}3$$

Damit ist die Wärmeübergangszahl:

$$\alpha = Nu_{d_i} \cdot \lambda/d_i = 118{,}3 \cdot 0{,}606 \cdot \mathrm{W}/(\mathrm{m} \cdot \mathrm{K})/(0{,}013 \cdot \mathrm{m}) = 5\,524{,}31\,\mathrm{W}/\left(\mathrm{m}^2 \cdot \mathrm{K}\right)$$

Die Wärmedurchgangszahl ist nach Gl. 2.27:

$$k = \left(\frac{1}{\alpha_a} + \frac{d_a}{2 \cdot \lambda_R} \cdot \ln\frac{d_a}{d_i} + \frac{d_a}{d_i \cdot \alpha_i}\right)^{-1} = 2\,529\,\frac{\mathrm{W}}{\mathrm{m}^2 \cdot \mathrm{K}}$$

Mit der Wärmedurchgangszahl und der mittleren Temperaturdifferenz kann die Wandtemperatur ermittelt werden. Die mittlere Temperaturdifferenz beträgt:

$$\Delta\vartheta_m = \frac{\vartheta_1'' - \vartheta_1'}{\ln\left(\frac{\vartheta_2 - \vartheta_1'}{\vartheta_2 - \vartheta_1''}\right)} = \frac{(30 - 20) \cdot \mathrm{K}}{\ln\left(\frac{50-20}{50-30}\right)} = 24{,}66\,\mathrm{K}$$

Die Wandtemperatur ist nach Gl. 3.13:

$$\vartheta_W = \vartheta_m + \Delta\vartheta_m \cdot \frac{k \cdot d_i}{\alpha_i \cdot d_a} = 25\,^\circ\mathrm{C} + 24{,}66 \cdot \mathrm{K} \cdot \frac{2\,566 \cdot 13}{5\,678 \cdot 15} = 34{,}79\,^\circ\mathrm{C}$$

Mit der kinetischen Kopplung berechnen wir die transferierte Wärme.

$$\dot{Q} = k \cdot A \cdot \Delta\vartheta_m = k \cdot \pi \cdot d_a \cdot l \cdot \Delta\vartheta_m$$
$$= 2\,529 \cdot \mathrm{W/}\left(\mathrm{m}^2 \cdot \mathrm{K}\right) \cdot \pi \cdot 0{,}015 \cdot \mathrm{m} \cdot 1 \cdot \mathrm{m} \cdot 24{,}66 \cdot \mathrm{K} = 2\,940\,\mathrm{W}$$

Aus der Energiebilanzgleichung des Wassers kann die Austrittstemperatur bestimmt werden. Der Massenstrom im Rohr ist:

$$\dot{m} = c \cdot 0{,}25 \cdot \pi \cdot d_i^2 \cdot \rho = 1 \cdot \mathrm{m/s} \cdot 0{,}25 \cdot \pi \cdot 0{,}013^2 \cdot \mathrm{m}^2 \cdot 997 \cdot \mathrm{kg/m}^3$$
$$= 0{,}132\,\mathrm{kg/s}$$

$$\vartheta_1'' = \vartheta_1' + \frac{\dot{Q}}{\dot{m} \cdot c_p} = 20\,^\circ\mathrm{C} + \frac{2\,982 \cdot \mathrm{W}}{0{,}132 \cdot \mathrm{kg/s} \cdot 4\,182 \cdot \mathrm{J/(kg \cdot K)}} = 25{,}31\,^\circ\mathrm{C}$$

Die Austrittstemperatur des Wassers $\vartheta_1''$ ist nicht wie angenommen 30 °C, sondern 25,24 °C. Die Berechnung muss mit neuen Stoffwerten bei 22,70 °C, der errechneten Korrekturfunktion $f_2 = (Pr/Pr_W)^{0,11}$ und der Austrittstemperatur $\vartheta_1''$ wiederholt werden, bis die erforderliche Genauigkeit erreicht ist. Die Korrekturfunktion $f_2$ wird hier der Einfachheit halber mit der Wandtemperatur aus dem jeweils vorhergehenden Iterationsschritt gebildet. Die erste Zeile entspricht somit den oben gezeigten Werten ohne $f_2$-Korrektur. Es wäre auch möglich, in jeder Zeile ein „innere Iteration" für den Einfluss der Wandtemperatur vorzunehmen. Am Endergebnis der gesamten Iteration ändert das nichts. Die gezeigte Tabelle wurde in einer Tabellenkalkulation umgesetzt, wobei die temperaturabhängigen Stoffwerte zwischen den oben gegebenen Werten linear interpoliert wurden.

| $\vartheta_1''$ | $f_2$ | $Re_{di}$ | $\alpha_i$ | $k$ | $\Delta\vartheta_m$ | $\vartheta_W$ | $\dot{Q}$ | $\vartheta_1''$ |
| --- | --- | --- | --- | --- | --- | --- | --- | --- |
| °C | | | W/(m² K) | W/(m² K) | K | °C | W | °C |
| 30,00 | 1,0000 | 14 412 | 5 524 | 2 529 | 24,66 | 34,79 | 2 940 | 25,31 |
| 25,31 | 1,0297 | 13 694 | 5 541 | 2 533 | 27,26 | 33,46 | 3 254 | 25,88 |
| 25,88 | 1,0293 | 13 776 | 5 556 | 2 537 | 26,96 | 33,61 | 3 223 | 25,82 |
| 25,82 | 1,0293 | 13 768 | 5 555 | 2 537 | 26,99 | 33,59 | 3 226 | 25,83 |
| 25,83 | 1,0293 | 13 769 | 5 555 | 2 537 | 26,98 | 33,59 | 3 226 | 25,82 |
| 25,82 | 1,0293 | 13 769 | 5 555 | 2 537 | 26,98 | 33,59 | 3 226 | 25,82 |

Hier kann die Iteration abgebrochen werden, weil die letzten Änderungen kleiner als 0,2 % sind.

*Diskussion*

Zur Berechnung der Wärmeübergangszahlen und Temperaturen in Wärmeübertragern sind in der Regel Iterationen erforderlich, die stark konvergent sind. Bei diesem Beispiel hätte man bereits nach der dritten Iteration aufhören können. Der Wärmestrom war schon mit 1 % Genauigkeit berechnet. Will man aufwändige Berechnungen vermeiden, muss man Computerprogramme erstellen, in denen die Stoffwerte und Formeln programmiert sind. Oft genügt es, nur die Stoffwerte bei zwei Temperaturen anzugeben und zwischen diesen Stützstellen linear zu interpolieren. Jedenfalls sollte geprüft werden, ob dann die erforderliche Genauigkeit erreicht wird.

**Beispiel 3.3: Auslegung eines Kraftwerkkondensators**

In einem Kraftwerkkondensator soll ein Wärmestrom von 2 000 MW abgeführt werden. Der Kondensator hat Titanrohre mit 24 mm Außendurchmesser und 0,5 mm Wandstärke. Die Kühlwassergeschwindigkeit in den Rohren beträgt 2 m/s. Titan hat eine Wärmeleitfähigkeit von 16 W/(m K). Der Dampf kondensiert bei einer Sättigungstemperatur von 35 °C, die Wärmeübergangszahl bei der Kondensation ist 13 500 W/(m$^2$ K). Das Kühlwasser wird von 20 auf 30 °C erwärmt. Bei 25 °C sind die Stoffwerte des Wassers:

$$\rho = 997{,}0 \, \text{kg/m}^3, \quad c_p = 4\,182 \, \text{J/(kg K)}, \quad Pr = 6{,}135, \quad \lambda = 0{,}607 \, \text{W/(m K)},$$
$$\nu = 0{,}902 \cdot 10^{-6} \, \text{m}^2/\text{s}.$$

Der Einfluss der Richtung des Wärmestromes kann vernachlässigt werden. Zu berechnen sind:

a)  Die Anzahl der Rohre
b)  die Rohrlänge
c)  die Kondensationstemperatur, wenn sich die Wärmedurchgangszahl wegen Verschmutzung um 10 % verringert.

## Lösung

*Schema* Siehe Skizze

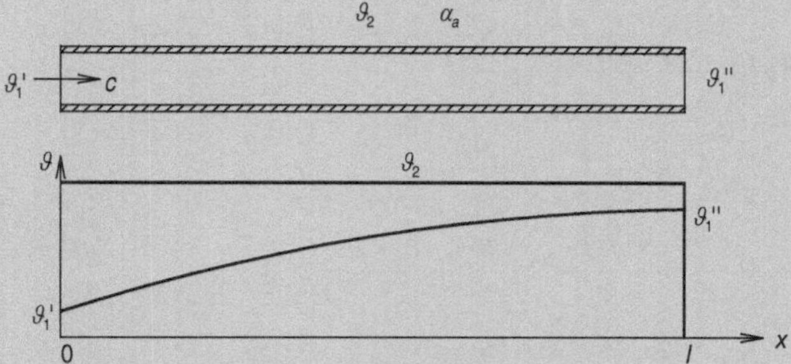

*Annahmen*

- Die mittlere Wärmeübergangszahl ist konstant.
- Der Einfluss der Richtung des Wärmestromes kann vernachlässigt werden, d. h., $f_2 = 1$.

*Analyse*

a) Mit der Energiebilanzgleichung kann der Massenstrom des Kühlwassers bestimmt werden.

$$\dot{m} = \frac{\dot{Q}}{c_p \cdot (\vartheta_1'' - \vartheta_1')} = \frac{2\,000 \cdot 10^6 \cdot \mathrm{W} \cdot \mathrm{kg} \cdot \mathrm{K}}{4\,182 \cdot \mathrm{J} \cdot (30 - 20) \cdot \mathrm{K}} = 47\,824 \, \frac{\mathrm{kg}}{\mathrm{s}}$$

Mit der gegebenen Geschwindigkeit des Kühlwassers kann der Massenstrom pro Rohr berechnet werden.

$$\dot{m}_{1\,Rohr} = c \cdot 0{,}25 \cdot \pi \cdot d_i^2 \cdot \rho = 2 \cdot \mathrm{m/s} \cdot 0{,}25 \cdot \pi \cdot 0{,}023^2 \cdot \mathrm{m}^2 \cdot 997 \cdot \mathrm{kg/s} = 0{,}828 \, \mathrm{kg/s}$$

Man benötigt **57 727** Rohre, um den Massenstrom von 47 824 kg/s zu erreichen.

b) Zur Berechnung der *Nußelt*zahl mit Gl. 3.8 benötigt man die Funktion $f_1$. Sie berücksichtigt den Einfluss der Rohrlänge, die jetzt noch unbekannt ist. Die Berechnung wird mit einer Rohrlänge von 1 m gestartet.

   *Reynolds*zahl:

$$Re = \frac{c \cdot d_i}{\nu} = \frac{2 \cdot \mathrm{m} \cdot 0{,}023 \cdot \mathrm{m} \cdot \mathrm{s}}{\mathrm{s} \cdot 0{,}893 \cdot 10^{-6} \cdot \mathrm{m}^2} = 51\,512$$

Widerstandszahl nach Gl. 3.9:

$$\xi = [1{,}8 \cdot \log(Re_{d_i}) - 1{,}5]^{-2} = 0{,}0205$$

$$Nu_{d_i,\,turb} = \frac{(\xi/8) \cdot Re_{d_i} \cdot Pr}{1 + 12{,}7 \cdot \sqrt{\xi/8} \cdot (Pr^{2/3} - 1)} = 347{,}33$$

Damit ist die Wärmeübergangszahl:

$$\alpha_i = Nu_{d_i} \cdot \lambda/d_i \cdot \left[1 + (d_i/l)^{2/3}\right] = 9\,166\,\text{W}/\left(\text{m}^2 \cdot \text{K}\right)$$

und die Wärmedurchgangszahl nach Gl. 2.27:

$$k = \left(\frac{1}{\alpha_a} + \frac{d_a}{2 \cdot \lambda_R} \cdot \ln\frac{d_a}{d_i} + \frac{d_a}{d_i \cdot \alpha_i}\right)^{-1}$$

$$= \left(\frac{1}{13\,500} + \frac{0{,}024}{2 \cdot 16} \cdot \ln\frac{24}{23} + \frac{24}{23 \cdot 9\,166}\right)^{-1}$$

$$= 4\,549\,\text{W}/\left(\text{m}^2 \cdot \text{K}\right)$$

Mit der Wärmedurchgangszahl und mittleren Temperaturdifferenz kann die notwendige Austauschfläche ermittelt werden. Die mittlere Temperaturdifferenz ist:

$$\Delta\vartheta_m = \frac{\vartheta_1'' - \vartheta_1'}{\ln\left(\frac{\vartheta_2 - \vartheta_1'}{\vartheta_2 - \vartheta_1''}\right)} = \frac{(30 - 20) \cdot \text{K}}{\ln\left(\frac{35-20}{35-30}\right)} = 9{,}102\,\text{K}$$

Die für den Wärmestrom benötige Austauschfläche wird mit der kinetischen Kopplungsgleichung berechnet.

$$A = \frac{\dot{Q}}{k \cdot \Delta\vartheta_m} = \frac{2\,000 \cdot 10^6 \cdot \text{W} \cdot \text{m}^2 \cdot \text{K}}{4\,549 \cdot \text{W} \cdot 9{,}102 \cdot \text{K}} = 48\,302\,\text{m}^2$$

Daraus errechnet sich die Rohrlänge zu:

$$l = \frac{A}{n \cdot \pi \cdot d_a} = \frac{49\,372 \cdot \text{m}^2}{57\,727 \cdot \pi \cdot 0{,}024 \cdot \text{m}} = 11{,}099\,\text{m}$$

Da die Wärmeübergangszahl von der Rohrlänge abhängig ist, muss mit der errechneten Rohrlänge die Berechnung wiederholt werden bis die gewünschte Genauigkeit erreicht ist. Mit der Iteration erhält man **11,465 m**.

c) Der Dampfzufluss bleibt durch die Verschmutzung unbeeinflusst, sodass sich der Wärmestrom und die Erwärmung des Kühlwassers nicht verändern. Damit der Wärmestrom entsprechend der kinetischen Kopplungsgleichung abgeführt werden kann, ändert sich die mittlere Temperaturdifferenz. Da sich das Produkt aus $k$ und $A$ unter Berücksichtigung der Rohrlänge nicht verändert, können die zuvor berechneten Werte verwendet werden.

$$\Delta\vartheta_m = \frac{\dot{Q}}{A \cdot k_v} = \frac{2 \cdot 10^9 \cdot \text{W} \cdot \text{m}^2 \cdot \text{K}}{49\,901 \cdot \text{m}^2 \cdot 4\,403 \cdot 0{,}9 \cdot \text{W}} = 10{,}114\,\text{K}$$

Daraus kann man mit Gl. 1.15 die Kondensationstemperatur ermitteln.

$$\vartheta_2 = \frac{\vartheta_1' - \vartheta_1'' \cdot e^{\frac{\vartheta_1'' - \vartheta_1'}{\Delta \vartheta_m}}}{1 - e^{\frac{\vartheta_1'' - \vartheta_1'}{\Delta \vartheta_m}}} = \mathbf{35{,}93\,°C}$$

**Diskussion**

Bei der Auslegung des Kondensators muss die Rohrlänge bestimmt werden, die Funktion $f_1$ ist daher nicht bekannt, eine Iteration ist notwendig. Durch Verschmutzung erhöht sich die Kondensationstemperatur. Damit bei verringerter Wärmedurchgangszahl der Wärmestrom abgeführt werden kann, muss sich die mittlere Temperaturdifferenz erhöhen. Weil sich die Aufwärmung des Kühlwassers nicht ändert, erhöht sich die Kondensationstemperatur, damit der Wärmestrom abgeführt werden kann.

### 3.2.1.4  Lokale Wärmeübergangszahlen

Die bisher angegebenen Wärmeübergangszahlen bzw. *Nußelt*zahlen bei der Rohrströmung sind die mittleren Werte für eine bestimmte Rohrlänge. Die Praxis zeigt, dass die mittleren Wärmeübergangszahlen genau genug sind, um Wärmeübertrager mit sehr guter Genauigkeit auszulegen oder nachzurechnen.

Lokale Wärmeübergangszahlen werden benötigt, wenn in einzelnen Rohrabschnitten berechnet werden oder untersucht werden muss, ob an einem bestimmten Ort gewisse Temperaturen nicht über- oder unterschritten werden dürfen. Das kann z. B. der Fall sein, wenn unerwünschte Kondensation oder Verdampfung vermieden oder erlaubte Höchsttemperaturen auch lokal eingehalten werden sollen, über denen das Fluid sich chemisch zersetzt oder einer beschleunigten Alterung unterliegt.

Der Grund für die Abhängigkeit der lokalen *Nußelt*zahlen von der Lauflänge $x$ ist die Ausbildung der Temperatur- und Geschwindigkeitsgrenzschicht. Die lokale Korrekturfunktion $f_{1x}$ lautet:

$$f_{1x} = 1 + \frac{1}{3} \cdot \left(\frac{d_i}{x}\right)^{2/3} \tag{3.19}$$

Die mittlere Wärmeübergangszahl bzw. die Korrekturfunktion $f_1$ nach Gl. 3.10, die den Einfluss der Rohrlänge auf die mittlere *Nußelt*zahl berücksichtigt, erhält man durch Integration der lokalen Korrekturfunktion $f_{1x}$ über die Rohrlänge.

$$f_1 = \frac{1}{l} \cdot \int_0^l \left[1 + \frac{1}{3} \cdot \left(\frac{d_i}{x}\right)^{2/3} \cdot \mathrm{d}x\right] = \frac{1}{l} \cdot \left(l + d_i^{2/3} \cdot l^{1/3}\right) = 1 + \left(\frac{d_i}{l}\right)^{2/3}$$

Die lokale *Nußelt*zahl der turbulenten Rohrströmung wird wie mit Gl. 3.8 bestimmt, dabei wird die der Korrekturfunktion $f_1$ durch $f_{1x}$ ersetzt.

$$Nu_{d_i,\,turb,x} = \frac{(\xi/8)\cdot Re\cdot Pr}{1 + 12{,}7\cdot\sqrt{\xi/8}\cdot\left(Pr^{2/3}-1\right)}\cdot\left[1 + \frac{1}{3}\cdot\left(\frac{d_i}{x}\right)^{2/3}\right] \tag{3.20}$$

Bei der laminaren Strömung erhält man mit den Gln. 3.16 und 3.17:

$$Nu_{d_i,\,lam,x} = \sqrt[3]{3{,}66^3 + 0{,}332^3\,Pr\left(Re\,\frac{d_i}{x}\right)^{3/2}} \tag{3.21}$$

Im Übergangsbereich $2\,300 < Re < 10^4$ lautet die lokale *Nußelt*zahl:

$$Nu_{d_i,\,x} = (1-\gamma)\cdot Nu_{d_i,\,lam,x}\left(Re_{d_i} = 2\,300\right) + \gamma\cdot Nu_{d_i,\,turb,x}\left(Re_{d_i} = 10^4\right) \tag{3.22}$$

Im Falle der turbulenten Strömung bilden sich die Grenzschichten fast immer schon nach kurzer Einlauflänge voll aus, sodass die Korrekturfunktionen $f_1$ und $f_{1x}$ auch meistens nahe 1 liegen. Bei einer Rohrlänge vom 100-fachen Rohrinnendurchmesser, haben die Korrekturfunktionen bspw. den Wert von $f_1 = 1{,}046$ und $f_{1x} = 1{,}016$. Die meisten Wärmeübertrager mit geraden Rohren haben nur sehr selten Rohrlängen, die unterhalb von $100\cdot d_i$ liegen. Dagegen sind die Einlauflängen der laminaren Grenzschichten deutlich größer, sodass die lokale laminare Nusseltzahl, insbesondere bei relativ kurzen Rohren, deutlich von der mittleren abweichen kann.

Zusammenfassend werden hier zwei Formeln angegeben, mit denen die mittleren und lokalen *Nußelt*zahlen der Rohrströmung im gesamten Bereich der *Reynolds*zahlen gültig und leicht zu programmieren sind.

$$Nu_{d_i} = \left|\begin{array}{ll} Nu_{d_i,\,lam} & \text{wenn } Re < 2\,300 \\[1mm] Nu_{d_i,\,turb} & \text{wenn } Re < 10^4 \\[1mm] (1-\gamma)\cdot Nu_{d_i,\,lam}\,(Re = 2\,300) \\ \quad + \gamma\cdot Nu_{d_i,\,turb}\,(Re = 10^4) & \text{sonst} \end{array}\right. \tag{3.23}$$

$$Nu_{d_i,x} = \left|\begin{array}{ll} Nu_{d_i,\,lam\,x} & \text{wenn } Re < 2\,300 \\[1mm] Nu_{d_i,\,turb,x} & \text{wenn } Re < 10^4 \\[1mm] (1-\gamma)\cdot Nu_{d_i,\,lam\,x}\,(Re = 2\,300) \\ \quad + \gamma\cdot Nu_{d_i,\,turb\,x}\,(Re = 10^4) & \text{sonst} \end{array}\right. \tag{3.24}$$

**Beispiel 3.4: Berechnung der Wandtemperatur eines Durchlauferhitzers**
In einem Rohr von 8 mm Innendurchmesser und 500 mm Länge soll Wasser von 85 °C Temperatur auf 95 °C aufgeheizt werden. Das Rohr ist mit einem elektrischen

Heizer von 8 kW Leistung umwickelt. Der Massenstrom ist so geregelt, dass das Wasser am Austritt die gewünschte Temperatur von 95 °C erreicht. Der Druck des Wasser beträgt 2 bar. Bei diesem Druck ist die Sättigungstemperatur des Wassers 121,21 °C. Die Innenwandtemperatur des Rohres darf nicht größer als die Sättigungstemperatur werden.

**Lösung**

Da die Leistung des elektrischen Heizers konstant ist, erwärmt sich die Temperatur des Wassers proportional zum Strömungsweg.

$$\vartheta_W(x) = \vartheta_{W1} + (\vartheta_{W2} - \vartheta_{W2}) \cdot x/l$$

Für die Berechnung der lokalen Wärmeübergangszahlen müssen die lokalen Stoffwerte bestimmt werden. Die Wärmestromdichte beträgt:

$$\dot{q} = \frac{\dot{Q}}{\pi \cdot d_a \cdot l} = 636{,}62 \, \frac{\text{kW}}{\text{m}^2}$$

Die lokale Wandtemperatur erhält man mit folgender Gleichung:

$$\vartheta_{Wand}(x) = \vartheta_W(x) + \frac{\dot{q}}{\alpha_i(x)}$$

Die lokale Wassergeschwindigkeit, *Reynolds*zahl, *Nußelt*zahl und damit auch die lokalen Wärmeübergangszahlen hängen von der Wassertemperatur ab. Sie werden folgendermaßen berechnet:

$$c(\vartheta_W(x)) = \frac{4 \cdot \dot{m}_W}{\pi \cdot d_i^2 \cdot \rho_W(\vartheta_W(x))}$$

$$Re(\vartheta_W(x)) = \frac{c(\vartheta_W(x)) \cdot d_i}{v_W(\vartheta_W(x))}$$

$$Nu(x) = \frac{\dfrac{\xi(Re(\vartheta_W(x))}{8} \cdot Re(\vartheta_W(x)) \cdot Pr_W(\vartheta_W(x)) \cdot \left[1 + \frac{1}{3} \cdot \left(\frac{d_i}{x}\right)^{1/3}\right]}{1 + 12{,}7 \cdot \sqrt{\dfrac{\xi(Re(\vartheta_W(x))}{8}} \cdot \left[Pr_W(\vartheta_W(x))^{2/3} - 1\right]}$$

$$\alpha_i(\vartheta_W(x)) = \frac{Nu(x) \cdot \lambda_W(\vartheta_W(x))}{d_i}$$

Mit Mathcad 15 können die Stoffwerte und die übrigen Daten berechnet werden und so in einem Diagramm aufgetragen werden.

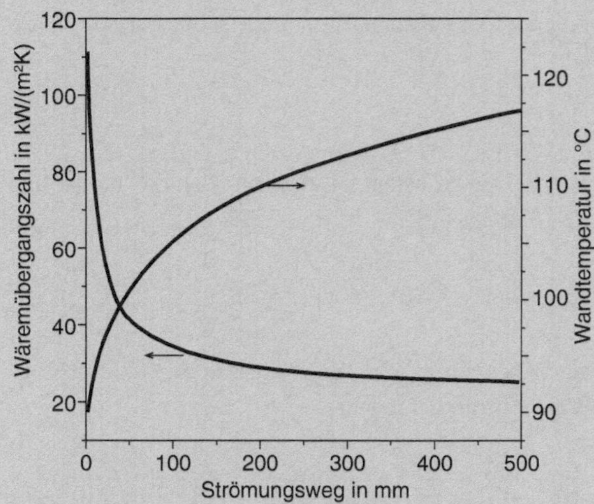


Das Diagramm zeigt, dass die Wandtemperatur nicht über 117 °C ansteigt und damit nicht größer als die erlaubte Höchsttemperatur von 121,21 °C wird.

***Diskussion***

Man hätte an der Stelle, an der die höchste Temperatur zu erwarten ist, die lokale Wandtemperatur berechnen können. Der Aufwand zur Berechnung der Diagramm-werte ist gering und das Diagramm demonstriert sehr schön den Temperaturverlauf und zusätzlich auch die lokale Wärmeübergangszahl.

### 3.2.1.5 Unbeheizte Vorlaufstrecke

Die Rohre von Wärmeübertragern sind in einem Rohrboden befestigt, dessen Dicke sehr groß sein kann (bis über 500 mm). Beim Eintritt des Fluids ins Rohr beginnt sich dort eine hydrodynamische Grenzschicht zu bilden, während sich die thermische Grenzschicht erst mit dem Eintritt des Rohres in den Mantelraum ausbildet. Dieses im Rohrboden befindli-che Rohrteil wird als *unbeheizte Anlaufstecke* bezeichnet.

In der Literatur existieren für die unbeheizte Anlaufstrecke fast ausschließlich nur Un-tersuchungen für angeströmte ebene Flächen. Nach ausführlichen Recherchen fanden wir das folgende von *James R. Stone* [6] vorgeschlagene Berechnungsverfahren für die turbu-lente Strömung, das auf umfangreichen Versuchen mit Wasser basiert.

$$z = \frac{\sqrt{x \cdot (x + l_u)}}{d_i \cdot Pr^{0,4}} \cdot \sqrt{\frac{1}{1 + \dfrac{0,01 \cdot (x + l_u)}{\dfrac{\sqrt{x \cdot (x + l_u)}}{d_i \cdot Pr^{0,4}}}}} \qquad (3.25)$$

**Abb. 3.6** Korrekturfunktion zur Berücksichtigung der unbeheizten Vorlaufstrecke

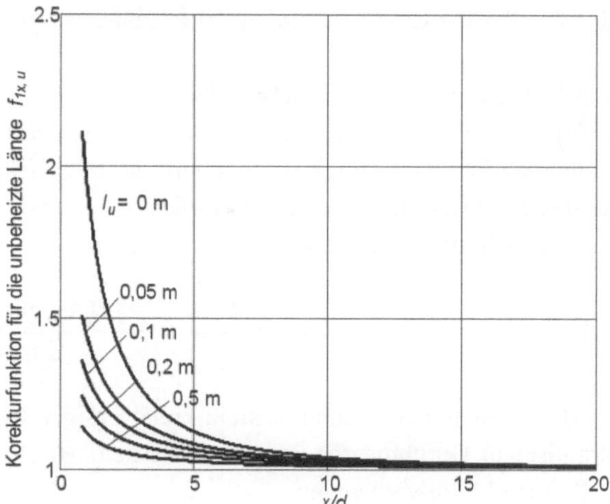



$$f_{1x,u} = 1 + \frac{2{,}3}{0{,}5 \cdot z_2 + z + \sqrt[4]{z}} \tag{3.26}$$

$$Nu_{d_i,\,u,\,x} = \frac{(\xi/8) \cdot Re \cdot Pr}{1 + 12{,}7 \cdot \sqrt{\xi/8} \cdot (Pr^{2/3} - 1)} \cdot f_{1x,u} \cdot f_2 \tag{3.27}$$

Dabei ist $x$ der Abstand im Rohr nach der unbeheizten Vorlaufstrecke, $l_u$ die Länge der unbeheizten Vorlaufstrecke, $Nu_{d_i,u,x}$ die lokale *Nußelt*zahl an der Stelle $x$ unter Berücksichtigung der unbeheizten Vorlaufstrecke.

Es wird hier darauf hingewiesen, dass die mit Gl. 3.26 berechnete Korrekturfunktion im Vergleich zu Gl. 3.19 Abweichungen aufweist. Bei $x/d_i = 0{,}8$ ist der Wert um 50 % größer und ab $x/d_i = 5$ wird er 1 % kleiner.

In Abb. 3.6 sind die lokalen Korrekturfunktionen $f_{1x,u}$ mit verschieden langen Vorlaufstrecken dargestellt.

Das Diagramm zeigt, dass bei Rohrlängen, die länger als das 20-fache des Rohrinnendurchmessers sind, der Einfluss der unbeheizten Rohrlänge vernachlässigt werden kann. Die überwiegende Zahl der Anwender benutzt Gl. 3.10 zur Berücksichtigung der Grenzschichtausbildung nach der unbeheizten Vorlaufstrecke. Wärmeübertrager mit Rohrlängen, die kleiner als oben angegeben sind, kommen sehr selten vor.

Die hier gezeigten Formeln basieren auf mit Wasser durchgeführten Messungen. Für die allgemeingültige Verwendung wären noch weitere Messungen notwendig.

Für laminare Strömungen haben wir keine Unterlagen.

### 3.2.2   Rohre und Kanäle nicht kreisförmigen Querschnitts

Bei Rohren und Kanälen nicht kreisförmigen Querschnitts kann die *Nußelt*zahl bei der turbulenten Strömung mit den zuvor angegebenen Gleichungen berechnet werden. An Stelle des Rohrinnendurchmessers wird dafür der *hydraulische Durchmesser* des Kanals eingesetzt. Mit ihm werden die *Reynolds-* und *Nußelt*zahl bestimmt.

Der hydraulische Durchmesser ist definiert als:

$$d_h = \frac{4 \cdot A}{U} = \frac{4 \cdot \text{Querschnittsfläche}}{\text{Umfang}} \tag{3.28}$$

Bei laminarer Strömung in nicht kreisförmigen Querschnitten darf nicht mit dem hydraulischen Durchmesser gearbeitet werden. Hierfür sind eigenständige Korrelationen z. B. nach [4] zu verwenden.

*Ringspalte* (Abb. 3.7) benötigen eine zusätzliche Korrektur. Hier ist das Verhältnis beider Ringspaltdurchmesser zu berücksichtigen. Bei Ringspalten, in denen die Wärmeübertragung nur vom oder zum Innenrohr erfolgt, muss bei der turbulenten Strömung folgende Korrektur durchgeführt werden [4, 5]:

$$Nu_{Ringspalt}/Nu_{d_h} = 0{,}86 \cdot (D/d)^{0{,}16}$$

$$= \frac{(\xi/8) \cdot Re_{d_h} \cdot Pr}{1 + 12{,}7 \cdot \sqrt{\xi/8} \cdot (Pr^{2/3} - 1)} \cdot \left[1 + \left(\frac{d_h}{l}\right)^{2/3}\right] \cdot 0{,}86 \cdot (D/d)^{0{,}16} \tag{3.29}$$

**Abb. 3.7**  Ringspalt

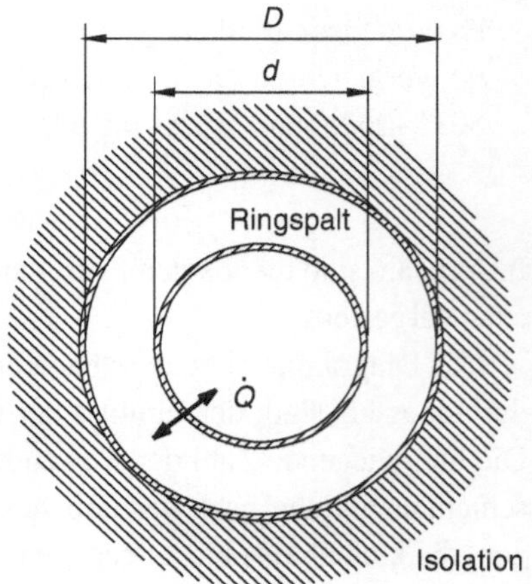

Für die laminare Strömung in einem konzentrischen Ringspalt mit Wärmeübergang am Innenrohr sind nach [4] folgende Gleichungen gegeben:

$$Nu_{lam1} = 3{,}66 + 1{,}2 \cdot (D_2/D_3)^{0{,}8} \tag{3.30}$$

$$Nu_{lam2} = 1{,}615 \cdot (1 + 0{,}14 \cdot \sqrt{D/d}) \cdot (Re_{d_h} \cdot Pr \cdot \frac{d_h}{l})^{1/3} \tag{3.31}$$

$$Nu_{lam3} = \left(\frac{2}{1 + 22 \cdot Pr_W}\right) \cdot \left(Re \cdot Pr_W \cdot \frac{d_h}{l}\right)^{0{,}5} \tag{3.32}$$

$$Nu_{Ringspalt,\,lam} = \sqrt[3]{Nu_{lam1}^3 + Nu_{lam2}^3 + Nu_{lam3}^3} \tag{3.33}$$

$$Nu_{d_h,\,\ddot{U}bergang} = (1 - \gamma) \cdot Nu_{d_i,\,lam}(Re_{d_i} = 2\,300) + \gamma \cdot Nu_{d_i,\,turb}(Re_{d_i} = 10^4) \tag{3.34}$$

Um den gesamten Gültigkeitsbereich abzudecken und für die Programmierung kann man folgende Gleichung verwenden:

$$Nu = \begin{cases} Nu_{d_h,\,Ringspalt,\,lam} & \text{wenn } Re < 2\,300 \\ Nu_{d_h,\,Ringspalt,\,turb} & \text{wenn } Re < 10^4 \\ (1 - \gamma) \cdot Nu_{d_h,\,Ringspalt,\,lam}(Re = 2\,300) \\ \quad + \gamma \cdot Nu_{d_h,\,Ringspalt,\,turb}(Re = 10^4) & \text{sonst} \end{cases} \tag{3.35}$$

---

**Beispiel 3.5: Auslegung eines Gegenstrom-Wärmeübertragers**

Der Wärmeübertrager einer Fernheizung besteht aus einem Innenrohr mit 18 mm Außendurchmesser und 1 mm Wandstärke. Das Rohr ist von einem konzentrisch angeordneten Außenrohr mit 24 mm Innendurchmesser ummantelt. Die mittlere Geschwindigkeit im Rohr und im Ringspalt beträgt 1 m/s. In den Ringspalt strömt das Heizwasser mit der Temperatur von 90 °C hinein. Im Rohr fließt das Brauchwasser und soll von 40 auf 60 °C erwärmt werden. Die Wärmeleitfähigkeit des Rohrmaterials ist 17 W/(m K). Das Außenrohr ist thermisch ideal isoliert. Zur Vereinfachung können die Funktionen $f_1$ und $f_2$ zu eins gesetzt werden. Die Stoffwerte sind:

| | Dichte kg/m$^3$ | Kin. Viskosität $10^{-6}$ m$^2$/s | Wärmeleitfähigkeit W/(m K) | $Pr$ | $c_p$ kJ/(kg K) |
|---|---|---|---|---|---|
| Brauchwasser | 998,0 | 0,553 | 0,641 | 3,55 | 4,179 |
| Heizwasser | 971,8 | 0,365 | 0,6701 | 2,22 | 4,195 |

Berechnen Sie, wie lang der Apparat werden muss.

**Lösung**

*Schema* Siehe Skizze

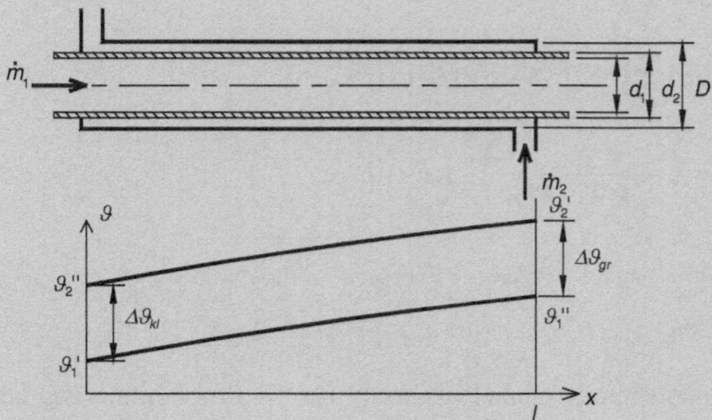

*Annahmen*

- Nach außen erfolgt kein Wärmetransport.
- Die senkrechte Einströmung des Wassers in den Ringraum wird vernachlässigt.
- Der Einfluss der Rohrlänge und der der Richtung des Wärmestromes werden vernachlässigt.

*Analyse*

Um die notwendige Übertragungsfläche zu bestimmen, sind die Wärmeübergangszahlen innen und außen und die mittlere Temperaturdifferenz zu berechnen. Für Letztere benötigen wir die Austrittstemperatur des Heizwassers, die mit Hilfe der Energiebilanzgleichungen berechnet werden kann. Wir bestimmen zuerst die Massenströme im Rohr und Ringspalt.

$$\dot{m}_1 = c_1 \cdot 0{,}25 \cdot \pi \cdot d_1^2 \cdot \rho_1 = 1 \cdot \text{m/s} \cdot 0{,}25 \cdot \pi \cdot 0{,}016^2 \text{m}^2 \cdot 998{,}0 \cdot \text{kg/m}^3$$
$$= 0{,}2007\,\text{kg/s}$$
$$\dot{m}_2 = c_2 \cdot 0{,}25 \cdot \pi \cdot (D^2 - d_2^2) \cdot \rho_1 = 1 \cdot 0{,}25 \cdot \pi \cdot (0{,}024^2 - 0{,}018^2) \cdot 971{,}8$$
$$= 0{,}1923\,\text{kg/s}$$

Aus der Bilanzgleichung kann mit den gegebenen Werten der Wärmestrom zum Brauchwasser berechnet werden.

$$\dot{Q} = \dot{m}_1 \cdot c_{p1} \cdot (\vartheta_1'' - \vartheta_1') = 0{,}2007 \cdot \text{kg/s} \cdot 4\,179 \cdot \text{J/(kg·K)} \cdot (60-40) \cdot \text{K} = 16{,}773\,\text{kW}$$

Dieser Wärmestrom wird vom Heizwasser abgegeben. Damit ist die Austrittstemperatur des Heizwassers:

$$\vartheta_2'' = \vartheta_2' - \frac{\dot{Q}}{\dot{m}_2 \cdot c_{p2}} = 90\,°\text{C} - \frac{16\,779 \cdot \text{W}}{0{,}1923 \cdot \text{kg/s} \cdot 4\,197 \cdot \text{J/(kg·K)}} = 69{,}21\,°\text{C}$$

Mittlere Temperaturdifferenz:

$$\Delta\vartheta_m = \frac{\Delta\vartheta_{gr} - \Delta\vartheta_{kl}}{\ln(\Delta\vartheta_{gr}/\Delta\vartheta_{kl})} = \frac{(30 - 29{,}21) \cdot \text{K}}{\ln(30/29{,}21)} = 29{,}60\,\text{K}$$

Die Wärmeübergangszahl im Rohr wird mit $f_1 = 1$ und $f_2 = 1$ berechnet.

$$Re_{d_1} = \frac{c_1 \cdot d_1}{v_1} = \frac{1 \cdot \text{m/s} \cdot 0{,}016 \cdot \text{m}}{0{,}553 \cdot 10^{-6} \cdot \text{m}^2/\text{s}} = 28\,933$$

Widerstandszahl nach Gl. 3.9:

$$\xi = [1{,}8 \cdot \log(Re_{d_i}) - 1{,}5]^{-2} = 0{,}0234$$

$$Nu_{d_i,turb} = \frac{(\xi/8) \cdot Re_{d_i} \cdot Pr}{1 + 12{,}7 \cdot \sqrt{\xi/8} \cdot (Pr^{2/3} - 1)} = 157{,}8$$

Damit ist die Wärmeübergangszahl:

$$\alpha_i = Nu_{d_i} \cdot \lambda/d_i = 157{,}4 \cdot 0{,}641 \cdot \text{W}/(\text{m} \cdot \text{K})/(0{,}016 \cdot \text{m}) = 6\,349\,\text{W}/\left(\text{m}^2 \cdot \text{K}\right)$$

Zur Berechnung der Wärmedurchgangszahl im Ringspalt muss zuerst mit Gl. 3.28 der hydraulische Durchmesser ermittelt werden.

$$d_h = \frac{4 \cdot A}{U} = \frac{\pi \cdot (D^2 - d_2^2)}{\pi \cdot (D + d_2)} = D - d_2 = 6\,\text{mm}$$

Die Wärmeübergangszahl kann mit den Gln. 3.8 und 3.29 bestimmt werden.

$$Re_{d_h} = \frac{c_2 \cdot d_h}{v_1} = \frac{1 \cdot \text{m/s} \cdot 0{,}006 \cdot \text{m}}{0{,}365 \cdot 10^{-6} \cdot \text{m}^2/\text{s}} = 16\,438$$

Widerstandszahl nach Gl. 3.9:

$$\xi = [1{,}8 \cdot \log(Re_{d_h}) - 1{,}5]^{-2} = 0{,}0270$$

$$Nu_{d_h,turb} = \frac{(\xi/8) \cdot Re_{d_h} \cdot Pr}{1 + 12{,}7 \cdot \sqrt{\xi/8} \cdot (Pr^{2/3} - 1)} \cdot 0{,}86 \cdot \left(\frac{D}{d_2}\right)^{0{,}16} = 73{,}17$$

Damit ist die Wärmeübergangszahl im Ringspalt:

$$\alpha_a = Nu_{d_h} \cdot \lambda_2/d_h = 73{,}17 \cdot 0{,}667 \cdot \text{W}/(\text{m} \cdot \text{K})/(0{,}006 \cdot \text{m}) = 8\,172\,\text{W}/\left(\text{m}^2 \cdot \text{K}\right)$$

Wärmedurchgangszahl nach Gl. 2.27:

$$k = \left( \frac{1}{\alpha_a} + \frac{d_2}{2 \cdot \lambda_R} \cdot \ln \frac{d_2}{d_1} + \frac{d_2}{d_1 \cdot \alpha_i} \right)^{-1} = 2\,763$$

Die benötigte Austauschfläche beträgt:

$$A = \frac{\dot{Q}}{k \cdot \Delta \vartheta_m} = \frac{16\,773 \cdot W \cdot m^2 \cdot K}{2\,763 \cdot W \cdot 29,6 \cdot K} = 0,205 \; m^2$$

Die Rohrlänge errechnet sich zu:

$$l = \frac{A}{\pi \cdot d_2} = \mathbf{3,626\,m}$$

### *Diskussion*

Bei der Strömung von Wasser entsteht eine sehr große Wärmeübergangszahl. Dadurch kann ein großer Wärmestrom über eine kleine Übertragungsfläche fließen.

Ohne die gemachten Vereinfachungen wäre unter Berücksichtigung der Rohrlänge und Richtung des Wärmestromes der Rechenaufwand etwa dreimal größer. Der Fehler hier ist kleiner als 5 %.

**Beispiel 3.6 Kühlung eines chemischen Reaktors**
In einem sehr langsamen chemischen Prozess reagiert ein in einem zylindrischen Behälter eingeschlossenes pulverisiertes Metall, mit einem Gas. Beim Eintreten des Gases fängt der exotherme chemische Prozess an, der das Metallpulver mit einer Heizleistung von 240 W aufheizt. Das Metallpulver soll so gekühlt werden, dass die mittlere Temperatur nicht über 30 °C ansteigt. Zur Kühlung wird Wasser verwendet, das in einem Ringspalt strömt und von einer Temperatur von 20 auf 25 °C erwärmt wird. Das Wasser gelangt durch einen Spalt mit 1 mm Breite in den Ringspalt. Dadurch wird erreicht, dass die Eintrittsgeschwindigkeit überall fast gleich groß ist. Der exotherme Prozess liefert einen Wärmestrom 240 W. Es kann angenommen werden, dass die mittlere Temperatur des Metallpulvers konstant 30 °C beträgt. Der Zylinder hat einen Außendurchmesser von 140 mm, eine Wandstärke von 5 mm und eine Wärmeleitfähigkeit von 18 W/(m · K). Der Innendurchmesser des Außenmantels ist 144 mm (Ringspaltbreite 2 mm). Die Wärmeübergangszahl des Metallpulvers wurde als 470 W/(m$^2$ · K)

ermittelt. Zur Vereinfachung kann die Funktion $f_2$ eins gesetzt werden. Die Stoffwerte sind:

$$\rho_W = 997{,}7 \, \text{kg/m}^3 \quad \nu_W = 9{,}453 \cdot 10^{-7} \, \text{m}^2/\text{s} \quad Pr = 6{,}548$$

$$\lambda_W = 0{,}602 \, \text{W/(m} \cdot \text{K)} \quad h_{W1} = 84{,}1 \, \text{kJ/kg} \quad h_{W2} = 105{,}0 \, \text{kJ/kg}$$

Berechnen Sie, wie lang der Apparat werden muss.

**Lösung**

**Schema** Siehe Skizze

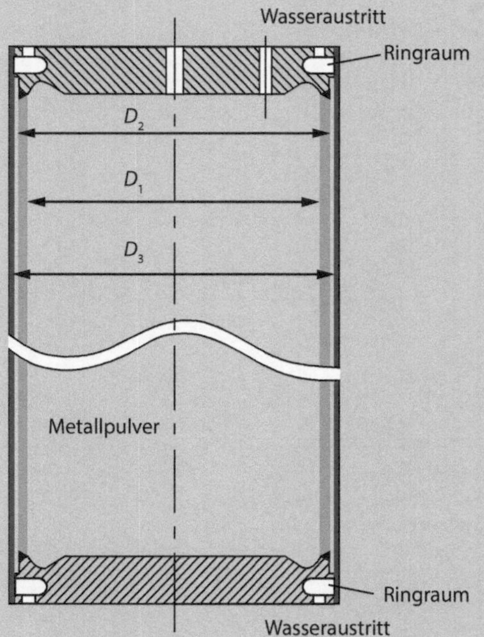


**Annahmen**

- Nach außen erfolgt kein Wärmetransport.
- Der Einfluss der Rohrlänge und jener der Richtung des Wärmestromes werden vernachlässigt.

**Analyse**

Zuerst muss der Massenstrom des Kühlwassers bestimmt werden. Er wird mit der Energiebilanzgleichung ermittelt:

$$\dot{m}_W = \frac{\dot{Q}}{h_{W2} - h_{W1}} = 41{,}317 \, \frac{\text{kg}}{\text{h}}$$

Mit den vorgegebenen Werten des Ringspaltes erhält man folgende Geschwindigkeit:

$$c = \frac{4 \cdot \dot{m}_W}{\pi \cdot (D_3^2 - D_2^2) \cdot \rho_W} = 0{,}0129 \, \frac{m}{s}$$

Der hydraulische Durchmesser des Ringspaltes ist:

$$d_h = \frac{4 \cdot A}{U} = \frac{\pi \cdot (D_3^2 - D_2^2)}{\pi \cdot (D_3 + D_2)} = \frac{(D_3 + D_2) \cdot (D_3 - D_2)}{D_3 + D_2} = D_3 - D_2 = 4 \, mm$$

Für die *Reynolds*zahl erhalten wir:

$$Re_{d_h} = \frac{c \cdot d_h}{\nu_W} = 54{,}557$$

Die Strömung ist laminar. Zur Berechnung der *Reynolds*zahl werden die Gln. 3.30 bis 3.33 benötigt.

$$Nu_{lam1} = 3{,}66 + 1{,}2 \cdot (D_2/D_3)^{0{,}8} = 4{,}883$$

$$Nu_{lam2} = 1{,}615 \cdot \left(1 + 0{,}14 \cdot \sqrt{D/d}\right) \cdot \left(Re_{d_h} \cdot Pr \cdot \frac{d_h}{l}\right)^{1/3} = 3{,}315$$

$$Nu_{lam3} = \left(\frac{2}{1 + 22 \cdot Pr_W}\right) \cdot \left(Re \cdot Pr_W \cdot \frac{d_h}{l}\right)^{0{,}5} = 1{,}085$$

$$Nu_{Ringspalt,\,lam} = \sqrt[3]{Nu_{lam1}^3 + Nu_{lam2}^3 + Nu_{lam3}^3} = 5{,}523$$

Die Wärmeübergangzahl im Ringspalt beträgt:

$$\alpha_a = \frac{Nu_{Ringspalt,\,lam} \cdot \lambda_W}{d_h} = 791{,}2 \, \frac{W}{m^2 \cdot K}$$

Die Wärmedurchgangszahl berechnet sich zu:

$$k = \left[\frac{1}{\alpha_a} + \frac{2 \cdot D_2}{\lambda_{Wand}} \cdot \ln\left(\frac{D_2}{D_1}\right) + \frac{D_2}{D_1 \cdot \alpha_{Metallpulver}}\right] = 260{,}2 \, \frac{W}{m^2 \cdot K}$$

Zur Bestimmung der notwendigen Austauschfläche benötigt man die mittlere logarithmische Temperaturdifferenz.

$$\Delta\vartheta_m = \frac{\vartheta_{W2} - \vartheta_{W1}}{\ln\left(\frac{\vartheta_M - \vartheta_{W1}}{\vartheta_M - \vartheta_{W2}}\right)} = 7{,}213 \, K$$

Die notwendige Austauschfläche erhält man als:

$$A = \frac{\dot{Q}}{k \cdot \Delta\vartheta_m} = 0,128\,\mathrm{m}^2$$

Die Länge des Zylinder, die notwendig ist, beträgt:

$$l = \frac{A}{\pi \cdot D_2} = 291\,\mathrm{mm}$$

**Diskussion**

Wegen der geringen Wassergeschwindigkeit ist die Strömung laminar. Die *Nußelt*zahl wird vorwiegend durch Gl. 3.30 bestimmt, d. h., das Verhältnis der Durchmesser $D_3$ zu $D_2$ ist im Wesentlichen bestimmend.

### 3.2.3 Rohrwendel

*Rohrwendel-Wärmeübertrager* kommen dann zur Anwendung, wenn sehr lange Rohre benötigt werden. Vielfach strömen hochviskose Stoffe wie z. B. Zuckerlösungen in den Rohren, die Strömung ist dann entsprechend laminar. In geraden Rohren nimmt bei laminarer Strömung die *Nußelt*zahl mit der Rohrlänge stark ab. Diese Abnahme wird durch die Ausbildung der Grenzschicht verursacht. Bei ausgebildeter laminarer Strömung in geraden Rohren hat die *Nußelt*zahl den konstanten Wert von 3,66. In Rohrwendeln bildet sich die Grenzschicht nie aus. Messungen zeigen, dass die Wärmeübergangszahl von der Rohrlänge unabhängig und wesentlich größer als in langen geraden Rohren ist.

In einer Rohrwendel hängt die Wärmeübergangszahl neben der *Reynolds*- und *Prandtl*zahl von der Geometrie der Wendel ab, nicht aber von deren Rohrlänge.

Der Innendurchmesser des Rohres und der Wendel (s. Abb. 3.8) sowie die Steigung der Windungen bestimmen die geometrische Abhängigkeit.

Wird ein Rohr mit der Länge $l$ und einer Steigung von $s_1$ zu einer Rohrwendel mit $n$ Windungen aufgewickelt, ist der mittlere Windungsdurchmesser $D_s$:

$$D_s = \frac{l}{n \cdot \pi} \tag{3.36}$$

**Abb. 3.8** Geometrische Eigenschaften einer Rohrwendel

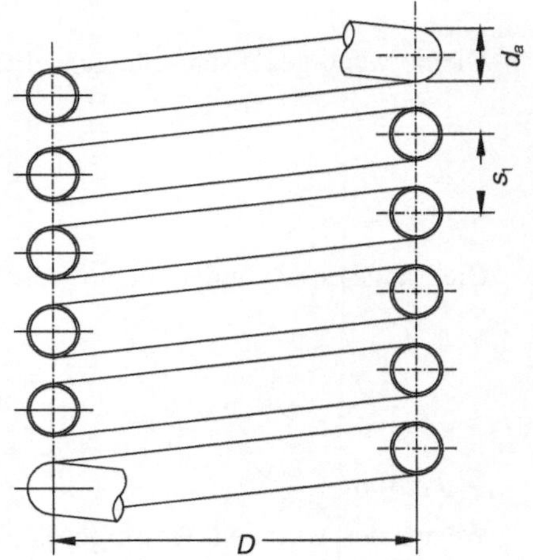

Unter Berücksichtigung der Steigung ist der mittlere Durchmesser $D_W$ der Wendel:

$$D_W = \sqrt{D_s^2 - \left(\frac{s_1}{\pi}\right)^2} \tag{3.37}$$

Der mittlere Krümmungsdurchmesser $D$ der Wendel, der bei der Berechnung der Wärmeübergangszahl benötigt wird, ergibt sich als:

$$D = D_W \cdot \left[1 + \left(\frac{s_1}{\pi \cdot D_W}\right)^2\right] \tag{3.38}$$

### 3.2.3.1  Laminare Strömung

Aus vielen Messungen wurde für die längenunabhängige *Nußelt*zahl folgende Korrelation [4] vorgeschlagen:

$$Nu_{d_i,\,lam} = \left\{3{,}66 + 0{,}08 \cdot \left[1 + 0{,}8 \cdot \left(\frac{d_i}{D}\right)^{0{,}9}\right] \cdot Re^{mm} \cdot Pr^{1/3}\right\} \cdot \left(\frac{Pr}{Pr_W}\right)^{0{,}14} \tag{3.39}$$

mit:

$$mm = 0{,}5 + 0{,}2903 \cdot (d_i/D)^{0{,}194}$$

Diese Gleichung gilt für *Reynolds*zahlen, die kleiner als die kritische *Reynolds*zahl $Re_{krit}$ ist.

$$Re_{krit} = 2\,300 \cdot \left[1 + 8{,}6 \cdot \left(\frac{d_i}{D}\right)^{0{,}45}\right] \tag{3.40}$$

### 3.2.3.2 Turbulente Strömung

Für *Reynolds*zahlen, die größer als 22 000 sind, gilt die Gleichung wie für gerade Rohre, nur die Rohrreibungszahl ist anders definiert und der längenabhängige Korrekturfaktor $f_2$ entfällt.

$$Nu_{d_i, turb} = \frac{(\xi/8) \cdot Re_{d_i} \cdot Pr}{1 + 12,7 \cdot \sqrt{\xi/8} \cdot (Pr^{2/3} - 1)} \cdot \left(\frac{Pr}{Pr_W}\right)^{0,14} \tag{3.41}$$

Für die Rohrreibungszahl $\xi$ wurde folgende Gleichung vorgeschlagen:

$$\xi = \frac{0,3164}{Re^{0,25}} + 0,03 \cdot \left(\frac{d_i}{D}\right)^{0,5} \tag{3.42}$$

Für die *Nußelt*zahl im Übergangsbereich lautet die Gleichung:

$$Nu_{d_i, \, Übergang} = \chi \cdot Nu_{d_i, lam}(Re_{krit}) + (1 - \chi) \cdot Nu_{d_i, turb}(Re = 22\,000) \tag{3.43}$$

mit:

$$\chi = \frac{22\,000 - Re_{d_i}}{22\,000 - Re_{krit}}$$

Damit erhält man folgende Gleichung für den gesamten Bereich der *Reynolds*zahlen:

$$Nu_{d_i} = \begin{vmatrix} Nu_{d_i, \, lam} & \text{wenn } Re_{d_i} < Re_{krit} \\ Nu_{d_i, \, turb} & \text{wenn } Re_{d_i} > 22\,000 \\ Nu_{d_i, \, Übergang} & \text{wenn } Re_{krit} < Re_{d_i} < 22\,000 \end{vmatrix} \tag{3.44}$$

### 3.2.3.3 Druckverluste in den Rohren der Wendel

sind größer als in einem geraden Rohr. Die Rohrreibungszahlen werden wie für gerade Rohre berechnet und mit einem Korrekturterm, der größer als 1 ist, multipliziert.

$$\lambda_{Reibung} = \begin{vmatrix} \dfrac{64}{Re_{d_i}} \cdot \left\{ 1 + 0,033 \left[ \lg\left( Re_{d_i} \cdot \sqrt{\dfrac{d_i}{D}} \right) \right]^{4,0} \right\} & \text{wenn } Re_{d_i} < Re_{krit} \\ \dfrac{0,3164}{Re_{d_i}^{0,25}} \left[ 1 + 0,095 \cdot \sqrt{\dfrac{d_i}{D}} \cdot Re_{d_i}^{0,25} \right] & \text{wenn } Re_{krit} < Re_{d_i} \end{vmatrix} \tag{3.45}$$

Den Reibungsdruckverlust $\Delta p$ bestimmt man wie bei geraden Rohren.

$$\Delta p = \lambda_{Reibung} \cdot \frac{l}{d_i} \cdot \frac{c^2 \cdot \rho}{2} \tag{3.46}$$

**Beispiel 3.7: Rohrwendel-Wärmeübertrager für Zuckerwasser**

In einer Rohrwendel soll 0,25 kg/s Zuckerwasser mit 72 % Zuckerkonzentration von 70 auf 120 °C erwärmt werden. Außen an den Rohren kondensiert Dampf bei 6 bar Druck. Das Rohr hat einen Außendurchmesser von 15 mm, eine Wandstärke von 1 mm und die Wärmeleitfähigkeit von 17 W/(m K). Der mittlere Biegedurchmesser der Wendel ist 500 mm und der Abstand der Rohre 21 mm. Die mittleren Stoffwerte des Zuckerwassers bei 95 °C:

$$\rho = 1293{,}7\,\mathrm{kg/m^3}, \quad \lambda = 0{,}4057\,\mathrm{W/(m\,K)}, \quad \eta = 0{,}0135\,\mathrm{kg/(m\,s)}$$

$$c_p = 2{,}491\,\mathrm{kJ/(kg\,K)}, \quad Pr = 82{,}89.$$

Bei der Kondensation beträgt die Wärmeübergangszahl $8\,200\,\mathrm{W/(m^2\,K)}$, der Einfluss der Rohrwandtemperatur kann vernachlässigt werden.

Bestimmen Sie die notwendige Rohrlänge und den Reibungsdruckverlust.

**Lösung**

*Schema* Siehe Skizze

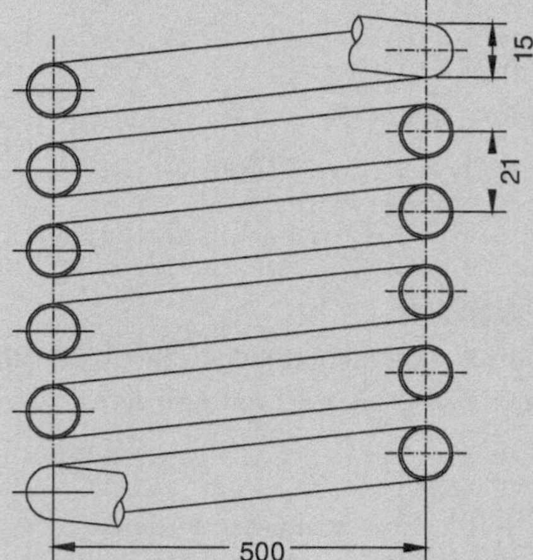


*Annahmen*

- Der Einfluss der Wandtemperatur auf die *Nußelt*zahl ist vernachlässigbar.
- Die Stoffwerte werden mit der mittleren Temperatur bestimmt.

*Analyse*

Die Geschwindigkeit des Zuckerwassers im Rohr erhält man aus der Kontinuitätsgleichung:

$$c = \frac{4 \cdot \dot{m}}{\pi \cdot d_i^2 \cdot \rho} = \frac{4 \cdot 0{,}25 \cdot \mathrm{kg/s}}{\pi \cdot 0{,}013^2 \cdot \mathrm{m}^2 \cdot 1\,293{,}7 \cdot \mathrm{kg/m^3}} = 1{,}456\,\frac{\mathrm{m}}{\mathrm{s}}$$

Die *Reynolds*zahl ergibt sich als:

$$Re = \frac{c \cdot d_i \cdot \rho}{\eta} = \frac{1{,}456 \cdot \mathrm{m/s} \cdot 0{,}013 \cdot \mathrm{m} \cdot 1\,294 \cdot \mathrm{kg/m^3}}{0{,}0135 \cdot \mathrm{Pa} \cdot \mathrm{s}} = 1\,814$$

Den mittleren Krümmungsdurchmesser $D$ berechnet man mit Gl. 3.38.

$$D = D_W \cdot \left[1 + \left(\frac{s_1}{\pi \cdot D_W}\right)^2\right] = 0{,}5 \cdot \mathrm{m} \cdot \left[1 + \left(\frac{0{,}021 \cdot \mathrm{m}}{\pi \cdot 0{,}5 \cdot \mathrm{m}}\right)^2\right] = 0{,}5001\,\mathrm{m}$$

Die kritische *Reynolds*zahl ist mit Gl. 3.40 zu ermitteln.

$$Re_{krit} = 2\,300 \cdot \left[1 + 8{,}6 \cdot \left(\frac{d_i}{D}\right)^{0{,}45}\right] = 6\,128$$

Die Strömung ist laminar und die *Nußelt*zahl wird mit Gl. 3.40 bestimmt.

$$mm = 0{,}5 + 0{,}2903 \cdot (d_i/D)^{0{,}194} = 0{,}6430$$

$$Nu_{d_i,\,lam} = \left\{3{,}66 + 0{,}08 \cdot \left[1 + 0{,}8 \cdot \left(\frac{d_i}{D}\right)^{0{,}9}\right] \cdot Re^{mm} \cdot Pr^{1/3}\right\} \cdot \left(\frac{Pr}{Pr_W}\right)^{0{,}14}$$

$$= \left\{3{,}66 + 0{,}08 \cdot \left[1 + 0{,}8 \cdot \left(\frac{0{,}015}{0{,}5}\right)^{0{,}9}\right] \cdot 1\,813{,}7^{0{,}6430} \cdot 82{,}63^{1/3}\right\}$$

$$= 48{,}398$$

Die mittlere Wärmeübergangszahl ist:

$$\alpha_i = \frac{Nu_{d_i,\,lam} \cdot \lambda}{d_i} = 1\,510\,\frac{\mathrm{W}}{\mathrm{m}^2 \cdot \mathrm{K}}$$

Die Wärmedurchgangszahl errechnet sich zu:

$$k = \left(\frac{1}{\alpha_a} + \frac{d_a}{2 \cdot \lambda_R} \cdot \ln\left(\frac{d_a}{d_i}\right) + \frac{d_a}{d_i \cdot \alpha_i}\right)^{-1} = 938{,}8\,\frac{\mathrm{W}}{\mathrm{m}^2 \cdot \mathrm{K}}$$

Die Sättigungstemperatur des kondensierenden Dampfes beträgt nach der Dampftafel 158,83 °C.

Die mittlere logarithmische Temperaturdifferenz wird damit:

$$\Delta\vartheta_m = \frac{\vartheta_2 - \vartheta_1}{\ln\left(\frac{\vartheta_s - \vartheta_1}{\vartheta_s - \vartheta_2}\right)} = 60{,}42\,\text{K}$$

Die Energiebilanzgleichung liefert den Wärmestrom:

$$\dot{Q} = \dot{m} \cdot c_p \cdot (\vartheta_2 - \vartheta_1) = 0{,}25 \cdot \frac{\text{kg}}{\text{s}} \cdot 2{,}491 \cdot \frac{\text{kJ}}{\text{kg} \cdot \text{K}} \cdot (120 - 70) \cdot \text{K} = 31{,}137\,\text{kW}$$

Die für diesen Wärmestrom notwendige Rohrlänge ist:

$$l = \frac{\dot{Q}}{k \cdot \Delta\vartheta_m \cdot \pi \cdot d_a} = \frac{31\,137 \cdot \text{W} \cdot \text{m}^2 \cdot \text{K}}{938{,}8 \cdot \text{W} \cdot 60{,}42 \cdot \text{K} \cdot \pi \cdot 0{,}015 \cdot \text{m}} = \mathbf{11{,}649\,m}$$

Für diese Länge benötigt man 6,6 Windungen, d. h., die Wendel wird mit 8 Windungen ausgelegt.

Der Druckverlust ist mit den Gln. 3.45 und 3.46 zu berechnen.

$$\lambda_{Reibung} = \frac{64}{Re_{d_i}} \cdot \left\{ 1 + 0{,}033 \cdot \left[ \lg\left( Re_{d_i} \cdot \sqrt{\frac{d_i}{D}} \right) \right]^{4{,}0} \right\} = 0{,}0783$$

$$\Delta p = \lambda_{Reibung} \cdot \frac{l}{d_i} \cdot \frac{c^2 \cdot \rho}{2} = \mathbf{0{,}963\,bar}$$

***Diskussion***

Die Wärmeübergangszahlen in der Wendel sind bei der laminaren Strömung wesentlich größer als in einem geraden Rohr. Die *Nußelt*zahl im geraden Rohr beträgt nach Gl. 3.17 7,8, d. h., die *Nußelt*zahl der Wendel ist also achtmal, die Reibungszahl 2,2-mal größer als in einem geraden Rohr. Mit einem graden Rohr benötigte man eine Rohrlänge von fast 100 m. Der Druckverlust wäre trotzt der kleineren Rohrreibungszahl bei einem so langen Rohr 3,5-mal größer.

### 3.2.4  Ebene Wand

In technischen Apparaten kommt Wärmeübertragung durch erzwungene Konvektion an einer ebenen Wand selten vor. Die Berechnung der Wärmeübergangszahlen ist einfacher als bei anderen Körpern und wird deshalb in fast allen Lehrbüchern ausführlich behandelt, um den Zusammenhang zwischen der Wärmeübergangszahl und dem Reibungskoeffizienten aufzuzeigen. Hier werden nur die entsprechenden Gleichungen angegeben. Die charakteristische Länge ist die Länge $l$ der Wand in Strömungsrichtung.

Für die laminare Strömung gilt:

$$Nu_{l,\,lam} = 0{,}644 \cdot \sqrt[3]{Pr} \cdot \sqrt{Re_l} \quad \text{für} \quad Re_l < 10^5 \tag{3.47}$$

Für die turbulente Strömung gilt:

$$Nu_{l,\,turb} = \frac{0{,}037 \cdot Re_l^{0{,}8} \cdot Pr}{1 + 2{,}443 \cdot Re_l^{-0{,}1} \cdot (Pr^{2/3} - 1)} \cdot f_3 \quad \text{für} \quad 5 \cdot 10^5 < Re_l < 10^7 \tag{3.48}$$

Da die *Reynolds*zahl mit der Plattenlänge gebildet wird, ist für die Geometrie keine weitere Korrektur notwendig. Funktion $f_3$ ist die Korrekturfunktion für die Richtung des Wärmestromes. Sie ist gegeben als:

$$f_3 = \begin{cases} (Pr/Pr_W)^{0{,}25} & \text{für Flüssigkeiten} \\ 1 & \text{für Gase} \end{cases} \tag{3.49}$$

Der Bereich zwischen den *Reynolds*zahlen von $10^5$ und $5 \cdot 10^5$ wird durch die beiden Gleichungen nicht abgedeckt. Der Übergang zwischen laminarer und turbulenter Strömung erfolgt asymptotisch. Beide Bereiche und der Übergangsbereich werden durch folgende Gleichung erfasst:

$$Nu_l = \sqrt{Nu_{l,\,lam}^2 + Nu_{l,\,turb}^2} \quad \text{für} \quad 10 < Re_l < 10^7 \tag{3.50}$$

### 3.2.5  Quer angeströmte Einzelkörper

Oft wird an einen vom Fluid quer angeströmten Körper Wärme übertragen. Zu den technischen Anwendungen gehören z. B. quer angeströmte Rohre von Rohrbündeln in Wärmeübertragern oder quer angeströmte Temperaturfühler. Rohrbündel werden im Abschn. 3.2.6 behandelt. Ihre Berechnung basiert auf den Gesetzmäßigkeiten quer angeströmter Einzelkörper. Wie wir in der Strömungslehre gesehen haben, bildet sich am Staupunkt der Strömung zunächst eine laminare Grenzschicht, die je nach Strömungsgeschwindigkeit und Geometrie des Körpers nach einer gewissen Strömungslänge in eine

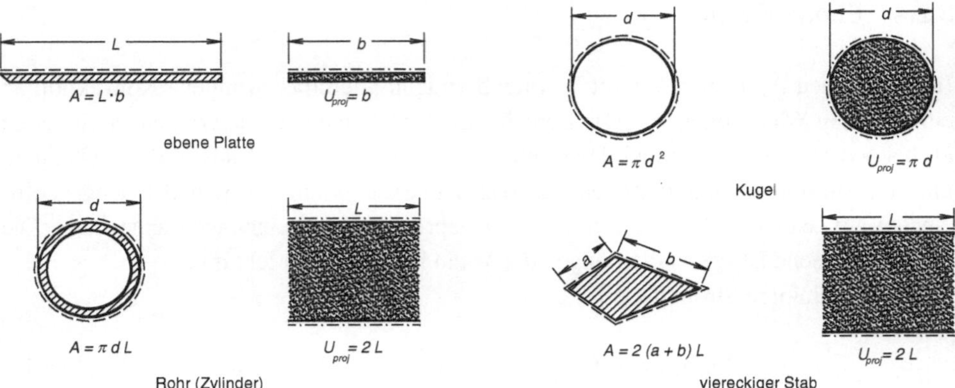



**Abb. 3.9**  Übertragungsflächen und projizierter Umfang angeströmter Einzelkörper

turbulente Strömung übergeht, es entstehen Strömungsablösungen. Strömungsvorgänge und damit auch die Wärmeübergangseffekte sind komplex. Wie bei der Rohrströmung ist es jedoch gelungen, Beziehungen herzuleiten, die die *Nußelt*zahl als eine Funktion der *Reynolds*zahl, *Prandtl*zahl und Geometrie angeben.

Für die Bildung der *Reynolds-* und *Nußelt*zahl ist die charakteristische Länge die *Überströmlänge L*, die als die am Austausch beteiligte Fläche *A*, geteilt durch den *projizierten Umfang* des Körpers, definiert ist.

$$Nu_l = \sqrt{Nu_{l,lam}^2 + Nu_{l,turb}^2} \quad \text{für} \quad 10 < Re_l < 10^7 \tag{3.51}$$

Der *projizierte Umfang* ist der Umfang $U_{proj}$ der in Strömungsrichtung projizierten Fläche des Körpers. Bei quer angeströmten Zylindern oder länglichen Körpern hat der projizierte Umfang die doppelte Länge, bei einer Platte die Breite der Platte, bei einer Kugel den Umfang der Kugel.

Abb. 3.9 zeigt die Übertragungsflächen und die projizierten Umfänge einiger Körper.

Bei einer Kugel und einem Zylinder findet selbst dann, wenn die *Reynolds*zahl gegen null strebt, noch eine Wärmeübertragung durch Wärmeleitung im umgebenden Fluid statt. Für eine Kugelschale mit dem Innendurchmesser $d$, deren Außendurchmesser gegen unendlich strebt (ruhende Umgebung), beträgt die Wärmeübergangszahl nach Gl. 2.36:

$$\alpha_0 = \frac{2 \cdot \lambda}{d} \tag{3.52}$$

Damit ist die minimale *Nußelt*zahl einer Kugel:

$$Nu_{L',0} = 2 \quad \text{für} \quad Re_{L'} < 0{,}1 \tag{3.53}$$

Für einen Zylinder ist die Herleitung nicht mehr so einfach. Hier wird nur der Wert angegeben.

$$Nu_{L',0} = 0{,}3 \text{ für } Re_{L'} < 0{,}1 \tag{3.54}$$

Für eine Platte ist die *Nußelt*zahl $Nu_{L',0}$ gleich null.

Bei sehr kleinen Abmessungen von Kugeln und Zylindern ist bei *Reynolds*zahlen, die kleiner als 1 sind, die Grenzschichtdicke gegenüber den Körperabmessungen nicht mehr vernachlässigbar und die *Nußelt*zahlen für Kugel und Zylinder sind dann:

$$\begin{aligned} \text{Kugel:} \quad & Nu_{L',0} = 1{,}001 \cdot \sqrt[3]{Re_{L'} \cdot Pr} \quad && \text{für} \quad 0{,}1 < Re_{L'} < 1 \\ \text{Zylinder:} \quad & Nu_{L',0} = 0{,}75 \cdot \sqrt[3]{Re_{L'} \cdot Pr} \quad && \text{für} \quad 0{,}1 < Re_{L'} < 1 \end{aligned} \tag{3.55}$$

Bei *Reynolds*zahlen zwischen 1 und 1 000 gilt die gleiche Beziehung wie für eine ebene Wand oder ein Rohr.

$$Nu_{L',lam} = 0{,}664 \cdot \sqrt[3]{Pr} \cdot \sqrt{Re_{L'}} \quad \text{für} \quad 1 < Re_{L'} < 1\,000 \tag{3.56}$$

Bei *Reynolds*zahlen von $10^5$ bis $10^7$ gilt nach [4]:

$$Nu_{L',turb} = \frac{0{,}037 \cdot Re_{L'}^{0,8} \cdot Pr}{1 + 2{,}443 \cdot Re_{L'}^{-0,1} \cdot (Pr^{2/3} - 1)} \cdot f_4 \quad \text{für} \quad 10^5 < Re_{L'} < 10^7 \tag{3.57}$$

In diesem Bereich kann die *Nußelt*zahl mit etwas geringerer Genauigkeit auch durch eine vereinfachte Potenzgleichung angegeben werden.

$$Nu_{L',turb} = 0{,}037 \cdot Re_{L'}^{0,8} \cdot Pr^{0,48} \cdot f_4 \quad \text{für} \quad 10^5 < Re_{L'} < 10^7 \tag{3.58}$$

Der Bereich zwischen den *Reynolds*zahlen von $10^3$ und $10^5$ ist nicht abgedeckt. Da sich die *Nußelt*zahl hier asymptotisch den Werten der Gln. 3.51 bis 3.55 nähert, kann folgende Ausgleichsfunktion angegeben werden:

$$Nu_{L'} = Nu_{L',0} + \sqrt{Nu_{L',lam}^2 + Nu_{L',turb}^2} \quad \text{für} \quad 10 < Re_{L'} < 10^7 \tag{3.59}$$

Abb. 3.10 zeigt die *Nußelt*zahlen für quer angeströmte Zylinder.

Der Korrekturfaktor $f_4$ gibt den Einfluss der Richtung des Wärmestromes an und ist:

$$f_4 = \begin{cases} f_4 = (Pr/Pr_W)^{0,25} & \text{für Flüssigkeiten} \\ f_4 = (T/T_W)^{0,121} & \text{für Gase} \end{cases} \tag{3.60}$$

Wird ein Körper schräg angeströmt, verringern sich die Wärmeübergangszahlen. Abb. 3.11 zeigt das Verhältnis der *Nußelt*zahlen von schrägen zu quer angeströmten Zylindern.

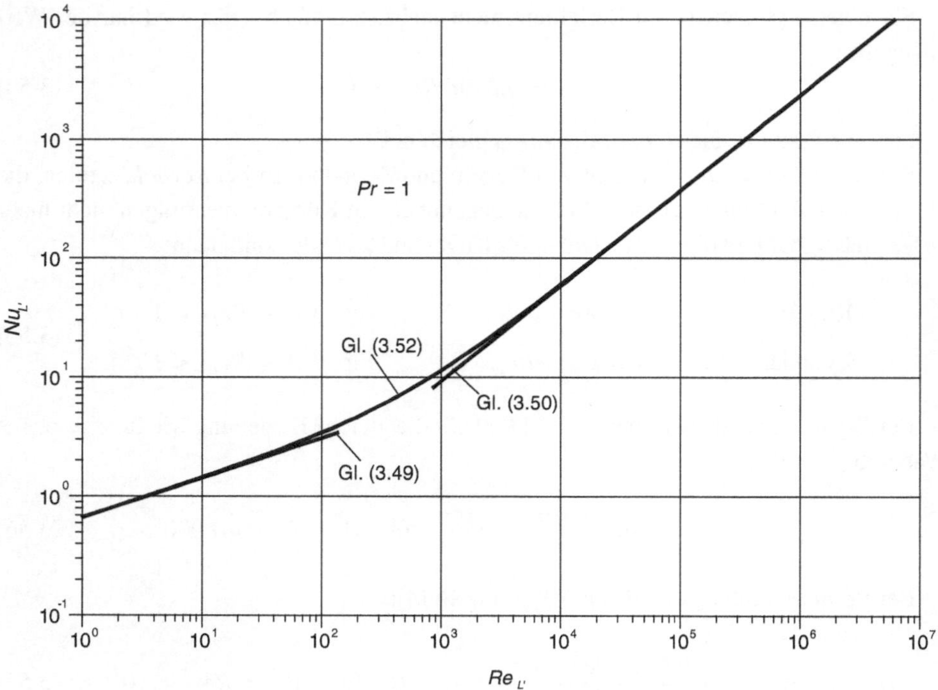

Abb. 3.10   *Nußelt*zahlen für quer angeströmte Zylinder

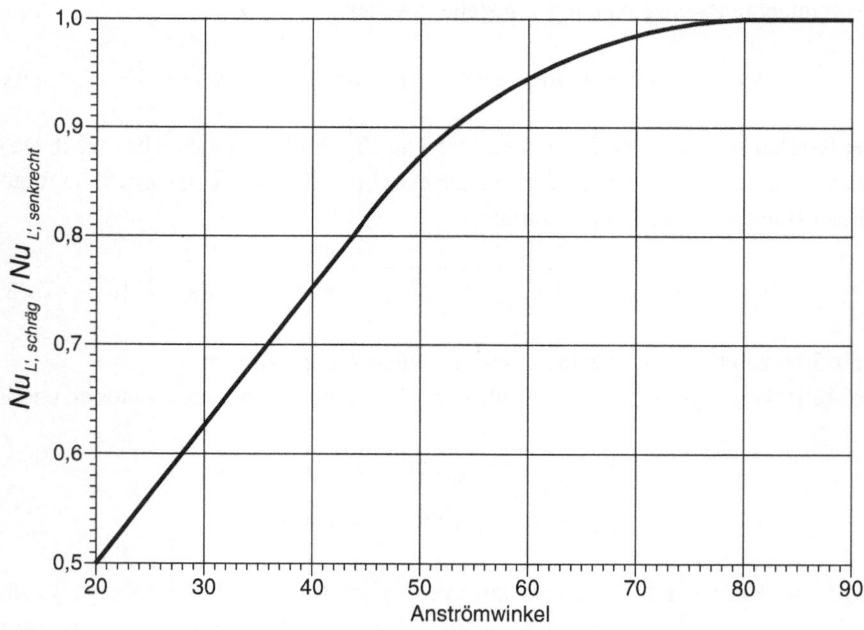

Abb. 3.11   Verhältnis der *Nußelt*zahlen von schrägen zu quer angeströmten Zylindern

Bei längs angeströmten Zylindern kann die Wärmeübergangszahl wie für ebene Wände berechnet werden. Ist jedoch die Abmessung des Zylinders wie z. B. bei längs angeströmten dünnen Drähten gegenüber der Grenzschichtdicke klein, ist dieses zu berücksichtigen. Für längs angeströmte dünne Zylinder kann nachstehende Gleichung verwendet werden.

$$Nu_{L,Zyl} = (1 + 2{,}3 \cdot (L/d) \cdot Re_L^{-0{,}5}) \cdot Nu_L \tag{3.61}$$

$L$ ist dabei die Länge des Zylinders und $Nu_L$ die *Nußelt*zahl der ebenen Wand.

**Beispiel 3.8: Temperaturmessung mit einem Platinwiderstand**

Mit einem zylinderförmigen Platinwiderstand, der einen Außendurchmesser von 4 mm hat, wird die Temperatur von 100 °C warmer Luft gemessen. Der Widerstand hat folgende Temperaturabhängigkeit: $R\,(\vartheta) = 100\,\Omega + 0{,}04\,\Omega/\text{K} \cdot \vartheta$. Für die Messung fließt ein konstanter Strom von 1 mA durch den Widerstand. Dadurch wird der Widerstand aufgeheizt und die Messung verfälscht. Die beheizte Länge des Fühlers ist 10 mm. Die Stoffwerte der Luft sind:

$$\lambda = 0{,}0316\,\text{W/(m K)}, \quad \nu = 23{,}46 \cdot 10^{-6}\,\text{m}^2/\text{s}, \quad Pr = 0{,}700.$$

Berechnen Sie, welche Temperatur bei 0,01, 0,1, 1, 10 und 100 m/s Strömungsgeschwindigkeit senkrecht zum Widerstand gemessen wird.

**Lösung**

***Schema*** Siehe Skizze

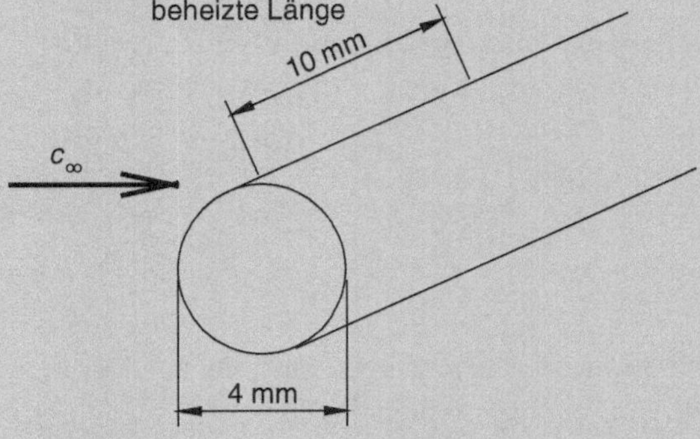


***Annahmen***

- Die Temperatur im Messfühler ist konstant.
- Die Lufttemperatur ist konstant.
- Die Effekte am Ende des Fühlers sind vernachlässigbar.

### Analyse

Der durch den Widerstand fließende Strom erzeugt folgenden Wärmestrom:

$$\dot{Q} = i^2 \cdot R = i^2 \cdot (100\,\Omega + 0{,}04\,\Omega/\mathrm{K} \cdot \vartheta)$$

Die Temperatur $\vartheta$ ist jene, welche vom Messfühler wahrgenommen und hier berechnet werden muss. Sie ist höher als die Lufttemperatur. Dadurch kann der zugeführte Wärmestrom abgeführt werden. Dieser ist:

$$\dot{Q} = \alpha \cdot A \cdot (\vartheta - \vartheta_\infty)$$

Da der zu- und abgeführte Wärmestrom gleich groß sind, kann die Temperatur $\vartheta$ bestimmt werden.

$$\vartheta = \frac{i^2 \cdot 100\,\Omega + \alpha \cdot A \cdot \vartheta_\infty}{\alpha \cdot A - i^2 \cdot 0{,}04 \cdot \Omega/\mathrm{K}}$$

Für die verschiedenen Strömungsgeschwindigkeiten wird die Wärmeübergangszahl mit Gl. 3.44 berechnet. Die zur Bestimmung der *Reynolds*- und *Nußelt*zahl benötigte charakteristische Länge ist:

$$L' = \frac{A}{U_{proj}} = \frac{\pi \cdot d \cdot l}{2 \cdot l} = \frac{\pi \cdot d}{2} = 6{,}28\,\mathrm{mm}$$

Die Ergebnisse folgen tabelliert:

| $c$ | $Re_L$ | $Nu_{L,\,lam}$ | $Nu_{L,\,turb}$ | $Nu_L$ | $\alpha$ | $\vartheta$ |
|---|---|---|---|---|---|---|
| m/s | | | | | W/(m$^2$ K) | °C |
| 0,01 | 2,68 | 0,965 | 0,069 | 1,267 | 6,374 | 100,130 |
| 0,10 | 26,78 | 3,051 | 0,433 | 3,382 | 17,007 | 100,049 |
| 1,00 | 267,83 | 9,649 | 2,073 | 10,327 | 51,939 | 100,016 |
| 10,00 | 2 678,25 | 30,511 | 17,224 | 35,337 | 177,721 | 100,005 |
| 100,00 | 26 782,55 | 96,485 | 108,675 | 145,626 | 732,396 | 100,001 |

### Diskussion

Der durch den Widerstand fließende Strom heizt den Temperaturfühler auf. Der Fehler in der Temperaturmessung ist ab Strömungsgeschwindigkeit von 0,1 m/s kleiner als 0,05 K. Bei den heutigen genauen Messinstrumenten kann der Messstrom wesentlich kleiner als 1 mA gewählt werden.

Auch bei ruhender Luft mit $Nu_{L,0} = 0{,}3$ ist die Wärmeübergangszahl bereits ca. 1,5, der Fehler würde bei ungefähr 0,5 K liegen. Schon bei einer Stromstärke von 0,1 mA sinkt der Fehler um den Faktor 100.

### 3.2.6  Quer angeströmte Rohrbündel

In der Technik werden vielfach quer angeströmte *Rohrbündel* eingesetzt. Bereits bei einer einzelnen Rohrreihe, die senkrecht zur Anströmung angeordnet ist, steigt die Geschwindigkeit zwischen den Rohren an, sodass die Beziehungen für einzeln angeströmte Körper die Wärmeübergangszahlen nicht mehr richtig beschreiben. Sind die Rohre in Strömungsrichtung hintereinander angeordnet, wird an den Rohren die Strömung abgelöst und beeinflusst die Wärmeübergangszahlen zusätzlich. Die Berechnung ist so aufgebaut, dass von den Gesetzmäßigkeiten der quer angeströmten Einzelkörper ausgegangen wird und für die Rohrbündel, je nach geometrischer Anordnung der Rohre, Korrekturfaktoren eingeführt werden. Abb. 3.12 zeigt verschiedene Möglichkeiten der Rohranordnungen in einem Rohrbündel.

Der Abstand der Rohre senkrecht zur Strömungsrichtung ist $s_1$, der Abstand der Rohrreihen $s_2$. Die Anordnung eines Rohrbündels wird durch den *dimensionslosen Rohrabstand* $a = s_1/d$ und den dimensionslosen Rohrreihenabstand $b = s_2/d$ charakterisiert.

$$a = s_1/d \tag{3.62}$$

$$b = s_2/d \tag{3.63}$$

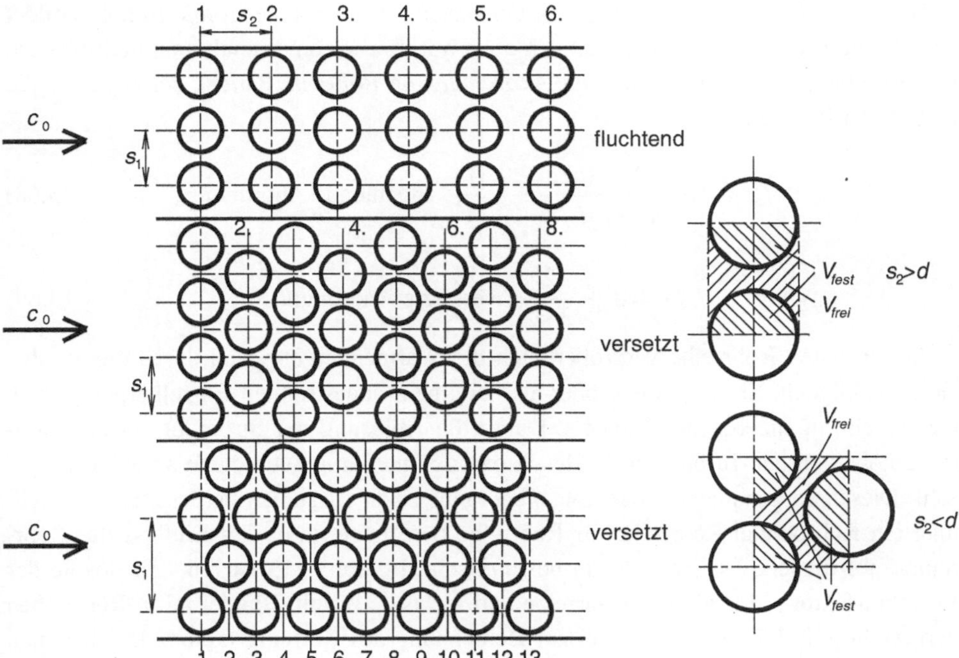


**Abb. 3.12**  Verschiedene Anordnungen der Rohre in Rohrbündeln

Die *Reynolds*zahl wird mit der mittleren Geschwindigkeit $c_\psi$ im Hohlraumanteil $\psi$ gebildet. Der Hohlraumanteil ist das Verhältnis des Volumens zwischen den Rohren (Hohlraum $V_{frei}$) zum Gesamtvolumen $V$ des Bündels. Der Hohlraum ist andererseits das Gesamtvolumen minus Volumen der Rohre ($V_{fest}$). Je nachdem, ob sich die Rohre zweier Rohrreihen senkrecht zur Strömungsrichtung überdecken ($b < 1$), sind zwei verschiedene Definitionen für den *Hohlraumanteil* gegeben:

$$\Psi = 1 - \frac{V_{fest}}{V} = 1 - \frac{\pi \cdot d^2 \cdot l}{4 \cdot s_1 \cdot d \cdot l} = 1 - \frac{\pi}{4 \cdot a} \quad \text{für} \quad b > 1 \qquad (3.64)$$

$$\Psi = 1 - \frac{V_{fest}}{V} = 1 - \frac{\pi \cdot d^2 \cdot l}{4 \cdot s_1 \cdot s_2 \cdot l} = 1 - \frac{\pi}{4 \cdot a \cdot b} \quad \text{für} \quad b < 1 \qquad (3.65)$$

Die Geschwindigkeit, mit der die *Reynolds*zahl gebildet wird, ist:

$$c_\psi = c_0/\Psi \qquad (3.66)$$

Die *Reynolds*zahl wird damit:

$$Re_{\psi,L'} = \frac{c_\psi \cdot L'}{\nu} \qquad (3.67)$$

Mit dieser *Reynolds*zahl wird die *Nußelt*zahl für einzeln angeströmte Rohre gebildet und für die Bündelanordnung zusätzlich noch mit zwei Geometriefaktoren multipliziert. Der erste Faktor $f_A$ berücksichtigt die *Anordnung der Rohre im Bündel*, der zweite $f_n$ die Anzahl der Rohrreihen.

$$f_A = 1 + \frac{0{,}7 \cdot (b/a - 0{,}3)}{\Psi^{1{,}5} \cdot (b/a + 0{,}7)^2} \quad \text{fluchtende Anordnung} \qquad (3.68)$$

$$f_A = 1 + \frac{2}{3 \cdot b} \quad \text{versetzte Anordnung} \qquad (3.69)$$

In der ersten Rohrreihe vergrößert sich die Wärmeübergangszahl durch die erhöhte Geschwindigkeit. Sie ist zwar größer als bei einem angeströmten Einzelkörper, jedoch kleiner als im Inneren des Bündels. Durch die Ablösung der Strömung an den Rohren erhöht sich der Turbulenzgrad der Strömung und damit auch die Wärmeübergangszahl. Diesen so genannten „*first row effect*" muss man zusätzlich berücksichtigen. Will man ein Rohrbündel Rohrreihe für Rohrreihe berechnen, muss der Einfluss der Rohrreihenzahl für jede Rohrreihe lokal bekannt sein. In Abb. 3.13 ist links der lokale der Korrekturfaktor $f_j$ für die $j$-te Rohrreihe und rechts $f_n$ für ein Bündel mit $n$ Rohrreihen dargestellt. Gl. 3.70 ist die Formel zur Berechnung des Korrekturfaktors der einzelnen Rohrreihe und Gl. 3.71 die für das gesamte Bündel mit $n$ Rohren. Mit Gl. 3.72 kann die

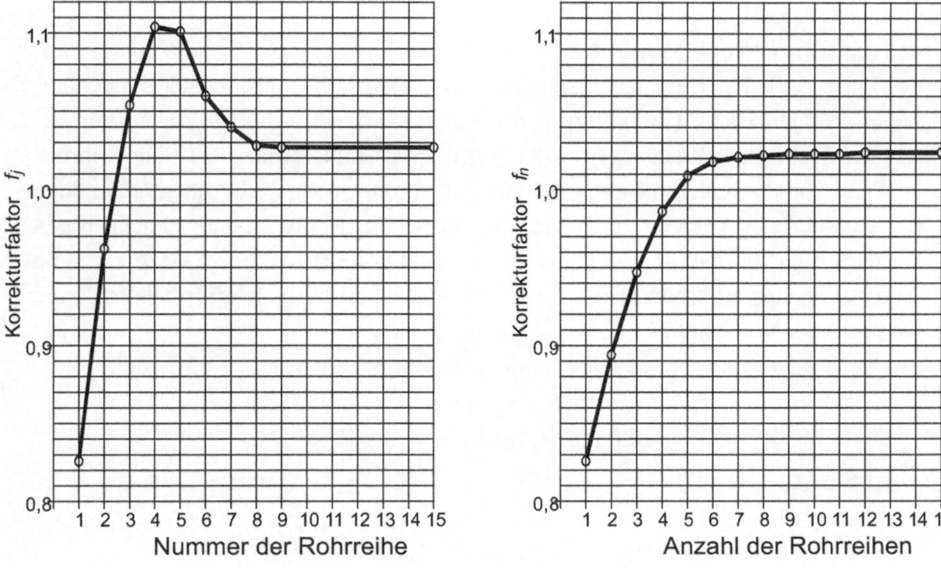



**Abb. 3.13**  Korrekturfaktor für den Einfluss der Rohrreihen (**a** lokal, **b** integral)

*Nußelt*zahl $Nu_j$ der $j$-ten Rohrreihe und mit Gl. 3.73 die des Bündels $Nu_{Bündel}$ bestimmt werden.

$$f_j = \begin{cases} 0{,}6475 + 0{,}2 \cdot j - 0{,}0215 \cdot j^2 & \text{wenn } j \leq 4 \\ 1 + 1/(j^2 + j) + 3 \cdot (2 \cdot j - 1)/(j^4 - 2j^3 + j^2) & \text{wenn } j \geq 5 \\ 1{,}028 & \text{wenn } j > 8 \end{cases} \tag{3.70}$$

$$f_n = \frac{1}{n} \cdot \sum_{j=1}^{n} f_j \tag{3.71}$$

$$Nu_j = \alpha \cdot L'/\lambda = Nu_{L'} \cdot f_A \cdot f_j \tag{3.72}$$

$$Nu_{Bündel} = \alpha \cdot L'/\lambda = Nu_{L'} \cdot f_A \cdot f_n \tag{3.73}$$

**Beispiel 3.9: Auslegung eines Zwischenüberhitzerbündels**
Für eine Nuklearanlage ist ein Zwischenüberhitzerbündel mit U-Rohren auszulegen. Zwischen den Rohren des Bündels strömen 300 kg/s Dampf bei 8 bar Druck, der von 170,4 auf 280 °C erhitzt werden soll. In den Rohren kondensiert Heizdampf bei 295 °C. Die Wärmeübergangszahl in den Rohren ist 12 000 W/(m² K). Die Rohre haben einen Außendurchmesser von 15 mm, eine Wandstärke von 1 mm

und die Wärmeleitfähigkeit von 26 W/(m K). Die Anströmgeschwindigkeit am Bündeleintritt soll 6 m/s nicht überschreiten. Der Heizdampf strömt aus einer halbkugelförmigen Dampfkammer zu den Rohren. Da der Rohrboden kreisförmig ist, soll die Höhe des Bündels etwa gleich groß wie seine Breite sein. Die Rohrbögen sind von der äußeren Dampfströmung abgetrennt, sodass nur die gerade Länge der Rohre als Heizfläche zur Verfügung steht. Die Rohre sind in gleichseitigen Dreiecken angeordnet und haben einen Abstand von 20 mm. Die Skizze zeigt die Anordnung des Rohrbündels und die der Rohre. Am Bündeleintritt beträgt die Dampfdichte 4,161 kg/m$^3$.

Die übrigen Dampfdaten bei der mittleren Temperatur von 225,2 °C sind:

$$\rho = 3{,}603 \, \text{kg/m}^3, \lambda = 0{,}0378 \, \text{W/(m K)}, \nu = 4{,}731 \cdot 10^{-6} \, \text{m}^2/\text{s}, \, Pr = 0{,}995,$$
$$c_p = 2\,206 \, \text{J/(kg K)}.$$

Berechnen Sie die Anzahl und Länge der Rohre.

**Lösung**

***Schema*** Siehe Skizze

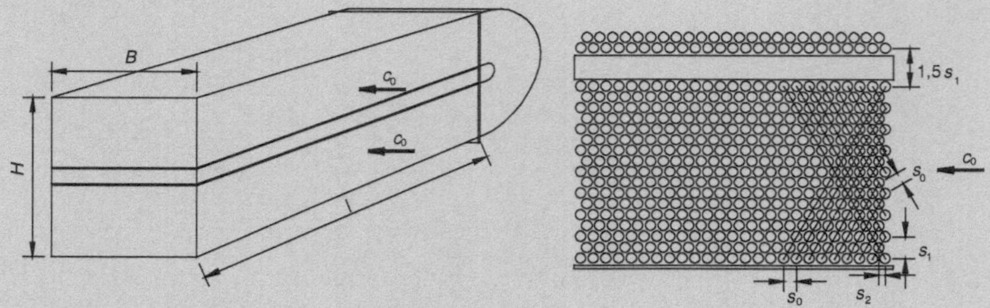

***Annahmen***

- Die Effekte am Rande des Bündels können vernachlässigt werden.
- Die Wärmeübergangszahlen sind inner- und außerhalb der Rohre des Bündels jeweils konstant.
- Die Temperatur in den Rohren ist konstant.

***Analyse***

Um Anzahl und Länge der Rohre zu bestimmen, müssen die Anzahl der Rohrreihen $n$, die der Rohre pro Reihe $i$ und die Heizfläche $A$ berechnet werden. Das sind drei Unbekannte, d. h., zur Bestimmung sind drei Gleichungen notwendig.

Die Bedingung, dass die Höhe des Bündels etwa gleich groß sein soll wie seine Breite, gibt den Zusammenhang zwischen der Anzahl Rohrreihen und der Anzahl der Rohre pro Reihe an.

$$B = n \cdot s_2 H = (i + 1{,}5) \cdot s_1 \quad \text{aus } B = H \text{ folgt:} \quad n \cdot s_2 = (i + 1{,}5) \cdot s_1$$

Die vorgegebene Anströmgeschwindigkeit bestimmt den Anströmquerschnitt des Rohrbündels.

$$c_0 = \frac{\dot{m}}{H \cdot l \cdot \rho_0} = \frac{\dot{m}}{(i + 1{,}5) \cdot s_1 \cdot l \cdot \rho_0}$$

Die Fläche des Bündels wird mit der kinetischen Kopplungsgleichung bestimmt.

$$A = i \cdot n \cdot \pi \cdot d_a \cdot l = \frac{\dot{Q}}{k \cdot \Delta\vartheta_m}$$

Aus der Energiebilanzgleichung kann der Wärmestrom direkt berechnet werden.

$$\dot{Q} = \dot{m} \cdot c_p \cdot (\vartheta_1'' - \vartheta_1') = 300 \cdot \text{kg/s} \cdot 2\,206 \cdot \text{J/(kg·K)} \cdot (280 - 170{,}4) \cdot \text{K} = 72\,533\,\text{kW}$$

Die mittlere Temperaturdifferenz berechnet sich mit den gegebenen Temperaturen als:

$$\Delta\vartheta_m = \frac{\vartheta_1'' - \vartheta_1'}{\ln\left(\frac{\vartheta_2 - \vartheta_1'}{\vartheta_2 - \vartheta_1''}\right)} = \frac{(280 - 170{,}4) \cdot \text{K}}{\ln\left(\frac{295 - 170{,}4}{295 - 280}\right)} = 51{,}77\,\text{K}$$

Zur Berechnung der Wärmeübergangszahlen werden zuerst die geometrischen Daten des Bündels bestimmt. Die dimensionslosen Rohrabstände $a$ und $b$ sind:

$$s_1 = \sqrt{3} \cdot s_0 = \sqrt{3} \cdot 20\,\text{mm} = 34{,}64\,\text{mm}, \quad a = s_1/d_a = 34{,}64/15 = 2{,}309$$
$$s_2 = s_0/2 = 10\,\text{mm}, \quad b = s_2/d_a = 10/15 = 0{,}67$$

Da $b < 1$ ist, wird mit Gl. 3.65 der Hohlraumanteil des Bündels bestimmt.

$$\Psi = 1 - \frac{\pi}{4 \cdot a \cdot b} = 1 - \frac{\pi}{4 \cdot a \cdot b} = 1 - \frac{\pi}{4 \cdot 2{,}309 \cdot 0{,}67} = 0{,}490$$

Die Anströmlänge des Rohres ist:

$$L' = \pi \cdot d_a/2 = 23{,}562\,\text{mm}$$

Bei der Berechnung der Geschwindigkeit im Bündel muss berücksichtigt werden, dass die Dichte kleiner ist als am Eintritt. So erhalten wir mit Gl. 3.66:

$$c_\Psi = \frac{c_0 \cdot \rho_0}{\rho \cdot \Psi} = \frac{6 \cdot 4{,}161}{3{,}603 \cdot 0{,}490} \cdot \frac{\text{m}}{\text{s}} = 14{,}15\,\frac{\text{m}}{\text{s}}$$

*Reynolds*zahl nach Gl. 3.69:

$$Re_{L',\psi} = \frac{c_\psi \cdot L'}{\nu} = \frac{14{,}15 \cdot \text{m} \cdot 0{,}02356 \cdot \text{m} \cdot \text{s}}{4{,}731 \cdot 10^{-6} \cdot \text{m}^2 \cdot \text{s}} = 70\,447$$

Die *Nußelt*zahl wird mit den Gln. 3.57 bis 3.59, 3.33 berechnet, wobei angenommen wird, dass die dampfseitige Wärmeübergangszahl eher klein ist und die mittlere Wandtemperatur somit ca. 270 °C beträgt.

$$Nu_{L',\,lam} = 0{,}664 \cdot \sqrt[3]{Pr} \cdot \sqrt{Re_{L'}} = 0{,}664 \cdot \sqrt[3]{0{,}995} \cdot \sqrt{70\,447} = 175{,}94$$

$$Nu_{L',\,turb} = \frac{0{,}037 \cdot Re_{L'}^{0,8} \cdot Pr}{1 + 2{,}443 \cdot Re_{L'}^{-0,1} \cdot (Pr^{2/3} - 1)} = 278{,}9$$

$$Nu_{L'} = Nu_{L',0} + \sqrt{Nu_{L',\,lam}^2 + Nu_{L',\,turb}^2} \cdot (T/T_W)^{0,121} = 326{,}6$$

Der Anordnungsfaktor $f_A$ wird mit Gl. 3.69 bestimmt.

$$f_A = 1 + \frac{2}{3 \cdot b} = 1 + \frac{2}{3 \cdot 0{,}67} = 2$$

Für den Faktor $f_n$ wird angenommen, dass mehr als 15 Rohrreihen notwendig werden, sodass $f_n = 1{,}03$ ist. Die *Nußelt*zahl des Bündels ist nach Gl. 3.73:

$$Nu_{B\ddot{u}ndel} = Nu_{L'} \cdot f_A \cdot f_n = 326{,}6 \cdot 2 \cdot 1{,}03 = 672{,}7$$

Für die Wärmeübergangszahl außen am Bündel erhalten wir:

$$\alpha_a = \frac{Nu_{B\ddot{u}ndel} \cdot \lambda}{L'} = \frac{672{,}7 \cdot 0{,}0378 \cdot \text{W}}{0{,}02356 \cdot \text{m} \cdot \text{m} \cdot \text{K}} = 1\,079{,}2 \, \frac{\text{W}}{\text{m}^2 \cdot \text{K}}$$

Die Wärmedurchgangszahl ist:

$$k = \left( \frac{1}{\alpha_a} + \frac{d_a}{2 \cdot \lambda_R} \cdot \ln \frac{d_a}{d_i} + \frac{d_a}{d_i \cdot \alpha_i} \right)^{-1} = 939{,}8 \, \frac{\text{W}}{\text{m}^2 \cdot \text{K}}$$

Die Wandtemperatur kann berechnet, die gemachte Annahme geprüft werden.

$$\vartheta_W = \vartheta_m + \Delta\vartheta_m \cdot k/\alpha_a = 225{,}2\,°\text{C} + 51{,}77 \cdot \text{K} \cdot 942{,}4/1\,082{,}6 = 270{,}3\,°\text{C}$$

Eine weitere Korrektur erübrigt sich, weil der Unterschied kleiner als 0,05 % ist. Die benötigte Austauschfläche beträgt:

$$A = i \cdot n \cdot \pi \cdot d_a \cdot l = \frac{\dot{Q}}{k \cdot \Delta\vartheta_m} = 1\,490{,}8 \ \text{m}^2$$

Aus der Gleichung für die Anströmgeschwindigkeit erhalten wir:

$$(i + 1{,}5) \cdot l = \frac{\dot{m}}{s_1 \cdot c_0 \cdot \rho_0} = \frac{300 \cdot \mathrm{kg} \cdot \mathrm{s} \cdot \mathrm{m}^3}{0{,}03464 \cdot \mathrm{m} \cdot 6 \cdot \mathrm{m} \cdot 4{,}161 \cdot \mathrm{kg} \cdot \mathrm{s}} = 346{,}88\,\mathrm{m}$$

Aus der Bedingung für das Verhältnis der Höhe zur Länge ergibt sich folgende Beziehung:

$$(i + 1{,}5) = n \cdot s_2/s_1$$

Beide Gleichungen kombiniert, ergeben:

$$n \cdot l = s_1/s_2 \cdot 346{,}88\,\mathrm{m} = 34{,}64/10 \cdot 346{,}89\,\mathrm{m} = 1\,201{,}63\,\mathrm{m}$$

Aus der Austauschfläche kann jetzt die Anzahl der Rohre pro Rohrreihe bestimmt werden.

$$i = \frac{A}{n \cdot l \cdot \pi \cdot d_a} = \frac{1\,386{,}7\,\mathrm{m}^2}{1\,201{,}63 \cdot \mathrm{m} \cdot \pi \cdot 0{,}015 \cdot \mathrm{m}} = \mathbf{26}$$

Für die Anzahl der Rohrreihen erhalten wir:

$$n = (i + 1{,}5) \cdot s_1/s_2 = \mathbf{96}$$

Die Rohrlänge ist:

$$l = 1\,201{,}63\,\mathrm{m}/n = \mathbf{12{,}466\,m}$$

***Diskussion***

Die Wärmeübergangszahl ist in den Rohrbündeln höher als bei einzelnen Rohren. Dieses wird durch die größere Geschwindigkeit, die eine höhere *Reynolds*zahl liefert und die Turbulenzen bei Strömungsablösung, die durch die Faktoren $f_A$ und $f_n$ berücksichtigt werden, bewirkt.

### 3.2.7 Rohrbündel mit Umlenkblechen

Oft wird ein Rohrbündel weder nur senkrecht noch nur in einem bestimmten Winkel angeströmt. Wie in Abb. 3.14 dargestellt, wird die Strömung im Bündel durch Schikanen (Umlenkbleche) umgelenkt, sodass ein Teil der Rohre senkrecht, andere parallel angeströmt werden. In diesem Fall werden die Wärmeübergangszahlen für die senkrecht angeströmten Rohre wie im vorigen Kapitel, die der parallel angeströmten Rohre wie in Abschn. 3.2.1.4 beschrieben, berechnet. Dieses ist aber nur eine Näherung, weil die Roh-

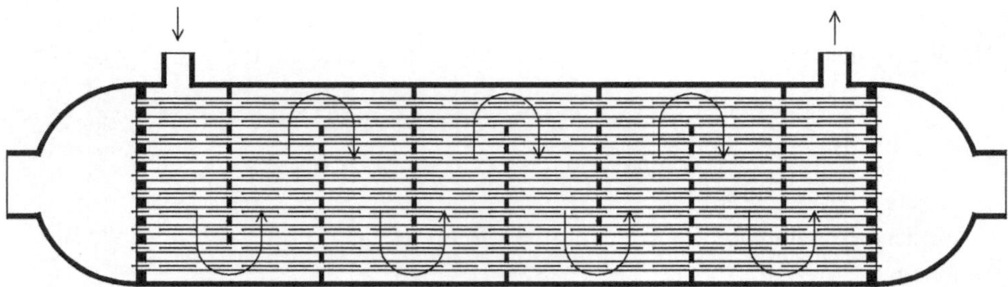

**Abb. 3.14** Rohrbündelwärmeübertrager mit Umlenkblechen

re im Bereich der Umlenkung weder genau senkrecht noch parallel angeströmt werden. Ferner entstehen an den Umlenkblechen Bypass- und Leckageströmungen. Diese Effekte sind durch weitere Korrekturfaktoren zu berücksichtigen, deren Beschreibung jedoch den Rahmen dieses Buches sprengen würde. Daher muss hier auf einschlägige Literatur verwiesen werden (z. B. VDI-Wärmeatlas [4] und [7]).

## 3.3  Rippenrohre

Die Übertragungsfläche eines Wärmeübertragers kann man durch das Anbringen von Rippen vergrößern. Dieses ist relativ kostengünstig, da für die zusätzliche Fläche keine drucktragenden Rohre oder Kanäle notwendig sind. Rippen werden fast immer auf der Seite der tieferen Wärmeübergangszahlen angeordnet. Die Wirksamkeit der Berippung ist desto besser, je kleiner die Wärmeübergangszahlen sind.

Wesentliche Voraussetzung für die nachfolgenden Berechnungen ist ein stoffschlüssiger Kontakt der Rippe mit der Wand der Wärmeübertragungsfläche. Die angegebenen Berechnungsmethoden sind nur eine Näherung, da bei konkreten Beispielen die Anordnung der Rohre, Rippen etc. eine zusätzliche Rolle spielt. Für genaue Berechnungen müssen entweder Versuche durchgeführt oder auf Ergebnisse von Versuchen, die unter ähnlichen Bedingungen erfolgten, zurückgegriffen werden.

Hier wird die Berechnung für Rippenrohre durchgeführt. Bei berippten ebenen Platten, die in der Technik eine eher untergeordnete Bedeutung haben, sind die Wärmedurchgangszahlen entsprechend der Gleichungen in Abschn. 3.2.2 zu bestimmen. Die Wärmeübergangszahlen werden auf die Fläche $A$ des unberippten Rohres bezogen. Damit ist der an einem berippten Rohr übertragene Wärmestrom:

$$\dot{Q} = k \cdot A \cdot \Delta\vartheta_m \tag{3.74}$$

Die auf die Oberfläche des unberippten Rohres $A$ bezogene Wärmedurchgangszahl wird folgendermaßen bestimmt: Die Wärmeübergangszahl an der Oberfläche $A_{Ri}$ der Rippen und an der Oberfläche $A_0$ des Rohres zwischen den Rippen ist $\alpha_a$. Die Bezugstemperatur für die Wärmeübertragung ist die Temperatur an der Rohroberfläche. Die veränderten Temperaturen an den Rippen berücksichtigt der Rippenwirkungsgrad $\eta_{Ri}$. Die Fläche der Rippen ist $A_{Ri}$, wobei die Flächen an den Rippenschneiden vernachlässigt werden. Damit ist die Wärmedurchgangszahl:

$$\frac{1}{k} = \frac{A}{A_0 + A_{Ri} \cdot \eta_{Ri}} \cdot \frac{1}{\alpha_a} + \frac{d_a}{2 \cdot \lambda_R} \cdot \ln \frac{d_a}{d_i} + \frac{d_a}{d_i} \cdot \frac{1}{\alpha_i} \tag{3.75}$$

Der in Abschn. 2.1.6.4 hergeleitete Rippenwirkungsgrad gilt nur für Rippen mit konstantem Rippenquerschnitt. Der Querschnitt für den Wärmestrom in der Rippe verändert sich bei Rippenrohren und der Wirkungsgrad muss entsprechend bestimmt werden. Für die verschiedenen Geometrien sind Korrekturfunktionen angegeben. Der *Rippenwirkungsgrad* ist:

$$\eta_{Ri} = \frac{\tanh X}{X} \tag{3.76}$$

Rechengröße $X$:

$$X = \varphi \cdot \frac{d_a}{2} \cdot \sqrt{\frac{2 \cdot \alpha_a}{\lambda \cdot s}} \tag{3.77}$$

Die Korrekturfunktion für die verschiedenen Geometrien ist dabei $\varphi$. Bei konischen Rippen wird für die Rippendicke $s$ der Mittelwert der Dicke am Rippenfuß $s'$ und an der Rippenschneide $s''$ eingesetzt:

$$s = (s'' + s')/2 \tag{3.78}$$

Die Korrekturfunktion für häufig vorkommende Rippenformen (siehe auch Abb. 3.15) sind nachstehend zusammengestellt.

**Kreisrippen:**

$$\varphi = (D/d_a - 1) \cdot [1 + 0{,}35 \cdot \ln(D/d_a)] \tag{3.79}$$

**Rechteckrippen:**

$$\varphi = (\varphi' - 1) \cdot \left[1 + 0{,}35 \cdot \ln \varphi'\right] \quad \text{mit} \quad \varphi' = 1{,}28 \cdot (b_R/d_a) \cdot \sqrt{l_R/b_R - 0{,}2} \tag{3.80}$$

**Zusammenhängende Rippen:**

Bei Rippen mit fluchtender Rohranordnung ist Gl. 3.80 zu verwenden. Bei versetzter Anordnung weist man einer Rippe eine Sechseckfläche zu und die Funktion $\varphi$ wird durch nachstehende Funktion in Gl. 3.80 eingesetzt:

$$\varphi' = 1{,}27 \cdot (b_R/d_a) \cdot \sqrt{l_R/b_R - 0{,}3} \tag{3.81}$$

**Gerade Rippen auf ebener Grundfläche:**

$$\varphi = 2 \cdot h/d_a \tag{3.82}$$

Bei trapezförmigen Rippen ist die Rippendicke $s$ folgendermaßen zu bestimmen:

$$s = 0{,}75 \cdot s'' + 0{,}25 \cdot s' \tag{3.83}$$

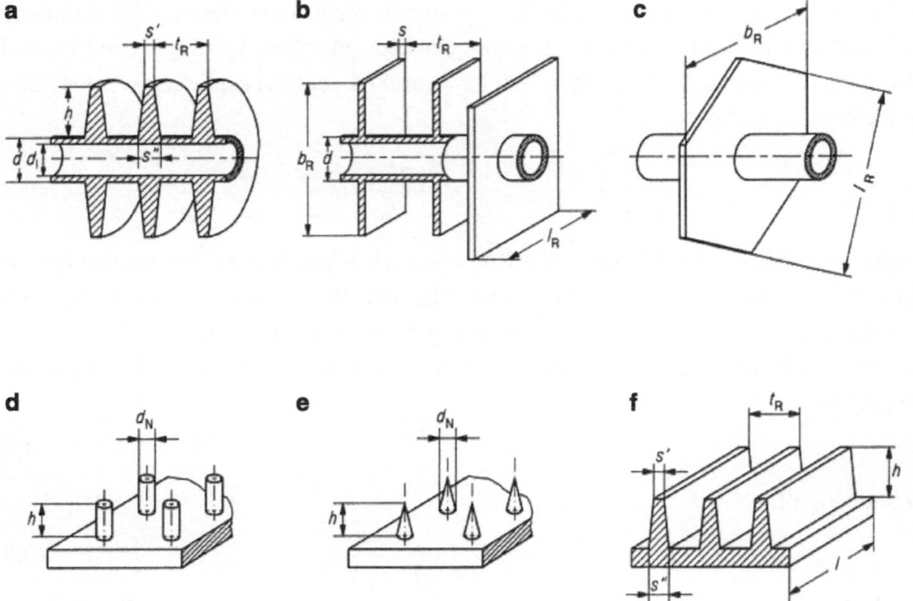

**Abb. 3.15** Typische, berippte Oberflächen [3]

**Nadelrippen auf ebener Grundfläche:**

$$\varphi = 2 \cdot h/d_a \tag{3.84}$$

Für die Rippendicke werden folgende Beziehungen eingesetzt:

$$s = d_N/2 \quad \text{bei stumpfen}, \quad s = 1{,}125 \cdot d_N \quad \text{bei spitzen Rippen}. \tag{3.85}$$

### 3.3.1  Kreisrippenrohre

Nachstehend ist die Berechnung der Flächen für Kreisrippen mit konstanter Rippendicke aufgeführt. Für rechteckige, zusammenhängende und Nadelrippen erfolgt die Berechnung nach den gleichen Überlegungen. Abb. 3.16 zeigt ein Rippenrohr mit Kreisrippen.

Fläche $A$ des unberippten Rohres:

$$A = \pi \cdot d_a \cdot l \tag{3.86}$$

Fläche $A_0$ des Rohres zwischen den Rippen:

$$A_0 = \pi \cdot d_a \cdot l \cdot (1 - s_{Ri}/t_{Ri}) \tag{3.87}$$

Fläche der Rippen $A_{Ri}$:

$$A_{Ri} = 2 \cdot \frac{\pi}{4} \cdot \left(D^2 - d_a^2\right) \cdot \frac{l}{t_R} \tag{3.88}$$

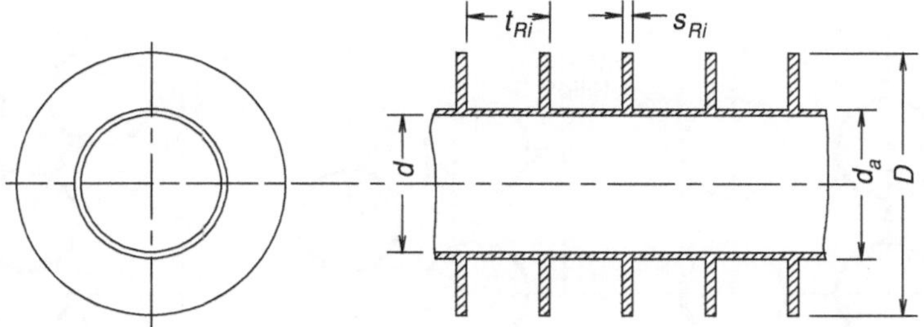

**Abb. 3.16**  Kreisrippenrohr

Damit ist das Verhältnis der Rippenfläche zur Fläche des unberippten Rohres:

$$\frac{A_{Ri}}{A} = \left[(D/d_a)^2 - 1\right] \cdot \frac{d_a}{2 \cdot t_{Ri}} = \frac{2 \cdot h_{Ri} \cdot (d_a + h_{Ri})}{t_{Ri} \cdot d_a} = \frac{2 \cdot h_{Ri}}{t_{Ri}} \cdot (1 + h_{Ri}/d_a) \quad (3.89)$$

Die Wärmeübergangszahlen, die für Rohrbündel mit unberippten Rohren im vorgehenden Kapitel angegebenen sind, zeigen gegenüber den Messungen relativ große Abweichungen. Deshalb werden hier neue Beziehungen gegeben, die die Messungen mit einer Streubreite von 10 bis 25 % genau wiedergeben [8].

$$Nu_{d_a} = C \cdot Re_{d_a}^{0,6} \cdot \left[(A_{Ri} + A_0)/A\right]^{-0,15} \cdot Pr^{1/3} \cdot f_4 \cdot f_n \quad (3.90)$$

Die Konstante $C$ ist für fluchtend angeordnete Rohre $C = 0{,}22$ und für versetzt angeordnete Rohre $C = 0{,}38$. Die charakteristische Länge für die *Nußelt-* und *Reynolds*zahl ist der Außendurchmesser des Rohres.

Die *Reynolds*zahl wird mit der Geschwindigkeit an der engsten Stelle zwischen den Rohren und mit dem Außendurchmesser des Rohres gebildet.

Die engste Stelle hängt von der Anordnung der Rohre ab. Abb. 3.16 zeigt die engsten Stellen für verschiedene Rohranordnungen. Bei der Berechnung der Geschwindigkeit am engsten Querschnitt muss auch die Versperrung durch die Rippen berücksichtigt werden.

Für beide Anordnungen links in Abb. 3.17 ist die Geschwindigkeit an der engsten Stelle:

$$c_e = c_0 \cdot \left[\left(1 - \frac{1}{a}\right) - \frac{2 \cdot s_{Ri} \cdot h_{Ri}}{s_1 \cdot t_{Ri}}\right]^{-1} \quad (3.91)$$

Bei der Anordnung rechts gilt:

$$c_e = c_0 \cdot \left[\sqrt{1 + (2 \cdot b/a)^2} - \frac{2}{a} - \frac{4 \cdot s_{Ri} \cdot h_{Ri}}{s_1 \cdot t_{Ri}}\right]^{-1} \quad (3.92)$$

Für genauere Berechnungen bei Niedrigrippenrohren kann das von *Briggs* und *Young* [9] vorgeschlagene Berechnungsverfahren, das auf zahlreichen Messungen basiert, verwendet werden.

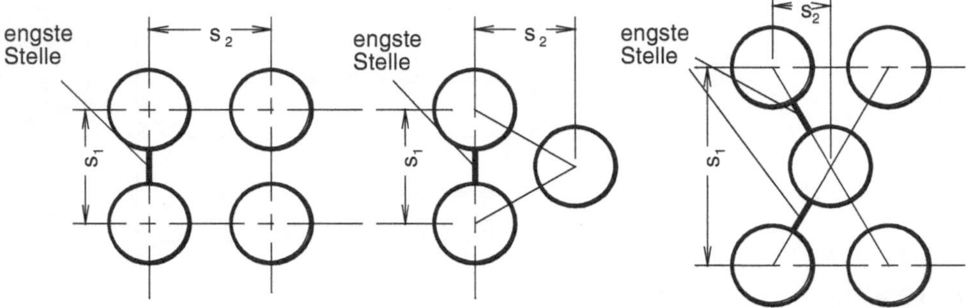



**Abb. 3.17**  Bestimmung der engsten Stelle

**Beispiel 3.10: Zwischenüberhitzerbündel mit Rippenrohren**

Ein Zwischenüberhitzerbündel mit Rippenrohren ist mit den gleichen thermischen Daten und dem Verhältnis der Höhe zur Breite wie in Beispiel 3.8 auszulegen. Die Rippen haben einen Außendurchmesser von 5/8″. Die Rippenhöhe ist 1,27 mm, die Dicke 0,3 mm und der Abstand 1 mm. Die Wärmeleitfähigkeit des Rohrmaterials beträgt 27 W/(m K), die Rohrwandstärke 1 mm, der Abstand zwischen den Rohren 13/16″.

Berechnen Sie die Anzahl der Rohre und deren Länge.

**Lösung**

*Schema* Siehe Skizze

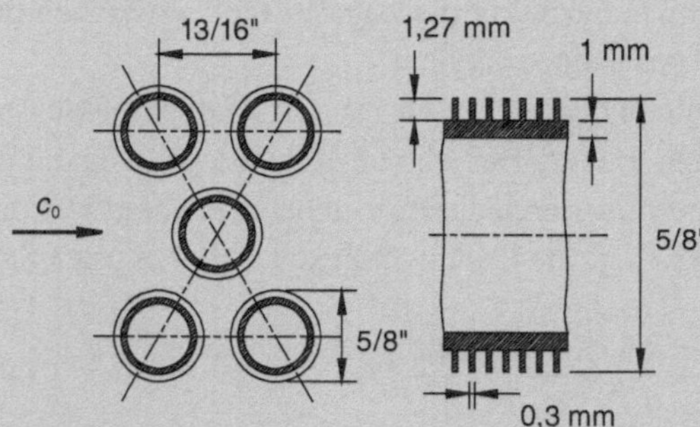



*Annahmen*

- Die Effekte am Rande des Bündels können vernachlässigt werden.
- Inner- und außerhalb der Rohre des Bündels sind die Wärmeübergangszahlen jeweils konstant.
- In den Rohren ist die Temperatur konstant.

*Analyse*

Die Lösung erfolgt wie beim Bündel mit unberippten Rohren. Zunächst rechnen wir die US-Maße in metrische Einheiten um.

$$D = 5/8'' \cdot 25{,}4 \cdot \text{mm} = 15{,}875\,\text{mm}, \quad s_0 = 13/16'' \cdot 25{,}4 \cdot \text{mm} = 20{,}6375\,\text{mm}$$

Die benötigten anderen geometrischen Größen sind:

$$d_a = D - 2 \cdot s = (15{,}875 - 2 \cdot 1{,}27) \cdot \text{mm} = 13{,}335\,\text{mm}, \quad d_1 = 11{,}335\,\text{mm}$$
$$s_1 = s_0 \cdot \sqrt{3} = 35{,}7452\,\text{mm}, \quad s_2 = s_0/2 = 10{,}31875\,\text{mm}$$
$$a = s_1/d_a = 2{,}681, \quad b = s_2/d_a = 0{,}77381$$

Zur Berechnung der Geschwindigkeit an der engsten Stelle mit Gl. 3.92 muss zusätzlich die Änderung der Dichte berücksichtigt werden.

$$c_e = c_0 \cdot \frac{\rho_0}{\rho} \cdot \left[ \sqrt{1 + (2 \cdot b/a)^2} - \frac{2}{a} - \frac{4 \cdot s_{Ri} \cdot h_{Ri}}{s_1 \cdot t_{Ri}} \right]^{-1}$$
$$= 6 \cdot \frac{\text{m}}{\text{s}} \cdot \frac{4{,}161}{3{,}606} \cdot \left[ \sqrt{1 + (2 \cdot 0{,}7738/2{,}681)^2} - \frac{2}{2{,}681} - \frac{4 \cdot 0{,}3 \cdot 1{,}27}{35{,}7452 \cdot 1} \right]^{-1}$$
$$= 18{,}935\,\frac{\text{m}}{\text{s}}$$

Mit dieser Geschwindigkeit und dem Außendurchmesser wird die *Reynolds*zahl gebildet.

$$Re_{d_a} = \frac{c_e \cdot d_a}{\nu} = 53\,371$$

Bevor die *Nußelt*zahl mit Gl. 3.89 berechnet werden kann, sind die Flächen und Korrekturfunktionen zu bestimmen. Für $f_4$ und $f_n$ verwenden wir die Werte aus Beispiel 3.8.

$$\frac{A_{Ri}}{A} = \frac{2 \cdot h_{Ri}}{t_{Ri}} \cdot (1 + h_{Ri}/d_a) = \frac{2 \cdot 1{,}27}{1} \cdot (1 + 1{,}27/13{,}335) = 2{,}7819$$
$$\frac{A_0}{A} = 1 - s/t_R = 0{,}7$$
$$Nu_{d_a} = 0{,}38 \cdot Re_{d_a}^{0{,}6} \cdot [(A_{Ri} + A_0)/A]^{-0{,}15} \cdot Pr^{1/3} \cdot f_4 \cdot f_n$$
$$= 0{,}38 \cdot 53\,371^{0{,}6} \cdot 3{,}4819^{-0{,}15} \cdot 0{,}995^{1/3} \cdot 0{,}99 \cdot 1{,}03 = 220{,}1$$

Die Wärmeübergangszahl außen am Bündel ist:

$$\alpha_a = Nu_{d_a} \cdot \lambda/d_a = 627{,}3\,\text{W}/\left(\text{m}^2 \cdot \text{K}\right)$$

Zur Bestimmung der Wärmedurchgangszahl muss der Rippenwirkungsgrad mit den Gln. 3.76, 3.77 und 3.79 berechnet werden.

$$\varphi = \left(\frac{D}{d_a} - 1\right) \cdot \left[1 + 0,35 \cdot \ln\left(\frac{D}{d_a}\right)\right]$$

$$= \left(\frac{15,875}{13,335} - 1\right) \cdot \left[1 + 0,35 \cdot \ln\left(\frac{15,875}{13,335}\right)\right] = 0,2021$$

$$X = \varphi \cdot \frac{d_a}{2} \cdot \sqrt{\frac{2 \cdot \alpha_a}{\lambda \cdot s}} = 0,2021 \cdot \frac{0,013335 \cdot \mathrm{m}}{2} \cdot \sqrt{\frac{2 \cdot 626,2 \cdot \mathrm{W} \cdot \mathrm{m} \cdot \mathrm{K}}{27 \cdot \mathrm{W} \cdot 0,0003 \cdot \mathrm{m} \cdot \mathrm{m}^2 \cdot \mathrm{K}}}$$

$$= 0,540$$

$$\eta_{Ri} = \frac{\tanh X}{X} = \frac{\tanh 0,540}{0,540} = 0,913$$

Die Wärmeübergangszahl ist mit Gl. 3.75 zu berechnen.

$$k = \frac{1}{k} = \frac{A}{A_0 + A_{Ri} \cdot \eta_{Ri}} \cdot \frac{1}{\alpha_a} + \frac{d_a}{2 \cdot \lambda_R} \cdot \ln\frac{d_a}{d_i} + \frac{d_a}{d_i} \cdot \frac{1}{\alpha_i}$$

$$= \left(\frac{1}{0,7 + 2,7819 \cdot 0,913} \cdot \frac{1}{627,2} + \frac{0,013335}{2 \cdot 27} \cdot \ln\frac{13,335}{11,335} + \frac{13,335}{11,335} \cdot \frac{1}{12\,000}\right)^{-1}$$

$$= 1\,582,6 \frac{\mathrm{W}}{\mathrm{m}^2 \cdot \mathrm{K}}$$

Die notwendige Heizfläche ist:

$$A = i \cdot n \cdot \pi \cdot d_a \cdot l = \frac{\dot{Q}}{k \cdot \Delta\vartheta_m} = \frac{72,533 \cdot 10^6 \cdot \mathrm{W} \cdot \mathrm{m}^2 \cdot \mathrm{K}}{1\,582,6 \cdot \mathrm{W} \cdot 51,77 \cdot \mathrm{K}} = 885,3 \, \mathrm{m}$$

Aus der Gleichung für die Anströmgeschwindigkeit erhalten wir:

$$(i + 1,5) \cdot l = \frac{\dot{m}}{s_1 \cdot c_0 \cdot \rho_0} = \frac{300 \cdot \mathrm{kg} \cdot \mathrm{s} \cdot \mathrm{m}^3}{0,0357452 \cdot \mathrm{m} \cdot 6 \cdot \mathrm{m} \cdot 4,161 \cdot \mathrm{kg} \cdot \mathrm{s}} = 336,17 \, \mathrm{m}$$

Aus der Bedingung für das Verhältnis der Höhe zur Breite ergibt sich folgende Beziehung:

$$(i + 1,5) = n \cdot s_2/s_1$$

Beide Gleichungen kombiniert, ergeben:

$$n \cdot l = 336,17 \, \mathrm{m} \cdot s_1/s_2 = 336,17 \, \mathrm{m} \cdot 35,7452 / 10,31875 = 1\,164,515 \, \mathrm{m}$$

Aus der Übertragungsfläche kann jetzt die Anzahl der Rohre pro Rohrreihe bestimmt werden.

$$i = \frac{A}{n \cdot l \cdot \pi \cdot d_a} = \frac{886{,}37\,\mathrm{m}^2}{1\,164{,}515 \cdot \mathrm{m} \cdot \pi \cdot 0{,}013335 \cdot \mathrm{m}} = \mathbf{18}$$

Für die Anzahl Rohrreihen erhalten wir:

$$n = (i + 1{,}5) \cdot s_1/s_2 = \mathbf{68}$$
$$l = 1\,164{,}515\ \mathrm{m}/n = \mathbf{17{,}125\,m}$$

### *Diskussion*

Es scheint so, dass mit den Rippenrohren eine um 67 % kleinere Fläche benötigt wird, nämlich die Fläche der Rohre ohne Berippung. Die wirkliche Fläche besteht aus den Flächen der Rohre zwischen den Rippen und der der Rippen. Sie ist um das 3,4782fache größer, also $3\,080\,\mathrm{m}^2$. Das Wesentliche dabei ist, dass das Bündel viel kleiner wird. Es werden nur noch 612 an Stelle von 1 262 U-Rohren benötigt. Breite und Höhe des Bündels verringern sich von 1 auf 0,7 m. Zwar werden die Rohre wesentlich länger, nämlich 17,125 m statt 12,498 m, aber ein langes, schlankes Bündel ist in der Herstellung preisgünstiger, weil bei der gleichen Fläche weniger Rohre benötigt werden. Damit reduziert sich die Arbeit, die zum Bohren des dicken Rohrbodens und zum Biegen und Anschweißen der Rohre benötigt wird.

Es erscheint zunächst paradox, dass die Wärmedurchgangszahl größer als die Wärmeübergangszahl außen am Bündel ist. Der Wärmeübergang erfolgt an der Fläche der Rippen und an der Fläche der Rohre zwischen den Rippen. Die Wärmedurchgangszahl ist jedoch auf die Fläche des unberippten Rohres bezogen und daher größer.

## Literatur


1. Wagner W (1991) Wärmeübertragung, 3. Aufl. Vogel (Kamprath-Reihe), Würzburg
2. Martin H Vorlesung Wärmeübertragung (1990) Universität Karlsruhe
3. von Böckh P, Saumweber Chr (2013) Fluidmechanik, 3. Aufl. Springer, Berlin
4. Gnielinski V VDI-Wärmeatlas (2006), Kap. Ga, 10. Aufl. Springer, Berlin
5. Gnielinski V (1995) Forsch. Ing.-Wes. 61(9): 240–248
6. Stone JR (1965) Lokal Turbulent Heat Transfer for Water in Entrance Regions of Tubes with Various Unheated Length, NASA Technical Note NASA TN D-3098 Lewis Research Center, Cleveland, Ohio http://ntrs.nasa.gov/archive/nasa/casi.ntrs.nasa.gov/19660001425.pdf

7. Gnielinski V, Gaddis ES (1978) Berechnung des mittleren Wärmeübergangskoeffizienten im Außenraum von Rohrbündel-Wärmetauschern mit Umlenkblechen. Verfahrenstechnik 12(4):211–217
8. Schmidt KG (2006) VDI-Wärmeatlas, Kap. Mb, 10. Aufl. Springer, Berlin
9. Briggs DE, Young EH (1963) Eng Prog Sym Ser 59(41):1–9

# Freie Konvektion

**4**

Im Gegensatz zur erzwungenen Konvektion entsteht die Strömung nicht durch eine Druckdifferenz, sondern durch Temperaturunterschiede im Fluid. Kommt ein ruhendes Fluid mit einer Oberfläche (Wand) unterschiedlicher Temperatur in Kontakt, entstehen im Fluid Temperaturdifferenzen, die Dichteunterschiede verursachen. Fluidschichten mit kleinerer Dichte steigen auf, solche mit größerer Dichte sinken ab. Die Temperatur- und Strömungsgrenzschicht der Strömung werden durch die Temperaturdifferenz selbst erzeugt.

Die *Nußelt*zahl gibt man als eine Funktion der *Grashof*zahl, *Prandtl*zahl und Geometrie an.

$$Nu_L = \alpha \cdot L / \lambda = f(Gr, Pr, \text{Geometrie})$$

Die *Grashof*zahl ist das Verhältnis der Auftriebskräfte zu den Reibungskräften. Sie beschreibt damit für die freie Konvektion die gleichen Zusammenhänge wie die *Reynolds*zahl für die erzwungene Konvektion. Als Funktion der Temperaturdifferenz lautet die Definition der *Grashof*zahl:

$$Gr = \frac{g \cdot L^3 \cdot \beta \cdot (\vartheta_W - \vartheta_0)}{\nu^2} \tag{4.1}$$

Bei idealen Gasen hängt der räumliche Wärmeausdehnungskoeffizient nur von der Absoluttemperatur des Fluids ab und ist:

$$\beta = 1 / T_0 \tag{4.2}$$

Für sehr kleine Werte von $\beta \cdot (\vartheta_w - \vartheta_0) \ll 1$ kann die *Grashof*zahl als Funktion einer Dichtedifferenz angegeben werden:

$$Gr = \frac{g \cdot L^3 \cdot (\rho_0 - \rho_W)}{\nu^2 \cdot \rho_0} \tag{4.3}$$

© Springer-Verlag Berlin Heidelberg 2017
P. von Böckh und T. Wetzel, *Wärmeübertragung*, https://doi.org/10.1007/978-3-662-55480-7_4

Der Index $W$ bezeichnet den Zustand an der Wand, 0 den im ruhenden Fluid.

$$\frac{(\rho_0 - \rho_W)}{\rho_0} = \beta \cdot (\vartheta_W - \vartheta_0) \qquad (4.4)$$

Die Stoffwerte $\lambda$, $\nu$ und $Pr$ werden bei der mittleren Temperatur $(\vartheta_w - \vartheta_0)/2$ ermittelt.
Die charakteristische Länge $L$ in der *Grashof*- und *Nußelt*zahl ist:

$$L = A/U_{proj} \qquad (4.5)$$

Die Austauschfläche des umströmten Körpers ist $A$, $U_{proj}$ der in Strömungsrichtung projizierte Umfang der am Wärmetransfer beteiligten Fläche. Eine weitere Kennzahl ist die *Rayleigh*zahl. Sie ist das Produkt aus *Grashof*- und *Prandtl*zahl.

$$Ra = Gr \cdot Pr \qquad (4.6)$$

Die in der Literatur [1] angegebenen Gleichungen für die *Nußelt*zahl gelten für konstante Oberflächentemperaturen. Die Abweichung zu Werten mit gemittelten Wandtemperaturen sind vernachlässigbar.

## 4.1  Freie Konvektion an vertikalen, ebenen Wänden

An einer beheizten, senkrechten Wand (Abb. 4.1) mit der Höhe $l$ wird die Dichte der wandnahen Fluidschichten kleiner, sie erfahren einen Auftrieb und es entsteht eine aufwärts gerichtete Strömung. Wird die Wand gekühlt, ist die Strömung abwärts gerichtet. In stationärem Zustand sind die Auftriebskräfte im Gleichgewicht mit den Reibungskräften. Die Strömung ist zunächst laminar und wird nach einer gewissen Länge turbulent. In der Temperaturgrenzschicht ändern sich die Temperatur und damit die Dichte des Fluids, sodass die Auftriebskräfte in den einzelnen Fluidschichten unterschiedlich groß sind. Deshalb ist es nicht einmal für die laminare Strömung gelungen, die Wärmeübergangszahl analytisch herzuleiten.
Die charakteristische Länge der vertikalen Wand ist:

$$L = \frac{b \cdot l}{b} = l$$

Für ebene, senkrechte Flächen fand man folgende empirische Gleichung:

$$Nu_l = \{0{,}825 + 0{,}387 \cdot (Gr \cdot Pr)^{1/6} \cdot f_1(Pr)\}^2 \qquad (4.7)$$

$$f_1(Pr) = (1 + 0{,}671 \cdot Pr^{-9/16})^{-8/27} \qquad (4.8)$$

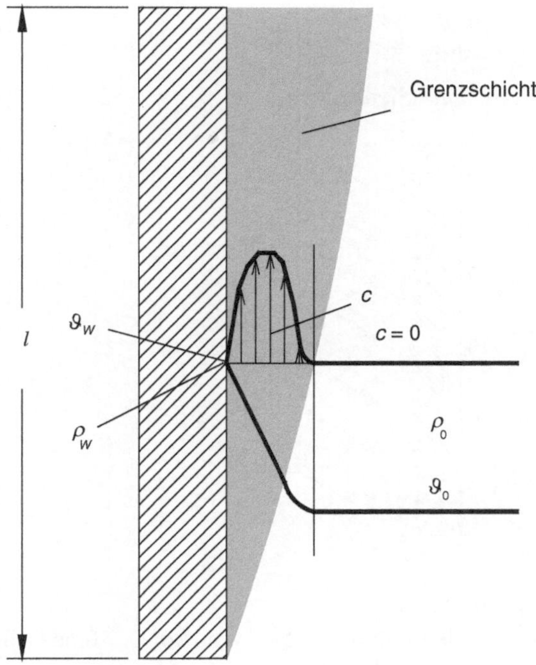


**Abb. 4.1** Freie Konvektion an einer senkrechten Wand

Der Gültigkeitsbereich dieser Gleichungen ist:

$$0{,}001 < Pr < \infty$$
$$0{,}1 < Gr \cdot Pr < 10^{12}$$

Gl. 4.7 gilt sowohl für den laminaren als auch turbulenten Bereich. Aus der Gleichung ist ersichtlich, dass die *Nußelt*zahl, wenn der Term 0,825 vernachlässigbar ist, proportional zur dritten Wurzel der Temperaturdifferenz ist.

**Beispiel 4.1: Erwärmung einer Wand**
Durch Sonneneinstrahlung wird einer 3 m hohen Hauswand pro Quadratmeter ein Wärmestrom von 100 W zugeführt. Die Umgebungstemperatur beträgt 0 °C. Die Stoffwerte der Luft sind: $\lambda = 0{,}0245$ W/(m K), $\nu = 14 \cdot 10^{-6}$ m$^2$/s, $Pr = 0{,}711$.
  Bestimmen Sie die Temperatur der Wand.

## Lösung

*Schema* Siehe Skizze

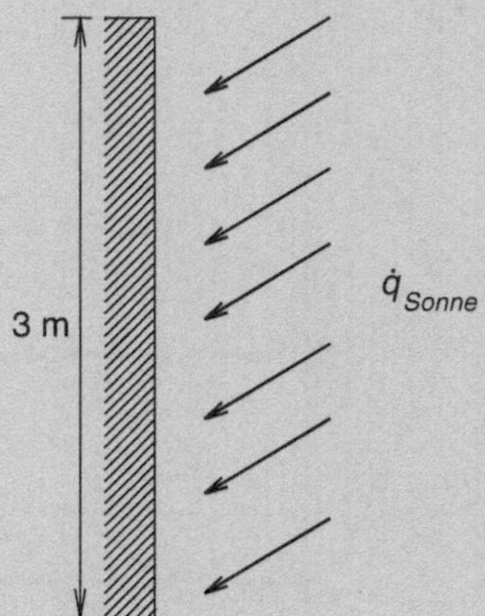


## Annahmen

- Die Erwärmung der Wand von der Innenseite her wird vernachlässigt.
- Strahlungsbedingte Effekte bleiben unberücksichtigt.
- Nur der stationäre Zustand, d. h., der Zustand, bei dem die Wand ihre Endtemperatur erreicht hat, wird behandelt.

## Analyse

In stationärem Zustand ist der durch die Sonne zugeführte Wärmestrom gleich dem, der durch freie Konvektion abgeführt wird.

$$\dot{q}_{Sonne} = \alpha \cdot (\vartheta_W - \vartheta_0)$$

Die Wärmeübergangszahl wird mit der *Nußelt*zahl aus Gl. 4.7 berechnet.

$$\alpha = Nu_l \cdot \lambda / l = \{0{,}825 + 0{,}387 \cdot (Gr \cdot Pr)^{1/6} \cdot f_1(Pr)\}^2 \cdot \lambda / l$$

Die *Rayleigh*zahl wird mit der *Grashof*zahl aus Gl. 4.1 bestimmt, wobei für den räumlichen Wärmeausdehnungskoeffizient derjenige aus Gl. 4.2 verwendet wird.

$$Gr = \frac{g \cdot l^3 \cdot (\vartheta_W - \vartheta_0)}{T_0 \cdot v^2}$$

Die *Grashof*zahl und die Wärmeübergangszahl sind von der Temperaturdifferenz abhängig. Für die Berechnung stehen zwei Möglichkeiten offen: Die eine ist, eine Wandtemperatur anzunehmen, um die Wärmeübergangszahl und damit die Wandtemperatur zu berechnen. Die Berechnung ist zu wiederholen, bis die gewünschte

Genauigkeit erreicht ist. Die andere Möglichkeit besteht darin, die Temperaturdifferenz als Quotient aus Wärmestromdichte und Wärmeübergangszahl in die *Grashof*zahl einzusetzen und so die Wärmeübergangszahl zu berechnen. Diese Lösung ist:

$$\alpha = \left\{ 0{,}825 + 0{,}387 \cdot \left( \frac{g \cdot l^3 \cdot \dot{q}}{\alpha \cdot T_0 \cdot \nu^2} \right)^{1/6} \cdot Pr^{1/6} \cdot f_1(Pr) \right\}^2 \cdot \frac{\lambda}{l}$$

Die exakte Lösung muss mit einem Gleichungslöser ermittelt werden. Wenn im Klammerausdruck der rechte Term sehr viel größer als 0,825 ist, kann die Wärmeübergangszahl direkt berechnet werden. Die Funktion $f_1(Pr)$ wird mit Gl. 4.7 ermittelt.

$$f_1(Pr) = (1 + 0{,}671 \cdot Pr^{-9/16})^{-8/27} = (1 + 0{,}671 \cdot 0{,}711^{-9/16})^{-8/27} = 0{,}8384$$

Die Zahlenwerte eingesetzt, liefert der Gleichungslöser von *Mathcad*:

$$\alpha = \left\{ 0{,}825 + 0{,}387 \cdot \left( \frac{9{,}81 \cdot 3^3 \cdot 100}{\alpha \cdot 273{,}15 \cdot K \cdot 14^2 \cdot 10^{-12}} \right)^{1/6} \cdot 0{,}711^{1/6} \cdot 0{,}8384 \right\}^2$$

$$\cdot \frac{0{,}0245}{3}$$

$$= \left\{ 0{,}825 + 27{,}259 \cdot \left( \frac{W}{m^2 \cdot K} \right)^{1/6} \cdot \alpha^{-1/6} \right\}^2 \cdot 0{,}008167 \cdot \frac{W}{m^2 \cdot K}$$

$$= 4{,}1 \cdot \frac{W}{m^2\, K}$$

Für die Wandtemperatur erhalten wir:

$$\vartheta_W = \vartheta_0 + \dot{q}/\alpha = \mathbf{24{,}4\,°C}$$

***Diskussion***
Freie Konvektion bildet sich meist auf Grund äußerer Einflüsse, hier durch Sonneneinstrahlung. Die Wandtemperatur ist unbekannt, sie muss iterativ ermittelt werden. Ist die Wärmestromdichte gegeben, kann man die Temperaturdifferenz durch die Wärmeübergangszahl ersetzen.

**Beispiel 4.2: Heizkörper**

In einem Raum soll mit Heizkörpern von je 1,2 m Länge, 0,45 m Höhe und 0,02 m Breite eine Heizleistung von 3 kW erreicht werden. Die Wandtemperatur der Heizkörper beträgt 48 °C, die Raumtemperatur 22 °C. Stoffwerte der Luft:

$$\lambda = 0{,}0268 \, \text{W/(m\,K)}, \quad \nu = 16{,}05 \cdot 10^{-6} \, \text{m}^2/\text{s}, \quad Pr = 0{,}711.$$

Wie viele Heizkörper sind notwendig?

**Lösung**

*Schema* Siehe Skizze

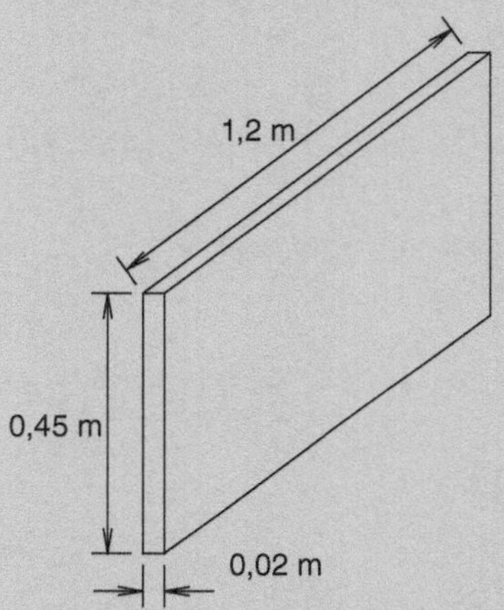


*Annahmen*

- Die obere und untere Seite mit je 20 mm kann man vernachlässigen.
- Strahlungbedingte Effekte bleiben unberücksichtigt.
- Die Wandtemperatur der Heizfläche wird als konstant angenommen.

*Analyse*

Die für freie Konvektion maßgebliche Übertragungsfläche ist:

$$A = 2 \cdot (H \cdot L + H \cdot B) = 2 \cdot (0{,}45 \cdot 1{,}2 + 0{,}45 \cdot 0{,}02) \, \text{m}^2 = 1{,}098 \, \text{m}^2$$

Die *Rayleigh*zahl wird mit der *Grashof*zahl aus Gl. 4.1 bestimmt. Zur Berechnung des räumlichen Wärmeausdehnungskoeffizienten verwendet man Gl. 4.2.

$$Ra = \frac{g \cdot H^3 \cdot (\vartheta_W - \vartheta_0)}{T_0 \cdot \nu^2} \cdot Pr$$

$$= \frac{9{,}81 \cdot \text{m} \cdot 0{,}45^3 \cdot \text{m}^3 \cdot (48 - 22) \cdot \text{K} \cdot \text{s}^2}{295{,}15 \cdot \text{K} \cdot 16{,}05^2 \cdot 10^{-12} \cdot \text{m}^4 \cdot \text{s}^2} \cdot 0{,}711 = 2{,}173 \cdot 10^8$$

Die Funktion $f_1(Pr)$ erhält man mit Gl. 4.8.

$$f_1(Pr) = (1 + 0{,}671 \cdot Pr^{-9/16})^{-8/27} = (1 + 0{,}671 \cdot 0{,}711^{-9/16})^{-8/27} = 0{,}8384$$

$$Nu_H = \left\{0{,}825 + 0{,}387 \cdot Ra^{1/6} \cdot f_1(Pr)\right\}^2$$

$$= \left\{0{,}825 + 0{,}387 \cdot (2{,}173 \cdot 10^8)^{1/6} \cdot 0{,}8384\right\}^2 = 77{,}10$$

$$\alpha = Nu_H \cdot \frac{\lambda}{H} = 77{,}10 \cdot \frac{0{,}0268 \cdot W}{0{,}45 \cdot m \cdot m \cdot K} = 4{,}59 \,\frac{W}{m^2\,K}$$

Der pro Heizkörper übertragene Wärmestrom ist:

$$\dot{Q}_1 = \alpha \cdot A \cdot (\vartheta_W - \vartheta_0)$$

$$= 4{,}59 \cdot W/(m^2 \cdot K) \cdot 1{,}098 \cdot m^2 \cdot (48 - 22) \cdot K = \mathbf{131{,}1\,W}$$

Um 3 kW Wärmestrom zu liefern, sind **23** Heizkörper notwendig.

*Diskussion*

Bei bekannter Wandtemperatur ist die Berechnung einfach. Der errechnete Wert ist jedoch nicht realistisch. Später wird gezeigt, dass durch Wärmestrahlung ein etwa gleich großer Wärmestrom zusätzlich transferiert wird.

**Beispiel 4.3: Wandtemperaturen eines Raumes**

In einem Raum, dessen Wände innen und außen die gleiche Höhe von 2,8 m haben, herrscht eine Raumtemperatur von 22 °C. Die Außentemperatur ist 0 °C. Die Wand hat die Wärmeübergangszahl von 0,3 W/(m² K). Die Stoffwerte der Luft sind

innen: $\quad \lambda = 0{,}0257\,\mathrm{W/(m\,K)}, \quad \nu = 15{,}11 \cdot 10^{-6}\,\mathrm{m^2/s}, \quad Pr = 0{,}713$

außen: $\quad \lambda = 0{,}0243\,\mathrm{W/(m\,K)}, \quad \nu = 13{,}30 \cdot 10^{-6}\,\mathrm{m^2/s}, \quad Pr = 0{,}711.$

Berechnen Sie die Temperatur an der Innen- und Außenwand.

**Lösung**

*Schema* Siehe Skizze

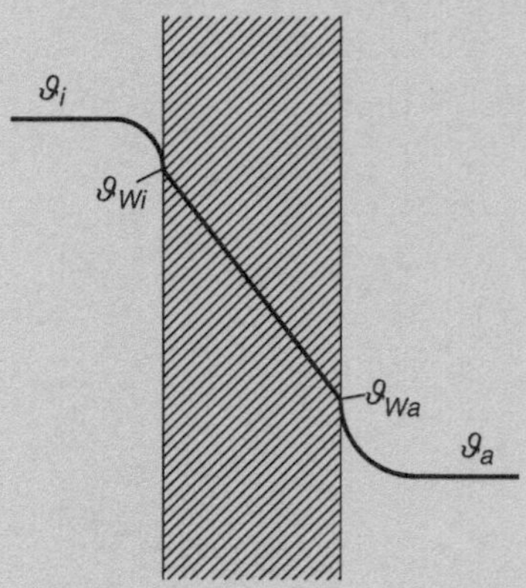


*Annahmen*

- Stahlungsbedingte Effekte bleiben unberücksichtigt.
- Die Wandtemperaturen innen und außen nimmt man als konstant an.

*Analyse*

Bei dieser Berechnung müssen die Wandtemperaturen angenommen, die Wärmeübergangszahlen und die Wärmedurchgangszahl berechnet und so die Wandtemperaturen bestimmt werden, bis die erforderliche Genauigkeit erreicht ist. Nachstehend sind die Berechnungen tabellarisch aufgeführt. Hier folgen die verwendeten Gleichungen:

$$Ra = \frac{g \cdot l^3 \cdot (\vartheta_W - \vartheta_0)}{T_0 \cdot v^2} \cdot Pr$$

$$Nu_l = \{\, 0{,}825 + 0{,}387 \cdot (Gr \cdot Pr)^{1/6} \cdot f_1(Pr)\}^2 \qquad \alpha = Nu_l \cdot \frac{\lambda}{l}$$

$$k = \left(\frac{1}{\alpha_a} + \frac{1}{\alpha_W} + \frac{1}{\alpha_i}\right) \quad \vartheta_{Wi} = \vartheta_i - (\vartheta_i - \vartheta_a) \cdot k / \alpha_i \quad \vartheta_{Wa} = \vartheta_a + (\vartheta_i - \vartheta_a) \cdot k / \alpha_a$$

Die Funktion $f_1(Pr)$ hat innen den Wert von 0,8386, außen den von 0,8384.

| $\vartheta_{Wi}$ °C | $\vartheta_{Wa}$ °C | $Ra_i$ $\cdot 10^9$ | $Ra_a$ $\cdot 10^9$ | $\alpha_i$ | $\alpha_a$ W/(m² K) | $k$ | $\vartheta_{Wi}$ °C | $\vartheta_{Wa}$ °C |
|---|---|---|---|---|---|---|---|---|
| 20,00 | 2,00 | 5,880 | 4,909 | 1,960 | 1,750 | 0,227 | 19,46 | 2,85 |
| 19,46 | 2,85 | 7,467 | 6,995 | 2,113 | 1,956 | 0,232 | 19,59 | 2,60 |
| 19,59 | 2,60 | 7,085 | 6,381 | 2,078 | 1,901 | 0,230 | 19,56 | 2,67 |
| 19,56 | 2,67 | 7,173 | 6,553 | 2,086 | 1,917 | 0,231 | 19,57 | 2,65 |
| 19,57 | 2,65 | 7,144 | 6,504 | 2,084 | 1,912 | 0,231 | **19,57** | **2,65** |

**Diskussion**
Die Größe der Wärmeübergangszahlen und Wärmedurchgangszahl wird durch die Temperaturunterschiede bestimmt. Daher können die Wandtemperaturen nicht direkt berechnet werden, man muss sie iterativ ermitteln. Allerdings liefert in diesem Beispiel die erste Berechnung schon fast den richtigen Wert.

## 4.1.1   Geneigte, ebene Flächen

Bei geneigten, ebenen Flächen treten je nachdem, ob beheizt oder gekühlt wird und ob der Wärmetransfer auf der oberen oder unteren Seite stattfindet, unterschiedliche Strömungen auf. Bei einer beheizten, geneigten Platte entsteht z. B. bei der Wärmeabgabe auf der unteren Seite der Fläche eine stabile Grenzschicht, die sich nicht ablöst. Erfolgt die Wärmeabgabe auf der oberen Seite, löst sich die Grenzschicht nach einer bestimmten Plattenlänge ab. Folgende Fälle werden unterschieden:

1. Beheizte Fläche mit Wärmeabgabe nach unten: keine Grenzschichtablösung
2. gekühlte Fläche mit Wärmeaufnahme von oben: keine Grenzschichtablösung

**Abb. 4.2** Kritische *Rayleigh*zahl

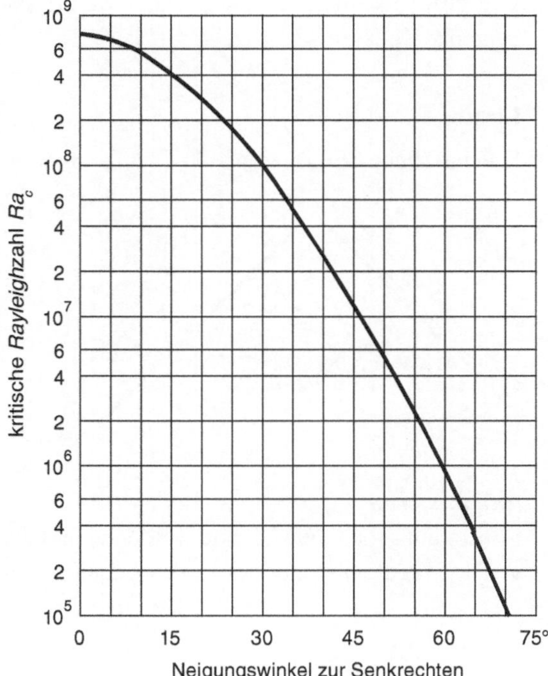

3. beheizte Fläche mit Wärmeabgabe nach oben: Grenzschichtablösung möglich
4. gekühlte Fläche mit Wärmeaufnahme von unten: Grenzschichtablösung möglich.

Wenn sich die Grenzschicht nicht ablöst (1. und 2.) kann Gl. 4.7 verwendet werden, nur muss die *Rayleigh*zahl mit $\cos \alpha$ multipliziert werden. Dabei ist $\alpha$ der Neigungswinkel zur Horizontalen.

$$Ra_\alpha = Ra \cdot \cos \alpha \tag{4.9}$$

Bei dem 3. und 4. Fall entscheidet die *Rayleigh*zahl, ob eine Grenzschichtablösung stattfindet oder nicht. Zur Unterscheidung wird die kritische *Rayleigh*zahl $Ra_c$ verwendet (Abb. 4.2). Ist die *Rayleigh*zahl größer als $Ra_c$, muss die Ablösung der Grenzschicht berücksichtigt werden. Für die *Nußelt*zahl gilt dann folgende Gleichung:

$$Nu_l = 0{,}56 \cdot (Ra_c \cdot \cos \alpha)^{1/4} + 0{,}13 \cdot (Ra_\alpha^{1/3} - Ra_c^{1/3}) \tag{4.10}$$

**Beispiel 4.4: Solarkollektor**

Ein Solarkollektor, der auf einem Dach mit 45° Neigung zur Vertikalen installiert ist, hat eine Länge von 2 m und eine Breite von 1 m. Die Temperatur des Kollektors ist 30 °C, die der Luft 10 °C. Stoffwerte der Luft:

$$\lambda = 0{,}0257 \, \mathrm{W/(m\,K)}, \quad \nu = 15{,}11 \cdot 10^{-6} \, \mathrm{m^2/s}, \quad Pr = 0{,}713.$$

Wie groß sind die durch Konvektion verursachten Wärmeverluste auf der oberen Seite des Kollektors?

**Lösung**

*Schema* Siehe Skizze

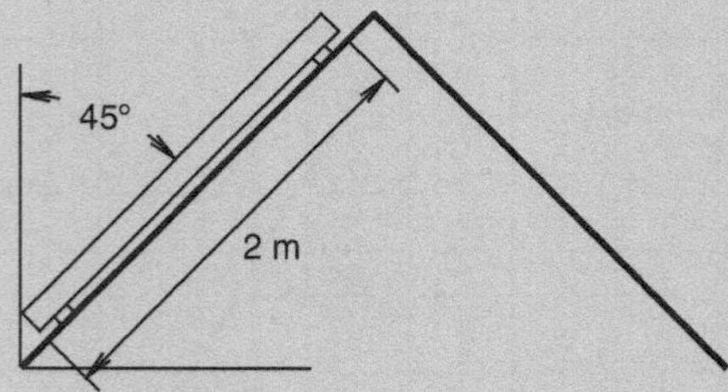


*Annahmen*
- Strahlungsbedingte Effekte werden nicht berücksichtigt.
- Die Wandtemperatur des Kollektors nimmt man als konstant an.

*Analyse*

Die charakteristische Länge ist die Länge $l = 2$ m der Platte.

$$Ra = \frac{g \cdot l^3 \cdot (\vartheta_W - \vartheta_0)}{T_0 \cdot v^2} \cdot Pr = \frac{9{,}81\,\text{m} \cdot 2^3 \cdot \text{m}^3 \cdot (30 - 10) \cdot \text{K} \cdot \text{s}^2}{283{,}15 \cdot \text{K} \cdot 15{,}11^2 \cdot 10^{-12} \cdot \text{m}^4 \cdot \text{s}^2} \cdot 0{,}713$$
$$= 1{,}731 \cdot 10^{10}$$

In Abb. 4.2 ist bei 45° die kritische *Rayleigh*zahl $Ra_c = 1{,}2 \cdot 10^7$. Sie ist kleiner als die *Rayleigh*zahl. Damit muss die *Nußelt*zahl mit Gl. 4.10 berechnet werden.

$$Nu_l = 0{,}56 \cdot (Ra_c \cdot \cos\alpha)^{1/4} + 0{,}13 \cdot (Ra^{1/3} - Ra_c^{1/3}) =$$

$$= 0{,}56 \cdot (1{,}3 \cdot 10^7 \cdot 0{,}707)^{1/4} + 0{,}13 \cdot [(1{,}731 \cdot 10^{10})^{1/3} - (1{,}3 \cdot 10^7)^{1/3}] = 336{,}6$$

Wärmeübergangszahl:

$$\alpha = \frac{Nu_l \cdot \lambda}{l} = \frac{336{,}6 \cdot 0{,}0257 \cdot \text{W}}{2 \cdot \text{m} \cdot \text{m} \cdot \text{K}} = 4{,}32 \, \frac{\text{W}}{\text{m}^2 \cdot \text{K}}$$

Der an der oberen Seite durch freie Konvektion abgeführte Wärmestrom beträgt:

$$\dot{Q} = \alpha \cdot A \cdot (\vartheta_W - \vartheta_0) = 4{,}32 \cdot \text{W} \cdot \text{m}^{-2} \cdot \text{K}^{-1} \cdot 2 \cdot \text{m}^2 \cdot (30 - 10) \cdot \text{K} = \mathbf{173\,W}$$

*Diskussion*

Ohne Berücksichtigung der Strömungsablösung wäre die Wärmedurchgangszahl 3,28 W/(m² K), also kleiner. Auch an einer vertikalen Platte gleicher Länge ist sie mit 3,45 W/(m² K) kleiner. Die Strömungsablösung erhöht die Wärmeübergangszahlen.

## 4.2  Horizontale, ebene Flächen

Für beheizte horizontale, ebene Flächen, die Wärme nach oben abgeben oder gekühlte Flächen, die Wärme von unten erhalten, wurden folgende Beziehungen gefunden:

$$Nu_1 = \begin{cases} 0{,}766 \cdot [Ra \cdot f_2(Pr)]^{1/5} & \text{für} \quad Ra \cdot f_2(Pr) \leq 7 \cdot 10^4 \\ Nu_l = 0{,}15 \cdot [Ra \cdot f_2(Pr)]^{1/3} & \text{für} \quad Ra \cdot f_2(Pr) > 7 \cdot 10^4 \end{cases} \qquad (4.11)$$

$$f_2(Pr) = (1 + 0{,}536 \cdot Pr^{-11/20})^{-20/11} \qquad (4.12)$$

Die Beziehungen gelten für Flächen, die Teil einer unendlichen horizontalen Ebene sind, d. h., die Grenzschicht wird nicht von Randeffekten gestört.

Die charakteristische Länge $l$ wird mit Gl. 4.5 gebildet. Für eine Rechteckfläche mit den Abmessungen $a$ und $b$ ist sie $l = a \cdot b/2\,(a + b)$ und für eine Kreisfläche $l = d/4$.

Für Flächen, die seitliche Begrenzungen haben wie z. B. eine Fußbodenheizung, gelten die hier angegebenen Beziehungen nicht, weil der an den Wänden verursachte Wärmeaustausch die Strömung wesentlich beeinflussen kann.

## 4.3 Freie Konvektion an gekrümmten Flächen

In diesem Abschnitt werden die Gleichungen für freie Konvektion an der Oberfläche waagerechter Rohre und Kugeln behandelt. Berechnungsverfahren für Würfel, berippte Rohre und Heizkörper findet man im VDI-Wärmeatlas [1].

### 4.3.1 Horizontaler Zylinder

Die *Nußelt-* und *Rayleigh*zahl werden hier mit der Anströmlänge $L' = \pi \cdot d/2$ des Zylinders gebildet. Für den horizontalen Zylinder gilt:

$$Nu_{L'} = [0{,}752 + 0{,}387 \cdot Ra_{L'}^{1/6} \cdot f_3(Pr)]^2 \tag{4.13}$$

$$f_3(Pr) = (1 + 0{,}721 \cdot Pr^{-9/16})^{-8/27} \tag{4.14}$$

**Beispiel 4.5: Isolierung einer Dampfleitung**
In einer Stahlleitung mit 100 mm Außendurchmesser strömt Dampf bei einer Temperatur von 400 °C. Die Berufsgenossenschaft verlangt, dass bei einer Außentemperatur von 30 °C die Temperatur auf der äußeren Oberfläche nicht höher als 40 °C werden darf. Man kann annehmen, dass die Wandtemperatur des Stahlrohres fast gleich wie die Dampftemperatur ist. Das Isolationsmaterial hat eine Wärmeleitfähigkeit von 0,03 W/(m K). Stoffwerte der Luft:

$$\lambda = 0{,}0265 \,\text{W/(m K)}, \quad \nu = 16{,}5 \cdot 10^{-6} \,\text{m}^2/\text{s}, \quad Pr = 0{,}711$$

Wie dick muss die Isolation sein?

**Lösung**

*Schema* Siehe Skizze

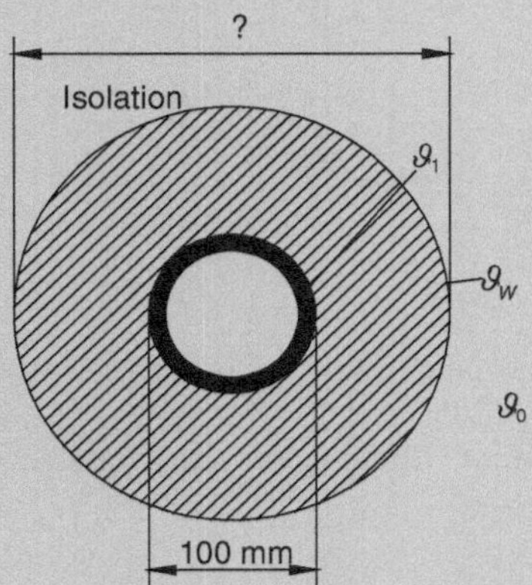


*Annahmen*

- Die Rohrwand- und Dampftemperatur sind gleich groß.
- Die Außenwandtemperatur der Isolation wird als konstant angenommen.

*Analyse*

Die charakteristische Länge ist die Anströmlänge $\pi \cdot D/2$. Die Außenwandtemperatur kann mit Gl. 2.29 berechnet werden.

$$\vartheta_W = \vartheta_0 + (\vartheta_1 - \vartheta_0) \cdot k/\alpha$$

Bei freier Konvektion wird die Wärmeübergangszahl $\alpha$ mit Gl. 4.14 bestimmt, die Wärmedurchgangszahl, bezogen auf die Außenfläche, mit Gl. 2.27:

$$k = \left(\frac{1}{\alpha} + \frac{D}{2 \cdot \lambda_I} \cdot \ln \frac{D}{d}\right)^{-1}$$

$$\alpha = \left[0{,}752 + 0{,}387 \cdot Ra_{L'}^{1/6} \cdot f_3(Pr)\right]^2 \cdot \frac{\lambda}{L'} =$$

$$= \left[0{,}752 + 0{,}387 \cdot \left(\frac{g \cdot \pi^3 \cdot D^3 \cdot (\vartheta_W - \vartheta_0)}{2^3 \cdot T_0 \cdot \nu^2}\right)^{1/6} \cdot f_3(Pr)\right]^2 \cdot \frac{2 \cdot \lambda}{\pi \cdot D}$$

Beide Gleichungen in die Gleichung für die Außenwandtemperatur eingesetzt, erhält man:

$$\vartheta_W = \vartheta_0 + (\vartheta_1 - \vartheta_0) \cdot \frac{1}{1 + \frac{D}{2 \cdot \lambda_I} \cdot \ln \frac{D \cdot \alpha}{d}}$$

Für die Funktion $f_3(Pr)$ bekommt man 0,83026. Die Gleichung kann nur mit dem Gleichungslöser oder durch Iteration berechnet werden. Er liefert **D = 461 mm**. Die Isolation ist damit **180,5 mm** dick.

***Diskussion***

Die Berechnung an sich ist einfach, die Lösung ist jedoch nur mit einem Gleichungslöser oder iterativ durchführbar.

### 4.3.2 Kugel

Bei der Kugel wird die *Nußelt-* und *Rayleigh*zahl mit dem Durchmesser der Kugel gebildet. Die *Nußelt*zahl ist:

$$Nu_d = 0{,}56 \cdot [Pr/(0{,}864 + Pr) \cdot Ra]^{0{,}25} + 2 \tag{4.15}$$

## 4.4 Überlagerung freier und erzwungener Konvektion

In der Technik ist die freie Konvektion oft durch erzwungene Konvektion überlagert. In diesem Fall wird eine kombinierte *Nußelt*zahl mit den *Nußelt*zahlen der freien und erzwungenen Konvektion gebildet [2]. Je nachdem, ob die Strömung der erzwungenen Konvektion gegen die Strömung der freien Konvektion gerichtet ist oder parallel dazu verläuft, sind zwei Gleichungen gegeben. Für die gleichgerichtete erzwungene Konvektion gilt:

$$Nu_L = \sqrt[3]{Nu_{L,erzwungen}^3 + Nu_{L,frei}^3} \tag{4.16}$$

Die Nusseltzahl bei entgegengerichteter erzwungener Konvektion wird nach folgender Gleichung bestimmt:

$$Nu_L = \sqrt[3]{Nu_{L,erzwungen}^3 - Nu_{L,frei}^3} \tag{4.17}$$

## Literatur


1. VDI-Wärmeatlas (2002) 9. Aufl. Springer, Berlin
2. Churchill SW (1977) A comprehensive correlating equation for laminar, assisting, forced and free convection. AIChE J 23(1):10–16

# Kondensation reiner Stoffe $\qquad$ 5

Kommt Dampf mit einer Oberfläche, deren Temperatur kleiner als die Sättigungstemperatur des Dampfes ist, in Kontakt, kondensiert er und schlägt sich als Flüssigkeit nieder.

Der Niederschlag kann in Form eines geschlossenen Flüssigkeitsfilms oder in Form einzelner Tröpfchen erfolgen. Man spricht daher von *Film-* oder *Tropfenkondensation*. Die Tropfenkondensation, die höhere Wärmeübergangszahlen liefert, lässt sich nur durch besondere Vorkehrungen (z. B. Entnetzungsmittel, spezielle Oberflächenbeschichtungen) über längere Zeit aufrechterhalten. Die Anwendung der Tropfenkondensation beschränkt sich bis heute auf Demonstrationsmodelle und Laborapparate.

> *Kommt Dampf mit einer Oberfläche, deren Temperatur tiefer als die Sättigungstemperatur des Dampfes ist, in Kontakt, kondensiert der Dampf, unabhängig davon, ob er gesättigt, überhitzt oder nass ist.*

Die Kondensation kann mit reinen, gesättigten, nassen oder überhitzten Dämpfen bzw. mit Gasgemischen erfolgen. Hier wird nur die Kondensation reiner Dämpfe behandelt. Bei der Filmkondensation hängt die Wärmeübergangszahl von der Geometrie, den Stoffwerten und der Differenz zwischen Wand- und Kondensationstemperatur ab. Bei hohen Dampfgeschwindigkeiten werden Schubspannung und Wärmeübergangszahl von der Strömung stark beeinflusst.

## 5.1 Filmkondensation reiner, ruhender Dämpfe

Bei der Filmkondensation reiner, gesättigter, ruhender Dämpfe entsteht an einer kälteren Wand ein Kondensatfilm, der durch Einwirkung der Schwerkraft nach unten strömt und mit zunehmender Wandlänge auf Grund zusätzlich kondensierender Dampfmasse im-

© Springer-Verlag Berlin Heidelberg 2017

P. von Böckh und T. Wetzel, *Wärmeübertragung*, https://doi.org/10.1007/978-3-662-55480-7_5

mer dicker wird. Zunächst ist die Strömung laminar und wird dann ab einer bestimmten Filmdicke turbulent. Für den laminaren und turbulenten Bereich müssen die Wärmeübergangszahlen getrennt behandelt werden.

Bei der Kondensation ruhender Dämpfe erfolgt im Dampf zwar eine Strömung zur kalten Wand, die aber die Kondensation nicht beeinflusst.

### 5.1.1 Laminare Filmkondensation

#### 5.1.1.1 Kondensation gesättigten Dampfes an einer senkrechten Wand

*Nußelt* [1] leitete bereits 1916 die Wärmeübergangszahlen für laminare Filmkondensation bei konstanter Wandtemperatur her. Er berechnete die Dicke eines durch die Schwerkraft nach unten bewegten und von der Kondensation gespeisten laminaren Kondensatfilms (Wasserhauttheorie). Die lokale Wärmeübergangszahl $\alpha_x$ an der Stelle $x$ der Wand wird durch die Wärmeleitung im Film bestimmt.

$$\alpha_x = \frac{\lambda_l}{\delta_x} \qquad (5.1)$$

Dabei ist $\lambda_l$ die Wärmeleitfähigkeit der Flüssigkeit (Kondensat) und $\delta_x$ die Dicke des Films an der Stelle $x$. Für die Herleitung der Wärmeübergangszahl wird zunächst angenommen, dass die Temperatur der Wand konstant $\vartheta_w$ ist. Die Temperatur des Dampfes ist die Sättigungstemperatur $\vartheta_s$.

Abb. 5.1 zeigt die laminare Filmkondensation an einer senkrechten Wand. In dem Film wirken zwei Kräfte: die Schwerkraft $F_s$, die eine Strömung nach unten verursacht und die Reibungskraft $F_\tau$, die dagegen wirkt. Die Strömung ist stationär. Dieses bedeutet, dass sich das Geschwindigkeitsprofil des Films und der Temperaturverlauf im Film an der Stelle $x$ zeitlich nicht verändern.

An der Stelle $x$ wirkt in der Entfernung $y$ von der Wand folgende Schwerkraft $dF_S$ auf das Massenelement $dm$:

$$dF_s = g \cdot dm = g \cdot (\rho_l - \rho_g) \cdot b \cdot dy \cdot dx = g \cdot (\rho_l - \rho_g) \cdot b \cdot (\delta_x - y) \cdot dx \qquad (5.2)$$

Die Reibungskraft $dF_\tau$ an der Stelle $y$, die auf das Massenelement wirkt, ist:

$$dF_\tau = \tau \cdot dA = \tau \cdot b \cdot dx \qquad (5.3)$$

Da beide Kräfte entgegengesetzt gleich groß sind, erhält man:

$$\tau = -(\rho_l - \rho_g) \cdot (\delta_x - y) \cdot g \qquad (5.4)$$

In einer laminaren Strömung ist die Schubspannung $\tau$:

$$\tau = -\eta_l \cdot \frac{dc_x}{dy} \qquad (5.5)$$

**Abb. 5.1** Laminare Kondensation an einer senkrechten Wand

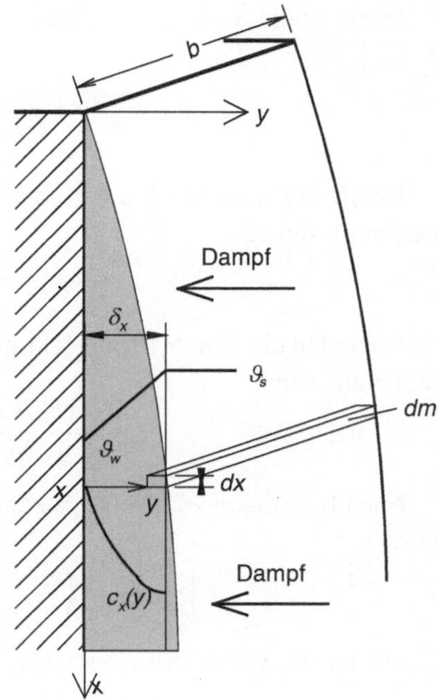


Damit erhalten wir für den Geschwindigkeitsverlauf an der Stelle $x$ folgende Differentialgleichung:

$$\mathrm{d}c_x = \frac{g \cdot (\rho_l - \rho_g)}{\eta_l} \cdot (\delta_x - y) \cdot \mathrm{d}y \tag{5.6}$$

Da an der Wand bei $y = 0$ die Geschwindigkeit null ist, erhält man durch Integration von Gl. 5.6:

$$c_x(y) = \frac{g \cdot (\rho_l - \rho_g)}{\eta_l} \cdot \left( \delta_x \cdot y - \frac{1}{2} y^2 \right) \tag{5.7}$$

Man bekommt den Massenstrom an der Stelle $x$, wenn die Geschwindigkeit über der Querschnittsfläche des Films integriert und mit der Dichte der Flüssigkeit multipliziert wird.

$$\dot{m}_x = \rho_l \cdot b \cdot \int\limits_{y=0}^{y=\delta_x} c_x \cdot \mathrm{d}y = \frac{g \cdot (\rho_l - \rho_g) \cdot b}{\nu_l} \cdot \frac{\delta_x^3}{3} \tag{5.8}$$

Andererseits verändert sich der Massenstrom auf dem Strömungsweg $\mathrm{d}x$ um den Massenstrom des Dampfes, der auf der Fläche $b \cdot \mathrm{d}x$ an der Wand kondensiert. Aus der Wärmebilanz- und kinetischen Kopplungsgleichung erhalten wir:

$$\delta \dot{Q} = \alpha_x \cdot b \cdot (\vartheta_s - \vartheta_W) \cdot \mathrm{d}x = \frac{\lambda_l}{\delta_x} \cdot b \cdot (\vartheta_s - \vartheta_W) \cdot \mathrm{d}x = r \cdot \mathrm{d}\dot{m}_x \tag{5.9}$$

Damit ist die Änderung des Massenstromes:

$$\mathrm{d}\dot{m}_x = \frac{\lambda_l \cdot b \cdot (\vartheta_s - \vartheta_W)}{\delta_x \cdot r} \cdot \mathrm{d}x \qquad (5.10)$$

Durch Ableiten der Gl. 5.8 nach $\mathrm{d}\delta_x$ kann ebenfalls die Änderung des Massenstromes bestimmt werden.

$$\mathrm{d}\dot{m}_x = \frac{b \cdot g \cdot (\rho_l - \rho_g)}{v_l} \delta_x^2 \cdot \mathrm{d}\delta_x \qquad (5.11)$$

Setzt man die Gln. 5.10 und 5.11 gleich, erhält man für die Filmdicke folgende Differentialgleichung:

$$\frac{\lambda_l \cdot (\vartheta_s - \vartheta_W) \cdot v_l}{r \cdot g \cdot (\rho_l - \rho_g)} \cdot \mathrm{d}x = \delta_x^3 \cdot \mathrm{d}\delta_x \qquad (5.12)$$

Nach Integration von 0 bis $x$ bekommt man die Dicke $\delta_x$ der Grenzschicht an der Stelle $x$:

$$\delta_x = \left( \frac{4 \cdot \lambda_l \cdot (\vartheta_s - \vartheta_W) \cdot v_l}{r \cdot g \cdot (\rho_l - \rho_g)} \cdot x \right)^{0,25} \qquad (5.13)$$

Die lokale Wärmeübergangszahl $\alpha_x$ an der Stelle $x$ ist damit:

$$\alpha_x = \frac{\lambda_l}{\delta_x} = \left( \frac{\lambda_l^3 \cdot r \cdot g \cdot (\rho_l - \rho_g)}{4 \cdot (\vartheta_s - \vartheta_W) \cdot v_l \cdot x} \right)^{0,25} = 0{,}707 \cdot \left( \frac{\lambda_l^3 \cdot r \cdot g \cdot (\rho_l - \rho_g)}{(\vartheta_s - \vartheta_W) \cdot v_l \cdot x} \right)^{0,25} \qquad (5.14)$$

Die lokale Wärmeübergangszahl ist in der Regel nicht von Interesse. Die mittlere Wärmeübergangszahl, die an einer Platte der Länge $l$ vorherrscht, erhält man als:

$$\alpha = \frac{1}{l} \cdot \int_{x=0}^{x=l} \alpha_x \cdot \mathrm{d}x = 0{,}943 \cdot \left( \frac{\lambda_l^3 \cdot r \cdot g \cdot (\rho_l - \rho_g)}{(\vartheta_s - \vartheta_W) \cdot v_l \cdot l} \right)^{0,25} \qquad (5.15)$$

Die Verdampfungswärme $r$ wird bei der Sättigungstemperatur des Dampfes bestimmt. Die übrigen Stoffwerte sind mit der mittleren Temperatur des Kondensatfilmes $(\vartheta_S + \vartheta_W)/2$ zu berechnen.

Die Wärmeübergangszahlen mit dem Index $x$ sind lokale, ohne Index mittlere Wärmeübergangszahlen.

**Beispiel 5.1: Berechnung der Filmdicke und Wärmeübergangszahl**
Berechnen Sie die Filmdicke und die Wärmeübergangszahl von Wasser und Frigen R134a an einer vertikalen Wand bei $x = 0{,}1$ und $1{,}0$ m. Für beide Fluide beträgt die Differenz zwischen Wand- und Sättigungstemperatur $10\,\mathrm{K}$. Die Stoffwerte sind:

|            | $\lambda$  | $\rho_l$   | $\rho_g$   | $\nu_l$        | $r$      |
|            | W/(m K)    | kg/m$^3$   | kg/m$^3$   | 106 m$^2$/s    | kJ/kg    |
|------------|------------|------------|------------|----------------|----------|
| Wasser:    | 0,6772     | 958,4      | 0,60       | 0,294          | 2 256,1  |
| Frigen R134a: | 0,0704  | 1 102,3    | 66,3       | 0,129          | 151,8    |

## Lösung

### *Annahmen*

- Die Wandtemperatur ist konstant.
- Im Film ist die Strömung laminar.

### *Analyse*

Die Filmdicke wird mit Gl. 5.13, die Wärmeübergangszahl mit Gl. 5.14 berechnet.

$$\delta_x = \left( \frac{4 \cdot \lambda_l \cdot (\vartheta_s - \vartheta_W) \cdot \nu_l}{r \cdot g \cdot (\rho_l - \rho_g)} \cdot x \right)^{0,25} \quad \alpha_x = \frac{\lambda_l}{\delta_x}$$

Die gegebenen Zahlenwerte eingesetzt, ergeben:

|            | $\delta_x = 0,1$ m | $\alpha_x = 0,1$ m | $\delta_x = 1$ m | $\alpha_x = 1$ m |
|            | mm                 | W/(m$^2$ K)        | mm               | W/(m$^2$ K)      |
|------------|--------------------|--------------------|------------------|------------------|
| Wasser:    | 0,078              | 8 651              | 0,139            | 4 865            |
| Frigen R134a: | 0,070           | 1 011              | 0,124            | 568              |

### *Diskussion*

Für beide Fluide erhalten wir sehr dünne Kondensatfilme. Die Wärmeübergangszahl des Frigens ist wegen der wesentlich kleineren Wärmeleitfähigkeit viel geringer als die des Wassers.

Es ist zu beachten, dass Verdampfungswärme $r$ in J/kg und nicht in kJ/kg eingesetzt werden muss.

## 5.1.1.2  Einfluss der veränderlichen Wandtemperatur

Die konstante Wandtemperatur ist eine Annahme, die praktisch nie erfüllt wird. Meist wird die bei der Kondensation abgegebene Wärme von einem Fluid, das sich erwärmt, aufgenommen. Ist die Temperatur des Fluids am Eintritt $\vartheta'_1$, am Austritt $\vartheta''_1$ und die Wärmedurchgangszahl $k$, gilt für den übertragenen Wärmestrom:

$$\dot{Q} = k \cdot A \cdot \Delta \vartheta_m = k \cdot A \cdot \frac{\vartheta''_1 - \vartheta'_1}{\ln\left[ (\vartheta_s - \vartheta'_1) / (\vartheta_s - \vartheta''_1) \right]} \tag{5.16}$$

Der vom kondensierenden Dampf an die Wand abgegebene Wärmestrom, ermittelt mit einer mittleren Wandtemperatur, ist:

$$\dot{Q}/A = \dot{q} = \alpha\,(\vartheta_S - \bar{\vartheta}_W) \tag{5.17}$$

Aus den Gln. 5.16 und 5.17 erhält man für die mittlere Temperaturdifferenz zwischen der Sättigungstemperatur und der mittleren Temperatur der Wand:

$$(\vartheta_S - \bar{\vartheta}_W) = \Delta\vartheta_m \cdot k/\alpha \tag{5.18}$$

Messungen zeigen, dass die mittleren Wärmeübergangszahlen mit den nach Gl. 5.18 berechneten Temperaturdifferenzen sehr genau bestimmbar sind. Die Temperaturdifferenzen können durch die Wärmestromdichte aus Gl. 5.17 ersetzt werden. Durch das Ersetzen erhält man:

$$\alpha = 0{,}943 \cdot \left(\frac{\lambda_l^3 \cdot r \cdot g \cdot (\rho_l - \rho_g) \cdot \alpha}{\dot{q} \cdot v_l \cdot l}\right)^{1/4} = 0{,}925 \cdot \left(\frac{\lambda_l^3 \cdot r \cdot g \cdot (\rho_l - \rho_g)}{\dot{q} \cdot v_l \cdot l}\right)^{1/3} \tag{5.19}$$

Bei bekannten Abmessungen des Apparates ist die Fläche $A$ das Produkt aus Länge $l$ und Breite $b$. Besteht die senkrechte Fläche z. B. aus $n$ senkrechten Rohren, ist die Breite $b = n \cdot \pi \cdot d_a$.

$$\alpha = 0{,}943 \cdot \left(\frac{\lambda_l^3 \cdot r \cdot g \cdot (\rho_l - \rho_g) \cdot b \cdot \alpha}{\dot{Q} \cdot v_l}\right)^{1/4}$$
$$= 0{,}925 \cdot \left(\frac{\lambda_l^3 \cdot r \cdot g \cdot (\rho_l - \rho_g) \cdot n \cdot \pi \cdot d_a}{\dot{Q} \cdot v_l}\right)^{1/3} \tag{5.20}$$

Ist der Wärmestrom unbekannt, wird zunächst die Wärmeübergangszahl bei der Kondensation mit einer angenommenen Temperaturdifferenz ermittelt. Entsprechend der Strömungsbedingungen und Stoffeigenschaften an der Wand werden dann die Wärmeübergangs- und Wärmedurchgangszahl berechnet und die Temperaturdifferenz aus Gl. 5.17 bestimmt. Die Berechnung wird wiederholt, bis die erforderliche Genauigkeit erreicht ist.

### 5.1.1.3 Kondensation nassen oder überhitzten Dampfes

Bei der Kondensation ruhender Dämpfe hat der Zustand des Dampfes keinen Einfluss auf die Wärmeübergangszahl. Der Dampf kann überhitzt, gesättigt oder nass sein. Entsprechend der Enthalpie $h_{D1} = h(p,\vartheta,x)$ des Dampfes verändert sich nur der Massenstrom des produzierten Kondensats. Ganz allgemein gilt für den Kondensatmassenstrom:

$$\dot{m}_l = \dot{Q}/(h_{D1} - h_l) \tag{5.21}$$

Bei der Berechnung des Wärmestromes ist zu beachten, dass bei bekanntem Dampfmassenstrom als Enthalpieänderung nicht die Verdampfungsenthalpie $r$, sondern die Differenz $h_{D1} - h_l$ einzusetzen ist.

### 5.1.1.4 Kondensation an geneigten Wänden

Tritt die Kondensation an geneigten Wänden auf, verringert sich die Wirkung der Schwerkraft entsprechend des Neigungswinkels $\varphi$ gegenüber der Horizontalen.

$$\alpha = \alpha_{senkr} \cdot (\cos \varphi)^{0,25} \tag{5.22}$$

### 5.1.1.5 Kondensation an waagerechten Rohren

In Wärmeübertragern kondensiert der Dampf häufig an waagerechten Rohren. In diesem Fall wird an Stelle der Wandlänge der Durchmesser des Rohres in Gl. 5.15 eingesetzt. Die Wärmeübergangszahl ist dann:

$$\alpha = 0{,}728 \cdot \left( \frac{\lambda_l^3 \cdot r \cdot g \cdot (\rho_l - \rho_g)}{(\vartheta_s - \bar{\vartheta}_W) \cdot v_l \cdot d_a} \right)^{0,25} \tag{5.23}$$

Ähnlich wie bei der senkrechten Wand kann die Temperaturdifferenz hier durch den Wärmestrom und die Fläche $A = n \cdot \pi \cdot d_a \cdot l$ ersetzt werden.

$$\alpha = 0{,}959 \cdot \left( \frac{\lambda_l^3 \cdot r \cdot g \cdot (\rho_l - \rho_g) \cdot n \cdot l}{\dot{Q} \cdot v_l} \right)^{1/3} \tag{5.24}$$

### 5.1.2 Turbulente Filmkondensation

Ist eine senkrechte Wand relativ lang, wächst die Dicke des Kondensatfilms an und die laminare Strömung geht in eine turbulente über. Die Wärmeübergangszahl kann nicht mehr analytisch hergeleitet werden. Die Berechnung der turbulenten Kondensation und des Übergangsgebietes wird bei der Behandlung der Kondensation mit dimensionslosen Kennzahlen gezeigt.

## 5.2 Dimensionslose Darstellung

Ähnlich wie bei der konvektiven Wärmeübertragung können die Wärmeübergangszahlen bei der Kondensation auch als *Nußelt*zahl angegeben und als Funktion dimensionsloser Kennzahlen dargestellt werden [2]. Für die Bildung der *Nußelt*zahl wird die dimensionslose Länge $L'$ folgendermaßen definiert:

$$L' = \sqrt[3]{\frac{v_l^2}{g}} \tag{5.25}$$

Damit ist die *Nußelt*zahl:

$$Nu_{L'} = \frac{\alpha \cdot L'}{\lambda_l} \tag{5.26}$$

Die zweite dimensionslose Kennzahl ist die *Reynolds*zahl $Re_l$, sie ist definiert als:

$$Re_l = \frac{\Gamma}{\eta_l} \tag{5.27}$$

Die Größe $\Gamma$ wird *Berieselungsdichte* genannt. Sie ist der Massenstrom des Kondensats pro Meter Ablaufbreite $b$.

$$\Gamma = \frac{\dot{m}_l}{b} = \frac{\dot{m}_l}{n \cdot \pi \cdot d} \tag{5.28}$$

Die *Ablaufbreite* $b$ wird wie folgt bestimmt:

$$b = \begin{cases} b & \text{die Breite der Wand bei senkrechten Wänden} \\ n \cdot \pi \cdot d & \text{die Summe der Rohrumfänge bei senkrechten Rohren} \\ n \cdot l & \text{die Summe der Rohrlängen bei waagerechten Rohren} \end{cases} \tag{5.29}$$

Der Massenstrom des Kondensats, multipliziert mit der Verdampfungsenthalpie, ergibt den Wärmestrom. Damit kann die Berieselungsdichte auch als Funktion des Wärmestromes angegeben werden.

$$\Gamma = \frac{\dot{m}_l}{b} = \frac{\dot{Q}}{r \cdot b} \tag{5.30}$$

Mit diesen Kennzahlen lassen sich die lokalen und mittleren Wärmeübergangszahlen berechnen.

### 5.2.1  Lokale Wärmeübergangszahlen

Die lokalen laminaren Wärmeübergangszahlen können mit den dimensionslosen Kennzahlen in die Gln. 5.14, 5.17 und 5.30 eingesetzt, wie folgt angegeben werden:

$$Nu_{L',\,lam,\,x} = \frac{\alpha_x \cdot L'}{\lambda_l} = 0{,}693 \cdot \left( \frac{1 - \rho_g/\rho_l}{Re_l} \right)^{1/3} \cdot f_{well} \tag{5.31}$$

Dabei ist $f_{well}$ ein Korrekturfaktor, der die Welligkeit der Filmströmung bei größeren *Reynolds*zahlen berücksichtigt. Er ist gegeben als:

$$f_{well} = \begin{cases} 1 & \text{für} \quad Re_l < 1 \\ Re_l^{0{,}04} & \text{für} \quad Re_l \geq 1 \end{cases} \tag{5.32}$$

Die lokale *Nußelt*zahl des turbulenten Kondensatfilms ist:

$$Nu_{L',\,turb,\,x} = \frac{\alpha_x \cdot L'}{\lambda_l} = \frac{0{,}0283 \cdot Re_l^{7/24} \cdot Pr_l^{1/3}}{1 + 9{,}66 \cdot Re_l^{-3/8} Pr_l^{-1/6}} \tag{5.33}$$

Es erweist sich in der Praxis schwierig, den Umschlag von laminare in turbulente Filmkondensation genau zu bestimmen. Für die praktische Anwendung hat sich folgende Formel bewährt, die für den gesamten Bereich der Kondensation ruhender Dämpfe an senkrechten Wänden gültig ist.

$$Nu_{L',x} = \frac{\alpha_x \cdot L'}{\lambda_l} = \sqrt{Nu_{L',lam}^2 + Nu_{L',turb}^2} \cdot f_\eta \qquad (5.34)$$

Dabei ist $f_\eta$ der Korrekturfaktor zur Berücksichtigung der Temperaturabhängigkeit der Viskosität.

$$f_\eta = (\eta_{ls}/\eta_{lW})^{0,25} \qquad (5.35)$$

## 5.2.2 Mittlere Wärmeübergangszahlen

Die mittleren Wärmeübergangs- bzw. *Nußelt*zahlen erhält man durch Integration der lokalen Werte über die Länge der Kühlfläche. Die mittlere laminare *Nußelt*zahl ist:

$$Nu_{L',lam} = \frac{\alpha \cdot L'}{\lambda_l} = 0{,}925 \cdot \left( \frac{(1 - \rho_g/\rho_l)}{Re_l} \right)^{1/3} \cdot f_{well} \qquad (5.36)$$

Mittlere *Nußelt*zahl des turbulenten Kondensatfilms:

$$Nu_{L',turb} = \frac{\alpha \cdot L'}{\lambda_l} = \frac{0{,}020 \cdot Re_l^{7/24} \cdot Pr_l^{1/3}}{1 + 20{,}52 \cdot Re_l^{-3/8} Pr_l^{-1/6}} \qquad (5.37)$$

Eine Formel, die für den gesamten Bereich der Kondensation ruhender Dämpfe an senkrechten Wänden gültig ist, lautet:

$$Nu_{L'} = \frac{\alpha \cdot L'}{\lambda_l} = \sqrt[1,2]{Nu_{L',lam}^{1,2} + Nu_{L',turb}^{1,2}} \cdot f_\eta \qquad (5.38)$$

Die Verläufe der Gln. 5.36 bis 5.38 sind in Abb. 5.2 wiedergegeben.

## 5.2.3 Kondensation an waagerechten Rohren

Bei der Kondensation ruhender Dämpfe an waagerechten Rohren erhalten wir mit den Kennzahlen aus Gl. 5.24 für die *Nußelt*zahl:

$$Nu_{L'} = 0{,}959 \cdot \left( \frac{1 - \rho_g/\rho_l}{Re_l} \right)^{1/3} \qquad (5.39)$$

Es ist zu beachten, dass die Ablaufbreite $b$ mit der Rohrlänge gebildet wird, d. h., $b = n \cdot l$.

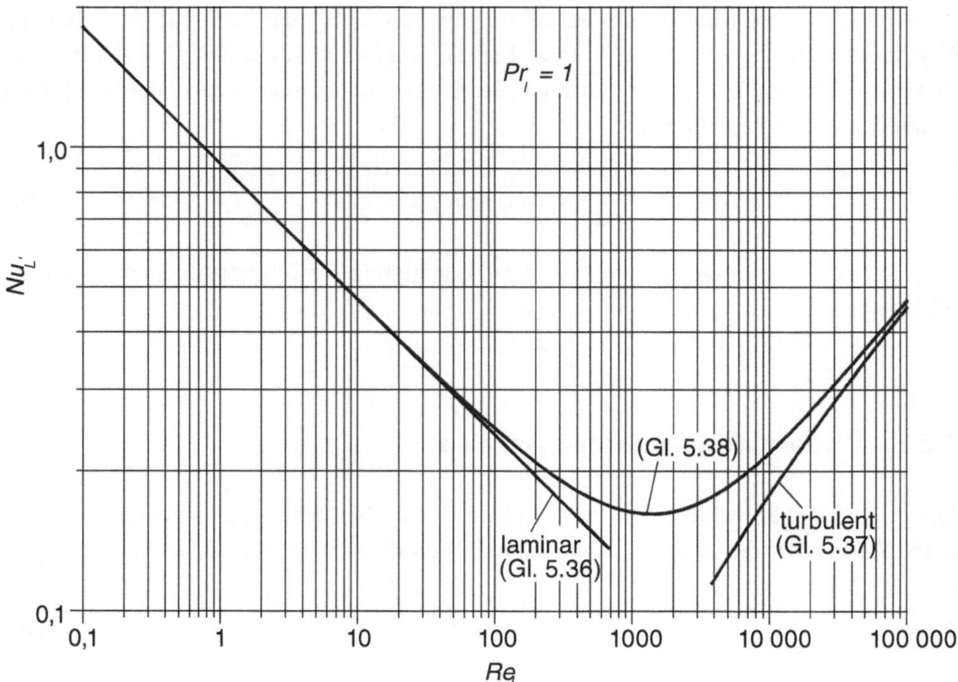


**Abb. 5.2**  Mittlere *Nußelt*zahl bei der Kondensation ruhender Dämpfe

## 5.2.4  Vorgehen bei der Berechnung der Wärmeübergangszahlen

Meist bestehen die Übertragungsflächen der Apparate, in denen Kondensation stattfindet, aus Rohren. Daher beschränkt sich dieser Abschnitt auf die Behandlung von Apparaten, bei denen der Dampf außen an waagerechten oder senkrechten Rohren kondensiert. Hier unterscheiden wir zwischen Auslegung und Nachrechnung.

Bei der Auslegung sind die thermischen Daten (Wärmestrom, mittlere Temperaturdifferenz und Wärmeübergangszahl des Fluids, auf das die Wärme transferiert wird) gegeben. Für diese Daten muss ein Apparat ausgelegt werden, d. h., die Anzahl und Länge der Rohre werden bestimmt. Unbekannt sind dabei Anzahl, Außendurchmesser und Länge der Rohre, die Differenz zwischen Wand- und Sättigungstemperatur und die Temperatur zur Bestimmung der Stoffwerte. Für diese Größen müssen zum Teil Startwerte angenommen werden. Der Rohrdurchmesser ist entweder vorgegeben oder er wird optimiert. Bei Letzterem sind Berechnungen für verschiedene Rohrdurchmesser durchzuführen. Die Anzahl der Rohre wird von äußeren Größen wie z. B. Strömungsgeschwindigkeit in den Rohren bestimmt, die die Kondensation nicht beeinflussen. Deshalb werden hier die Anzahl der Rohre und der Rohrdurchmesser als gegeben vorausgesetzt. Bei senkrechten Rohren ist damit die Ablaufbreite $b$ bekannt, bei waagerechten Rohren muss eine Rohrlänge angenommen werden. Zur Ermittlung der Stoffwerte rechnet man mit einer angenommenen

**Abb. 5.3** Flussdiagramm der Berechnung bei einer Auslegung

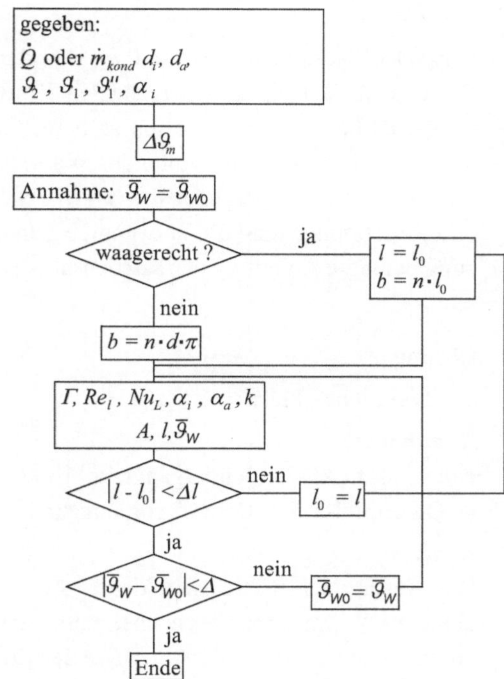



mittleren Starttemperatur. Damit können Wärmeübergangs-, Wärmedurchgangszahl und Temperaturdifferenz bestimmt werden. Aus der erforderlichen Austauschfläche errechnet sich die Rohrlänge. Nun müssen die Stoffwerte und bei waagerechten Rohren die Ablaufbreite $b$ neu ermittelt werden. Dieser Vorgang wird so lange wiederholt, bis die erforderliche Genauigkeit erreicht ist. Abb. 5.3 zeigt das Flussdiagramm der Berechnung.

Die Nachrechnung erfasst Apparate, die bereits ausgelegt sind, d. h., Anzahl und Abmessungen der Rohre sind bekannt. Die Daten des Fluids im Rohr und/oder des Dampfes ändern sich gegenüber der Auslegung. Nachstehend wird der Fall erklärt, bei dem mit den gegebenen Größen Wärmestrom, Eintrittstemperatur und Massenstrom des Kühlmediums in den Rohren die Kondensationstemperatur bestimmt werden muss.

Mit dem gegebenen Wärmestrom kann die Austrittstemperatur des Kühlmediums berechnet werden. Zur Ermittlung der Stoffwerte des Kondensats nimmt man eine Sättigungstemperatur an. Damit können die Wärmeübergangszahl innen und außen und die Wärmedurchgangszahl berechnet werden. Mit Letzterer bestimmt man die mittlere Temperaturdifferenz, die zur Abfuhr des Wärmestromes notwendig ist, ferner die mittlere Wandtemperatur. Die Berechnung wird so lange wiederholt, bis die erforderliche Genauigkeit erreicht ist.

**Beispiel 5.2: Auslegung eines Kraftwerkkondensators**

Für den im Beispiel 3.3 berechneten Kraftwerkkondensator ist die Wärmeübergangszahl bei der Kondensation zu berechnen. Jetzt wird auf der Kühlwasserseite auch der Einfluss der Richtung des Wärmestromes berücksichtigt. Wir verwenden die im Beispiel 3.3 vorgegebenen Daten.

Zu bestimmen sind die notwendige Länge der Rohre und die durch Verschmutzung bedingte Änderung der Kondensationstemperatur.

**Lösung**

*Schema* Siehe Skizze

*Annahmen*

- Die mittlere Wärmeübergangszahl ist konstant.
- Die Einflüsse der Dampfströmung sind vernachlässigbar.

*Analyse*

Die Anzahl der Rohre wird durch die vorgegebene Strömungsgeschwindigkeit und den Wärmestrom berechnet und kann daher wie die mittlere Temperatur übernommen werden. Die Stoffwerte des Kondensats bestimmt man mit einer angenommenen mittleren Wandtemperatur, mit den im Beispiel 3.3 berechneten Werten ist sie:

$$\bar{\vartheta}_W = \vartheta_2 - \Delta\vartheta_m \cdot k/\alpha_a = 35\,^\circ\text{C} - 9{,}102 \cdot \text{K} \cdot 4\,403/13\,500 = 32{,}0\,^\circ\text{C}$$

Die für die Stoffwerte maßgebliche Temperatur beträgt 33,5 °C. Aus der Dampftafel erhält man folgende Werte:

$$\rho_l = 995{,}5\,\text{kg/m}^3, \quad \rho_g = 0{,}0367\,\text{kg/m}^3, \quad \lambda_l = 0{,}6195\,\text{W/(m K)},$$

$$\eta_l = 741{,}2 \cdot 10^{-6}\,\text{kg/(m s)}, \quad r = 2421{,}5\,\text{kJ/kg}, \quad \nu_l = 0{,}7453 \cdot 10^{-6}\,\text{m}^2/\text{s}.$$

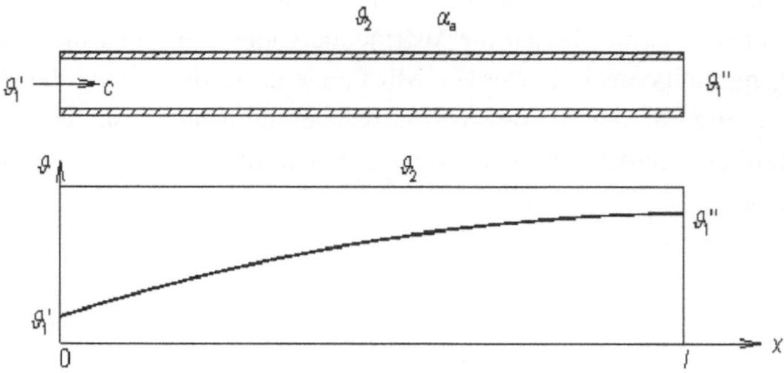

Die Berieselungsdichte wird mit Gl. 5.30 berechnet.

$$\Gamma = \frac{\dot{Q}}{r \cdot n \cdot l} = \frac{2\,000 \cdot 10^6 \cdot \mathrm{W} \cdot \mathrm{kg}}{2\,421\,500 \cdot \mathrm{J} \cdot 57\,736 \cdot 11{,}465 \cdot \mathrm{m}} = 1{,}2477 \cdot 10^{-3} \frac{\mathrm{kg}}{\mathrm{m} \cdot \mathrm{s}}$$

*Reynolds*zahl nach Gl. 5.27:

$$Re_l = \Gamma / \eta_l = 1{,}683$$

Die *Nußelt*zahl wird mit Gl. 5.39 berechnet.

$$Nu_{L'} = 0{,}959 \cdot \left( \frac{1 - \rho_g / \rho_l}{Re_l} \right)^{1/3} = 0{,}806$$

Zur Bestimmung der Wärmeübergangszahl muss noch die charakteristische Länge $L'$ mit Gl. 5.25 berechnet werden.

$$L' = \sqrt[3]{v_l^2 / g} = \sqrt[3]{(0{,}7453 \cdot 10^{-6})^2 \cdot \mathrm{m}^4 \cdot \mathrm{s}^2 / (9{,}806 \cdot \mathrm{m} \cdot \mathrm{s}^2)} = 0{,}03840 \cdot 10^{-3}\ \mathrm{m}$$

Die Wärmeübergangszahl ist:

$$\alpha = Nu_{L'} \cdot \lambda / L' = 0{,}8261 \cdot 0{,}6195 \cdot \mathrm{W} / \left( 0{,}0384 \cdot 10^{-3} \cdot \mathrm{m} \cdot \mathrm{K} \cdot \mathrm{m} \right)$$
$$= 13\,014\ \mathrm{W} / \left( \mathrm{m}^2 \cdot \mathrm{K} \right)$$

Sie ist etwas kleiner als im Beispiel 3.3 mit 13500 W/(m$^2$ K) angegeben.

Die Wärmeübergangszahl im Rohr aus Beispiel 3.3 ist 8481 W/(m$^2$ K). Für die Wärmedurchgangszahl erhält man:

$$k = \left( \frac{1}{\alpha_a} + \frac{d_a}{2 \cdot \lambda_R} \cdot \ln \frac{d_a}{d_i} + \frac{d_a}{d_i \cdot \alpha_i} \right)^{-1}$$
$$= \left( \frac{1}{13\,014} + \frac{0{,}024}{2 \cdot 17} \cdot \ln \frac{24}{23} + \frac{24}{23 \cdot 8\,481} \right)^{-1} = 4\,353 \frac{\mathrm{W}}{\mathrm{m}^2 \cdot \mathrm{K}}$$

Die Rohrlänge wird somit zur Verkleinerung der Wärmedurchgangszahl proportional größer, d. h. 11,798 m. Mit der neuen Rohrlänge wird die Berieselungsdichte kleiner, die Wärmeübergangszahl nimmt etwas zu. Hier ist es zweckmäßig, nicht nur mit der geänderten Rohrlänge, sondern neu auch mit den Korrekturfunktionen für die Wärmeübergangszahl im Rohr zu rechnen. Die Wärmedurchgangszahl ergibt sich damit zu:

$$k = \left( \frac{1}{\alpha_a} + \frac{d_a}{2 \cdot \lambda_R} \cdot \ln \frac{d_a}{d_i} + \frac{d_a}{d_i \cdot \alpha_i \cdot f_1 \cdot f_2} \right) = 4\,382 \cdot \frac{\mathrm{W}}{\mathrm{m}^2 \cdot \mathrm{K}}$$

Die *Prandtl*zahl des Kühlwassers hat bei 30 °C den Wert von 5,414. Innen im Rohr beträgt die Wandtemperatur:

$$\vartheta_{Wi} = \vartheta_m + \Delta\vartheta_m \cdot k/\alpha_i$$

Aus der Iteration erhält man nach fünf Berechnungen die Rohrlänge auf 1 mm genau. Folgende Werte wurden ermittelt:

$$f_1 = 1{,}016, \quad f_2 = 1{,}014, \quad \alpha_a = 13\,023\,\text{W}/(\text{m}^2\,\text{K}), \quad k = 4\,383\,\text{W}/(\text{m}^2\,\text{K}),$$
$$l = 11{,}516\,\text{m}$$

Dabei wurden auch die Änderungen der Stoffwerte des Kondensats berücksichtigt.

***Diskussion***

Die Korrekturfunktionen $f_1$ und $f_2$ bewirken nur eine geringfügige Änderung der Rohrlänge von 0,5 %. Bei der Auslegung von Großkondensatoren müssen die Berechnungen sehr genau sein, weil einerseits die Fläche den Preis und damit die Konkurrenzfähigkeit bestimmt, andererseits sehr hohe Geldstrafen bei Nichterreichen der garantierten Werte zu bezahlen sind.

**Beispiel 5.3: Auslegung und Nachrechnung eines Kondensators für Frigen R134a**

An den senkrechten Rohren eines Kondensators sollen 0,5 kg/s Frigen R134a bei 50 °C kondensiert werden. In den Rohren strömt Wasser mit einer Geschwindigkeit von 1 m/s. Das Kühlwasser wird dabei von 40 auf 45 °C erwärmt. Die Rohre sind aus Kupfer, haben den Außendurchmesser von 12 mm und eine Wandstärke von 1 mm; die Wärmeleitfähigkeit ist 372 W/(m² K).

Stoffwerte des Kühlwassers bei 42,5 °C:

$$\rho = 991{,}3\,\text{kg}/\text{m}^3, \quad c_p = 4{,}178\,\text{kJ}/(\text{kg}\,\text{K}),$$
$$\lambda = 0{,}632\,\text{W}/(\text{m}\,\text{K}), \quad \nu = 0{,}629 \cdot 10^{-6}\,\text{m}^2/\text{s}, \quad Pr_l = 4{,}12.$$

Stoffwerte des Frigens:

$$\rho_l = 1\,102{,}3\,\text{kg}/\text{m}^3, \quad \rho_g = 66{,}3\,\text{kg}/\text{m}^3, \quad \lambda_l = 0{,}0704\,\text{W}/(\text{m}\,\text{K}),$$
$$\eta_l = 141{,}8 \cdot 10^{-6}\,\text{kg}/(\text{m}\,\text{s}), \quad r = 151{,}8\,\text{kJ}/\text{kg}, \quad \nu_l = 0{,}129 \cdot 10^{-6}\,\text{m}^2/\text{s}, \quad Pr_l = 3{,}14.$$

Sie können annehmen, dass der Einfluss der Rohrlänge und der der Richtung des Wärmestromes vernachlässigbar sind. Bei Teilaufgabe b) kann die Änderung der Stoffwerte vernachlässigt werden.

Zu berechnen sind:

a) die Anzahl und Länge der Rohre,

b) der Wärmestrom und die Wärmeübergangszahl, wenn der Dampfmassenstrom auf 0,65 kg/s ansteigt.

**Lösung**

***Schema*** Temperaturverlauf wie im Beispiel 5.2

***Annahmen***

- Die mittlere Wärmeübergangszahl ist konstant.
- Die Einflüsse der Dampfströmung sind vernachlässigbar.

***Analyse***

a) Der Massenstrom des Kühlwassers wird aus der Kombination der Wärmebilanzgleichungen für Frigen und Kühlwasser berechnet.

$$\dot{Q} = \dot{m}_{R134a} \cdot r \quad \dot{Q} = \dot{m}_{KW} \cdot c_p \cdot (\vartheta_1'' - \vartheta_1')$$

$$\dot{m}_{KW} = \frac{\dot{m}_{R134a} \cdot r}{c_p \cdot (\vartheta_1'' - \vartheta_1')} = \frac{0{,}5 \cdot \text{kg} \cdot 151\,800 \cdot \text{J} \cdot \text{kg} \cdot \text{K}}{4\,178 \cdot 5 \cdot \text{K} \cdot \text{J} \cdot \text{s} \cdot \text{kg}} = 3{,}633\,\frac{\text{kg}}{\text{s}}$$

Aus der Kontinuitätsgleichung erhalten wir aufgerundet die Anzahl der Rohre.

$$n = \frac{4 \cdot \dot{m}_{KW}}{c_{KW} \cdot \rho_{KW} \cdot \pi \cdot d_i^2} = \frac{4 \cdot 3{,}633 \cdot \text{kg} \cdot \text{s} \cdot \text{m}^3}{1 \cdot \text{m} \cdot 991{,}3 \cdot \text{kg} \cdot \pi \cdot 0{,}01^2 \cdot \text{m}^2 \cdot \text{s}} = 47$$

Die Berieselungsdichte wird mit Gl. 5.30 berechnet.

$$\Gamma = \frac{m_{R134a}}{n \cdot \pi \cdot d_a} = \frac{0{,}5 \cdot \text{kg}}{47 \cdot \pi \cdot 0{,}012 \cdot \text{m} \cdot \text{s}} = 0{,}2822\,\frac{\text{kg}}{\text{m} \cdot \text{s}}$$

*Reynolds*zahl nach Gl. 5.27 und der Korrekturfaktor $f_{well}$ nach Gl. 5.31:

$$Re_l = \Gamma/\eta_l = 0{,}2822/129 \cdot 10^{-6} = 1\,990{,}1$$

$$f_{well} = Re_l^{0{,}04} = 1{,}355$$

Die *Nußelt*zahl wird mit den Gl. 5.32 bis 5.38 berechnet.

$$Nu_{L',lam} = 0{,}925 \cdot \left( \frac{(1 - \rho_g/\rho_l)}{Re_l} \right)^{1/3} \cdot f_{well}$$

$$= 0{,}925 \cdot \left( \frac{(1 - 66{,}3\,/\,1\,102{,}3)}{1\,990{,}1} \right)^{1/3} \cdot 1{,}355 = 0{,}09761$$

$$Nu_{L',turb} = \frac{0{,}020 \cdot Re_l^{7/24} \cdot Pr_l^{1/3}}{1 + 20{,}52 \cdot Re_l^{-3/8} Pr_l^{-1/6}} = \frac{0{,}020 \cdot 1\,990{,}1^{7/24} \cdot 3{,}15^{1/3}}{1 + 20{,}52 \cdot 1\,754^{-3/8} 3{,}15^{-1/6}} = 0{,}136$$

$$Nu_{L'} = \frac{\alpha \cdot L'}{\lambda_l} = \sqrt[1{,}2]{(Nu_{L',lam})^{1{,}2} + Nu_{L',turb}^{1{,}2}} = 0{,}2083$$

Zur Bestimmung der Wärmeübergangszahl muss noch die charakteristische Länge $L'$ mit Gl. 5.25 berechnet werden.

$$L' = \sqrt[3]{v_l^2/g} = \sqrt[3]{\left(0{,}129 \cdot 10^{-6}\right)^2 \cdot \mathrm{m}^4 \cdot \mathrm{s}^2/(9{,}806 \cdot \mathrm{m} \cdot \mathrm{s}^2)} = 0{,}01193 \cdot 10^{-3}\ \mathrm{m}$$

Die Wärmeübergangszahl ist:

$$\alpha = Nu_{L'} \cdot \lambda / L' = 0{,}2083 \cdot 0{,}0704 \cdot \mathrm{W}/\left(0{,}01193 \cdot 10^{-3} \cdot \mathrm{m} \cdot \mathrm{K} \cdot \mathrm{m}\right)$$
$$= 1\,238\ \mathrm{W}/\left(\mathrm{m}^2 \cdot \mathrm{K}\right)$$

Die Wärmeübergangszahl in den Rohren wird mit Gl. 3.8 berechnet.

$$Re_{d_i} = \frac{c_1 \cdot d_i}{v_1} = \frac{1 \cdot 0{,}01}{0{,}629 \cdot 10^{-6}} = 15\,898$$

$$\xi = [1{,}8 \cdot \log\left(Re_{d_i}\right) - 1{,}5]^{-2} = 0{,}0272$$

$$Nu_{d_i} = \frac{\xi/8 \cdot Re \cdot Pr}{1 + 12{,}7 \cdot \sqrt{\xi/8} \cdot \left(Pr^{2/3} - 1\right)} = 103{,}0$$

$$\alpha_i = Nu_{d_i} \cdot \lambda_1 / d_i = 6\,510\ \mathrm{W}/\left(\mathrm{m}^2 \cdot \mathrm{K}\right)$$

Für die Wärmedurchgangszahl erhält man:

$$k = \left(\frac{1}{\alpha} + \frac{d_a}{2 \cdot \lambda_R} \cdot \ln\frac{d_a}{d_i} + \frac{d_a}{d_i \cdot \alpha_i}\right)^{-1}$$
$$= \left(\frac{1}{1\,238} + \frac{0{,}012}{2 \cdot 372} \cdot \ln\frac{12}{10} + \frac{12}{10 \cdot 6510}\right)^{-1} = 1\,005\frac{\mathrm{W}}{\mathrm{m}^2 \cdot \mathrm{K}}$$

Die mittlere Temperaturdifferenz ist:

$$\Delta\vartheta_m = \frac{\vartheta_1'' - \vartheta_1'}{\ln\left(\frac{\vartheta_2-\vartheta_1'}{\vartheta_2-\vartheta_1''}\right)} = \frac{(45 - 40) \cdot \mathrm{K}}{\ln\left(\frac{50-40}{50-45}\right)} = 7{,}213\ \mathrm{K}$$

Die Rohrlänge berechnet sich als:

$$l = \frac{\dot{Q}}{k \cdot \Delta\vartheta_m \cdot n \cdot \pi \cdot d_a} = \frac{75\,900 \cdot \mathrm{W} \cdot \mathrm{m}^2 \cdot \mathrm{K}}{1\,004{,}8 \cdot \mathrm{W} \cdot 7{,}123 \cdot \mathrm{K} \cdot 47 \cdot \pi \cdot 0{,}012 \cdot \mathrm{m}} = \mathbf{5{,}910\ m}$$

b) Durch die Vorgabe, dass die Änderung der Stoffwerte vernachlässigt werden kann, bleibt die Wärmeübergangszahl im Rohr gleich. Die Temperatur des Kühlwassers steigt um 6,5 K, d. h., die Austrittstemperatur des Kühlwassers beträgt

46,5 °C. Mit dem erhöhten Kondensatmassenstrom erhalten wir für die Wärme-übergangs- und Wärmedurchgangszahl:

$$\Gamma = \frac{m_{R134a}}{n \cdot \pi \cdot d_a} = \frac{0{,}65 \cdot \text{kg}}{47 \cdot \pi \cdot 0{,}012 \cdot \text{m} \cdot \text{s}} = 0{,}3668 \, \frac{\text{kg}}{\text{m} \cdot \text{s}}$$

$$Re_l = \Gamma/\eta_l = 0{,}3668 \, / 141{,}8 \cdot 10^{-6} = 2\,587$$

$$f_{well} = Re_l^{0{,}04} = 1{,}369$$

$$Nu_{L',lam} = 0{,}925 \cdot \left( \frac{(1 - \rho_g/\rho_l)}{Re_l} \right)^{1/3} \cdot f_{well} = 0{,}0938$$

$$Nu_{L',turb} = \frac{0{,}020 \cdot Re_l^{7/24} \cdot Pr_l^{1/3}}{1 + 20{,}52 \cdot Re_l^{-3/8} Pr_l^{-1/6}} = 0{,}153$$

$$Nu_{L'} = \frac{\alpha \cdot L'}{\lambda_l} = \sqrt[1{,}2]{(Nu_{L',lam})^{1{,}2} + Nu_{L',turb}^{1{,}2}} = 0{,}2191$$

$$\alpha = Nu_L \cdot \lambda_l / L' = 1291{,}1 \cdot \text{W}/ \left( \text{m}^2 \cdot \text{K} \right)$$

$$k = \left( \frac{1}{\alpha} + \frac{d_a}{2 \cdot \lambda_R} \cdot \ln \frac{d_a}{d_i} + \frac{d_a}{d_i \cdot \alpha_i} \right)^{-1}$$

$$= \left( \frac{1}{1\,291{,}1} + \frac{0{,}012}{2 \cdot 372} \cdot \ln \frac{12}{10} + \frac{12}{10 \cdot 6\,517} \right)^{-1} = \mathbf{1\,040 \, \frac{W}{m^2 \cdot K}}$$

Damit bei dieser Wärmedurchgangszahl der höhere Wärmestrom abgeführt werden kann, steigt die mittlere Temperaturdifferenz. Sie kann mit Gl. 5.16 berechnet werden.

$$\Delta\vartheta_m = \frac{\dot{Q}}{k \cdot A} = \frac{\dot{Q}}{k \cdot n \cdot \pi \cdot d_a \cdot l} = \frac{98\,670 \cdot \text{W} \cdot \text{m}^2 \cdot \text{K}}{1\,040 \cdot \text{W} \cdot 47 \cdot \pi \cdot 0{,}012 \cdot \text{m} \cdot 5{,}843 \cdot \text{m}}$$
$$= 9{,}014 \, \text{K}$$

Aus der mittleren Temperaturdifferenz erhält man die Kondensationstemperatur:

$$\Theta = e^{\frac{\vartheta_1'' - \vartheta'}{\Delta\vartheta_{m1}}} = 2{,}0561 \quad \frac{\vartheta_2 - \vartheta_1'}{\vartheta_2 - \vartheta_1''} = \Theta \quad \vartheta_2 = \frac{\vartheta_1' - \Theta \cdot \vartheta_1''}{1 - \Theta} = \mathbf{52{,}65\,°C}$$

## Diskussion

Die Auslegung erfolgte mit vorgegebenen Stoffwerten und benötigte daher keine Iteration, ebenso wenig bei der vereinfachten Nachrechnung. Unter Berücksichtigung der Rohrlänge, Richtung des Wärmestromes und der Stoffwerte ist jedoch in beiden Fällen eine Iteration notwendig.

## 5.2.5  Kondensation in Rohrbündeln

In Rohrbündeln mit waagerechten Rohren tropft einerseits Kondensat von Rohren auf die darunter liegenden Rohre und vergrößert damit die Dicke des Kondensatfilms, andererseits werden durch den einströmenden Dampf das Geschwindigkeitsprofil und die Dicke des Kondensatfilms verändert. Letzterer Effekt tritt auch bei Rohrbündeln mit senkrechten Rohren auf.

### 5.2.5.1  Rohrreihe mit senkrecht untereinander liegenden Rohren

*Nußelt* hat für eine Reihe von senkrecht untereinander angeordneten, waagerechten Rohren theoretisch die Wärmeübergangszahl hergeleitet, in der der Einfluss des herabtropfenden Kondensats auf die unteren Rohre berücksichtigt wurde. Die mittlere Wärmeübergangszahl einer Rohrreihe, bestehend aus $n$ senkrecht untereinander angeordneten waagerechten Rohren ist:

$$\alpha_{Rohrreihe} = \alpha_{Einzelrohr} \cdot n^{-1/4} \tag{5.40}$$

Diese Gesetzmäßigkeit übernahm man früher auch für Rohrbündel, wobei die Anzahl der übereinander angeordneten Rohre, unabhängig davon, wie viele Rohrreihen vorhanden sind, eingesetzt wurde.

Wärmeübertrager mit nur einer Rohrreihe von senkrecht untereinander angeordneten Rohren kommen in der Praxis nur bei Rohrwendeln zur Anwendung. Dies wird hier am Beispiel der in Abschn. 3.8 behandelten Rohrwendel demonstriert. Anschließend werden Rohrbündel mit mehreren Rohrreihen besprochen.

---

**Beispiel 5.4: Rohrwendel mit übereinander angeordneten Rohren**
Bei der Rohrwendel im Beispiel 3.8 war die Wärmeübergangszahl der Kondensation gegeben. Mit den dort vorgegebenen und berechneten Daten soll hier die Wärmeübergangszahl der Kondensation bestimmt werden. Die für die Berechnung notwendigen Daten aus Beispiel 3.8 sind:

Rohraußendurchmesser $d_a = 15\,\text{mm}$, Wandstärke $s = 1\,\text{mm}$, Wärmeleitfähigkeit des Rohres $\lambda_R = 17\,\text{W/(m\,K)}$, Wendeldurchmesser $D = 0{,}501\,\text{m}$, Wärmestrom $\dot{Q} = 31{,}137\,\text{kW}$, Wärmeübergangszahl im Rohr $\alpha_i = 1\,510\,\text{W/(m}^2 \cdot \text{K)}$, logarithmische mittlere Temperaturdifferenz $\Delta\vartheta_m = 60{,}421\,\text{K}$, Rohrlänge $l = 11{,}694\,\text{m}$, Anzahl Windungen 8.

Der Dampf und das Kondensat haben folgende Stoffwerte:

$$\rho_l = 908{,}59\,\text{kg/m}^3, \ \rho_g = 3{,}221\,\text{kg/m}^3, \ \lambda = 0{,}679\,\text{W/(m\,K)},$$

$$\eta = 171{,}8 \cdot 10^{-6}\,\text{kg/(m\,s)}, \ \nu_l = 1{,}891 \cdot 10^{-7}\,\text{m}^2/\text{s}, \ r = 2086\,\text{kJ/kg}.$$

Zu bestimmen sind die Wärmeübergangszahl und die notwendige Rohrlänge.

## Lösung

***Schema*** Siehe Skizze

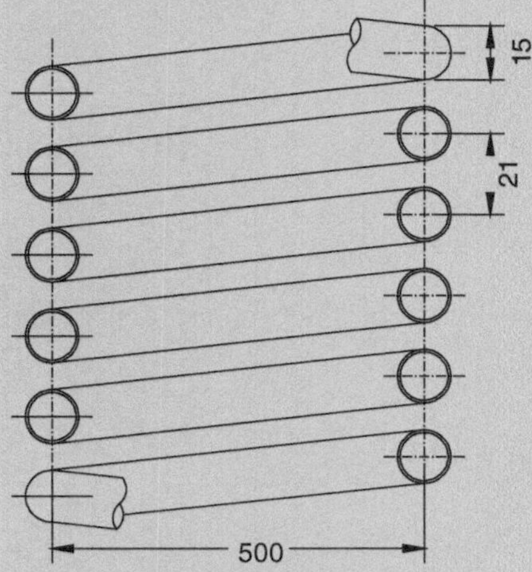



***Annahmen***

- Der Einfluss der Wandtemperatur auf die *Nußelt*zahl ist vernachlässigbar.
- Die Stoffwerte werden mit der mittleren Temperatur bestimmt.

***Analyse***

Die Wärmeübergangszahl im Rohr ist von der Rohrlänge unabhängig, jedoch nicht die der Kondensation. Zuerst wird der Massenstrom des Kondensats berechnet.

$$m_K = \frac{\dot{Q}}{r} = \frac{31{,}132 \cdot \text{kW}}{2\,086 \cdot \text{kJ/kg}} = 0{,}0149 \,\frac{\text{kg}}{\text{s}}$$

Zur Bestimmung der Berieselungsdichte mit Gl. 5.28 benötigt man die Rohrlänge, die noch unbekannt ist. Es wird zunächst angenommen, dass die Rohrlänge $l$ so groß wie im Beispiel 3.8 ermittelt, also 11,649 m ist.

$$\Gamma = \frac{\dot{m}_K}{l} = 1{,}281 \cdot 10^{-3} \cdot \frac{\text{kg}}{\text{m} \cdot \text{s}}$$

Die *Reynolds*zahl berechnet man mit Gl. 5.27.

$$Re_l = \frac{\Gamma}{\eta_l} = 7{,}457$$

Die *Nußelt*zahl kann mit Gl. 5.39 ermittelt werden.

$$Nu_{L'} = 0{,}959 \cdot \left( \frac{1 - \rho_g/\rho_l}{Re_l} \right)^{\frac{1}{3}} = 0{,}4903$$

Für die Berechnung der Wärmeübergangszahl benötigt man noch die charakteristische Länge $L'$, die mit Gl. 5.25 bestimmt wird.

$$L' = \sqrt[3]{\frac{\nu_l^2}{g}} = 1{,}539 \cdot 10^{-5} \cdot \text{m}$$

Die äußere Wärmeübergangszahl für ein waagerechtes Rohr ist:

$$\alpha_a = \frac{Nu_L \cdot \lambda_l}{L'} = 21\,630 \cdot \frac{\text{W}}{\text{m}^2 \cdot \text{K}}$$

Jetzt muss noch die von *Nußelt* vorgeschlagene Korrektur für übereinander liegende Rohre durchgeführt werden.

$$\alpha_{Wendel} = \alpha_a \cdot n^{-1/4} = 12\,861 \cdot \frac{\text{W}}{\text{m}^2 \cdot \text{K}}$$

Die Wärmedurchgangszahl errechnet sich zu:

$$k = \left( \frac{1}{\alpha_a} + \frac{d_a}{2 \cdot \lambda_R} \cdot \ln\left(\frac{d_a}{d_i}\right) + \frac{d_a}{d_i \cdot \alpha_i} \right)^{-1} = 1\,106 \, \frac{\text{W}}{\text{m}^2 \cdot \text{K}}$$

Aus der Dampftafel erhält man die Sättigungstemperatur des kondensierenden Dampfes mit 158,83 °C.

Die für den gegebenen Wärmestrom notwendige Rohrlänge ist:

$$l = \frac{\dot{Q}}{k \cdot \Delta\vartheta_m \cdot \pi \cdot d_a} = \frac{31\,131 \cdot \text{W} \cdot \text{m}^2 \cdot \text{K}}{1\,106 \cdot \text{W} \cdot 60{,}42 \cdot \text{K} \cdot \pi \cdot 0{,}015 \cdot \text{m}} = \mathbf{9{,}886 \, m}$$

Setzt man die errechnete Länge ein so erhält man durch Iteration eine Länge von **9,904 m** und die Anzahl der Wendel mit **7**.

*Diskussion*
Durch die Berücksichtigung des von oben herabtropfenden Kondensats verringert sich die Wärmeübergangszahl um 39 %.

## 5.2.5.2　Einfluss des Druckverlustes und der Entlüftung

Messungen an Vorwärmern in Dampfkraftwerken, durchgeführt von der Firma BBC (Schweiz), lieferten folgendes unerwartetes Ergebnis: Innerhalb der Fehlergrenzen der Messung waren die Wärmeübergangszahlen der Kondensation in den Rohrbündeln mit bis zu 2 000 Rohren (= 1 000 U-Rohre) von senkrechten und waagerechten Rohren gleich groß wie die eines einzelnen Rohres. Die durch das herabtropfende Kondensat vergrößerte Filmdicke bei waagerechten Rohren wurde durch die Dampfströmung kompensiert.

**Abb. 5.4** Die in den Dampfgassen entstehenden Isobareninseln

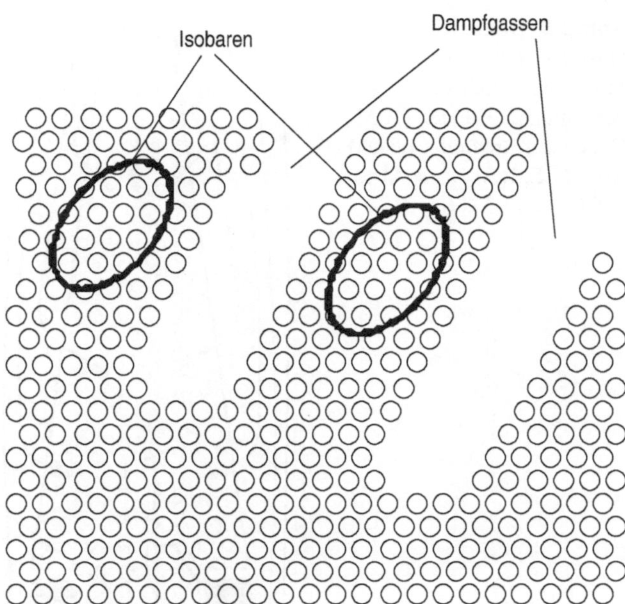


In den senkrechten Rohren waren die Kondensatfilme durch die Dampfströmung nicht messbar beeinflusst.

Damit kann die Wärmeübergangszahl im Bündel mit weniger als 2 000 Rohren für waagerechte Rohre nach Gl. 5.39, senkrechte Rohre nach Gl. 5.38 berechnet werden. Es muss aber sichergestellt sein, dass der Dampf in das Bündel überall am Umfang einströmen kann. In einem rechteckigen Bündel zum Beispiel mit 100 Rohrreihen von je 20 Rohren pro Rohrreihe, das seitlich abgeschlossen ist, erlitte der Dampf einen sehr großen Druckverlust.

Bei den anfangs erwähnten Messungen waren die Bündel rund und der Dampf konnte an der Peripherie einströmen.

In großen Rohrbündeln spielen der Druckverlust des Dampfes und die Entlüftung (Entfernung nichtkondensierbarer Gase) eine große Rolle. Als um 1970 in Dampfkraftwerken die elektrischen Leistungen von 150 MW auf über 1 000 MW anstiegen, machte man die Erfahrung, dass bei der Verwendung großer Rohrbündel die Wärmedurchgangszahlen bei Weitem nicht die erwarteten Werte erreichten. Der Grund dafür war, dass die Geschwindigkeit des Dampfes, der in das Bündel strömte, stark anstieg. In der ersten Reihe am Umfang des Bündels entstanden große Druckverluste, dadurch sanken im Bündelinneren der Druck und die Sättigungstemperatur. Um dies zu vermeiden, wurden zur Vergrößerung des Bündelumfangs sogenannte Dampfgassen in das Bündel gelegt, was jedoch bewirkte, dass in den Seitenarmen Isobaren entstanden, in denen sich nichtkondensierbare Gase ansammelten und die Fläche in dieser Zone für die Kondensation sperrten (s. Abb. 5.4). Je komplexer die Form des Bündels, desto mehr Isobareninseln entstehen, in denen sich *nichtkondensierbare Gase* sammeln und so die Fläche für die Kondensation versperren.

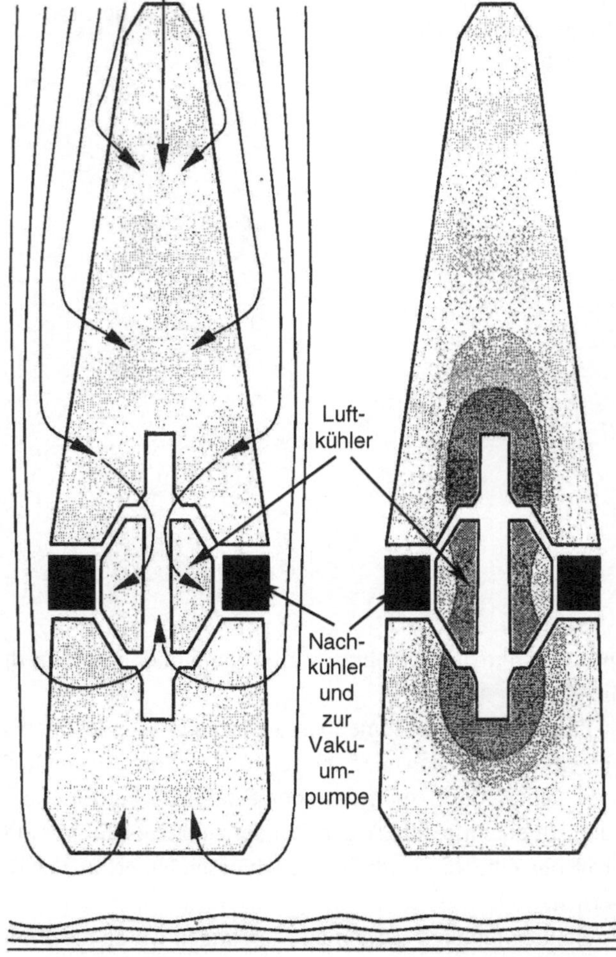



**Abb. 5.5** BBC-„Kirchenfenster-Kondensator": Links Strömungs-, rechts Druckverteilung im Bündel. („CM Condenser Brochure, HTDM No. 112 E, Rev. A" @ Alstom 2007)

Am Umfang des Bündels in der ersten Rohrreihe ist die Strömungsgeschwindigkeit des einströmenden Dampfes am größten, dort entsteht auch der größte Druckverlust. Bei der Strömung des Dampfes in das Bündel nehmen der Massenstrom und die Geschwindigkeit des Dampfes von Rohrreihe zu Rohrreihe ab. Die Rohre im Bündel sind entlang des Strömungsweges vom Dampf eines immer tieferen Druckes umgeben und somit auch von einer tieferen Kondensationstemperatur, was die mittlere logarithmische Temperaturdifferenz und so den Wärmestrom verringert. Um den gewünschten Druck zu erhalten, muss eine entsprechend größere Fläche installiert werden. Anstelle eines großen Bündels verwendet man heute mehrere kleinere Bündel. Für die genaue Berechnung werden in der Literatur praktisch keine Hinweise gegeben, sie ist das Know-how der Hersteller.

Beispiel 5.4 demonstriert mit einem sehr einfachen Modell den Einfluss des Druckverlustes.

Die Formen der Rohrbündel moderner Großkondensatoren werden in Versuchen und mit 3D-Computerprogrammen ermittelt.

In Abb. 5.5 ist als Beispiel eines sehr guten Kondensators der von der Firma BBC (Schweiz) entwickelte und wegen seiner Form „Kirchenfenster-Kondensator" genannte Typ präsentiert.

Der Dampf strömt durch die relativ wenigen Rohrreihen zu den sogenannten Luftkühlern, wodurch der Druckverlust gering gehalten wird. In den Luftkühlern werden entgegen ihres Namens nicht etwa die nichtkondensierbaren Gase gekühlt, sondern noch viel Dampf kondensiert. Die beiden Luftkühler saugen Dampf aus dem Bündel und gewährleisten, dass dort keine Isobaren entstehen können. Der Anteil an nichtkondensierbaren Gasen erhöht sich beim Durchströmen der Luftkühler. Das verbleibende Gemisch aus Dampf und nichtkondensierbaren Gasen gelangt über Blenden in den Nachkühler und schließlich strömen die nichtkondensierbaren Gase wiederum über Blenden in die äußere Kammer. Von dort werden sie – mit noch geringen Dampfresten von einer Vakuumpumpe abgesaugt.

Die Bündel sind so ausgelegt, dass ein Isobarenfeld von hohem Druckniveau außerhalb der Rohrbündel zu niedrigstem Druckniveau am Luftkühlerkanal aufgezwungen wird, und somit an jeder Stelle eine Dampfströmung durch das Rohrbündel von Außen nach innen sichergestellt ist. Das Risiko einer stagnierenden Strömung und somit das Auftreten von „Air Blanketing" ist viel geringer als bei anderen Kondensatorbauarten.

Diese Bündel haben sehr hohe Wärmedurchgangszahlen. Zusätzlich wird durch ihre äußere Form ein Teil der kinetischen Energie des Dampfes in Enthalpie umgewandelt, sodass das Kondensat bis zu 1 K wärmer als die Sättigungstemperatur am Eintritt in den Kondensator ist. Dies trägt zur Wirkungsgraderhöhung der Turbine bei.

> *Kondensatoren sollten so ausgelegt werden, dass die Druckverluste in der Dampfströmung möglichst gering sind und in den Isobaren alle nichtkondensierbaren Gase entfernt werden.*

**Beispiel 5.5: Einfluss des Druckverlustes auf die Wärmestromdichte**
Mit einem einfachen Modell soll hier der Einfluss des Druckverlustes auf die Wärmestromdichte in Abhängigkeit von der Bündelgröße demonstriert werden. Das Rohrbündel ist ein rundes Bündel mit $n$ Rohren, die auf gleichseitigen Dreiecken angeordnet sind. Die Rohre haben einen Außendurchmesser von 24 mm und den Abstand von 32 mm, sie sind möglichst genau in eine Kreisfläche einzupassen. Die Wärmedurchgangszahl im Bündel wird unabhängig von der Strömung, der Temperatur und dem Druck als konstant mit 3500 W/(m$^2$ K) angenommen. Die Eintrittstemperatur des Kühlwassers beträgt 20 °C, jene am Austritt 30 °C. Die Sättigungstemperatur außerhalb des Bündels ist 35 °C. In der Modellvorstellung wird

angenommen, dass an der Rohrreihe am Umfang des Bündels ein Druckverlust entsteht und der so entstandene Druck maßgebend für die restlichen Rohre des Bündels ist. Die Reibungszahl für den Druckverlust zwischen den Rohren der ersten Rohrreihe ist 1,5, bezogen auf die Geschwindigkeit im engsten Querschnitt, d. h. zwischen den Rohren.

Die notwendige zusätzliche Fläche, die benötigt wird, um die 35 °C Sättigungstemperatur außen am Bündel zu erhalten, ist in Abhängigkeit der Rohrzahl zu berechnen.

**Lösung**

*Schema* Siehe Skizze

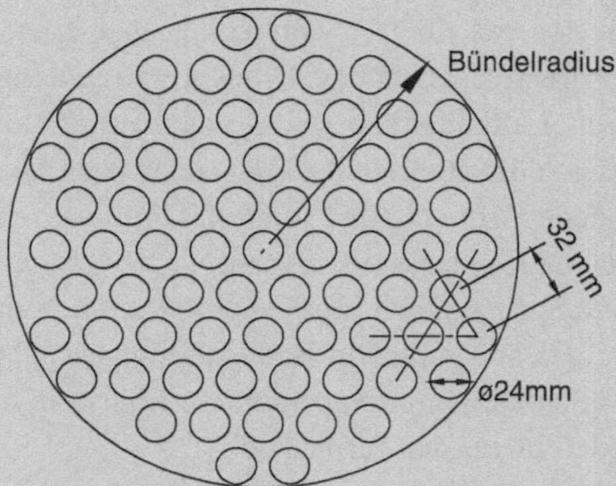


*Annahmen*

- Die Wärmedurchgangszahl ist konstant.
- Der Druckverlust entsteht nur in der Rohrreihe am Umfang.
- Alle Rohre innerhalb des Umfanges sind vom gleichen Dampfdruck umgeben.
- Die Rohre werden möglichst genau in die Kreisfläche eingepasst.

*Analyse*

Um die Kreisfläche, die von $n$ Rohren beansprucht wird, zu berechnen, muss zunächst die Fläche, die zu einem Rohr gehört, bestimmt werden. Zu einem Rohr gehört die Fläche von zwei gleichseitigen Dreiecken mit der Seitenlänge des Rohrabstandes $s_1$.

$$A_1 = \frac{\sqrt{3}}{2} \cdot s_1^2 = \frac{\sqrt{3}}{2} \cdot 32^2 \cdot \mathrm{mm}^2 = 0{,}887 \cdot 10^{-3}\,\mathrm{m}^2$$

Der Bündelradius $R$ mit $n$ Rohren ist damit:

$$R = \sqrt{\frac{n}{\pi} \cdot A_1} = \sqrt{\frac{n}{\pi} \cdot \frac{\sqrt{3}}{2}} \cdot s_1 = \sqrt{n} \cdot \sqrt{\frac{\sqrt{3}}{2 \cdot \pi}} \cdot s_1 = \sqrt{n} \cdot 16{,}801\,\mathrm{mm}$$

Der Dampf strömt am Bündelumfang zwischen den Rohren in das Bündel hinein. Die Fläche für die Strömung zwischen den Rohren ist:

$$A_0 = \frac{U \cdot l}{s_1} \cdot (s_1 - d) = 2 \cdot \pi \cdot R \cdot l \cdot (1 - d/s_1) = \sqrt{n} \cdot l \cdot 0{,}026391\,\mathrm{m}$$

Um den Dampfvolumenstrom, die Strömungsgeschwindigkeit, den Druckverlust und die Sättigungstemperatur zu berechnen, benötigt man die Stoffwerte des Dampfes:

$$\vartheta_s = 35\,^\circ\mathrm{C}, \quad p_s = 56{,}29\,\mathrm{mbar}, \quad r = 2\,418\,\mathrm{kJ/kg}, \quad \rho = 0{,}03967\,\mathrm{kg/m}^3$$

Der für die Auslegung maßgebende Dampfvolumenstrom wird durch die Wärmedurchgangszahl und mittlere logarithmische Temperaturdifferenz mit 35 °C Sättigungstemperatur bestimmt.

$$\Delta\vartheta_m = \frac{\vartheta_2 - \vartheta_1}{\ln\left(\frac{\vartheta_s - \vartheta_1}{\vartheta_s - \vartheta_2}\right)} = \frac{30 - 20}{\ln(15/5)}\mathrm{K} = 9{,}102\,\mathrm{K}$$

$$\dot{V}_D = \frac{\dot{m}_D}{\rho} = \frac{\dot{Q}}{r \cdot \rho} = \frac{k \cdot A \cdot \Delta\vartheta_m}{r \cdot \rho} = \frac{k \cdot n \cdot l \cdot \pi \cdot d \cdot \Delta\vartheta_m}{r \cdot \rho}$$

$$= \frac{n \cdot l \cdot \pi \cdot 3{,}5 \cdot 0{,}024 \cdot 9{,}102 \cdot \mathrm{m}^2}{2\,418 \cdot 0{,}03967 \cdot \mathrm{s}} = n \cdot l \cdot 0{,}02504\,\mathrm{m}^2/\mathrm{s}$$

Ein Teil des Volumenstromes kondensiert an der äußeren Seite der Randrohre, der Rest strömt in das Bündel. Dieser einströmende Anteil ist:

$$\dot{V}_{D\,ein} = \dot{V}_D \cdot [1 - U/(2 \cdot s_1 \cdot n)] = \dot{V}_D \cdot [1 - 2 \cdot \pi \cdot \sqrt{n} \cdot 16{,}801\,\mathrm{mm}/(2 \cdot s_1 \cdot n)]$$

$$= n \cdot l \cdot 0{,}02508 \cdot [1 - 1{,}6494/\sqrt{n}]\,\mathrm{m}^2/\mathrm{s}$$

Die Geschwindigkeit zwischen den Rohren beträgt:

$$c = \frac{\dot{V}_{D\,ein}}{A_0} = \frac{n \cdot l \cdot 0{,}02508 \cdot [1 - 1{,}237/\sqrt{n}]\,\mathrm{m}^2/\mathrm{s}}{\sqrt{n} \cdot l \cdot 0{,}019794\,\mathrm{m}} = 0{,}950 \cdot [\sqrt{n} - 1{,}237]\,\mathrm{m/s}$$

Der Druckverlust ist damit:

$$\Delta p = \zeta \cdot c^2 \cdot \rho/2 = 0{,}75 \cdot 0{,}9025 \cdot [\sqrt{n} - 1{,}6494]^2 \cdot 0{,}03961\,\mathrm{Pa}$$

$$= 0{,}02681 \cdot [\sqrt{n} - 1{,}649]^2\,\mathrm{Pa} \approx 0{,}02681 \cdot n\,\mathrm{Pa}$$

Mit dem errechneten Druckverlust kann man Druck und Sättigungstemperatur im Bündel bestimmen. Mit der Abnahme des Druckverlustes ändern sich im Bündel die mittlere logarithmische Temperaturdifferenz und die Wärmestromdichte.

$$\dot{q}(n) = k \cdot \Delta\vartheta_m(n)$$

Da der abzuführende Wärmestrom konstant bleibt, muss die Fläche im Inneren des Bündels umgekehrt proportional zur Änderung der Wärmestromdichte erhöht werden. Die prozentuale Änderung der Fläche ist:

$$\left(\frac{A}{A_0} - 1\right) \cdot 100\,\% = \left(\frac{\dot{q}_0}{\dot{q}} - 1\right) \cdot 100\,\% = \left(\frac{\Delta\vartheta_{m0}}{\Delta\vartheta_m} - 1\right) \cdot 100\,\%$$

Die errechneten Werte sind in nachstehender Tabelle zusammengestellt.

| $n$ | $\Delta p$ | $p_s$ | $\vartheta_s$ | $\Delta\vartheta_m$ | $\Delta A/A$ |
|---|---|---|---|---|---|
| – | Pa | mbar | °C | K | 100 % |
| 0 | 0,0 | 56,29 | 35,00 | 9,10 | 0,0 |
| 2 000 | 49,8 | 55,79 | 34,84 | 8,93 | 2,0 |
| 4 000 | 101,8 | 55,27 | 34,67 | 8,74 | 4,2 |
| 6 000 | 154,2 | 54,75 | 34,50 | 8,55 | 6,5 |
| 8 000 | 206,8 | 54,22 | 34,33 | 8,35 | 9,0 |
| 10 000 | 259,5 | 53,70 | 34,15 | 8,15 | 11,6 |
| 12 000 | 312,3 | 53,17 | 33,97 | 7,95 | 14,5 |
| 14 000 | 365,2 | 52,64 | 33,79 | 7,75 | 17,5 |
| 16 000 | 418,1 | 52,11 | 33,61 | 7,54 | 20,7 |
| 18 000 | 471,1 | 51,58 | 33,43 | 7,33 | 24,2 |
| 20 000 | 524,1 | 51,05 | 33,25 | 7,11 | 28,0 |

Bei der einfachen Modellrechnung wurde nicht berücksichtigt, dass durch die Abnahme der Sättigungstemperatur die Aufwärmung des Kühlwassers verringert und damit die mittlere logarithmische Temperaturdifferenz erhöht wird. Dieser Fehler wird aber durch die Annahme, dass nur in der ersten Rohrreihe am Umfang ein Druckverlust stattfindet, mehr als kompensiert.

*Diskussion*

Aus den Berechnungen ist zu ersehen, dass bei großen Rohrbündeln der Druckverlust der Dampfströmung beträchtliche Mehrflächen notwendig macht. Bei kleineren Bündeln kann der Druckverlust vernachlässigt werden. Da die Stoffwerte in die Berechnung eingehen, ist von Fall zu Fall zu prüfen, ob ihre Änderung durch den Druckverlust berücksichtigt werden muss. Hersteller großer Kondensatoren rechnen bei der Auslegung ihrer Apparate den Druckverlust im Bündel Rohrreihe für Rohrreihe aus. Dies ist heute mit 3D-Strömungsprogrammen möglich.

### 5.2.5.3 Warnung vor sogenannten „Kondensatornormen"

Hier möchten wir eine Warnung aussprechen: Von der British Electrotechnical and Allied Manufacturers' Association (BEAMA) [7] und vom U.S. Heat Exchange Institute (HEI) [8] werden sehr einfache Berechnungsverfahren der Wärmedurchgangszahlen von großen Kraftwerkskondensatoren vorgeschlagen, die sogar unberechtigterweise als „Norm" tituliert werden. Beide Organisationen sind eine Vereinigung der Hersteller und keine normengebende Institution.

HEI definiert die Wärmedurchgangszahl als:

$$k_{HEI} = k_1 \cdot F_W \cdot F_M \cdot F_C \tag{5.41}$$

Der erste Term $k_1$ ist die Wäremedurchgangszahl bei 37,78 °C (100 °F) Kühlwassertemperatur. Sie ist abhängig vom Rohraußendurchmesser und von der Geschwindigkeit des Kühlwassers im Rohr. Der Korrekturfaktor $F_W$ berücksichtigt den Einfluss der Eintrittstemperatur. Die Berücksichtigung des Rohrmaterials und der Rohrwandstärke erfolgt mit dem Korrekturfaktor $F_M$. Der Korrekturfaktor $F_C$ ist der Foulingfaktor. Alle Faktoren sind tabelliert und in Diagrammen angegeben. Die Wärmedurchgangszahl $k_1$ für Rohre von 0,875″ oder 1″ Außendurchmesser und der Temperaturkorrektur $F_W$ können durch folgende Formeln berechnet werden.

$$k_1 = F_W \cdot \left( 85{,}5 + 1411 \cdot \sqrt{c} \cdot \sqrt{\frac{s}{m}} \right) \cdot \frac{W}{m^2 \cdot K}$$

$$F_W = 0{,}66817 + 0.01932 \cdot \frac{\vartheta_{ein}}{K} - 1{,}9857 \cdot 10^{-4} \cdot \frac{\vartheta_{ein}^2}{K^2} \tag{5.42}$$

Es ist zu beachten, dass die Wärmedurchgangszahl $k_1$ nach Gl. 5.42 nur für Rohre von 0,875″ oder 1″ Außendurchmesser gilt.

Die von BEAMA gegebene Formel, inzwischen in Vergessenheit geraten, lautet:

$$k_{BEAMA} = 2{,}15 \cdot \left( \frac{c}{m/s} \right)^{0{,}5} \left[ 0{,}7586 + 0{,}0135 \cdot \frac{\vartheta_s}{°C} - 0{,}0001 \cdot \left( \frac{\vartheta_s}{°C} \right)^2 \right] \cdot \frac{kW}{m^2 \cdot K} \tag{5.43}$$

Die Wärmedurchgangszahl nach HEI hat sich leider weltweit etabliert, obwohl sie bar jeglicher physikalischer Grundlagen ist, zweifelhafte Ergebnisse liefert und die Innovation verhindert. Bei richtiger Berücksichtigung der physikalischen Grundlagen ist z. B. der Unterschied bei einem Rohraußendurchmesser von 1″ zu 0,875″ 3 %. Der Einfluss der Rohrlänge wird überhaupt nicht berücksichtigt.

Durch eine Auslegung des Kondensators nach HEI, wird den Herstellern eine Wärmedurchgangszahl vorgeschrieben. Damit wird das Anbieten eines besser entwickelten Kondensators mit kleineren Flächen verboten. Dies ist nach EU-Normen unzulässig.

In Abb. 5.6 sind die mit den Gln. 5.41, 5.42 und 5.43 berechneten Wärmedurchgangszahlen mit den nach Stand der Technik berechneten Wärmedurchgangszahlen eines

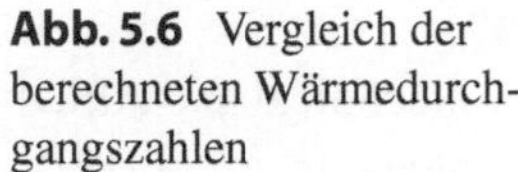

**Abb. 5.6** Vergleich der berechneten Wärmedurchgangszahlen

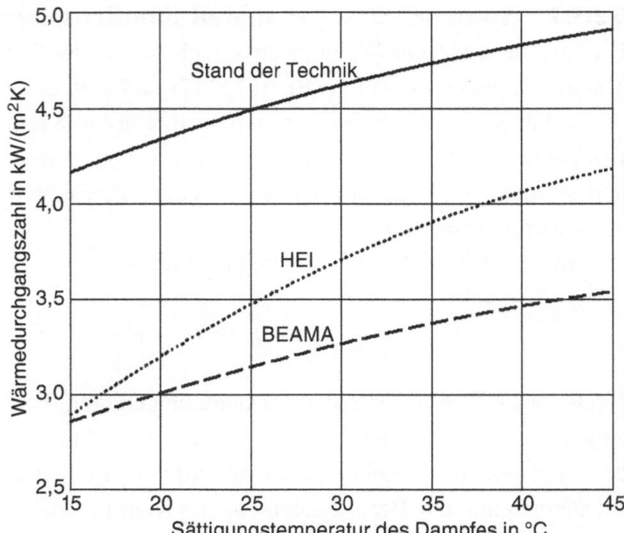


Kondensators verglichen. Wie dort zu sehen ist, sind die Wärmedurchgangzahlen im Vergleich zu „guten" Kondensatoren bis zu 33 % kleiner, d. h., sie benötigen 50 % größere Flächen. Diese größeren Flächen garantieren für den Besteller zwar eine erhöhte Sicherheit, doch speziell die Kondensatoren für Dampfkraftwerke sollten zusammen mit der Turbine optimiert werden. Ein zu großer Kondensator kann bei einer zu kleinen Dampfturbine schlechtere Wirkungsgrade haben, sodass sich die Mehrkosten für die größere Fläche nicht rentieren.

## 5.3  Kondensation strömender, reiner Dämpfe

Je nach Strömungsrichtung, Dampfgeschwindigkeit und Lage des Rohres wird durch die Strömung die Wärmeübergangszahl bei der Kondensation beeinflusst. Kondensiert z. B. in einem horizontalen Rohr reiner Dampf, nimmt mit zunehmender Rohrlänge die Strömungsgeschwindigkeit des eintretenden Dampfes zu, weil sich im Rohr immer mehr Kondensat bildet. Durch die Dampfströmung wird an der Phasentrennfläche eine zusätzliche Schubspannung auf den Kondensatfilm ausgeübt. Bei sehr hohen Dampfgeschwindigkeiten kann der Einfluss der Schwerkraft im Vergleich zu den Schubspannungskräften der Dampfströmung vernachlässigt werden.

In senkrechten Rohren ändert sich die Beeinflussung durch die Dampfströmung je nachdem, ob sie nach unten oder oben verläuft. Für die Berechnung der Wärmeübergangszahlen muss zwischen den verschiedenen Strömungsformen und der Ausrichtung der Wärmeübertragungsflächen differenziert werden.

Bei der Kondensation reinen Dampfes in senkrechten Rohren kann bei kleinen Dampfgeschwindigkeiten über die gesamte Rohrlänge ein Kondensatfilm gebildet werden (se-

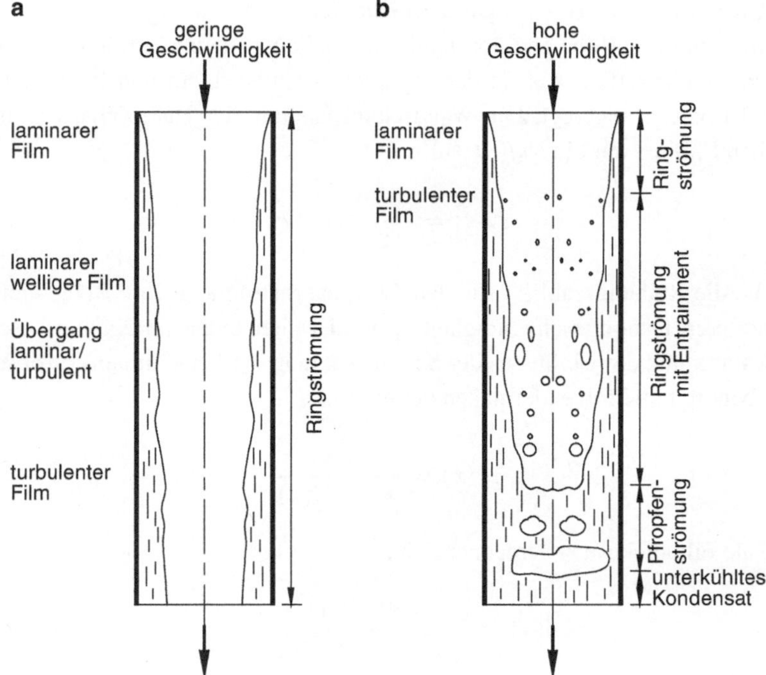



**Abb. 5.7** Kondensation im senkrechten Rohr bei abwärts gerichteter Strömung. **a** Separierte Strömung, **b** Entrainment und Fluten

parierte Strömung); bei hohen Dampfgeschwindigkeiten werden Tropfen (Entrainment) vom Kondensatfilm abgerissen. Die Dampf/Kondensatströmung geht ab einer gewissen Rohrlänge in reine Kondensatströmung über (Abb. 5.7). Bei aufwärts gerichteter Dampfströmung bildet sich wiederum ein reiner Kondensatfilm, der entgegengesetzt zur Dampfströmung verläuft. Mit zunehmender Rohrlänge nimmt die Kondensatströmung zu und führt zum Fluten des Rohres. Bei großen Dampfgeschwindigkeiten kann die Strömungsrichtung des Kondensatfilms umgekehrt werden. Hier muss dann aber sichergestellt sein, dass am Austritt des Rohres noch immer genügend viel Dampf vorhanden ist, um den Kondensatfilm mitzuschleppen. Nachfolgend werden einige der wichtigsten Formen der Kondensation strömender Dämpfe behandelt.

## 5.3.1  Kondensation in senkrechten Rohren

Durch die Dampfströmung wirkt eine zusätzliche Schubspannung auf die Kondensatfilmoberfläche [3, 4, 7], was eine Wechselwirkung zwischen Gas- und Flüssigphase bewirkt. Bei der Berechnung der Wärmeübergangszahlen muss zwischen Gleich- und Gegenstrom unterschieden werden.

### 5.3.1.1  Gleichgerichtete Dampf- und Kondensatströmung

Der Dampf strömt ins Rohr und übt damit eine Schubspannung auf den gleichgerichtet strömenden Kondensatfilm aus. In der wandnahen Unterschicht und im Kondensatfilm wird eine Turbulenz angeregt. Die Wandschubspannung der Dampfphase $\tau_g$ hat einen wesentlichen Einfluss auf die *Nußelt*zahl.

$$\tau_g(x) = \frac{\xi_g(x)}{8} \cdot \rho_g \cdot \bar{c}_g^2 \tag{5.44}$$

Dabei ist die Reibungszahl $\xi_g$, die der Zweiphasenströmung. Ihre Berechnung sowie die der mittleren Dampfgeschwindigkeit $\bar{c}_g$ wird weiter unten im Kapitel beschrieben. Für die Bestimmung des Einflusses der Schubspannung wird eine dimensionslose Schubspannung benötigt, die folgendermaßen definiert ist:

$$\tau_g^*(x) = \frac{\tau_g(x)}{g \cdot \rho_l \cdot \delta(x)} \tag{5.45}$$

Die lokale Filmdicke $\delta(x)$ berechnet sich als:

$$\delta(x) = \frac{6{,}59 \cdot F(x)}{\sqrt{1 + 1\,400 \cdot F(x)}} \cdot d_i \tag{5.46}$$

Die Funktion $F(x)$ ist folgendermaßen definiert:

$$F(x) = \frac{\max\left\{[2 \cdot Re_l(x)]^{0{,}5}; 0{,}132 \cdot Re_l(x)^{0{,}9}\right\}}{Re_g^{0{,}9}} \cdot \frac{\eta_l}{\eta_g} \cdot \sqrt{\frac{\rho_g}{\rho_l}} \tag{5.47}$$

Die lokalen *Nußelt*zahlen, bei denen die Schubspannung der Dampfhase berücksichtigt ist, werden mit dem Exponenten * gekennzeichnet. Für den laminaren Kondensatfilm gilt:

$$Nu_{L',\,lam,\,x}^* = \left(1 + 1{,}5 \cdot \tau_{ZP}^*\right)^{1/3} \cdot Nu_{L',\,lam,\,x}(x) \tag{5.48}$$

Für den turbulenten Fall gilt:

$$Nu_{L',\,turb,\,x}^* = \left(1 + \tau_{ZP}^*\right)^{1/3} \cdot Nu_{L',\,turb,\,x}(x) \tag{5.49}$$

Die *Nußelt*zahlen auf den rechten Seiten der Gleichungen sind diejenigen für ruhenden Dampf und werden mit den Gln. 5.30 und 5.32 berechnet.

Der Einfluss der Schubspannung ist bei der laminaren und turbulenten *Nußelt*zahl signifikant unterschiedlich. Deshalb werden folgende Korrekturfaktoren eingeführt:

$$K_{Ph,l} = 1 + \left(Pr_l^{0{,}56} - 1\right) \cdot \tanh\left(\tau_{ZP}^*\right) \tag{5.50}$$

$$K_{Ph,t} = 1 + \left(Pr_l^{0{,}08} - 1\right) \cdot \tanh\left(\tau_{ZP}^*\right) \tag{5.51}$$

Es zeigte sich, dass bei der Erfassung des gesamten Gebietes von laminarer und turbulenter Strömung die lokale *Nußelt*zahl folgendermaßen angegeben werden kann:

$$Nu_{L',x}^* = \sqrt{\left(K_{Ph,l} \cdot Nu_{L',lam,x}^*\right)^2 + \left(K_{Ph,t} \cdot Nu_{L',turb,x}^*\right)^2} \qquad (5.52)$$

Die mittlere Dampfgeschwindigkeit in dem vom Kondensatfilm freigegebenen Querschnitt ist (Achtung, hier steht das $x$ im Zähler des Bruches für den lokalen Dampfgehalt, während das $x$ im Nenner die lokale Koordinate bezeichnet!):

$$\bar{c}_g = \frac{4 \cdot \dot{m} \cdot x}{\rho_g \cdot n \cdot \pi \cdot [d_i - 2 \cdot \delta(x)]^2} \qquad (5.53)$$

Die Widerstandszahl der Dampfphase wird mit der *Reynolds*zahl derselben berechnet.

$$\xi_g = 0{,}184 \cdot Re_g^{-0,2} \qquad (5.54)$$

$$Re_g = \frac{\bar{c}_g \cdot d_i}{\nu_g} \qquad (5.55)$$

Die Schubspannung der Zweiphasenströmung ist:

$$\tau_{ZP}^* = \tau_g^* \cdot \left[1 + 550 \cdot F(x) \cdot \left| \begin{array}{ll} {\tau_{ZP}^*}^{0,30} & \text{wenn } \tau_{ZP}^* > 1 \\ {\tau_{ZP}^*}^{0,85} & \text{wenn } \tau_{ZP}^* \leq 1 \end{array} \right] \qquad (5.56)$$

Die mit diesen Gleichungen berechneten Werte stimmen recht gut mit Messergebnissen bei der Kondensation von Wasserdampf überein.

Je nachdem, ob ein Apparat bereits bekannt oder neu auszulegen ist, erfolgt die Berechnung unterschiedlich. In beiden Fällen muss aber abschnittweise gerechnet werden.

Beim Auslegen des Apparates müssen der Rohrdurchmesser, der zu kondensierende Dampfmassenstrom und die Wärmeübergangszahl außen am Rohr bekannt sein. Man wählt Stützstellen, an denen die lokalen Wärmeübergangszahlen und Wärmedurchgangszahlen berechnet werden. Mit diesen beiden Werten wird eine mittlere Wärmedurchgangszahl gebildet und die für die Kondensation notwendige Rohrlänge berechnet. Die Stützpunkte werden anhand der Kondensatmassenströme, die durch den Dampfgehalt $x$ definiert sind, gewählt. Zu Beginn der Kondensation sind der Kondensatmassenstrom und die Kondensatfilmdicke gleich null und damit die Wärmeübergangszahl gleich unendlich. Der erste Stützpunkt muss daher mit einem Kondensatmassenstrom, der ein wenig größer als null ist, gewählt werden, d. h. bei einem Dampfgehalt etwas kleiner 1, z. B. $x = 0{,}99$.

Bei der Nachrechnung fertig konstruierter Apparate nimmt man zunächst einen Kondensatmassenstrom an und rechnet damit wie bei der Auslegung. Der Massenstrom wird geändert, bis die vorhandene Rohrlänge erreicht ist.

### 5.3.1.2  Senkrechte Rohre mit Dampfeintritt unten (Gegenstrom)

Die Berechnung erfolgt wie beim Gleichstrom, die dimensionslose Schubspannung fällt jedoch wesentlich größer aus. Sie wird in folgender Weise bestimmt:

$$\tau_{ZP}^{*}(x) = \tau_{g}^{*}(x) \cdot [1 + 1\,400 \cdot F(x)] \tag{5.57}$$

Da sich durch die aufwärts gerichtete Dampfströmung die Filmdicke des Kondensats erhöht, verringert sich die Wärmeübergangszahl im Vergleich zur gleichgerichteten Strömung. Für die *Nußelt*zahl wird folgende Korrelation vorgeschlagen:

$$Nu_{L',x}^{*} = (1 - \tau_{ZP}^{*})^{1/3} \cdot Nu_{L',x} \tag{5.58}$$

Gl. 5.58 gilt für $\tau_{g}^{*} < 2/3$. Bei $\tau_{g}^{*} > 2/3$ herrscht eine gleichgerichtete Strömung vor, d. h., sowohl der Dampf als auch das Kondensat strömen nach oben und die Beziehungen für die gleichgerichtete Strömung können angewendet werden.

Beim Gegenstrom kann das Kondensat bei zu hohen Dampfgeschwindigkeiten aufgestaut werden, dadurch „verstopfen" die Rohre. Dieses führt zu Fluktuationen. Um sicherzustellen, dass kein Kondensatstau erfolgt, sind die Apparate so auszulegen, dass die kritische *Weber*zahl $We_{c} = 0{,}017$ nicht überschritten wird. Die *Weber*zahl ist definiert als:

$$We = \frac{\tau_{g} \cdot \delta}{\sigma_{l}} \tag{5.59}$$

### 5.3.2  Kondensation in waagerechten durchströmten Rohren

Die Berechnung erfolgt wie bei den senkrechten Rohren, nur die lokalen laminaren und die turbulenten *Nußelt*zahlen werden mit der dimensionslosen Schubspannung $\tau_{ZP}^{*}$, berechnet mit Gl. 5.65, multipliziert.

$$Nu_{L,\,lam,x}^{*} = \left(\tau_{ZP}^{*}\right)^{1/3} \cdot \sqrt{\left(K_{Ph,l} \cdot Nu_{L,\,lam,\,x}\right)^{2} + \left(K_{ph,t} \cdot Nu_{L,\,turb,x}\right)^{2}} \tag{5.60}$$

Die dimensionslose Schubspannung wird mit der Dampfgeschwindigkeit $\bar{c}_{g}$, die man mit dem Dampfvolumenanteil $\varepsilon$ ermittelt, bestimmt. Der Dampfvolumenanteil ist als eine Funktion des Strömungsparameters $F(x)$ nach Gl. 5.47 gegeben.

$$\varepsilon = 1 - \frac{1}{1 + \frac{1}{8{,}84 \cdot F(x)}} \tag{5.61}$$

Mit dem Dampfvolumenanteil kann die Dicke $\delta_{A}$ des Kondensatfilms berechnet werden.

$$\delta_{A} = 0{,}25 \cdot (1 - \varepsilon) \cdot d_{i} \tag{5.62}$$

Die Dampfgeschwindigkeit $c_{g}$ wird als Geschwindigkeit des Dampfes innerhalb des Kondensatfilms berechnet.

$$c_{g} = \frac{4 \cdot \dot{m} \cdot x}{\rho_{g} \cdot \pi \cdot (d_{i} - 2 \cdot \delta_{A})^{2}} \tag{5.63}$$

Die Schubspannung berechnet sich als:

$$\tau_g = \frac{0{,}184 \cdot Re_g^{0,2}}{8} \cdot c_g^2 \cdot \rho_g \tag{5.64}$$

Die dimensionslose Schubspannung wird mit der Filmdicke Gl. 5.62 bestimmt.

$$\tau_{ZP}^* = \frac{\tau_g}{g \cdot \rho_l \cdot \delta_A} \cdot (1 + 850 \cdot F) \tag{5.65}$$

**Beispiel 5.6: Berechnung des Kondensators aus Beispiel 5.3 mit Kondensation in den Rohren**

Ein Kondensator, in dem Dampf innen in den vertikalen Rohren kondensiert, ist mit den im Beispiel 5.3 gegebenen Daten auszulegen. Wie im Beispiel 5.3 berechnet haben wir 47 Rohre. Die Wärmeübergangszahl außen an den Rohren ist $6\,500\,\mathrm{W/(m^2\,K)}$. Die Stoffwerte des Kühlwassers und des Frigens werden ebenfalls aus Beispiel 5.3 übernommen. Die dynamische Viskosität der Gasphase ist $\eta_g = 12{,}92 \cdot 10^{-6}\,\mathrm{kg/(m\,s)}$.

Bestimmen Sie die Länge der Rohre.

**Lösung**

*Schema* Temperaturverlauf wie im Beispiel 5.3

*Annahme*

• Die mittlere Wärmeübergangszahl ist konstant.

*Analyse*

Mit den lokalen Werten nach Gl. 5.48 wird die Wärmeübergangszahl im Rohr berechnet. Dazu nimmt man fünf Stützpunkte an. Sie sind anhand der Kondensatbildung, d. h. mit dem Dampfgehalt $x$ gewählt. Folgende Stützpunkte wurden ausgewählt: $x = 1{,}0,\ 0{,}99,\ 0{,}75,\ 0{,}5,\ 0{,}25,\ 0{,}0$. Die Wärmeübergangszahlen werden mit den Mittelwerten des Dampfgehaltes zwischen den Stützstellen berechnet. Die Rechnungsgrößen sind als Funktion des Dampfgehaltes gegeben. In den nachstehenden Formeln werden die errechneten Werte zwischen den ersten beiden Stützstellen $x_0 = 1$ und $x_1 = 0{,}99$, d. h., $x = 0{,}995$, angegeben. Anschließend werden sie für alle Stützstellen tabelliert aufgeführt.

$$Re_l(x) = \frac{\Gamma}{\eta_l} = \frac{\dot{m}_{R134a} \cdot (1 - x)}{n \cdot \pi \cdot d_i \cdot \eta_l} = \frac{0{,}5 \cdot (1 - x)}{47 \cdot \pi \cdot 0{,}013 \cdot 141{,}8 \cdot 10^{-6}} = 9{,}185$$

$$Re_g(x) = \frac{c_g \cdot d_i}{v_g} = \frac{4 \cdot \dot{m}_{R134a} \cdot x \cdot d_i}{\eta_g \cdot n \cdot \pi \cdot d_i^2} = 80\,242$$

$$\xi(x) = 0{,}184 \cdot Re_g(x)^{-0,2} = 0{,}019$$

$$F(x) = \frac{\max\left(\sqrt{2 \cdot Re_l(x)};\, 0{,}132 \cdot Re_l(x)^{0{,}9}\right)}{Re_g(x)^{0{,}9}} \cdot \frac{\eta_l}{\eta_g} \cdot \sqrt{\frac{\rho_g}{\rho_l}} = 1{,}438 \cdot 10^{-4}$$

$$\delta(x) = \frac{6{,}59 \cdot d_i \cdot F(x)}{\sqrt{1 + 1\,400 \cdot F(x)}} = 1{,}1238 \cdot 10^{-5}\,\text{m}$$

$$c_g(x) = \frac{4 \cdot m_{R134a} \cdot x}{n \cdot \pi \cdot (d_i - 2 \cdot \delta(x))^2 \cdot \rho_g} = 1{,}207\,\frac{\text{m}}{\text{s}}$$

$$\tau_g(x) = \frac{\xi(x) \cdot \rho_g \cdot c_g^2(x)}{8} = 0{,}232\,\text{Pa}$$

$$\tau_g^*(x) = \frac{\tau_g(x)}{g \cdot \rho_l \cdot \delta(x)} = 1{,}911$$

$$\tau_{ZP}^*(x) = \tau_g^*(x) \cdot \left[1 + 550 \cdot F(x) \cdot \tau_{ZP}^*(x)^{0{,}3}\right]$$

Die Berechnung der dimensionslosen Schubspannung erfolgt iterativ oder mit einem Gleichungslöser.

| $\tau_{ZP}^*(x_1)$ | $\tau_g^*(x) \cdot \left[1 + 550 \cdot F(x) \cdot \tau_{ZP}^*(x)^{0{,}3}\right]$ |
| --- | --- |
| 0,196 | 2,0038 |
| 2,0038 | 2,0972 |
| 2,0972 | 2,0998 |
| 2,0998 | 2,0999 |

Die lokalen *Nußelt*zahlen des laminaren und turbulenten Kondensatfilms werden mit den Gln. 5.31 bis 5.35 errechnet.

$$Nu_{L',lam,x} = \frac{\alpha_x \cdot L'}{\lambda_l} = 0{,}693 \left(\frac{1 - \rho_g/\rho_l}{Re_l}\right)^{1/3} \cdot f_{well} = 0{,}354$$

$$Nu_{L',turb,x} = \frac{\alpha_x \cdot L'}{\lambda_l} = \frac{0{,}0283 \cdot Re_l^{7/24} \cdot Pr_l^{1/3}}{1 + 9{,}66 \cdot Re_l^{-3/8} Pr_l^{-1/6}} = 0{,}0177$$

Die Berücksichtigung der Schubspannung erfolgt mit den Gln. 5.48 bis 5.52.

$$K_{Ph,l} = 1 + \left(Pr_l^{0{,}56} - 1\right) \cdot \tanh\left(\tau_{ZP}^*\right) = 1{,}875$$

$$K_{Ph,t} = 1 + \left(Pr_l^{0{,}08} - 1\right) \cdot \tanh\left(\tau_{ZP}^*\right) = 1{,}093$$

$$Nu_{L',lam,x}^* = K_{Phl}(x) \cdot \left(1 + 1{,}5 \cdot \tau_{ZP}^*\right)^{1/3} \cdot Nu_{L,lam,x}(x) = 1{,}067$$

$$Nu_{L',turb,x}^* = K_{Phl}(x) \cdot \left(1 + \tau_{ZP}^*\right)^{1/3} \cdot Nu_{L,turb,x}(x) = 0{,}028$$

$$Nu^*_{L',x} = \sqrt{(Nu_{L',lam,x})^2 + (Nu_{L',turb,x})^2} = 1{,}556$$

Der Index $x$ bedeutet hier die Länge. Die *Nußelt*zahlen sind aber auch vom Dampfgehalt $x$ abhängig.

In diesem Abschnitt sind die Wärmeübergangs- und -durchgangszahl:

$$\alpha_x = \frac{Nu^*_{L',x} \cdot \lambda_l}{L'} = Nu^*_{L',x} \cdot \lambda_l \cdot \sqrt[3]{g/v^2} = 9\,186\,\frac{W}{m^2 \cdot K}$$

$$k_x = \left(\frac{1}{\alpha_a} + \frac{d_a}{2 \cdot \lambda_R} \cdot \ln\left(\frac{d_a}{d_i}\right) + \frac{d_a}{d_i \cdot \alpha_x}\right) = 3\,101{,}9\,\frac{W}{m^2 \cdot K}$$

Im ersten Abschnitt wird von $x = 1$ auf $x = 0{,}99$ kondensiert, d. h., 1 % des Dampfes wird kondensiert. In diesem Abschnitt ist der Wärmestrom:

$$\dot{Q} = \dot{m}_{R134a} \cdot (x_0 - x_1) \cdot r = 759\,W$$

Die Temperatur des Kühlmediums kann als eine Funktion des Dampfgehaltes angegeben werden.

$$\vartheta_1(x) = \vartheta_1' + \frac{\dot{m}_{R134a} \cdot (1 - x)}{\dot{m}_{KW} \cdot c_{pKW}}$$

Damit ist die mittlere logarithmische Temperaturdifferenz in dem Abschnitt, in dem sich der Dampfgehalt von $x_1$ auf $x_2$ ändert:

$$\Delta\vartheta_m(x_1, x_2) = \frac{\vartheta_1(x_1) - \vartheta_1(x_2)}{\ln\frac{\vartheta_2 - \vartheta_1(x_2)}{\vartheta_2 - \vartheta_1(x_2)}}$$

Im ersten Abschnitt ändert sich der Dampfgehalt von 1 auf 0,99. Die mittlere logarithmische Temperaturdifferenz beträgt hier 5,025 K. Die Fläche bzw. Rohrlänge, die notwendig ist, um die Wärme zu transferieren, kann aus dem Wärmestrom mit der mittleren logarithmischen Temperaturdifferenz und der Wärmedurchgangszahl bestimmt werden.

$$\Delta l(\Delta x) = \frac{\Delta A(\Delta x)}{\pi \cdot n \cdot d_a} = \frac{\dot{Q}(\Delta x)}{k(x) \cdot \Delta\vartheta_m \cdot \pi \cdot n \cdot d_a} = 0{,}022\,m$$

Nachfolgend sind die berechneten Werte für die anderen Stützpunkte tabellarisch zusammengestellt:

| $x$ | $x_m$ | $Re_l$ | $Re_g$ | $\tau_{ZP}^{*}$ | $Nu_{L',lam}$ | $Nu_{L',turb}$ | $Nu_{L'}$ | $Q$ kW | $\Delta\vartheta_m$ °C | $k$ W/m²K | $\Delta l$ m | $l$ m |
|---|---|---|---|---|---|---|---|---|---|---|---|---|
| 1,00 | | | | | | | | | | | | 0,00 |
| | 0,995 | 9 | 80 242 | 2,0999 | 0,354 | 0,018 | 1,554 | 0,759 | 5,025 | 3 102 | 0,022 | |
| 0,99 | | | | | | | | | | | | 0,022 |
| | 0,870 | 239 | 70 161 | 0,48590 | 0,136 | 0,101 | 0,296 | 18,216 | 5,629 | 1 167 | 1,252 | |
| 0,75 | | | | | | | | | | | | 1,274 |
| | 0,625 | 689 | 50 403 | 0,1768 | 0,100 | 0,165 | 0,229 | 18,975 | 6,856 | 953 | 1,312 | |
| 0,50 | | | | | | | | | | | | 2,586 |
| | 0,375 | 1 148 | 30 242 | 0,0596 | 0,086 | 0,207 | 0,236 | 18,975 | 8,109 | 975 | 1,084 | |
| 0,25 | | | | | | | | | | | | 3,670 |
| | 0,125 | 1 607 | 10 081 | 0,0077 | 0,078 | 0,238 | 0,252 | 18,975 | 9,361 | 1 029 | 0,890 | |
| 0,00 | | | | | | | | | | | | **4,560** |

*Diskussion*

Die Wärmeübergangszahl im Rohr wird durch die Strömung des Dampfes erhöht und die notwendige Rohrlänge verkürzt. In dem hier berechneten Beispiel ist die Verkürzung mehr als 1,3 m.

**Beispiel 5.7: Auslegung eines Kühlschrankkondensators**

Im Kondensator eines Kühlschranks soll 1,0 kW Wärmestrom abgeführt werden. Als Kältemittel wird Frigen R134a verwendet. Die Kondensationstemperatur ist 50 °C. Die auf den Außendurchmesser bezogene mittlere äußere Wärmedurchgangszahl wurde unter Berücksichtigung der Rippen mit 400 W/(m² K) bestimmt. Die Temperatur der Außenluft beträgt 22 °C. Das Rohr des Kondensators hat einen Außendurchmesser von 8 mm, die Wärmeleitfähigkeit 372 W/(m² K) und die Wandstärke von 1 mm. Nachfolgende Skizze zeigt die Anordnung des Kondensators. Die Rohrbögen können vernachlässigt werden. Stoffwerte des Frigens:

$$\rho_l = 1\,102{,}3\,\text{kg/m}^3, \rho_g = 66{,}272\,\text{kg/m}^3, \lambda l = 0{,}0704\,\text{W/(m\,K)},$$

$$\eta_l = 142{,}7 \cdot 10^{-6}\,\text{kg/(m\,s)},$$

$$\eta_g = 13{,}47 \cdot 10^{-6}\,\text{kg/(m\,s)}, Prl = 3{,}14, r = 151{,}8\,\text{kJ/kg}.$$

Bestimmen Sie die notwendige Länge des Kondensatorrohres.

**Lösung**

*Schema* Siehe Skizze

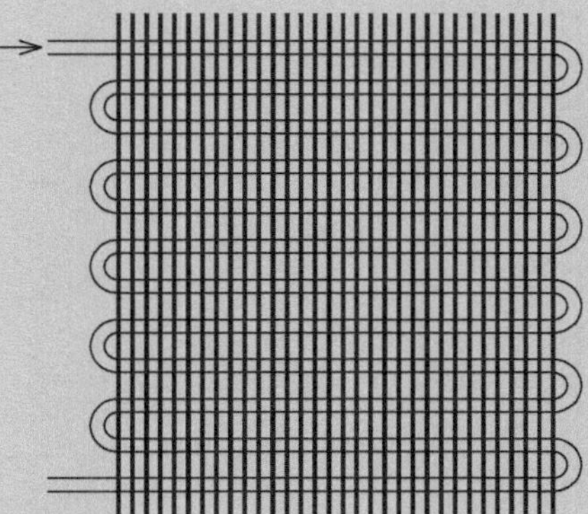

*Annahmen*

- Die mittlere Wärmeübergangszahl ist konstant.
- Die Rohrbögen bleiben unberücksichtigt.
- Die Änderung des Druckes ist vernachlässigbar.
- Die Temperaturänderung der Luft wird vernachlässigt.

*Analyse*

Wie beim senkrechten Rohr wird hier in verschiedenen Abschnitten gerechnet. Die Stützstellen sind $x = 1$, 0,75, 0,5, 0,25 und 0,0. Für die Berechnung sind die mittleren Dampfgehalte damit 0,875, 0,625, 0,375 und 0,125. Die nachfolgenden Gleichungen zeigen die Werte zwischen den ersten beiden Stützstellen, d. h. bei einem mittleren Dampfgehalt von $x = 0,875$. Die anderen Werte werden in einer Tabelle dargestellt.

Der Massenstrom des Frigens, der kondensiert wird, berechnet sich aus dem gegebenen Wärmestrom.

$$\dot{m} = \frac{\dot{Q}}{r} = \frac{1,0\,\text{kW}}{151,8\,\text{kJ/kg}} = 6,588 \cdot 10^{-3}\,\text{kg/s}$$

Die Berechnung der *Nußelt*zahlen erfolgt im Weiteren ohne Kommentare.

$$Re_l(x) = \frac{\Gamma}{\eta_l} = \frac{\dot{m} \cdot (1-x)}{\pi \cdot d_i \cdot \eta_l} = \frac{6,588 \cdot 10^{-3} \cdot (1-x)}{\pi \cdot 0,006 \cdot 142,7 \cdot 10^{-6}} = 306,135$$

$$Re_g(x) = \frac{c_g \cdot d_i}{\nu_g} = \frac{4 \cdot \dot{m} \cdot x \cdot d_i}{\eta_g \cdot \pi \cdot d_i^2} = 90\,809$$

$$\xi(x) = 0,184 \cdot Re_g(x)^{-0,2} = 0,0190$$

$$F(x) = \frac{\max\left(\sqrt{2 \cdot Re_l(x)};\, 0{,}132 \cdot Re_l(x)^{0{,}9}\right)}{Re_g(x)^{0{,}9}} \cdot \frac{\eta_l}{\eta_g} \cdot \sqrt{\frac{\rho_g}{\rho_l}} = 5{,}503 \cdot 10^{-4}$$

$$\varepsilon(x) = 1 - \frac{1}{1 + 1/[8{,}48 \cdot F(x)]} = 0{,}995$$

$$\delta(x) = 0{,}25 \cdot [1 - \varepsilon(x)] \cdot d_1 = 6{,}968 \cdot 10^{-6}\,\text{m}$$

$$c_g(x) = \frac{4 \cdot \dot{m} \cdot x}{\pi \cdot \rho_g \cdot (d_i - 2 \cdot \delta(x))^2} = 3{,}239\,\text{m/s}$$

$$\tau_g(x) = \frac{\xi \cdot \rho_g \cdot c_g^2}{8} = 1{,}615\,\text{Pa}$$

$$\tau_g^*(x) = \frac{\tau_g(x)}{g \cdot \rho_l \cdot \delta(x)} \cdot [1 + 850 \cdot F(x)] = 31{,}45$$

$$C_{lam}(x) = 1 + (Pr_l^{0{,}56} - 1) \cdot \tanh \tau_{ZP}^*(x) = 1{,}898$$

$$C_{turb}(x) = 1 + (Pr_l^{0{,}08} - 1) \cdot \tanh \tau_{ZP}^*(x) = 1{,}096$$

Die lokalen *Nußelt*zahlen des laminaren und turbulenten Kondensatfilms werden mit den Gln. 5.31 bis 5.35 bestimmt.

$$Nu_{L',\,lam,\,x} = \frac{\alpha_x \cdot L'}{\lambda_l} = 0{,}693 \cdot \left(\frac{1 - \rho_g/\rho_l}{Re_l}\right)^{1/3} \cdot f_{well} = 0{,}143$$

$$Nu_{L',\,turb,\,x} = \frac{\alpha_x \cdot L'}{\lambda_l} = \frac{0{,}0283 \cdot Re_l^{7/24} \cdot Pr_l^{1/3}}{1 + 9{,}66 \cdot Re_l^{-3/8} Pr_l^{-1/6}} = 0{,}0935$$

$$Nu_{L',\,x}^* = \tau_g^{*\,1/3} \cdot \sqrt{(C_{lam} \cdot Nu_{L',\,lam,\,x})^2 + (C_{turb} \cdot Nu_{L',\,turb,\,x})^2} \cdot f_\eta = 0{,}915$$

Der Index $x$ bedeutet hier, dass die lokalen *Nußelt*zahlen für die Lauflänge $x$ berechnet werden. Die *Nußelt*zahlen sind auch vom Dampfgehalt $x$ abhängig:
Die charakteristische Länge $L'$ ist:

$$L' = \sqrt[3]{v_l^2/g} = 1{,}193 \cdot 10^{-5}\,\text{m}$$

Damit sind in diesem Abschnitt die Wärmeübergangs und -durchgangszahl:

$$\alpha_x = \frac{Nu_{L',\,x}^* \cdot \lambda_l}{L'} = 3\,151\,\frac{\text{W}}{\text{m}^2 \cdot \text{K}}$$

$$k_x = \left(\frac{1}{\alpha_a} + \frac{d_a}{2 \cdot \lambda_R} \cdot \ln\left(\frac{d_a}{d_i}\right) + \frac{d_a}{d_i \cdot \alpha_x}\right) = 364{,}3\,\frac{\text{W}}{\text{m}^2 \cdot \text{K}}$$

In jedem Abschnitt werden 25 % des Dampfes kondensiert, d. h., der Wärmestrom ist in allen Abschnitten gleich groß.

$$\Delta \dot{Q} = \dot{m} \cdot (x_0 - x_1) \cdot r = 250 \, \text{W}$$

Damit dieser Wärmestrom abgeführt werden kann, benötigt man eine Austauschfläche bzw. eine bestimmte Rohrlänge, die aus der notwendigen Fläche $\Delta A$ zu berechnen ist.

$$\Delta l = \frac{\Delta A}{\pi \cdot d_a} = \frac{\Delta \dot{Q}}{\pi \cdot d_a \cdot k \cdot (\vartheta_F - \vartheta_L)} =$$

$$= \frac{250 \cdot \text{W} \cdot \text{m}^2 \cdot \text{K}}{\pi \cdot 0{,}008 \cdot \text{m} \cdot 359{,}2 \cdot \text{W} \cdot (50 - 22) \cdot \text{K}} = 0{,}989 \, \text{m}$$

Die berechneten Werte der anderen Abschnitte sind tabellarisch zusammengestellt.

| $x$ | $\tau_g$ | $\tau^{*}_{ZP}$ | $\alpha_i$ | $k$ | $\Delta l$ |
|---|---|---|---|---|---|
| – | Pa | – | W/(m$^2$ K) | W/(m$^2$ K) | m |
| 0,875 | 1,488 | 24,637 | 4 694 | 359,2 | 0,990 |
| 0,625 | 0,836 | 7,805 | 3 181 | 342,6 | 1,038 |
| 0,375 | 0,356 | 2,740 | 2 464 | 328,8 | 1,080 |
| 0,125 | 0,065 | 0,513 | 1 420 | 290,8 | 1,225 |

Zusammengezählt ergeben die Längen der Abschnitte **4,333 m**.

*Diskussion*

Abgesehen vom letzten Abschnitt ist die äußere Wärmeübergangszahl in diesem Beispiel sehr viel kleiner als die innere. Da eine mittlere äußere Wärmedurchgangszahl angegeben wurde, konnte mit einer konstanten Lufttemperatur gerechnet werden. Unter Berücksichtigung der Lufterwärmung in der Strömung benötigt man Kenntnisse des Kreuzstromwärmeübertragers. Dieser wird jedoch erst später besprochen.

**Beispiel 5.8: Kondensatorretrofit**

Der Kondensator eines US-Kraftwerkbesitzers weist unzureichende Leistung auf. Es sollen neue, moderne, modular vorgefertigte Rohrbündel in den Kondensator eingesetzt werden. In der Ausschreibung sind folgende Daten gegeben:

Die drei Niederdruckturbinen A, B und C haben jeweils einen Kondensator, die kühlwasserseitig in Serie geschaltet sind (s. Skizze). Der Wärmestrom zu den einzelnen Kondensatoren ist jeweils 733 MW.

Daten der vorhandenen Kondensatoren:

| | |
|---|---|
| Anzahl der Rohre pro Kondensator: | 27 000 |
| Außendurchmesser der Rohre/Wandstärke: | $1''/1{,}2$ mm |
| Abstand der Rohre: | $15/16''$ |
| Rohrlängen: | $l_A = 35'$, $l_B = 45'$, $l_C = 55'$ |

Im Pflichtenheft wird verlangt, dass im neuen Kondensator C bei einer Kühlwassereintrittstemperatur von 35 °C der Druck von 5 inHg-Säule (169,32 mbar) nicht überschritten wird. Die Rohrlängen und äußeren Abmessungen der Kondensatoren sind für die neuen Module beizubehalten.

Für die Rohrbündel des Anbieters steht in den neuen Kondensatormodulen zur Berohrung eine Fläche von $27{,}28 \, \mathrm{m}^2$ zur Verfügung. Die Rohraußendurchmesser werden nach US-Normen in $1/8''$-Abstufungen gewählt. Das Pflichtenheft verlangt Titanrohre mit 0,7 mm Wandstärke und 15 W/(m K) Wärmeleitfähigkeit. Der Abstand zwischen den Rohren ist: Rohraußendurchmesser plus $5/16''$.

Für das Kühlwasser können folgende konstante Stoffwerte verwendet werden:

$$c_p = 4{,}179 \, \mathrm{kJ/(kg \, K)}, \quad \rho = 989{,}9 \, \mathrm{kg/m}^3, \quad \nu = 0{,}595 \cdot 10^{-6} \, \mathrm{m}^2/\mathrm{s},$$

$$\lambda = 0{,}6357 \, \mathrm{W/(m \, K)}, \quad Pr = 3{,}868.$$

Umrechnungsfaktoren: 1 GPM (gallon per minute) = 0,063083 l/s,

$1'' = 0{,}0254$ m, $1' = 0{,}3048$ m, 1 inHg = 3 386,39 Pa.

Kühlwasservolumenstrom: 381 500 GPM bei 86 ft Förderhöhe

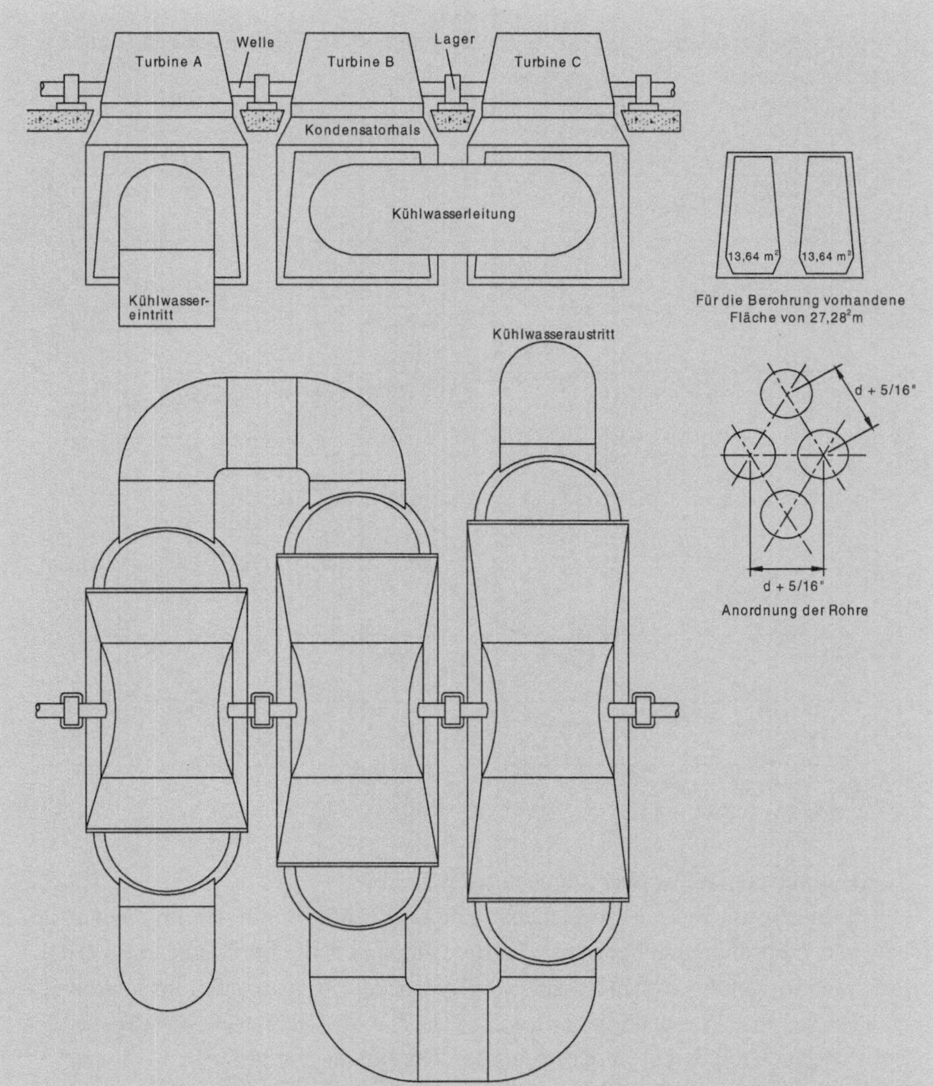



Links in der obigen Skizze sieht man die Anordnung der Kondensatoren in der Anlage, rechts die für die Berohrung der neuen Kondensatoren vorhandene Fläche und die Anordnung der Rohre.

Die Änderung des Kühlwasservolumenstromes ist als eine Funktion des Druckverlustes entsprechend der Charakteristik der Kühlwasserpumpe zu berücksichtigen. Der Druckverlust in den Kondensatorrohren wird nach *Blasius* berechnet:

$$\Delta p_v = 0{,}3164 \cdot Re^{-0{,}25} \cdot l/d \cdot (c^2 \cdot \rho/2)$$

Die drei Kondensatoren sind auszulegen. Bestimmen Sie den Druck in den einzelnen Kondensatoren.

Hinweis: Prüfen Sie zunächst die Endtemperatur des Kühlwassers.

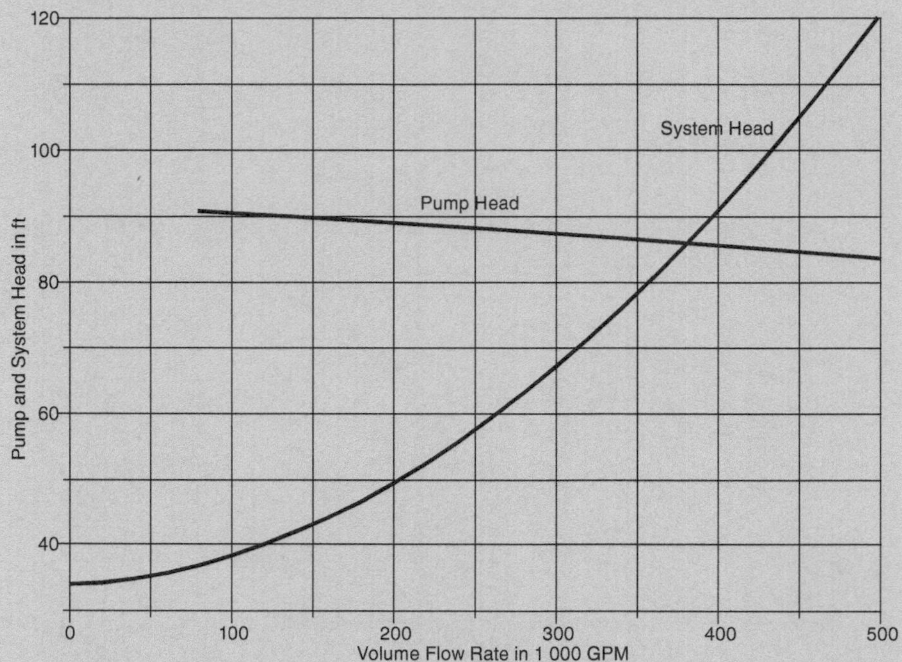


Kennlinie der Kühlwasserpumpe und des Systems

Die Stoffwerte werden abweichend von der 5. Auflage, mit den im Anhang angegebenen Formeln durchgeführt. Die Berechnung erfolgt mit Mathcad, wobei die Softwareprogramme vorhanden sind. Das Mathcadprogramm kann im Internet abgeladen werden. Wie noch gezeigt wird, sind die Abweichungen von den exakten Berechnungen mit den Stoffwerten aus der Dampftafel sehr gering.

## Lösung

*Schema* Siehe Skizzen in der Aufgabenstellung

*Annahmen*

- In den Zu- und Abflüssen zu den Kondensatorrohren nimmt der Druckverlust quadratisch mit dem Volumenstrom zu.
- Der statische Druckverlust von 34′ Wassersäule ist immer vorhanden (Höhendifferenz des Wasserniveaus in der Kühlturmtasse zu den Einspritzdüsen).
- Der Druckverlust der Dampfströmung in das Bündel bleibt unberücksichtigt.

- Um die Berechnung zu vereinfachen, werden die Einflüsse der Richtung des Wärmestromes und der Rohrlänge vernachlässigt.
- Die Wärmeübergangszahlen in den Rohren sind mit den oben angegebenen Stoffwerten zu berechnen und in allen drei Kondensatoren als konstant anzunehmen.

*Analyse*

Zunächst rechnen wir die amerikanischen Einheiten in SI-Einheiten um:

$$\dot{V}_0 = 381\,500\,\text{GPM} = 24{,}066\,\text{m}^3/\text{s}$$

$$l_A = 35' = 10{,}668\,\text{m} \quad l_B = 13{,}716\,\text{m} \quad l_C = 16{,}764\,\text{m} \quad d_a = 1'' = 25{,}4\,\text{mm}$$

$$d_i = d_a - 2 \cdot s = 23\,\text{mm} \quad 5\,\text{inHg} = 16\,932\,\text{Pa} = 169{,}32\,\text{mbar}$$

Mit einer ersten Berechnung kann gezeigt werden, dass der gewünschte Kondensatordruck nicht mit dem gegebenen Kühlwasservolumenstrom erreicht werden kann. Die Austrittstemperatur des Kühlwassers berechnet sich mit der Bilanzgleichung zu:

$$\vartheta_1'' = \vartheta_1' + \frac{\dot{Q}_{tot}}{\dot{V}_0 \cdot \rho_1 \cdot c_{p1}} = 35\,°\text{C} + \frac{3 \cdot 733 \cdot 10^6 \cdot \text{W} \cdot \text{s} \cdot \text{m}^3 \cdot \text{kg} \cdot \text{K}}{24{,}066\,\text{m}^3 \cdot 990{,}2 \cdot \text{kg} \cdot 4\,179 \cdot \text{J}} = 57{,}077\,°\text{C}$$

Nach der Dampftafel ist die Sättigungstemperatur bei (5 inHG) 169,32 mbar 56,50 °C, d. h., die Temperatur des Kühlwassers ist höher als die Sättigungstemperatur des Dampfes, der das Kühlwasser aufheizen soll. Dieses ist unmöglich. Um den gewünschten Druck von 5 inHg zu erreichen, muss das Kühlwasser am Austritt um 2 bis 3 K kälter als die Dampftemperatur sein. Das kann durch Erhöhung des Kühlwassermassenstromes erreicht werden. Die kostengünstigste Lösung ist, den Druckverlust des Kühlwassers in den Kondensatorrohren so zu senken, dass der Volumenstrom entsprechend der Kühlwasserpumpencharakteristik erhöht wird. Die Förderhöhe der Pumpe entspricht dem konstanten statischen Druck von $\Delta p_{st}$ plus dem Reibungsdruckverlust $\Delta p_{va}$ in den Zu- und Ableitungen zu den Kondensatoren plus dem Reibungsdruckverlust $\Delta p_v$ in den Kondensatorrohren. Letzteren können wir durch die Dimensionierung der Kondensatorrohre beeinflussen. Der Druckverlust in den Zu- und Ableitungen $\Delta p_{va}$ ist mit den Daten des alten Kondensators zu bestimmen. Der Druckverlust in den Rohren des alten Kondensators beträgt:

$$\Delta p_{v0} = 0{,}3164 \cdot Re_{d_i}^{-0.25} \cdot \frac{l_{ges}}{d_i} \cdot \frac{c_0^2 \cdot \rho_1}{2}$$

Die Geschwindigkeit in den Rohren berechnet sich zu:

$$c_0 = \frac{4 \cdot \dot{V}_0}{n \cdot \pi \cdot d_i^2} = \frac{4 \cdot 24{,}066\,\text{m}^3}{27\,000 \cdot \pi \cdot 0{,}023^2 \cdot \text{m}^2 \cdot \text{s}} = 2{,}145\,\frac{\text{m}}{\text{s}}$$

Für die *Reynolds*zahl erhalten wir:

$$Re_{d_i} = \frac{c_0 \cdot d_i}{\nu_1} = \frac{2{,}145 \cdot 0{,}023}{0{,}6074 \cdot 10^{-6}} = 81\,235$$

Der Reibungsdruckverlust in den Rohren ist:

$$\Delta p_{v0} = 0{,}3164 \cdot 81\,235^{-0{,}25} \cdot \frac{41{,}148 \cdot m}{0{,}023 \cdot m} \cdot \frac{2{,}145^2 \cdot m^2 \cdot 990{,}2 \cdot kg}{2 \cdot s^2 \cdot m^3}$$

$$= 76\,420\,Pa = 25{,}814\,ft\,H_2O$$

Von der Förderhöhe von 86 ft bei 381 500 GPM Volumenstrom werden für den statischen Druck 34 ft, für den Druckverlust in den Rohren 25,74 ft Wassersäule benötigt. Für den Druckverlust in den Zu- und Ableitungen verbleiben 26,19 ft. Die Kennlinie des Systems kann mit der neuen Kondensatorberohrung berechnet werden. Damit ändern sich Anzahl und Durchmesser der Rohre. Der Reibungsdruckverlust $\Delta p_v$ beträgt im Verhältnis zu dem im alten Kondensator $\Delta p_{v0}$:

$$\frac{\Delta p_v}{\Delta p_{v0}} = \left(\frac{Re}{Re_0}\right)^{-0{,}25} \cdot \frac{d_{i0}}{d_i} \cdot \frac{c^2}{c_0^2}$$

Die Geschwindigkeit kann aus dem Volumenstrom bestimmt und in die Gleichung eingesetzt werden:

$$\Delta p_v = \Delta p_{v0} \cdot \left(\frac{n_0 \cdot d_{i0}^2 \cdot \dot{V} \cdot d_i}{n \cdot d_i^2 \cdot \dot{V}_0 \cdot d_{i0}}\right)^{-0{,}25} \cdot \frac{d_{i0}}{d_i} \cdot \left(\frac{n_0 \cdot d_{i0}^2 \cdot \dot{V}}{n \cdot d_i^2 \cdot \dot{V}_0}\right)^2$$

$$= 25{,}74 \cdot ft \cdot \left(\frac{n_0 \cdot \dot{V}}{n \cdot \dot{V}_0}\right)^{1{,}75} \cdot \left(\frac{d_{i0}}{d_i}\right)^{4{,}75}$$

Die Systemkennlinie setzt sich aus dem statischen Druck und den volumenstromabhängigen Reibungsdruckverlusten zusammen:

$$\Delta p_{tot} = \left[34 + 26{,}27 \cdot \left(\frac{\dot{V}}{\dot{V}_0}\right)^2 + 25{,}74 \cdot \left(\frac{n_0 \cdot \dot{V}}{n \cdot \dot{V}_0}\right)^{1{,}75} \cdot \left(\frac{d_i}{d_{i0}}\right)^{4{,}75}\right] \cdot ft$$

Mit dieser Gleichung kann die Systemkennlinie mit der neuen Berohrung berechnet und der Volumenstrom aus der Kennlinie der Pumpe bestimmt werden. Für den neuen Kondensator sind zunächst die Anzahl der Rohre, die in die gegebene Fläche von 27,28 m$^2$ hineinpassen, zu berechnen. Für ein Rohr mit der Anordnung in gleichseitigen Dreiecken wird die folgende Fläche, die vom Außendurchmesser abhängt, benötigt:

$$A_0(d_a) = \frac{\sqrt{3}}{2} \cdot (d_a + s_0)^2$$

$$n = 27{,}28\,m^2 / A_0(d_a).$$

Mit den Rohraußendurchmessern von $1''$, $1\ 1/8''$ und $1\ 1/4''$ kann man in der gegebenen Berohrungsfläche von $27{,}28\,\mathrm{m}^2$ folgende Anzahl von Rohren installieren:

| $d_a$ | $n$ |
|---|---|
| $1''$ | 28 343 |
| $1\ 1/8''$ | 23 628 |
| $1\ 1/4''$ | 20 000 |

Die durch die Änderung der Systemkennlinie verursachte Volumenstromzunahme kann entweder iterativ mit der Kurve der Pumpenkennlinie oder grafisch aus dem Diagramm bestimmt werden. Dazu wird der geänderte, berechnete Verlauf der Systemkennlinie in das Diagramm eingetragen. Der Schnittpunkt mit der Pumpenkennlinie ergibt den Volumenstrom. Hier wurde mit dem Programm *Origin* der Kurvenverlauf in das Diagramm eingetragen. Nachstehend ist ein Ausschnitt dieses Diagramms mit dem uns interessierenden Bereich.

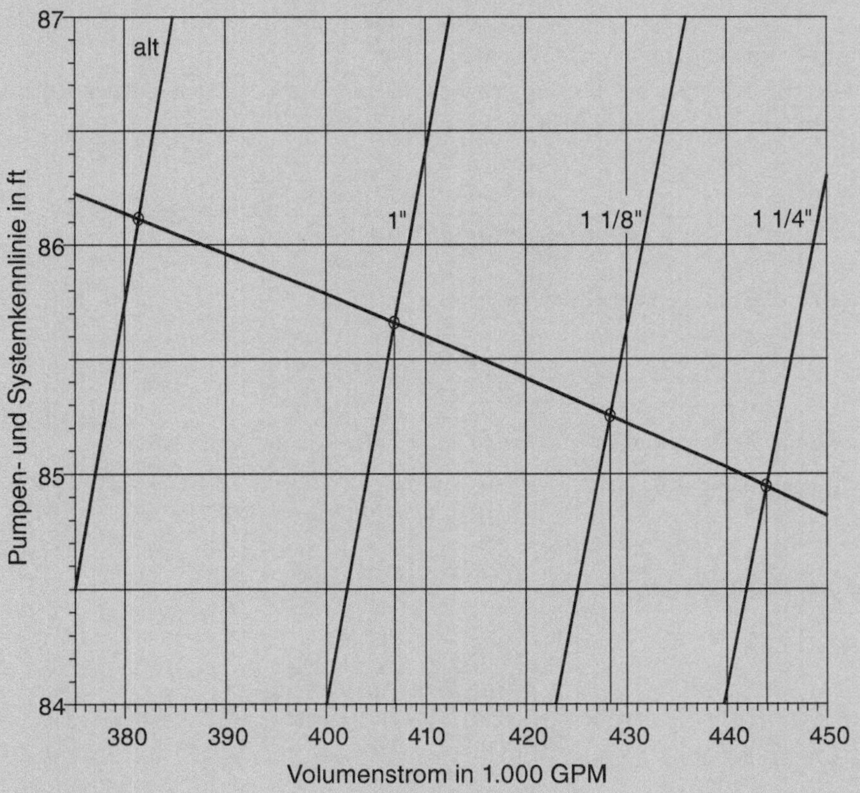

Für die drei untersuchten Rohrdurchmesser sind die Volumenströme:

| | | |
|---|---|---|
| $1''$ | 406 800 GPM | 25,662 m$^3$/s |
| $1/8''$ | 428 500 GPM | 27,031 m$^3$/s |
| $1\,1/4''$ | 443 900 GPM | 28,002 m$^3$/s |

Mit dem so ermittelten Volumenstrom erhalten wir für das $1''$-Rohr folgende Kühlwasseraustrittstemperatur:

$$\vartheta_1'' = \vartheta_1' + \frac{\dot{Q}_{tot}}{\dot{V}_0 \cdot \rho_1 \cdot c_{p1}} = 35\,°\text{C} + \frac{3 \cdot 733 \cdot 10^6 \cdot \text{W} \cdot \text{s} \cdot \text{m}^3 \cdot \text{kg} \cdot \text{K}}{25{,}662\text{m}^3 \cdot 990{,}2 \cdot \text{kg} \cdot 4\,179 \cdot \text{J}} = 55{,}70\,°\text{C}$$

Damit liegt die Kühlwassertemperatur 1,9 K unter der Sättigungstemperatur, was aber noch zu wenig ist.

Die Temperatur für die Rohre mit 1 1/8″ Durchmesser beträgt 54,66 °C, für die 1 1/4″-Rohre 53,97 °C. Bei der letzten Variante ist die Kühlwasseraustrittstemperatur 2,5 K tiefer als die Sättigungstemperatur. Damit kann wahrscheinlich ein kostengünstiger Kondensator ausgelegt werden.

Mit den Beziehungen aus Kap. 3 wird zunächst der Wärmeübergang in den Rohren bestimmt. In den Rohren beträgt die Geschwindigkeit:

$$c = \frac{4 \cdot \dot{V}}{n \cdot \pi \cdot d_i^2} = \frac{4 \cdot 28{,}002 \cdot \text{m}^3/\text{s}}{20\,000 \cdot \pi \cdot 0{,}03035^2 \cdot \text{m}^2} = 1{,}935\,\frac{\text{m}}{\text{s}}$$

Die *Reynolds*zahl berechnet sich zu:

$$Re_{d_i} = c \cdot d_i / v = 98\,776$$

Die für die Berechnung der *Nußelt*zahl notwendige Reibungszahl ist:

$$\xi = [1{,}8 \cdot \lg\,(Re_{d_i}) - 1{,}5]^{-2} = 0{,}0180$$

Für die *Nußelt*zahl erhalten wir:

$$Nu_{d_i} = \frac{(\xi/8) \cdot Re_{d_i} \cdot Pr_1}{1 + 12{,}7 \cdot \sqrt{\xi/8} \cdot \left(Pr^{2/3} - 1\right)} = 452{,}6$$

Die Wärmeübergangszahl ist:

$$\alpha_i = Nu_{d_i} \cdot \lambda_1 / d_i = 9\,518{,}8\,\text{W}/\left(\text{m}^2 \cdot \text{K}\right)$$

Der für die Berechnung der Wärmedurchgangszahlen notwendige Wärmewiderstand, der in den Rohren und in der Rohrwand entsteht, wird hier bestimmt.

$$R_i = \frac{d_a}{d_i \cdot \alpha_i} + \frac{d_a}{2 \cdot \lambda_R} \cdot \ln\left(\frac{d_a}{d_i}\right) = 0{,}1576 \, \frac{\text{m}^2 \cdot \text{K}}{\text{kW}}$$

Bei der Kondensation erfolgt die Berechnung der Wärmeübergangszahl für die drei Kondensatoren getrennt. Da die Sättigungstemperatur zunächst unbekannt ist, muss sie zur Bestimmung der Stoffwerte angenommen und iterativ ermittelt werden.

**Kondensator A:**
Für die Sättigungstemperatur wird angenommen, dass sie 4 K höher als die Temperatur am Austritt des Kondensators A ist. Da für alle drei Kondensatoren der Wärmestrom und die Stoffwerte des Kühlwassers als gleich vorgegeben wurden, sind die Temperaturänderungen in den einzelnen Kondensatoren auch gleich 6,33 K, d. h., die Austrittstemperatur ist 41,33 °C. Die Sättigungstemperatur wird also mit 45,33 °C angenommen. Im Kondensator A ist der Druck damit 97,60 mbar. Die mittlere Temperatur des Kondensats beträgt schätzungsweise 43 °C. Aus den Dampftafeln erhalten wir folgende Werte:

$$\rho_l = 991{,}0 \, \text{kg/m}^3, \; \rho_g = 0{,}058 \, \text{kg/m}^3, \; \eta_l = 616{,}3 \cdot 10^{-6} \, \text{kg/(m s)},$$

$$\nu_l = 0{,}6219 \cdot 10^{-6} \, \text{m}^2/\text{s}, \; \lambda l = 0{,}635 \, \text{W/(m K)}, \; r = 2399 \, \text{kJ/kg}.$$

Die Berieselungsdichte kann mit Gl. 5.28 bestimmt werden.

$$\Gamma = \frac{\dot{Q}}{r \cdot n \cdot l_A} = 1{,}432 \cdot 10^{-3} \, \frac{\text{kg}}{\text{m} \cdot \text{s}}$$

Reynoldszahl:

$$Re_l = \Gamma/\eta_l = 1{,}432 \cdot 10^{-3}/0{,}6219 \cdot 10^{-3} = 2{,}324$$

Damit kann die *Nußelt*zahl bestimmt werden:

$$Nu_L = 0{,}959 \cdot \left(\frac{1 - \rho_g/\rho_l}{Re_l}\right)^{1/3} = 0{,}724$$

Die für die *Nußelt*zahl charakteristische Länge ist:

$$L = \sqrt[3]{\nu_l^2/g} = \sqrt[3]{\left(0{,}6219 \cdot 10^{-6}\right)^2/9{,}806} = 3{,}404 \cdot 10^{-5} \, \text{m}$$

Die Wärmeübergangszahl ist damit:

$$\alpha = Nu_L \cdot \lambda_l / L = 13\,500\,\text{W} / \left(\text{m}^2 \cdot \text{K}\right)$$

Jetzt können die Wärmedurchgangzahl, die mittlere Temperaturdifferenz und daraus im Kondensator A die Sättigungstemperatur des Dampfes ermittelt werden.

$$k = \left(\frac{1}{\alpha} + R_i\right)^{-1} = 4\,315,9\,\frac{\text{W}}{\text{m}^2 \cdot \text{K}}$$

$$\Delta\vartheta_m = \frac{\dot{Q}}{k \cdot n \cdot \pi \cdot d_a \cdot l_A} = 7,980\,\text{K}$$

$$\Theta = \exp\left(\frac{\vartheta_A' - \vartheta_A''}{\Delta\vartheta_m}\right) = 2,216$$

$$\vartheta_{sA} = \frac{\vartheta_A' - \vartheta_A'' \cdot \Theta}{1 - \Theta} = 46,56\,°\text{C}$$

Die berechnete Sättigungstemperatur ist um $1,2\,\text{K}$ größer als der angenommene Wert. Mit den gerechneten Werten erhält man für die mittlere Temperatur des Kondensats:

$$\vartheta_m = \vartheta_{sA} - 0,5 \cdot (\vartheta_{WA} - \vartheta_{sA}) = \vartheta_{sA} - 0,5 \cdot \Delta\vartheta_m \cdot k/\alpha = 46,07°\text{C}$$

Der Druck im Kondensator ist $105,69\,\text{mbar}$.

Die mittlere Temperatur wird so lang geändert bis sie der angenommene Wert mit dem gerechneten übereinstimmt.

Die so ermittelten Stoffwerte des Kondensats bei $\vartheta_m = 46,07\,°\text{C}$ sind:

$$\rho_l = 989,7\,\text{kg/m}^3, \ \rho_g = 0,067\,\text{kg/m}^3, \ \eta_l = 5,83747 \cdot 10^{-6}\,\text{kg/(m s)},$$

$$r = 2\,391,4\,\text{kJ/kg}, \ \nu_l = 0,5897 \cdot 10^{-6}\,\text{m}^2/\text{s}, \ \lambda_l = 0,639\,\text{W/(m K)}.$$

Mit diesen Stoffwerten erhält man einen Sättigungsdruck von **101,5 mbar** und die Sättigungstemperatur von **46,50 °C**.

**Kondensator B:**

Die Berechnung läuft wie bei Kondensator A ab. Hier werden nur noch die Stoffwerte und Ergebnisse angegeben.

$$\rho_l = 987,9\,\text{kg/m}^3, \rho_g = 0,081\,\text{kg/m}^3, \eta_l = 544,09 \cdot 10^{-6}\,\text{kg/(m s)},$$

$$r = 2\,381,4\,\text{kJ/kg},$$

$$\nu_l = 0,5507 \cdot 10^{-6}\,\text{m}^2/\text{s}, \lambda_l = 0,644\,\text{W/(m K)}.$$

Die Sättigungstemperatur beträgt jetzt **51,14 °C** und der Druck **127,8 mbar**.

**Kondensator C:**
Analog erhalten wir hier:

$$\rho_l = 985{,}3\,\mathrm{kg/m^3}, \; \rho_g = 0{,}104\,\mathrm{kg/m^3}, \; \eta_l = 498{,}3 \cdot 10^{-6}\,\mathrm{kg/(m\,s)},$$

$$r = 2\,368{,}2\,\mathrm{kJ/kg},$$

$$\nu_l = 0{,}5057 \cdot 10^{-6}\,\mathrm{m^2/s}, \lambda_l = 0{,}650\,\mathrm{W/(m\,K)}.$$

Die Sättigungstemperatur beträgt **56,41 °C**, der Druck ist **164,83 mbar**.

Der Druck von 168,8 mbar entspricht **4,867 inHg** und liegt somit unterhalb der geforderten 5 inHg.

Eine Berechnung mit den exakten Stoffwerten mit Hilfe der Dampftafel IAPWS IF97 eine Sättigungstemperatur von 56,42 °C und den Druck von 4,813 inHG.

*Diskussion*

Dieses Beispiel demonstriert, dass die Berechnung und Auslegung von Wärmeübertragern nicht nur Kenntnisse der Wärmeübertragung benötigt. Hier wurden zur Berechnung der Druckverluste und für die Interpretation der Pumpenkennlinie auch Kenntnisse der Fluidmechanik und Verfahrenstechnik verlangt.

Gemäß Aufgabenstellung blieben in dieser Berechnung der Einfluss der Rohrlänge und der Einfluss der Richtung des Wärmestromes unberücksichtigt. Diese beiden Größen hätten etwa eine 3 bis 5 % höhere Wärmeübergangszahl geliefert. Der Druckverlust des Dampfes im Bündel wurde nicht berücksichtigt, was etwa die gleiche Verminderung bewirkt hätte. Bei solch großen Apparaten ist eine genaue Berechnung notwendig.

Die hier behandelten Kondensatoren lieferte die Firma Brown Boveri & Cie, Schweiz. Je die Hälfte der einzelnen Kondensatoren wurde in Modulen in einer Fabrik vorgefertigt, auf die Baustelle transportiert, die alten Bündel innerhalb von vier Wochen entfernt und die neuen Module installiert. Die Kosten des Projektes betrugen 18 Mio. US\$. Die Garantiebedingungen lauteten, dass beim Überschreiten des garantierten Druckes um mehr als 0,3 inHg pro 0,1 inHg 1,8 Mio. US\$ Konventionalstrafe gezahlt werden muss. Das bedeutet: Eine zu klein berechnete Fläche, die einen größeren Druck verursacht, wird bestraft. Eine zu große Fläche bedeutet größere Kosten und ist damit nicht konkurrenzfähig. Zur exakten Berechnung großer Kondensatoren besitzen die Hersteller entsprechend genaue Berechnungsunterlagen. Beim oben angeführten Kondensator wurden die Garantiebedingungen erfüllt.

## Literatur

1. Nußelt W (1916) Die Oberflächenkondensation des Wasserdampfes. VDI-Zeitschriften 60:27
2. Müller J (1992) Wärmeübergang bei der Filmkondensation und seine Einordnung in Wärme- und Stoffübergangsvorgänge bei Filmströmungen. Fortsch. Ber. VDI, Reihe 3, Nr 270
3. Blanghetti F (1979) Lokale Wärmeübergangszahlen bei der Kondensation mit überlagerter Konvektion in vertikalen Rohren. Dissertation, Universität Karlsruhe
4. Numrich R (1990) Influence of gas flow on heat transfer in film condensation. Chem Eng Technol 13:136–143
5. VDI-Wärmeatlas (2002) 9. Aufl. Springer, Berlin
6. Rohsenow WM, Hartnett JP, Ganic EN (1985) Handbook of heat transfer fundamentals, 2. Aufl. McGraw Hill, New York
7. Taftan Data (1998) [5.6] Condenser Calculation, Using Thermo Utilities, MS Excel Add-ins
8. Heat Exchange Institute (2006) Standards for Steam Surface Condensers. 10th Edition

Für die Berechnung von Apparaten, in denen Dampf erzeugt wird, benötigt man die in diesem Kapitel behandelten Grundlagen der Wärmeübertragung bei Verdampfung. Dampferzeuger kommen in Wärmepumpen, Kälteanlagen, Dampfkesseln, Destillier- und Rektifizierkolonnen vor. Verdampfung kann in ruhenden oder strömenden Fluiden auftreten.

*Verdampfung* tritt auf, wenn man eine Flüssigkeit auf Siedetemperatur $\vartheta_S$ erhitzt und ihr dann weiter Wärme zuführt. Wird einer Flüssigkeit, die Siedetemperatur hat, ein kleiner Wärmestrom zugeführt, entsteht an der Oberfläche eine Dampfproduktion, deren Massenstrom vom zugeführten Wärmestrom bestimmt wird. Erhöht man den Wärmestrom, entstehen an der Oberfläche der Heizfläche Dampfblasen, man spricht vom *Blasensieden*.

Bei der Kondensation fängt der Dampf, egal, ob überhitzt, gesättigt oder nass, immer dann an zu kondensieren, wenn er mit einem Stoff in Berührung kommt, dessen Temperatur tiefer als die Sättigungstemperatur des Dampfes ist. Bei der Verdampfung stellte man fest, dass an einer Heizfläche, deren Temperatur größer als die Sättigungstemperatur ist, zunächst keine Dampfbildung stattfindet. Bei unterkühlten Flüssigkeiten kann die Wärme durch Konvektion abgeführt werden. Eine Flüssigkeit kann sogar überhitzt sein, ohne dass es zur Verdampfung kommt. In extremen Fällen können sehr hohe Überhitzungen, auch *Siedeverzug* genannt, von über 100 K auftreten, wobei es dann zu einer plötzlichen, explosionsartigen Dampfproduktion kommen kann. Ursache hierfür ist die Tatsache, dass an einer Wand, deren Temperatur höher als die Sättigungstemperatur der Flüssigkeit ist, bei der Verdampfung Dampfblasen entstehen. Wegen der Oberflächenspannung ist der Druck und damit die Sättigungstemperatur des Dampfes in den Blasen höher als in der Flüssigkeit. Die Blase kondensiert wieder. Damit Blasen existieren können, muss die Flüssigkeit überhitzt sein. Je nach *Übertemperatur* der Wand $\Delta\vartheta = \vartheta_w - \vartheta_s$ und Geschwindigkeit der Flüssigkeit entstehen verschiedene Formen der Wärmeübertragung.

© Springer-Verlag Berlin Heidelberg 2017

P. von Böckh und T. Wetzel, *Wärmeübertragung*, https://doi.org/10.1007/978-3-662-55480-7_6

*Flüssigkeiten können überhitzt werden, auch wenn dabei keine Verdampfung statt-findet. Man spricht dann von einem Siedeverzug.*

## 6.1  Behältersieden

Führt man einer ruhenden Flüssigkeit in einem Behälter (z. B. Kochtopf mit Wasser) Wärme zu, sodass an der beheizten Fläche unter Blasenbildung in der Flüssigkeit Dampf produziert wird, spricht man vom *Behältersieden*. In Abb. 6.1 sind die Wärmeübergangs-zahl und Wärmestromdichte beim Behältersieden von Wasser über der Übertemperatur der Wand aufgetragen. Bei kleinen Übertemperaturen bis zum Punkt B wird die Wärme durch freie Konvektion übertragen. An der Wand bilden sich noch keine Blasen.

Mit zunehmender Übertemperatur setzt am Punkt B die Bildung von Blasen ein. In diesem Bereich spricht man vom Blasensieden. An der Wand des Behälters entstehen in kleinen Oberflächenvertiefungen an immer gleicher Stelle, der so genannten Keimstelle, Blasen. Mit steigender Übertemperatur nimmt die Intensität der Blasenbildung zu und es entstehen immer mehr Stellen, an denen sich Blasen bilden. Diese Blasenbildung verwir-belt die Flüssigkeit, die Konvektion wird intensiviert, die Blasen steigen nach oben. Wie in Abb. 6.1 zu sehen ist, steigen Wärmestromdichte und Wärmeübergangszahl mit der Übertemperatur der Wand sehr stark an.

**Abb. 6.1** Wärmeübertragung bei der Verdampfung des Wassers bei 1 bar Druck

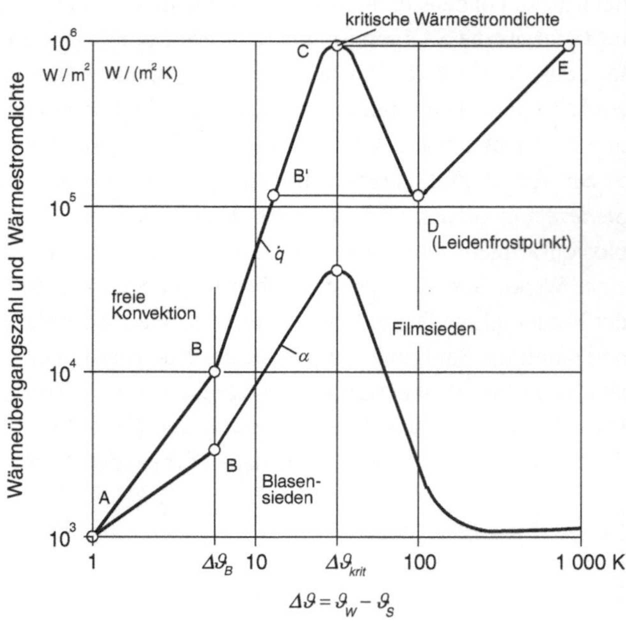

Schließlich entstehen an der Oberfläche so viele Blasen, dass sie ab Punkt C einen zusammenhängenden Dampffilm bilden (*Leidenfrost*-Phänomen). Man spricht hier vom *Filmsieden*. Die Wärmeübertragung erfolgt im Wesentlichen durch Strahlung und Wärmeleitung im Dampffilm. Technische Dampferzeuger werden durch Verbrennung, nukleare Spaltung, elektrischen Strom etc. beheizt. Dabei ist die Wärmestromdichte konstant. Da die Wärmeübergangszahlen im Dampffilm wesentlich kleiner als beim Blasensieden sind, steigt die Wandtemperatur sprunghaft an, damit der entsprechende Wärmestrom übertragen werden kann. Vom Punkt C erfolgt ein spontaner Sprung zum Punkt E. Diese Temperatursprünge sind sehr groß. Am Beispiel von Wasser in Abb. 6.1 beträgt die Änderung der Übertemperatur 770 K. Die Wandtemperatur erhöht sich sprunghaft von 100 bis 900 °C. In technischen Verdampfern hat man in der Regel höhere Drücke und damit auch höhere Sättigungstemperaturen. Die meisten Werkstoffe können eine so hohe Änderung der Temperatur nicht aushalten, es kommt zur Zerstörung des Werkstoffes, d. h., der Übergang vom Blasen- zum Filmsieden sollte auf alle Fälle vermieden werden. Bei der Auslegung der Apparate und der Regelung der Verdampfungsanlagen ist darauf zu achten, dass die *kritische Wärmestromdichte* nicht erreicht wird.

Beim Senken der Wärmestromdichte kommt man zunächst zum Punkt D, wo eine sprunghafte Verringerung der Wandtemperatur stattfindet und es wieder zum Blasensieden am Punkt B kommt. Die Zustände zwischen den Punkten C und D sind praktisch nicht bzw. nur unter Laborbedingungen mit einigen speziellen Stoffen erreichbar.

Die Wärmeübertragung beim Filmsieden ist bei technischen Vorgängen nur selten von Bedeutung, sie wird hier nicht behandelt.

Bei der Verdampfung ist der produzierte Massenstrom des Dampfes von Wichtigkeit. Er berechnet sich als:

$$\dot{m}_g = \dot{Q}/r \tag{6.1}$$

Diese Beziehung ist bei allen Verdampfungsvorgängen gültig.

## 6.1.1  Sieden bei freier Konvektion

Solange in ruhenden, unterkühlten Flüssigkeiten an der Heizfläche keine Blasen entstehen, berechnet man die Wärmeübergangs- bzw. *Nußelt*zahlen wie in Kap. 4 beschrieben. Zur Ermittlung der Wärmeübergangszahlen für horizontale, ebene Heizflächen und horizontale Rohre werden etwas vereinfachte Formeln vorgeschlagen [1].

Die *Nußelt*zahl ist:

$$Nu_L = 0{,}15 \cdot (Gr_L \cdot Pr)^{1/3} \tag{6.2}$$

Die für die *Grashof*- bzw. *Nußelt*zahl charakteristische Länge $L$ wird folgendermaßen gebildet: Rechteckfläche $L = a \cdot b/2\,(a + b)$, Kreisfläche $L = d/4$, horizontaler Zylinder $L = d$.

## 6.1.2  Blasensieden

Wie schon erwähnt, bilden sich die Blasen an besonderen Stellen (Keimstellen). Die Anzahl der Keimstellen erhöht sich mit dem zugeführten Wärmestrom. Die Blasen wachsen aus mikroskopischen Vertiefungen (Rauigkeiten) der Oberfläche. Der Wärmestrom geht zunächst in die Flüssigkeitsgrenzschicht und von dort in die Blase. Der Druck $p_g$ in den Blasen ist auf Grund der Oberflächenspannung größer als der Druck $p_l$ in der Flüssigkeit.

Abb. 6.2 zeigt die Entstehung einer Dampfblase.

Der Überdruck in der Blase steht im Gleichgewicht mit der von der Oberflächenspannung $\sigma$ erzeugten Kraft.

$$p_g - p_l = 4 \cdot \sigma / d \tag{6.3}$$

Damit eine Blase mit dem Durchmesser $d$ entstehen kann, muss eine minimale Übertemperatur vorhanden sein. Der Durchmesser der Keimstelle $d_K$ ist der kleinste Blasendurchmesser. Nach der *Laplace-Kelvin*-Ableitung gilt für die minimale Übertemperatur:

$$\frac{p_g - p_l}{T_g - T_S} = \frac{\rho_g \cdot r}{T_s} \tag{6.4}$$

Mit Gl. 6.3 erhält man für die notwendige Übertemperatur:

$$\vartheta_W - \vartheta_S = \frac{4 \cdot \sigma \cdot T_s}{d_K \cdot \rho_g \cdot r} \tag{6.5}$$

Erreicht eine Blase eine bestimmte Größe, löst sie sich von der Oberfläche und steigt nach oben. Sie transportiert von der Heizfläche Wärme in Form von Verdampfungswärme weg. Im Nachlauf der Blase erfolgt eine Driftströmung, die die konvektive Wärmeübertragung vergrößert. Gl. 6.5 zeigt auch, dass mit zunehmender Übertemperatur die mögliche Blasengröße abnimmt und damit die Anzahl geeigneter Keimstellen wachsen.

**Abb. 6.2** Entstehung einer Dampfblase

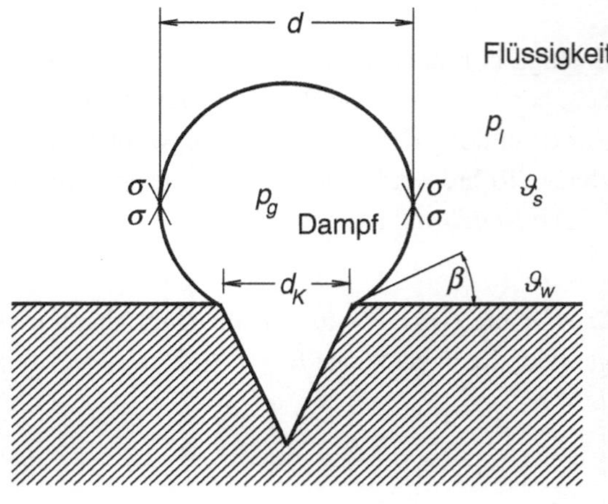

Zur Berechnung der Wärmeübergangskoeffizienten lassen sich aus der Betrachtung der Entstehung und Ablösung der Blasen physikalische Modelle aufstellen. Aus den auf die Blase wirkenden Kräften kann ein Modell für den Abreißdurchmesser $d_A$ der Blase erstellt werden. Hat man eine Vielzahl von Keimstellen, ist gemäß Häufigkeitsverteilung der Abreißdurchmesser der Blase der wahrscheinlichste Durchmesser. Anhand des Modells und durch Experimente hat man für den Blasenabreißdurchmesser folgende Beziehung gefunden:

$$d_A = 0{,}0149 \cdot \beta^0 \cdot \sqrt{\frac{2 \cdot \sigma}{g \cdot (\rho_l - \rho_g)}} \tag{6.6}$$

Dabei ist $\beta^0$ der *Randwinkel der Blase*. Er hat für verschiedene Stoffe unterschiedliche Werte. Nachstehend die Randwinkel einiger wichtiger Stoffe:

$$
\begin{aligned}
\text{Wasser:} \quad & \beta^0 = 45° \\
\text{Kältemittel:} \quad & \beta^0 = 35° \\
\text{Benzol:} \quad & \beta^0 = 40°
\end{aligned}
$$

DieWärmeübergangszahl beim Blasensieden ist:

$$\alpha_B = \frac{\dot{q}}{\vartheta_W - \vartheta_s} = \frac{\dot{q}}{\Delta\vartheta} \tag{6.7}$$

Die *Nußelt*zahl beim Blasensieden wird mit dem Abreißdurchmesser der Blase gebildet.

$$Nu_{d_A} = \frac{\alpha_B \cdot d_A}{\lambda_l} \tag{6.8}$$

Die zu berechnenden Wärmeübergangszahlen sind auf Vergleichswerte, die entweder experimentell ermittelt oder mit empirischen Gleichungen berechnet werden, bezogen.

Für die Wärmeübergangszahl beim Blasensieden wurde folgende Beziehung gefunden [2]:

$$\alpha_B = \alpha_0 \cdot f(p^*) \cdot \left(\frac{\lambda_W \cdot \rho_W \cdot c_{pW}}{\lambda_{WCu} \cdot \rho_{WCu} \cdot c_{pWCu}}\right)^{0{,}25} \cdot \left(\frac{R_a}{R_{aCu}}\right)^{0{,}133} \cdot \left| \begin{array}{ll} \left(\dfrac{\dot{q}}{\dot{q}_0}\right)^{0{,}9-0{,}3\cdot p^{*0{,}15}} & \text{für Wasser} \\[2ex] \left(\dfrac{\dot{q}}{\dot{q}_0}\right)^{0{,}9-0{,}3\cdot p^{*0{,}3}} & \text{für FCKW} \end{array} \right. \tag{6.9}$$

Die Therme in den ersten beiden Klammern berücksichtigen die Materialeigenschaften der Wand. Als Referenz werden die Materialeigenschaften des Kupfers verwendet. Der Index $W$ ist für die Materialeigenschaften der Wand und $Cu$ für die des Kupfers. Unter den Materialeigenschaften ist die sog. Wärmeeindringzahl $b$ bei der instationären Wärmeleitung in der Nähe einer aktiven Blasenkeimstelle von Bedeutung.

$$b = \sqrt{\lambda_W \cdot \rho_W \cdot c_{pW}} \tag{6.10}$$

Die Wärmeeindringzahl hat die Enheit $W{\cdot}s^{0{,}5}{\cdot}K^{-1}{\cdot}m^{-2{,}5}$: Kupfer hat eine Rauhigkeitshöhe von $R_{aCu} = 0{,}4\,\mu m$.

**Tab. 6.1** Bezugswerte bei $p^* = 0{,}1$

| | $p_{krit}$ | $\lambda_{l0}$ | $\rho_{l0}$ | $c_{pl0}$ | $\lambda_{l0} \cdot \rho_{l0} \cdot c_{pl0}$ | $\alpha_0$ | $\alpha_{0exp}$ |
|---|---|---|---|---|---|---|---|
| | bar | W/(m K) | kg/m³ | J/(kg K) | kg²/(s⁵ K²) | W/(m² K) | W/(m² K) |
| Wasser | 220,64 | 0,650 | 843,5 | 4 594 | $2{,}519 \cdot 10^6$ | 6 417 | 5 600 |
| R134a | 40,60 | 0,088 | 1 263,1 | 1 368 | $0{,}154 \cdot 10^6$ | 3 635 | 4 500 |
| Propan | 42,40 | 0,108 | 533,5 | 2 476 | $0{,}143 \cdot 10^6$ | 3 975 | 4 000 |

Funktion $f(p^*)$ gibt die Abhängigkeit vom Druck, bezogen auf $p^* = 0{,}1$, an.

$$f(p^*) = \left|\begin{array}{ll} 1{,}73 \cdot p^{*0{,}27} + \left(6{,}1 + \frac{0{,}68}{1-p^{*2}}\right) \cdot p^{*2} & \text{für Wasser} \\ f(p^*) = 1{,}2 \cdot p^{*0{,}27} + \left(2{,}5 + \frac{1}{1-p^*}\right) \cdot p^* & \text{für andere reine Stoffe} \end{array}\right. \quad (6.11)$$

*Stephan* und *Preußer* [2] fanden anhand zahlreicher Messungen bei einem Druck von $p = 0{,}03 \cdot p_{krit}$, einer Wärmestromdichte von $q_0 = 20\,000$ W/m² und einem arithmetischen Mittenrauwert von $R_a = 0{,}4$ µm für die Vergleichs-*Nußelt*zahl $Nu_{dA0}$ folgende Beziehung (Achtung, mit Stoffwerten bei $p^* = 0{,}03$ rechnen!):

$$Nu_{dA0} = 0{,}1 \cdot \left(\frac{\dot{q}_0 \cdot d_A}{\lambda_l \cdot T_s}\right)^{0{,}674} \cdot \left(\frac{\rho_g}{\rho_l}\right)^{0{,}156} \cdot \left(\frac{r \cdot d_A^2}{a_l^2}\right)^{0{,}371} \cdot \left(\frac{a_l^2 \cdot \rho_l}{\sigma \cdot d_A}\right)^{0{,}35} \cdot Pr_l^{-0{,}16} \quad (6.12)$$

Dabei ist $a_l = \lambda_l / (\rho_l c_{pl})$ die Temperaturleitfähigkeit der Flüssigkeit.

$$\alpha_0 = \frac{f(0{,}1)}{f(0{,}03)} \cdot Nu_{dA0} \cdot \frac{\lambda_l}{d_A} = \frac{1}{f(0{,}03)} \cdot Nu_{dA0} \cdot \frac{\lambda_l}{d_A} \quad (6.13)$$

Für die Vergleichswärmeübergangszahl $\alpha_0$ liefert der mit den Gl. 6.12 und 6.13 ermittelte Wert für Wasser bei $p^* = 0{,}1$ den Wert von 6 398 W/(m² K). Der experimentelle Wert beträgt 5 600 W/(m² K). Bei einigen Kältemitteln ist die Übereinstimmung besser.

In Tab. 6.1 sind die Bezugswerte für Wasser, Frigen R134a und Propan bei $p^* = 0{,}1$ angegeben. Weitere Werte findet man im VDI-Wärmeatlas [5].

Die Übertemperatur zu Beginn des Blasensiedens in Abb. 6.1 ermittelt man, indem der Wert bestimmt wird, bei dem die Wärmeübergangszahl beim Blasensieden größer als die bei freier Konvektion ist.

Abb. 6.3 zeigt den Übergang von freier Konvektion zum Blasensieden im Wasser beim Druck von 6,62 bar an einem waagerechten Rohr mit 15 mm Durchmesser.

Aus dem Diagramm ist ersichtlich, dass freie Konvektion bei etwa 1,5 K Übertemperatur in Blasensieden übergeht.

**Abb. 6.3** Übergang von freier Konvektion zum Blasensieden

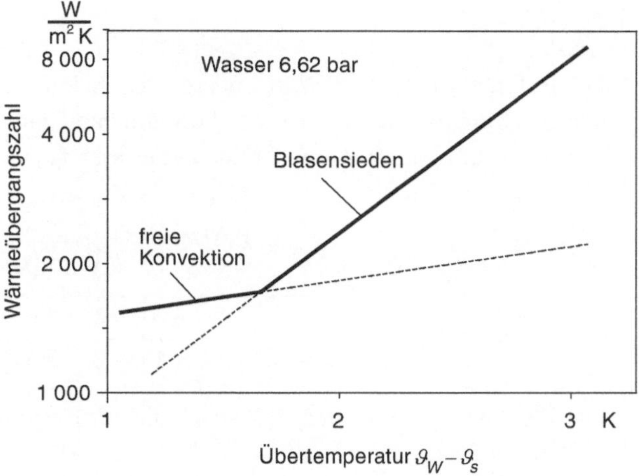



**Beispiel 6.1: Wassersieden im Kochtopf**

Auf einer Heizplatte mit 2,5 kW Heizleistung wird Wasser in einem Kochtopf aus Kupfer mit dem Durchmesser von 25 cm zum Sieden gebracht. Der Druck beträgt 0,98 bar. Die Wandrauigkeit des Kochtopfes ist 0,4 µm.

Die Stoffwerte des Wassers sind bei $p = 0,03 \cdot p_{krit} = 6,6192$ bar:

$$\rho_{l0} = 904,8 \text{ kg/m}^3, \rho_{g0} = 3,477 \text{ kg/m}^3, c_{po} = 4,346 \text{ kJ/(kg K)}, \sigma_0 = 0,046 \text{ N/m},$$

$$Pr_{l0} = 1,07, \lambda_{l0} = 0,679 \text{ W/(m K)}, \nu_{l0} = 0,185 \cdot 10^{-6} \text{ m}^2/\text{s}, T_s = 435,85 \text{ K},$$

$$\beta^\circ = 45^\circ, r = 2\,073 \text{ kJ/kg}, a_l = 1,727 \cdot 10^{-7} \text{ m}^2/\text{s}.$$

Stoffwerte bei $p^* = 0,1$:

$$\rho_l = 843,5 \text{ kg/m}^3, \lambda_l = 0,650 \text{ W/(m K)}, c_p = 4,594 \text{ kJ/(kg K)}$$

Stoffwerte bei $p^* = 0,004444$:

$$\rho_l = 959,0 \text{ kg/m}^3, \lambda_l = 0,678 \text{ W/(m K)}, c_p = 4,215 \text{ kJ/(kg K)}.$$

Bestimmen Sie die Wärmeübergangszahl und Übertemperatur.

**Lösung**

*Annahme*

- Die Wandtemperatur ist konstant.

*Analyse*

Der Referenzwert für die Wärmeübergangszahl kann aus Tab. 6.1 entnommen werden. Zur Kontrolle bestimmen wir die Wärmeübergangszahl.

Bei $p^* = 0{,}03$ ist der Blasenabreißdurchmesser $d_{A0}$ nach Gl. 6.6:

$$d_{A0} = 0{,}0149 \cdot \beta^0 \cdot \sqrt{\frac{2 \cdot \sigma}{g \cdot (\rho_l - \rho_g)}}$$

$$= 0{,}0149 \cdot 45 \cdot \sqrt{\frac{2 \cdot 0{,}046 \cdot \text{N/m}}{9{,}806 \cdot \text{m/s}^2 \cdot (904{,}8 - 3{,}477) \cdot \text{kg/m}^3}} = 2{,}163 \text{ mm}$$

Die Berechnung der *Nußelt*zahl $Nu_{d_{A0}}$, die zur Bestimmung von $\alpha_0$ benötigt wird, erfolgt mit Gl. 6.12.

$$Nu_{d_{A0}} = 0{,}1 \cdot \left(\frac{\dot{q}_0 \cdot d_{A0}}{\lambda_{l0} \cdot T_{s0}}\right)^{0{,}674} \cdot \left(\frac{\rho_{g0}}{\rho_{l0}}\right)^{0{,}156} \cdot \left(\frac{r \cdot d_{A0}^2}{a_{l0}^2}\right)^{0{,}371} \cdot \left(\frac{a_{l0}^2 \cdot \rho_{l0}}{\sigma_0 \cdot d_{A0}}\right)^{0{,}35}$$

$$\cdot Pr_{l0}^{-0{,}16} = 13{,}85$$

In die Gleichung wurden die Stoffwerte bei 6,6192 bar eingesetzt. Die Wärmestromdichte ist 20 000 W/m$^2$.

Die Funktion für die Korrektur des Druckes erfolgt mit Gl. 6.11.

$$f(0{,}03) = 1{,}73 \cdot 0{,}03^{0{,}27} + \left(6{,}1 + \frac{0{,}68}{1 - 0{,}03^2}\right) \cdot 0{,}03^2 = 0{,}677$$

Für die Wärmeübergangszahl $\alpha_0$ erhalten wir:

$$\alpha_0 = \frac{Nu_{d_{A0}} \cdot \lambda_{l0}}{f(0{,}03) \cdot d_{A0}} = \frac{13{,}85 \cdot 0{,}679 \cdot \text{W/(m K)}}{0{,}677 \cdot 0{,}002163 \cdot \text{m}} = 6\,417 \, \frac{\text{W}}{\text{m}^2\,\text{K}}$$

Das Ergebnis stimmt mit dem Wert in Tab. 6.1 überein. Die Wärmeübergangszahl $\alpha_B$ wird mit Gl. 6.9 bestimmt. Dazu muss zunächst die Wärmestromdichte berechnet werden:

$$\dot{q} = \frac{\dot{Q}}{A} = \frac{4 \cdot \dot{Q}}{\pi \cdot d^2} = \frac{4 \cdot 2\,500 \cdot \text{W}}{\pi \cdot 0{,}25^2 \cdot \text{m}^2} = 50\,930 \, \frac{\text{W}}{\text{m}^2}$$

Für die Stoffwerte erhalten wir:

$$\lambda_{l0} \cdot \rho_{l0} \cdot c_{pl0} = 0{,}650 \cdot 843{,}5 \cdot 4\,594 = 2{,}519 \cdot 10^6$$

$$\lambda_l \cdot \rho_l \cdot c_{pl} = 0{,}679 \cdot 958{,}6 \cdot 4\,216 = 2{,}744 \cdot 10^6$$

Die Druckkorrekturfunktion ist:

$$f(0{,}00444) = 1{,}73 \cdot 0{,}00442^{0{,}27} + \left(6{,}1 + \frac{0{,}68}{1 - 0{,}00442^2}\right) \cdot 0{,}00442^2 = 0{,}401$$

Damit wird die Wärmeübergangszahl nach Gl. 6.12:

$$\alpha_B = \alpha_0 \cdot f(p^*) \cdot 1 \cdot \left(\frac{\dot{q}}{\dot{q}_0}\right)^{0,9-0,3\cdot p^{0,15}} = 5\,268\ \frac{W}{m^2 \cdot K}$$

Die Übertemperatur kann aus der Wärmestromdichte bestimmt werden:

$$\Delta\vartheta = \vartheta_W - \vartheta_s = \frac{\dot{q}}{\alpha_B} = \frac{50\,930 \cdot W/m^2}{5\,268 \cdot W/(m^2 \cdot K)} = 9{,}67\ K$$

### *Diskussion*

Um die zugeführte Wärmestromdichte abführen zu können, entsteht beim Sieden des Wassers eine Übertemperatur von 13,4 K. Mit den etwas kleineren, experimentell ermittelten Bezugswerten wird die Wärmeübergangszahl ca. 14 % kleiner, die Übertemperatur erhöht sich auf etwa 10 K.

---

**Beispiel 6.2: Berechnung eines elektrisch beheizten Verdampfers**

Mit einer elektrischen Heizung von 6 kW Leistung soll bei 2 bar Druck Dampf erzeugt werden. Die Heizung hat einen Edelstahlmantel aus 18/10 von 12 mm Durchmesser, sie ist 1 m lang. Die Rauigkeit des Heizstabes beträgt 1,5 µm.

Die Bezugswerte bei $p^* = 0{,}03$ können aus Aufgabe 6.1 entnommen werden. Stoffwerte bei

$$p^* = 0{,}00906:\ r = 2\,201{,}6\ kJ/kg,\ \rho_l = 942{,}9\ kg/m^3$$

$$\lambda_l = 0{,}683\ W/\,(m\,K),\ c_p = 4{,}247\ kJ/\,(kg\,K)\,.$$

Stoffwerte Kupfer:

$$\lambda_{Cu} = 401\ W/(m\ K),\ c_p = 365\ J/(kg\,K),\ \rho_{Cu} = 8\,920\ kg/m^3$$

Stoffwerte 18/10:

$$\lambda_W = 15\ W/(m\ K),\ c_p = 500\ J/(kg\,K),\ \rho_{Cu} = 7\,900\ kg/m^3\,.$$

Bestimmen Sie den Dampfmassenstrom, die Wärmeübergangszahl und Übertemperatur.

**Lösung**

*Annahmen*

- Die Wandtemperatur ist konstant.
- Es wird angenommen, dass dem Verdampfer immer Wasser mit Siedetemperatur zugeliefert wird.

*Analyse*

Den Dampfmassenstrom bestimmen wir mit Gl. 6.1.

$$\dot{m} = \frac{\dot{Q}}{r} = \frac{6 \cdot \text{kW}}{2\,201{,}6 \cdot \text{kJ/kg}} = 0{,}00273 \text{ kg/s} = \mathbf{9{,}81 \ kg/h}$$

Der Referenzwert für die Wärmeübergangszahl ist jener aus Aufgabe 6.1.

Für die Stoffwerte erhalten wir: $\lambda_l \cdot \rho_l \cdot c_{pl} = 0{,}683 \cdot 942{,}9 \cdot 4\,247 = 2{,}735 \cdot 10^6$

Die Druckkorrekturfunktion ist: $f(0{,}00906) = 0{,}486$

Die Wärmestromdichte beträgt:

$$\dot{q} = \frac{\dot{Q}}{\pi \cdot d \cdot l} = \frac{6 \cdot \text{kW}}{\pi \cdot 0{,}012 \cdot \text{m} \cdot 1 \cdot \text{m}} = 159{,}155 \text{ kW/m}^2$$

Für die Berücksichtigung des Wandmaterials benötigen wir das Verhältnis der Wärmeeindringtiefe.

$$b = \left( \frac{\lambda_W \cdot \rho_W \cdot c_{pW}}{\lambda_{Cu} \cdot \rho_{Cu} \cdot c_{pCu}} \right)^{0{,}25} = 0{,}455$$

$$\alpha_B = f(p^*) \cdot \left( \frac{\lambda_W \cdot \rho_W \cdot c_{pW}}{\lambda_{Cu} \cdot \rho_{Cu} \cdot c_{pCu}} \right)^{0{,}25} \cdot \left( \frac{R_a}{R_{a0}} \right)^{0{,}133} \cdot \left( \frac{\dot{q}}{\dot{q}_0} \right)^{0{,}9-0{,}3 \cdot p^{*0{,}15}} \cdot \alpha_0 = \mathbf{8\,025 \ \frac{W}{m^2 \cdot K}}$$

$$\Delta\vartheta = \vartheta_W - \vartheta_s = \frac{\dot{q}}{\alpha_B} = \frac{159\,155 \cdot \text{W/m}^2}{8\,025 \cdot \text{W/(m}^2\,\text{K)}} = \mathbf{19{,}83 \ K}$$

*Diskussion*

Durch die hohe Wärmestromdichte entsteht eine kräftige Blasenbildung mit sehr hoher Wärmeübergangszahl, somit ist die Übertemperatur nicht sehr groß.

---

**Beispiel 6.3: Auslegung eines elektrisch beheizten Verdampfers**

Zum Anfahren eines Dampfkraftwerkes wird das Wasser im Speisewasserbehälter so aufgeheizt, dass der Druck auf 10 bar ansteigt. Anschließend muss bei diesem Druck für die Hilfsdampfschiene 1,5 kg/s Dampf produziert werden. Die Beheizung erfolgt mit 6 elektrischen Heizstäben mit einem Mantel aus 18/10 von je 100 mm

Durchmesser. Die Rauigkeit des Heizstabes ist 3 µm. Die Heizstablänge soll so ausgelegt werden, dass die Dampfproduktion bei 5 K Übertemperatur erfolgt. Die Bezugswerte bei $p^* = 0{,}03$ können Aufgabe 6.1 entnommen werden.

Stoffwerte bei

$$p = 10\,\text{bar} \quad r = 2\,014{,}4\,\text{kJ/kg}, \ \rho_l = 887{,}1\,\text{kg/m}^3, \ \lambda_l = 0{,}673\,\text{W/(m K)},$$

$$c_p = 4{,}405\,\text{kJ/(kg K)}$$

Die Stoffwerte des Heizstabes und Kupfers sind wie in Beispiel 6.2. Bestimmen Sie die notwendige Heizleistung und Länge der Heizstäbe.

**Lösung**

*Annahmen*

- Die Wandtemperatur ist konstant.
- Es wird angenommen, dass den Heizstäben immer Wasser mit Siedetemperatur zugeliefert wird.

*Analyse*

Die Heizleistung errechnet sich mit Gl. 6.1:

$$\dot{Q} = \dot{m} \cdot r = 1{,}5 \cdot \frac{\text{kg}}{\text{s}} \cdot 2\,014{,}4 \cdot \frac{\text{kJ}}{\text{kg}} = \mathbf{3{,}022\ MW}$$

Pro Heizstab werden also 504 kW Heizleistung benötigt. Für die Stoffwerte erhalten wir: $\lambda_l \cdot \rho_l \cdot c_{pl} = 0{,}673 \cdot 887{,}1 \cdot 4\,405 = 2{,}669 \cdot 10^6$.

Der normierte Druck $p^*$ ist 0,0452. Die Korrekturfunktion für die Dichte errechnet sich als:

$$f(0{,}0453) = 1{,}735 \cdot 0{,}0453^{0{,}27} + \left(6{,}1 + \frac{0{,}68}{1 - 0{,}0453^2}\right) \cdot 0{,}0453^2 = 0{,}764$$

Da die Heizstablänge unbekannt ist, wird in Gl. 6.9 die Wärmestromdichte durch die Wärmeübergangszahl ersetzt. Zunächst formen wir Gl. 6.9 um.

$$\frac{\alpha_B}{\alpha_0} = f(p^*) \cdot \left(\frac{\lambda_l \cdot \rho_l \cdot c_{pl}}{\lambda_{l0} \cdot \rho_{l0} \cdot c_{pl0}}\right)^{0{,}25} \cdot \left(\frac{R_a}{R_{a0}}\right)^{0{,}133} \cdot \left(\frac{\dot{q}}{\dot{q}_0}\right)^{0{,}9 - 0{,}3 \cdot p^{*0{,}15}} = 0{,}453 \cdot \left(\frac{\dot{q}}{\dot{q}_0}\right)^{0{,}7144}$$

Für die Wärmestromdichte wird $\alpha_B \cdot \Delta\vartheta$ eingesetzt. Nach Umformungen erhält man:

$$\frac{\alpha_B}{\alpha_0} = 0{,}4530 \cdot \left(\frac{\alpha_B \cdot \Delta\vartheta}{\alpha_0 \cdot \Delta\vartheta_0}\right)^{0{,}7144}$$

$$\left(\frac{\alpha_B}{\alpha_0}\right) = 0{,}4530^{\frac{1}{1 - 0{,}7114}} \cdot \left(\frac{\Delta\vartheta}{\Delta\vartheta_0}\right)^{\frac{0{,}7114}{1 - 0{,}7114}} = 0{,}06432 \cdot \left(\frac{\Delta\vartheta}{\Delta\vartheta_0}\right)^{2{,}4650}$$

Mit den Vergleichswerten kann die Übertemperatur für die Wärmeübergangszahl und Wärmestromdichte berechnet werden.

$$\Delta\vartheta_0 = \dot{q}_0/\alpha_0 = \frac{20\,000 \cdot W \cdot m^2 \cdot K}{6\,417 \cdot W \cdot m^2} = 3{,}177\ K$$

Die Wärmedurchgangszahl, notwendige Heizfläche und Stablänge können jetzt bestimmt werden.

$$\alpha_B = \left(\frac{\Delta\vartheta}{\Delta\vartheta_0}\right)^{2,4649} \cdot \alpha_0 = \left(\frac{5 \cdot K}{3{,}126 \cdot K}\right)^{2,4649} \cdot 6\,417 \cdot \frac{W}{m^2 \cdot K} = 23\,397\ \frac{W}{m^2 \cdot K}$$

$$A = \frac{\dot{Q}}{\dot{q}} = \frac{\dot{Q}}{\alpha_B \cdot \Delta\vartheta} = \frac{503{,}6 \cdot kW}{23{,}397 \cdot \frac{kW}{m^2 \cdot K} \cdot 5 \cdot K} = \mathbf{4{,}497\ m^2}$$

$$l = A/(\pi \cdot d) = 4{,}497 \cdot m^2/(\pi \cdot 0{,}1 \cdot m) = \mathbf{4{,}315\ m}$$

*Diskussion*

Durch die sehr hohe Wärmestromdichte erhöhen sich Blasenproduktion und Wärmeübergangszahl. Die Wärmeübertragung erfolgt bei einer sehr kleinen Übertemperatur von 5 K. Bei einer größeren Heizfläche wird die Wärmestromdichte verringert, was die Verminderung der Wärmeübergangszahlen und die Erhöhung der Übertemperatur bewirkt. Die Wärmeübergangszahl steigt bei diesem Druck fast mit der 8. Potenz der Übertemperatur. Schon eine kleine Verringerung der Übertemperatur hat eine wesentliche Erhöhung der Heizfläche zur Folge. In diesem Beispiel würde man bei einer Übertemperatur von 4 K eine fast 7 mal so große Heizfläche von 6,56 m$^2$ benötigen. Beim Blasensieden wird die Heizfläche mit abnehmender Temperaturdifferenz extrem stark erhöht.

## 6.2  Sieden bei erzwungener Konvektion

Die Verdampfung kann in durchströmten Rohren oder angeströmten Körpern (Rohrbündeln) erfolgen. Das eintretende Fluid ist dabei unterkühlte Flüssigkeit, gesättigte Flüssigkeit oder ein Dampf/Flüssigkeitsgemisch. Im Verdampfer wird die Flüssigkeit teilweise oder vollständig verdampft, sodass entweder ein Dampf/Flüssigkeitsgemisch bzw. gesättigter oder überhitzter Dampf den Verdampfer verlassen. Die Wärmeübertragungsvorgänge können daher bei einphasiger Flüssigkeits- oder Dampfströmung oder bei zweiphasiger Dampfströmung stattfinden [3].

In der strömenden, unterkühlten Flüssigkeit erfolgt die Wärmeübertragung zunächst wie in Kap. 3 beschrieben. Bereits in der unterkühlten Flüssigkeit können Dampfblasen

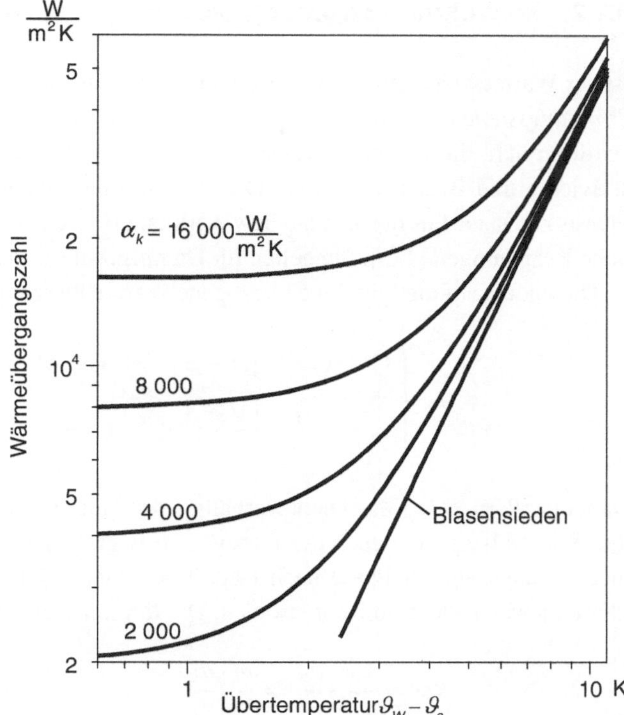

**Abb. 6.4** Wärmeübergangszahl bei der Verdampfung unterkühlter Flüssigkeiten mit erzwungener Konvektion



entstehen, die dann in der Flüssigkeit wieder kondensieren. Die Dampfblasen beeinflussen die Wärmeübergangszahlen in der unterkühlten Flüssigkeit. Im weiteren Verlauf der Strömung tritt zunächst Blasensieden auf, bis in der Zweiphasenströmung schließlich der konvektive Wärmeübergang überwiegt.

## 6.2.1   Strömungssieden

Für die Wärmeübergangszahlen in der gesättigt strömenden Flüssigkeit gilt folgende asymptotische Näherung (Abb. 6.4):

$$\alpha = \sqrt[1,2]{\alpha_k^{1,2} + \alpha_B^{1,2}} \tag{6.14}$$

Nachfolgend werden die Beziehungen für das konvektive Strömungssieden gesättigter Fluide angegeben und mit einem Beispiel erläutert. Der Einfluss des Blasensiedens auf den Wärmeübergang bei erzwungener Konvektion benötigt weitaus komplexere Berechnungsansätze, für die auf [5] verwiesen wird.

## 6.2.2  Konvektives Strömungssieden

Ist der Wärmewiderstand in der Strömung kleiner als beim Blasensieden, tritt konvektives *Strömungssieden* auf, das auch *stilles Sieden* genannt wird. Durch die intensive Konvektion reicht die Übertemperatur an der Wand nicht mehr aus, um die Keimstellen zu aktivieren und Blasen zu bilden. Die Verdampfung findet an der freien Oberfläche der Flüssigkeit statt. Für horizontale bzw. vertikale Rohre und Kanäle fand man unterschiedliche Beziehungen [4, 5]. Sie gelten für Dampfgehalte von $x = 0$ bis $x = 1$.

Die lokale, auf die Flüssigkeit bezogene Wärmeübergangszahl ist in vertikalen Rohren:

$$\frac{\alpha_x}{\alpha_{l0}} = \left\{ \begin{array}{l} (1-x)^{0,01} \cdot [(1-x)^{1,5} + 1,9 \cdot x^{0,6} \cdot R^{0,35}]^{-2,2} + \\[2ex] + x^{0,01} \cdot \left[ \dfrac{\alpha_{g0}}{\alpha_{l0}} (1 + 8 \cdot (1-x)^{0,7} \cdot R^{0,67}) \right]^{-2} \end{array} \right\}^{-0,5} \tag{6.15}$$

Dabei ist $R = \rho_l / \rho_g$ das Dichteverhältnis der Flüssigkeit zum Dampf. $\alpha_{l0}$ und $\alpha_{g0}$ sind die Wärmeübergangszahlen der flüssigen bzw. gasförmigen Phase. Sie werden als Wärmeübergangszahl der Phase nach Kap. 3 berechnet. Dabei wird angenommen, dass die Phasen jeweils allein im Rohr strömen. Die *Reynolds*zahlen sind:

$$Re_l = \frac{c_{0l} \cdot d_h}{v_l} = \frac{\dot{m} \cdot d_h}{A \cdot \eta_l} \qquad Re_g = \frac{c_{0g} \cdot d_h}{v_l} = \frac{\dot{m} \cdot d_h}{A \cdot \eta_g} \tag{6.16}$$

Dabei ist $A$ der Strömungsquerschnitt des Kanals und $d_h$ der hydraulische Durchmesser. Die Berechnung für horizontale Rohre erfolgt ähnlich:

$$\frac{\alpha_x}{\alpha_{l0}} = \left\{ \begin{array}{l} (1-x)^{0,01} \cdot [(1-x)^{1,5} + 1,2 \cdot x^{0,4} \cdot R^{0,37}]^{-2,2} + \\[2ex] + x^{0,01} \cdot \left[ \dfrac{\alpha_{g0}}{\alpha_{l0}} (1 + 8 \cdot (1-x)^{0,7} \cdot R^{0,67}) \right]^{-2} \end{array} \right\}^{-0,5} \tag{6.17}$$

Gl. 6.17 berücksichtigt die Verteilung der Phasen im horizontalen Rohr.

Die angegebenen Beziehungen wurden anhand von Messungen in Rohren kreisförmigen und rechteckigen Querschnitts und in Ringspalten abgeleitet. Abb. 6.5 zeigt den Verlauf der Wärmeübergangszahlen bei verschiedenen Dichteverhältnissen als eine Funktion des Dampfgehaltes.

Mittlere Wärmeübergangszahlen können durch Integration der Gl. 6.15 und 6.17 angegeben werden.

$$\bar{\alpha} = \frac{1}{x_2 - x_1} \cdot \int_{x_1}^{x_2} \alpha(x) dx \tag{6.18}$$

In Abb. 6.6 sind die mittleren Wärmeübergangszahlen bei vollständiger Verdampfung von $x = 0$ bis 1 in vertikalen und in Abb. 6.7 in horizontalen Rohren als eine Funktion des Dichteverhältnisses dargestellt.

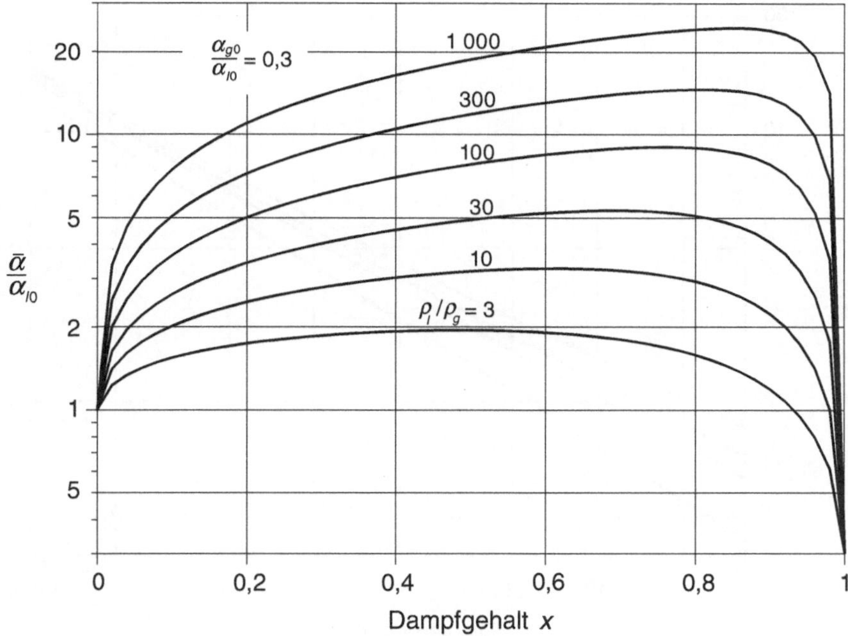



**Abb. 6.5**  Lokale Wärmeübergangszahlen in vertikalen Rohren bei $\alpha_{g0}/\alpha_{l0} = 0{,}3$

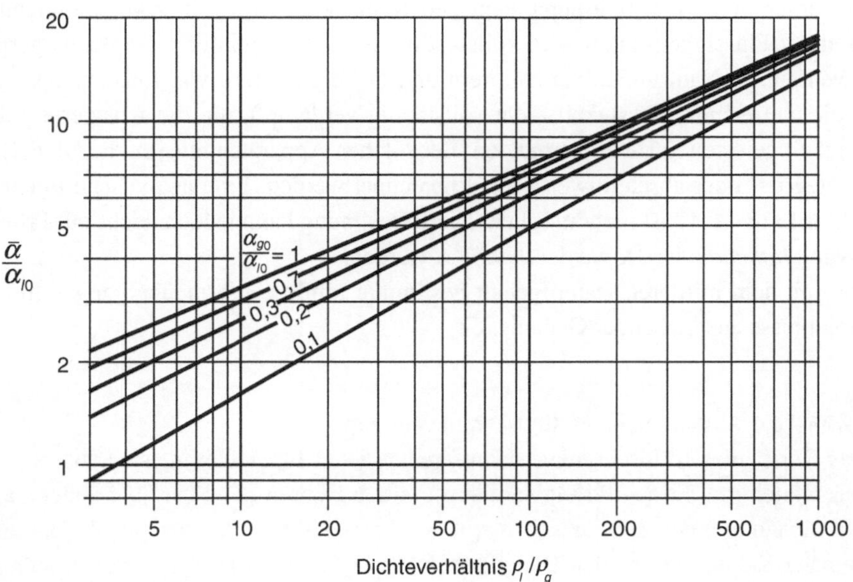



**Abb. 6.6**  Mittlere Wärmeübergangszahlen in vertikalen Rohren bei vollständiger Verdampfung

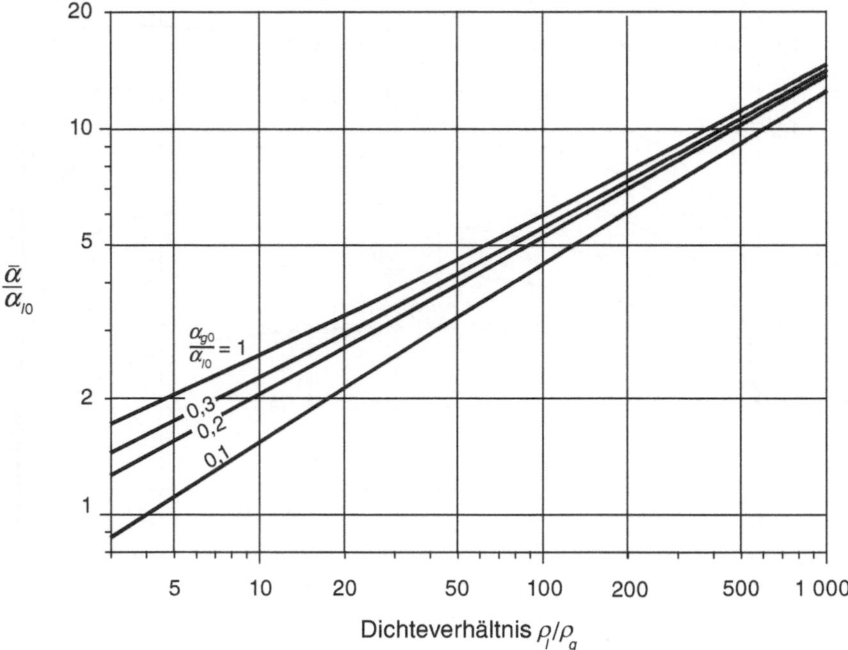



**Abb. 6.7**  Mittlere Wärmeübergangszahlen in horizontalen Rohren bei vollständiger Verdampfung

In Verdampfern von Wärmepumpen und Kälteanlagen tritt ein Zweiphasengemisch ein und der Flüssigkeitsanteil wird vollständig verdampft. Bei den Dampferzeugern von Kraftwerken, in Naturumlaufverdampfern und in Verdampfern von Entsalzungsanlagen wird die eintretende Flüssigkeit nicht vollständig verdampft, um die Ablagerung der in Flüssigkeit gelösten Salze zu vermeiden. Bei solchen Apparaten müssen die Gl. 6.15 und 6.17 integriert oder abschnittweise lokal berechnet werden. Eine analytische Integration der Gl. 6.15 und 6.17 ist nicht möglich. Die Berechnung kann jedoch leicht mit Programmen wie *Mathcad* oder *Maple* durchgeführt werden.

Die mit dem mittleren Dampfgehalt bestimmte mittlere Wärmeübergangszahl liefert oft Ergebnisse ausreichender Genauigkeit.

**Beispiel 6.4: Auslegung eines Kühlschrankverdampfers**
Das Rohr eines Kühlschrankverdampfers hat einen Innendurchmesser von 6 mm. Das Kältemittel Frigen R134a verdampft in den Rohren bei 2 bar. Der äußere, auf den Innendurchmesser bezogene Wärmewiderstand ist $0,9 \cdot 10^{-3} (\text{m}^2\,\text{K})/\text{W}$. Das eintretende Kältemittel hat den Dampfgehalt von 0,4 und wird vollständig verdampft. Der Wärmestrom, der vom Verdampfer aufgenommen wird, soll 700 W betragen. Das Verdampferrohr verläuft horizontal. Die Verdampfung des Frigens erfolgt bei

$-10{,}07\,°\mathrm{C}$, die Temperatur außen am Rohr beträgt $4\,°\mathrm{C}$. Die Verdampfungsenthalpie des Frigens ist: $r = 205{,}88$ kJ/kg.

Stoffwerte Kondensat:

$$\rho_l = 1\,327{,}7\ \mathrm{kg/m^3},\ \lambda_l = 0{,}0971\ \mathrm{W/(m\,K)}\,,\ Pr_l = 4{,}23,\ \eta_l = 0{,}3143{\cdot}10^{-3}\ \mathrm{kg/(m\,s)}.$$

Stoffwerte Dampf:

$$\rho_g = 10{,}02\ \mathrm{kg/m^3},\ \lambda_g = 0{,}0111\ \mathrm{W/(m\,K)}\,,$$
$$Pr_g = 0{,}609,\ \eta_g = 0{,}0112\cdot 10^{-3}\ \mathrm{kg/(m\,s)}\,.$$

a) Bestimmen Sie die notwendige Länge des Verdampferrohres mit einem mittleren Dampfgehalt von 0,7.
b) Bestimmen Sie durch Integration von Gl. 6.17 die notwendige Länge des Verdampferrohres.

**Lösung**

*Annahmen*

- Die Wandtemperatur ist konstant.
- Die Einflüsse der Rohrbögen werden vernachlässigt.

*Analyse*

Aus der gegebenen Heizleistung von 700 W kann der Massenstrom des Kältemittels bestimmt werden.

$$\dot{m} = \frac{\dot{Q}}{h'' - x_1 \cdot r - h'} = \frac{\dot{Q}}{(x_1 - 1)\cdot r} = \frac{0{,}700\ \mathrm{kW}}{0{,}6 \cdot 205{,}88\ \mathrm{kJ/kg}} = 5{,}667 \cdot 10^{-3}\,\frac{\mathrm{kg}}{\mathrm{s}}.$$

Vor der Lösung der Teilaufgabe a) werden zunächst noch die Wärmeübergangszahlen der reinen Flüssigkeits- und Gasströmung berechnet.

$$Re_l = \frac{4\cdot \dot{m}\cdot d}{\pi \cdot d_i^2 \cdot \eta_l} = 3\,826 \qquad Re_g = \frac{4\cdot \dot{m}\cdot d}{\pi \cdot d_i^2 \cdot \eta_g} = 107\,368$$

$$\xi_l = [1{,}8\cdot \log(Re_l) - 1{,}5]^{-2} = 0{,}0408$$
$$\xi_g = [1{,}8\cdot \log(Re_g) - 1{,}5]^{-2} = 0{,}0175$$

$$Nu_l = \frac{\xi_l/8 \cdot Re_l \cdot Pr_l}{1 + 12{,}7\cdot \sqrt{\xi_l/8}\cdot (Pr_l^{2/3} - 1)} = 33{,}50$$

$$Nu_g = \frac{\xi_g/8 \cdot Re_g \cdot Pr_g}{1 + 12{,}7\cdot \sqrt{\xi_g/8}\cdot (Pr_g^{2/3} - 1)} = 171{,}94$$

$$\alpha_l = \frac{Nu_l \cdot \lambda_l}{d_i} = 542{,}1\frac{W}{m^2\,K} \quad \alpha_g = \frac{Nu_g \cdot \lambda_g}{d_i} = 318{,}1\frac{W}{m^2\,K}s$$

$$\alpha_g/\alpha_l = 0{,}587$$

a) Die Erhöhung der Wärmeübergangszahl gegenüber der Wärmeübergangszahl der Flüssigkeit wird mit Gl. 6.17 berechnet. Dabei wird $x = 0{,}7$ eingesetzt.

$$\varphi(x) = \frac{\alpha_x}{\alpha_l} = \left\{ \begin{array}{l} (1-x)^{0,01} \cdot [(1-x)^{1,5} + 1{,}2 \cdot x^{0,4} \cdot R^{0,37}]^{-2,2} + \\[2mm] + x^{0,01} \cdot \left[\dfrac{\alpha_g}{\alpha_l}(1 + 8 \cdot (1-x)^{0,7} \cdot R^{0,67})\right]^{-2} \end{array} \right\}^{-0,5} = 7{,}815$$

Die mittlere Wärmeübergangszahl ist damit:

$$\bar{\alpha} = \alpha_l \cdot \varphi(0{,}7) = 7{,}815 \cdot 542{,}1\frac{W}{m^2\,K} = 4\,236{,}7\frac{W}{m^2\,K}$$

Wärmedurchgangszahl:

$$\bar{k} = \left(\frac{1}{\bar{\alpha}} + R_a\right)^{-1} = \left(\frac{1}{4\,236{,}7} + 0{,}9 \cdot 10^{-3}\right)^{-1} \cdot \frac{W}{m^2\,K} = 880{,}2\frac{W}{m^2\,K}$$

Die für den Wärmetransfer notwendige Fläche beträgt:

$$A = \frac{\dot{Q}}{k \cdot (\vartheta_a - \vartheta_i)} = \frac{700 \cdot W \cdot m^2 \cdot K}{880{,}2 \cdot W \cdot (4 + 10{,}07) \cdot K} = 0{,}057 \ m^2$$

Damit berechnet sich die notwendige Länge des Verdampferrohres zu:

$$l = A/(\pi \cdot d_i) = \mathbf{2{,}998 \ m}$$

b) Das Integral in Gl. 6.17 kann zur Bestimmung der mittleren Wärmeübergangszahl z. B. mit dem Programm *Mathcad* berechnet werden. Man erhält:

$$\bar{\varphi}(x) = \frac{1}{x_2 - x_1} \cdot \int_{x_1}^{x_2} \varphi(x) \cdot dx = \frac{1}{1 - 0{,}4} \cdot \int_{0,4}^{1} \varphi(x) \cdot dx = 7{,}486$$

Die mittlere Wärmeübergangszahl ist 4,4 % kleiner als die mit dem mittleren $x$-Wert berechnete und benötigt damit eine 0,9 % größere Länge.

*Diskussion*

Bei Verdampfung in der Strömung vergrößert sich im Vergleich zur Flüssigkeit die Wärmeübergangszahl um das 2,2fache. Für einfachere Berechnungen kann bei sehr guter Genauigkeit die mittlere Wärmeübergangszahl mit dem mittleren Dampfgehalt bestimmt werden.

# Literatur


1. Stephan K, Abdelsalam M (1963) Heat-transfer correlations for natural convection Boiling. Int J Heat Mass Transfer 6:73–87
2. Stephan K, Preußer P (1979) Wärmeübergang und maximale Stromdichte beim Behältersieden binärer und ternärer Flüssigkeitsgemische. Chem-Ing Techn MS 649/79, Synops Chem-Ing Techn 51:37
3. Steiner D (1982) Wärmeübergang bei Strömungssieden von Kältemitteln und kryogenen Flüssigkeiten in waagerechten und senkrechten Rohren. DKV-Tagungsbericht, Essen, 9:241–260
4. Chawla JM (1967) Wärmeübergang und Druckabfall in waagerechten Rohren bei der Strömung von verdampfenden Kältemitteln. VDI-Forsch-H 523. VDI-Verlag, Düsseldorf
5. VDI-Wärmeatlas (2002) 9. Aufl. Springer, Berlin

# Strahlung 7

Wärmeübertragung durch *Strahlung* erfolgt durch elektromagnetische Wellen. Im Gegensatz zur Wärmeleitung, bei der die Wärmeübertragung an Bewegungen von Molekülen, Atomen oder Elektronen gebunden ist, also ein Trägermedium erfordert, benötigt die Wärmeübertragung bei Strahlung keine Materie, d. h. sie kann auch im Vakuum erfolgen. Bei der Strahlung wird von einem wärmeren Körper durch elektromagnetische Wellen Wärme an einen kälteren Körper übertragen. Der Wärmetransfer durch Strahlung erfolgt entweder im Vakuum oder durch Stoffe (meistens Gase), die die elektromagnetischen Wellen durchlassen. Im zweiten Fall wird neben der Strahlung durch Wärmeleitung oder Konvektion zusätzlich Wärme übertragen.

*Strahlung erfolgt von der Oberfläche fester und flüssiger Körper und auch von Gasen, deren Moleküle aus mehr als zwei Atomen bestehen.*

Die Länge der elektromagnetischen Wellen, durch die die Wärme übertragen wird, liegt zwischen 0,8 bis 400 μm. Dieser Wellenlängenbereich wird auch als infraroter Bereich bezeichnet. Zum Vergleich: Licht liegt im sichtbaren Wellenlängenbereich zwischen 0,35 und 0,75 μm. Bei tiefen Temperaturen ist der Anteil an sichtbarer Strahlung so gering, dass er vom Auge nicht wahrgenommen wird. Bei hohen Temperaturen erhöht sich der Anteil der sichtbaren Strahlen, er wird vom Auge registriert (z. B. Glühfaden einer Glühbirne).

Mit zunehmender Temperatur steigt die Intensität der Wärmestrahlung. Auch bei kleinen Temperaturen kann der Anteil der durch Strahlung übertragenen Wärme, z. B. bei Isolationsproblemen bei sehr tiefen Temperaturen, von Bedeutung sein.

Elektromagnetische Wellen, die auf einen Körper auftreffen, werden von diesem je nach seinen Eigenschaften teilweise reflektiert, durchgelassen oder absorbiert. Bezeichnet man den absorbierten Anteil (*Absorptionsverhältnis*) mit $\alpha$, den durchgelassenen Anteil

© Springer-Verlag Berlin Heidelberg 2017

P. von Böckh und T. Wetzel, *Wärmeübertragung*, https://doi.org/10.1007/978-3-662-55480-7_7

mit $\tau$ und den reflektierten Anteil mit $\rho$, gilt immer:

$$\alpha + \rho + \tau = 1 \tag{7.1}$$

Feste Stoffe und Flüssigkeiten verhindern einen Durchlass bereits bei sehr kleinen Dicken, Metalle bei etwa 1 µm, Flüssigkeiten bei 1 mm. Bei den meisten Körpern sind die Eigenschaften bezüglich Reflexion, Durchlass und Absorption zusätzlich von der Wellenlänge der Strahlung abhängig.

> *Jeder Körper, dessen Temperatur über dem absoluten Nullpunkt liegt, sendet Strahlen aus.*

Das Vermögen, Strahlen auszusenden, hängt von den Eigenschaften des Körpers ab. Ein so genannter *schwarzer Körper* ist in der Lage, bei einer bestimmten Temperatur Strahlen mit maximaler Intensität auszusenden. Die Fähigkeit anderer Körper, bei der gleichen Temperatur Strahlen auszusenden, wird durch das *Emissionsverhältnis $\varepsilon$* angegeben. Das Emissionsverhältnis ist das Verhältnis der Strahlungsintensität eines Körpers bei einer bestimmten Temperatur, verglichen mit der Strahlungsintensität eines schwarzen Körpers bei gleicher Temperatur.

Das *Kirchhoff'sche Gesetz* sagt aus, dass das Emissionsverhältnis $\varepsilon$ eines Körpers bei stationären Verhältnissen gleich seines Absorptionsverhältnisses $\alpha$ ist.

$$\varepsilon = \alpha \tag{7.2}$$

Gl. 7.2 gilt streng nur für gerichtete spektrale Absorptions- und Emissionsgrade. Für sogenannte diffus und grau strahlende Oberflächen, die praktisch häufig zumindest näherungsweise vorliegen, sind aber auch die wellenlängen- und richtungsunabhängigen sog. hemisphärischen Gesamt-Emissions- und Absorptionsverhältnisse gleich. Näheres zu diesen Zusammenhängen findet man z. B. in [7]. Körpern ordnet man nach ihrem Verhalten bezüglich Reflexion, Durchlass und Absorption folgende Eigenschaften bzw. Benennungen zu:

schwarz:   alle auftreffenden Strahlen werden absorbiert ($\alpha = \varepsilon = 1$)

weiß:   alle Strahlen werden reflektiert ($\rho = 1$)

grau:   alle auftreffenden Strahlen werden im gesamten Wellenlängenbereich zum gleichen Anteil absorbiert ($\varepsilon < 1$)

farbig:   von den auftreffenden Strahlen werden bestimmte Wellenlängen (die der entsprechenden Farbe) bevorzugt reflektiert

spiegelnd:   alle auftreffenden Strahlen werden, bezogen auf die Flächennormale, unter dem gleichen Winkel reflektiert

matt:   auftreffende Strahlen werden diffus in alle Richtungen gestreut.

## 7.1 Grundgesetz der Temperaturstrahlung

Ein schwarzer Körper lässt sich durch die Öffnung eines Hohlraums, dessen wärmeundurchlässige (adiabate) Wände innen überall die gleiche Temperatur haben, annähernd verwirklichen. Die Wärme wird ausschließlich per Strahlung durch die Öffnung abgegeben, man spricht von *schwarzer Strahlung*.

Die *spektralspezifische Intensität* der schwarzen Strahlung $i_{\lambda,s}$ wird durch das *Planck'sche Strahlungsgesetz* beschrieben.

$$i_{\lambda,s} = \frac{C_1}{\lambda^5 \cdot (e^{C_2/(\lambda \cdot T)} - 1)} \tag{7.3}$$

Die Konstanten $C_1$ und $C_2$ haben folgende Bedeutung:

$$\begin{aligned} C_1 &= 2 \cdot \pi \cdot c^2 \cdot h = 3{,}7418 \cdot 10^{-16}\,\mathrm{W \cdot m^2} \\ C_2 &= c \cdot h/k = 1{,}438 \cdot 10^{-2}\,\mathrm{K \cdot m} \end{aligned} \tag{7.4}$$

Die Konstanten enthalten nur physikalische Konstanten: Lichtgeschwindigkeit $c$, *Planck*'sches Wirkungsquantum $h$ und *Boltzmann*konstante $k$, die keine empirisch er-

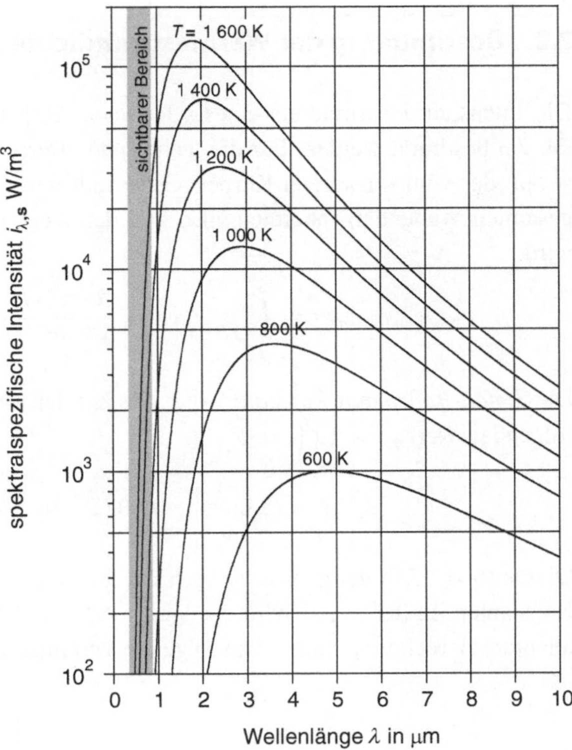


**Abb. 7.1** Intensität der schwarzen Strahlung in Abhängigkeit der Wellenlänge

mittelten Größen sind. Die Werte dieser physikalischen Konstanten sind:

$$c = 299\,792\,458\,\text{m/s}, \quad h = 6{,}6260755 \cdot 10^{-34}\,\text{J} \cdot \text{s}, \quad k = 1{,}380641 \cdot 10^{-23}\,\text{J/K}.$$

Die Größe $i_{\lambda,s}$ ist die Strahlungsintensität eines schwarzen Strahlers (der Index $s$ steht für schwarze Strahlung) geteilt durch die Wellenlänge, bei der die Strahlung stattfindet. Da die Intensität pro Meter Wellenlänge angegeben ist, ist ihre Einheit W/m$^3$.

    Abb. 7.1 zeigt die Verteilung der Intensität über die Wellenlänge bei verschiedenen Temperaturen. Wie aus dem Diagramm zu ersehen ist, hat die Strahlung für jede Temperatur bei einer bestimmten Wellenlänge ein Maximum. Leitet man Gl. 7.3 nach der Wellenlänge ab und setzt die Ableitung gleich null, erhält man die Stelle des Maximums.

$$\lambda_{i\,=\,max} = 2\,898\,\mu\text{m} \cdot \text{K/T} \tag{7.5}$$

Mit steigender Temperatur verschiebt sich das Maximum zu immer kleineren Wellenlängen (*Wien'sches Verschiebungsgesetz*).

    Die Temperatur der Sonnenoberfläche beträgt etwa 6 000 K. Das Maximum bei dieser Temperatur liegt bei einer Wellenlänge von 0,48 μm, also im sichtbaren Bereich (0,38 bis 0,78 μm).

## 7.2   Bestimmung der Wärmestromdichte der Strahlung

Die Intensität der Strahlung eines schwarzen Körpers pro Meter Wellenlänge kann mit Gl. 7.3 bestimmt werden. Für die technischen Berechnungen benötigt man den Wärmestrom, der vom schwarzen Körper ausgesandt wird. Wir erhalten ihn, wenn Gl. 7.3 im gesamten Wellenlängenbereich, also von der Wellenlänge null bis unendlich, integriert wird.

$$\dot{q}_s = \int_{\lambda=0}^{\lambda=\infty} i_{\lambda,s} \cdot d\lambda = \frac{2 \cdot \pi^5 \cdot k^4}{15 \cdot h^4 \cdot c^2} \cdot T^4 = \sigma \cdot T^4 \tag{7.6}$$

Die *Stefan-Boltzmann-Konstante* ist $\sigma$, die mit den physikalischen Konstanten berechnet, folgenden Wert aufweist [1, 2]:

$$\sigma = (5{,}6696 \pm 0{,}0075) \cdot 10^{-8}\,\text{W} \cdot \text{m}^{-2} \cdot \text{K}^{-4} \tag{7.7}$$

Dieses ist zur Zeit der genaueste Wert, basierend auf den Messwerten der physikalischen Konstanten. In der Praxis wird der Wert $5{,}67 \cdot 10^{-8}\,\text{W} \cdot \text{m}^{-2} \cdot \text{K}^{-4}$ verwendet. Für eine leichtere Berechnung führte man folgende Vereinfachung ein:

$$\dot{q}_s = C_s \cdot \left(\frac{T}{100}\right)^4 \tag{7.8}$$

Dabei ist $C_s$ die *Strahlungskonstante des schwarzen Körpers.*

$$C_s = 10^8 \cdot \sigma = 5{,}67\,\text{W} \cdot \text{m}^{-2} \cdot \text{K}^{-4} \tag{7.9}$$

Für Körper, die nicht schwarz sind, gilt:

$$\dot{q} = \varepsilon \cdot C_s \cdot \left(\frac{T}{100}\right)^4 \tag{7.10}$$

> *Die von einem nicht schwarzen Körper abgestrahlte Wärmestromdichte ist die eines schwarzen Körpers, multipliziert mit dem Emissionsverhältnis.*

### 7.2.1  Intensität und Richtungsverteilung der Strahlung

Die Abstrahlung ist je nach Beschaffenheit der Oberfläche unterschiedlich. Im Folgenden behandeln wir die grauen Körper, da man mit ihnen technische Oberflächen gut beschreiben kann.

Die Intensität einer punktförmigen Strahlungsquelle nimmt mit der Entfernung quadratisch ab. Das Richtungsgesetz von *Lambert* besagt, dass die Intensität einer von einem Flächenelement $dA$ ausgesandten diffusen Strahlung in jede Richtung des Raumes gleich groß ist. Die Dichte der Strahlung nimmt jedoch proportional zum Cosinus des Winkels $\beta$ zur Normalen ab.

$$\dot{q}_\beta = \dot{q}_n \cdot \cos\beta \tag{7.11}$$

Aus der Integration über einer Halbkugel erhält man die Gesamtstrahlung in den Raum:

$$\dot{q} = \dot{q}_n \cdot \pi \tag{7.12}$$

Bei einem grauen Strahler ist die in einen Halbraum abgestrahlte gesamte Wärmestromdichte gleich dem $\pi$-fachen der Wärmestromdichte, die senkrecht abgestrahlt wird. Das Richtungsgesetz ist bei vielen Stoffen, da sie keine grauen Strahler sind, nur annähernd gültig. Bei Metallen nimmt das Emissionsverhältnis mit dem Winkel $\beta$ zu, bei Nichtmetallen ab.

### 7.2.2  Emissionsverhältnisse technischer Oberflächen

Das Emissionsverhältnis einer Oberfläche ist von der Temperatur und Beschaffenheit der Oberfläche abhängig. Alterung, Verschmutzung, Oxidation und Korrosion können starke Änderungen des Emissionsverhältnisses bewirken. Der Zustand einer technischen Ober-

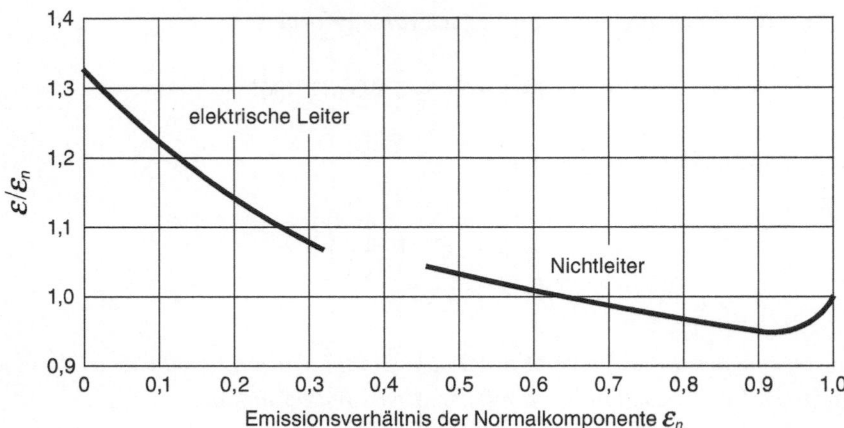


**Abb. 7.2** Diagramm zur Bestimmung des Emissionsverhältnisses der Gesamtstrahlung

fläche kann bezüglich seines Emissionsverhältnisses nur durch Messung der Oberflächentemperatur und Strahlungsintensität exakt bestimmt werden. Folgerungen betreffend des Emissionsverhältnises aus optischen oder anderen Beurteilungen der Oberfläche können zu total falschen Ergebnissen führen.

Die Normalkomponente des Emissionsverhältnisses kann relativ einfach zwischen zwei großen ebenen Platten gemessen werden. Deshalb sind in der Literatur die Emissionsverhältnisse meistens für die Normalkomponente der Strahlung $\varepsilon_n$ angegeben. Mit dem Diagramm in Abb. 7.2 kann das Emissionsverhältnis $\varepsilon$ der Gesamtstrahlung bestimmt werden (Tab. 7.1).

In der Praxis können die angegebenen Emissionsverhältnisse je nach Oberflächenzustand recht große Abweichungen aufweisen.

Weitere Daten sind im VDI-Wärmeatlas [2], bei W. Wagner: „Wärmeübertragung" [3], bei [4, 5] oder im Anhang A11 zu finden.

### 7.2.3 Wärmetransfer zwischen Flächen

Bei vielen der technisch interessanten Fälle findet der Wärmeaustausch zwischen zwei oder mehreren Flächen statt. Das Verhalten der Strahlung lässt sich am Beispiel zweier Flächen gut beschreiben. Von Fläche 1 werden entsprechend der Temperatur $T_1$ und den Eigenschaften der Fläche Strahlen emittiert. Gemäß Richtungsverteilung trifft ein Teil der emittierten Strahlen auf die zweite Fläche auf. Von dieser werden sie teilweise absorbiert, durchgelassen oder reflektiert. Diese zweite Fläche emittiert wiederum ihrerseits die Strahlen entsprechend der Temperatur $T_2$ und Oberflächenbeschaffenheit. Die emittierten und reflektierten Strahlen der zweiten Fläche treffen entsprechend der Richtungsverteilung auf der ersten Fläche auf. Zwischen den Flächen besteht eine Wechselwirkung.

**Tab. 7.1** Emissionsverhältnis technischer Oberflächen, *Quelle* [2]

| Material | Zustand | Temperatur °C | $\varepsilon_n$ | $\varepsilon$ |
|---|---|---|---|---|
| Aluminium | walzblank | 170 | 0,039 | 0,049 |
| | | 900 | 0,060 | |
| | stark oxidiert | 90 | 0,020 | |
| | | 504 | 0,310 | |
| Aluminiumoxid | | 277 | 0,630 | |
| | | 830 | 0,260 | |
| Kupfer | poliert | 20 | 0,030 | |
| | leicht angelaufen | 20 | 0,037 | |
| | schwarz oxidiert | 20 | 0,780 | |
| Eisen, Stahl | poliert | 430 | 0,144 | |
| | Gusshaut | 100 | 0,800 | |
| Stahl | oxidiert | 200 | 0,790 | |
| Wolfram | | 25 | | 0,024 |
| | | 1 000 | | 0,150 |
| | | 3 000 | | 0,450 |
| Glas | | 20 | 0,940 | |
| Gips | | 20 | 0,850 | |
| Ziegelstein, Mörtel | | 20 | 0,930 | |
| Holz, Eiche | | 20 | | 0,900 |
| Lack | schwarz, matt | 80 | | 0,920 |
| Lack | weiß | 100 | | 0,940 |
| Heizkörperlack (nach VDI-74) | | 100 | 0,925 | |
| Wasser | | 0 | 0,950 | |
| | | 100 | 0,960 | |
| Eis | | 0 | 0,966 | |

Abb. 7.3 veranschaulicht den Strahlungsaustausch zwischen zwei Flächenelementen $dA_1$ und $dA_2$ der Fläche 1 und 2. $dA_1$ und $dA_2$ sind beliebige, im Raum liegende Flächenelemente zweier Körper. Die Temperatur der Fläche 1 ist $T_1$ und die der Fläche 2 $T_2$. Das Emissionsverhältnis der Fläche ist $\varepsilon_1$ und $\varepsilon_2$. Mit der Richtungsverteilung nach *Lambert* erhalten wir ohne Berücksichtigung der Reflexion für den zwischen den Flächen ausgetauschten Wärmestrom:

$$\dot{Q}_{12} = \varepsilon_1 \cdot \varepsilon_2 \cdot C_s \cdot \left[ \left( \frac{T_1}{100} \right)^4 - \left( \frac{T_2}{100} \right)^4 \right] \cdot \int\limits_{A_1} \int\limits_{A_2} \frac{\cos \beta_1 \cdot \cos \beta_2}{\pi \cdot s^2} \cdot dA_1 \cdot dA_2 \quad (7.13)$$

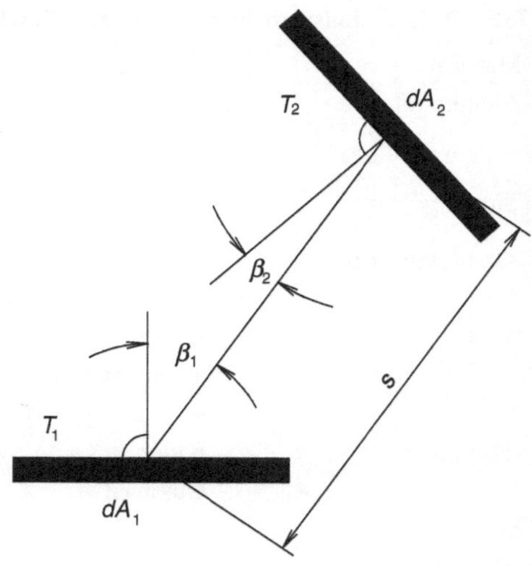


**Abb. 7.3** Strahlungsaustausch zwischen zwei Flächenelementen

Der rein geometrische Anteil wird zur Einstrahlungszahl (auch Sichtfaktor genannt) $\varphi_{12}$ zusammengefasst.

$$\varphi_{12} = \frac{1}{A_1} \cdot \int\limits_{A_1} \int\limits_{A_2} \frac{\cos \beta_1 \cdot \cos \beta_2}{\pi \cdot s^2} \cdot \mathrm{d}A_1 \cdot \mathrm{d}A_2 \tag{7.14}$$

Wird die Richtung des Wärmeaustausches umgekehrt, gilt:

$$A_1 \cdot \varphi_{12} = A_2 \cdot \varphi_{21} \tag{7.15}$$

Damit kann der Wärmestrom in folgender Form angegeben werden:

$$\dot{Q}_{12} = \varphi_{12} \cdot \varepsilon_1 \cdot \varepsilon_2 \cdot C_s \cdot A_1 \cdot \left[ \left( \frac{T_1}{100} \right)^4 - \left( \frac{T_2}{100} \right)^4 \right] \tag{7.16}$$

Handelt es sich um die Flächenpaare $i$ und $k$, die miteinander im Strahlungsaustausch stehen, gilt folgende *Reziprozitätsbeziehung*:

$$A_i \cdot \varphi_{ik} = A_k \cdot \varphi_{ki} \tag{7.17}$$

Bei der Betrachtung des Strahlungsaustausches der Fläche $i$ mit den anderen Flächen des $i$ umschließenden Raumes führt der Energieerhaltungssatz zu folgender Summationsbeziehung:

$$\sum_{k=1}^{n} \varphi_{ik} = 1 \tag{7.18}$$

Bei der Berechnung der Wärmestrahlung zwischen Flächen liegt das Problem in der Ermittlung der Einstrahlzahlen. Bei technischen Oberflächen, die nicht als graue Körper reagieren, sind die Probleme noch komplizierter, weil die Strahlen teilweise reflektiert oder durchgelassen werden.

Für geometrisch einfache Formen, bei denen die lineare Ausdehnung der Flächen wesentlich größer als ihr Abstand ist, können die Einstrahlzahlen berechnet werden. Die Angabe des Wärmestromes erfolgt in folgender Form:

$$\dot{Q}_{12} = C_{12} \cdot A \cdot \left[ \left( \frac{T_1}{100} \right)^4 - \left( \frac{T_2}{100} \right)^4 \right] \tag{7.19}$$

Dabei ist $C_{12}$ die *Strahlungsaustauschzahl*.

### 7.2.3.1  Gleich große, parallele graue Platten

Bei zwei gleich großen, parallelen grauen Platten mit den Temperaturen $T_1$ und $T_2$ (Abb. 7.4) ist die Strahlungsaustauschzahl gegeben als:

$$C_{12} = \frac{C_s}{1/\varepsilon_1 + 1/\varepsilon_2 - 1} \tag{7.20}$$

Befinden sich, wie in Abb. 7.5 dargestellt, zwischen den zwei Platten noch $n$ weitere parallele graue Platten, erhält man für die Strahlungsaustauschzahl:

$$C_{12} = \frac{C_s}{1/\varepsilon_1 + 1/\varepsilon_2 - 1 + \sum_{i=1}^{n} (1/\varepsilon_{i1} + 1/\varepsilon_{i2} - 1)} \tag{7.21}$$

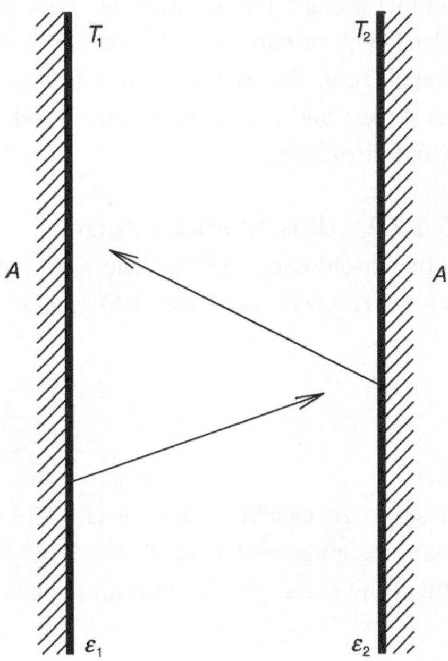


**Abb. 7.4** Strahlung zwischen zwei gleich großen, parallelen grauen Platten

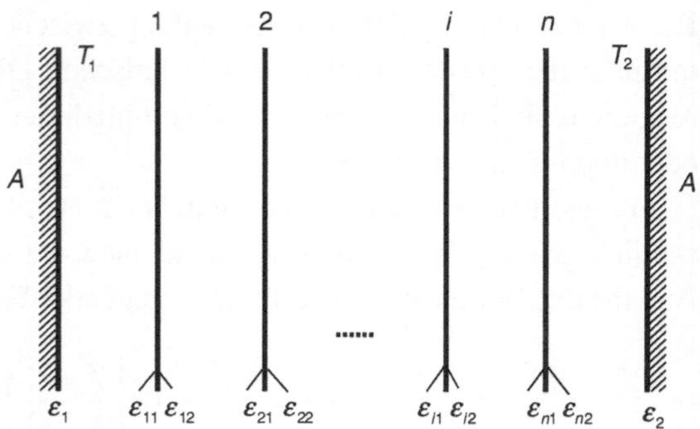

**Abb. 7.5** Strahlung zwischen mehreren gleich großen, parallelen grauen Platten

Dabei ist $\varepsilon_{i1}$ das Emissionsverhältnis der $i$-ten Platte auf der $T_1$ zugewandten und $\varepsilon_{i2}$ das auf der $T_2$ zugewandten Seite. Haben alle $n$ zwischenliegenden parallelen Platten das gleiche Emissionsverhältnis, vereinfacht sich Gl. 7.21 zu:

$$C_{12} = \frac{C_s}{1/\varepsilon_1 + 1/\varepsilon_2 - 1 + n \cdot (2/\varepsilon_i - 1)} \tag{7.22}$$

Haben auch die äußeren Flächen das gleiche Emissionsverhältnis, vereinfacht sich Gl. 7.22 weiter.

$$C_{12} = \frac{C_s}{(n+1) \cdot (2/\varepsilon - 1)} \tag{7.23}$$

Da die Größe und damit die Fläche der Platten gleich groß ist, muss in Gl. 7.19 die Oberfläche $A$ einer der Platten eingesetzt werden.

Durch die zusätzlichen Platten wird der Nenner immer größer, d. h. der Wärmestrom immer kleiner. Die zusätzlichen Platten bedeuten eine Isolation der Wärmestrahlung. Bei der Isolation sehr kalter Fluide wie z. B. bei flüssigem Helium, werden solche Isolatoren angebracht. Der Behälter ist von einem Außenmantel umgeben. Der Zwischenraum ist evakuiert und zwischen diesen Wänden befinden sich polierte dünne Aluminiumfolien (Superisolation).

### 7.2.3.2  Umschlossene Körper

Für umschlossene Körper wie z. B. eine Kugel in einer Hohlkugel oder ein Zylinder in einem Hohlzylinder (Abb. 7.6) gilt:

$$C_{12} = \frac{C_s}{\dfrac{1}{\varepsilon_1} + \dfrac{A_1}{A_2} \cdot \left(\dfrac{1}{\varepsilon_2} - 1\right)} \tag{7.24}$$

Hier ist zu beachten, dass in Gl. 7.24 für $A_1$ immer die Oberfläche des umschlossenen Körpers eingesetzt wird, d. h., $A_1$ ist kleiner als $A_2$. Bei diesem Sonderfall kann, wenn die Temperatur $T_1$ des umschlossenen Körpers tiefer als die des umgebenden Körpers

**Abb. 7.6**  Strahlung eines umschlossenen Körpers

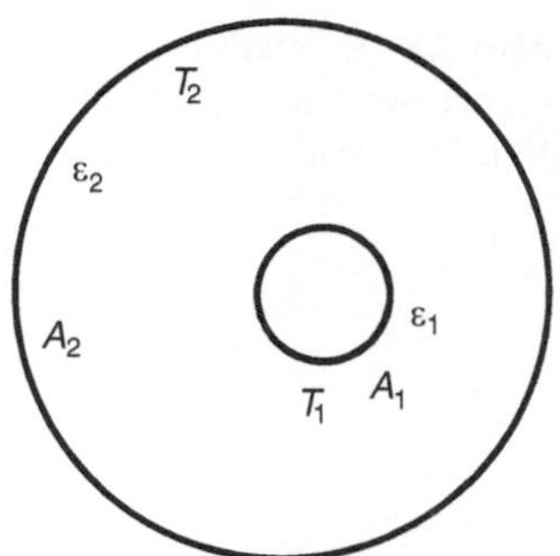

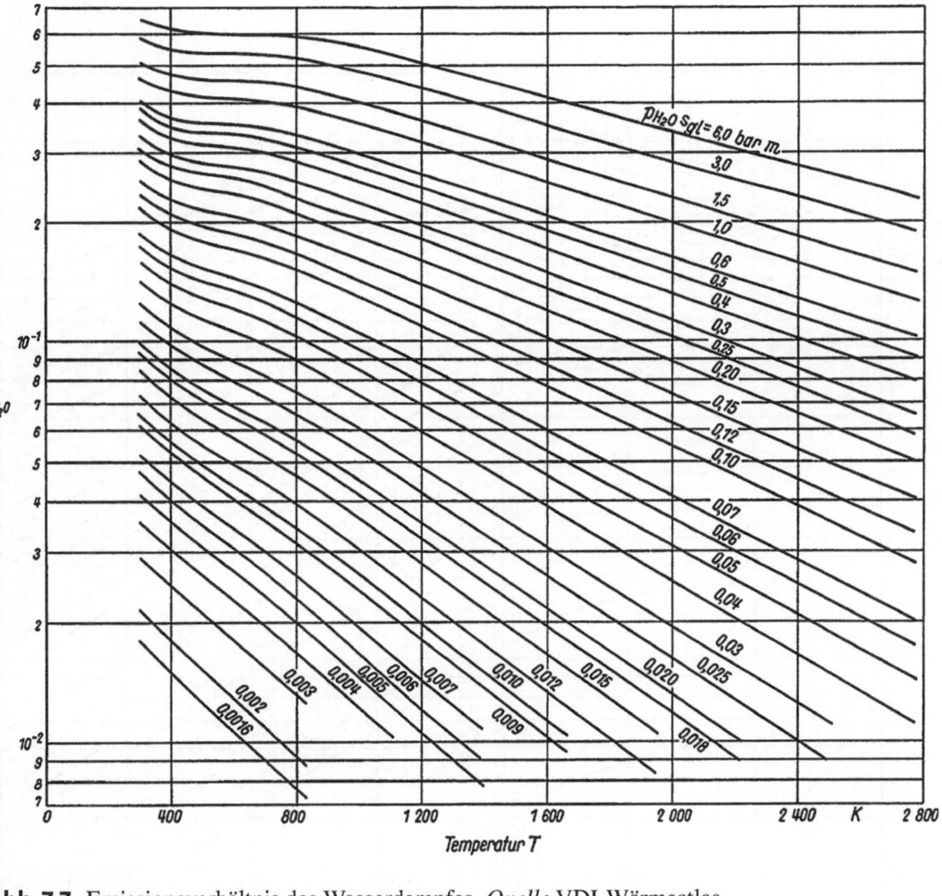

**Abb. 7.7**  Emissionsverhältnis des Wasserdampfes. *Quelle* VDI-Wärmeatlas

**Abb. 7.8** Korrekturfaktor für den Wasserdampf. *Quelle* VDI-Wärmeatlas

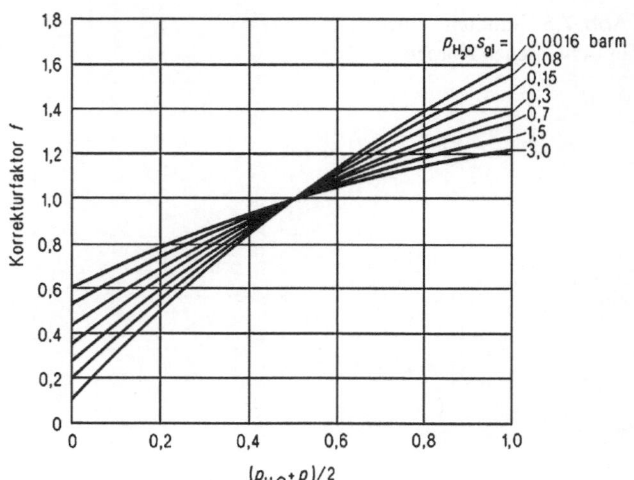

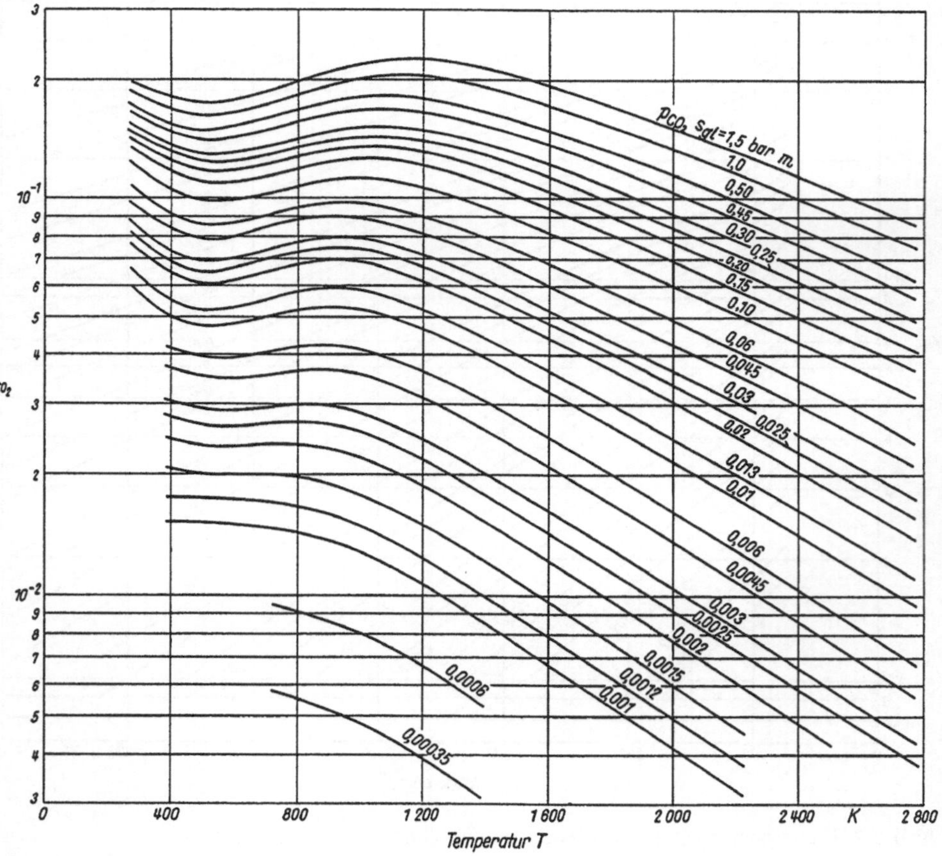

**Abb. 7.9** Emissionsverhältnisse des Kohlendioxids. *Quelle* VDI-Wärmeatlas

ist, der Wärmestrom nach Gl. 7.19 negativ werden. Dieses ist bei den Berechnungen zu berücksichtigen.

Ist die Fläche $A_1$ sehr viel kleiner als $A_2$, vereinfacht sich Gl. 7.24 zu:

$$C_{12} = \varepsilon_1 \cdot C_s \qquad (7.25)$$

Auch für relativ komplexe Körper, die von einer wesentlich größeren Fläche umschlossen werden, liefert Gl. 7.25 recht genaue Ergebnisse (z. B. Heizkörper in einem Raum).

Für viele ausgesuchte Geometrien sind die Einstrahlzahlen beispielsweise im VDI-Wärmeatlas zu finden.

**Beispiel 7.1: Berechnung eines Wärmedämmglases**

Die Glasscheiben der Fenster eines Bürohauses werden durch Wärmedämmglas ersetzt. Die Daten des Normal- und Wärmedämmglases sind:

|                              | normal | dämmend |
|------------------------------|--------|---------|
| Absorptionsverhältnis $\alpha$ | 0,80   | 0,40    |
| Reflexionsverhältnis $\rho$  | 0,05   | 0,50    |
| Durchlassverhältnis $\tau$   | 0,15   | 0,10    |

Das Normalglas wird auf der Innenseite auf 35 °C, das Wärmedämmglas auf 28 °C erwärmt. Die Temperatur der Wände und der Luft im Raum beträgt 22 °C. Die Wärmeübergangszahl der freien Konvektion ist 5 W/(m$^2$ K). Die Sonnenstrahlung hat eine Intensität von 700 W/m$^2$.

Bestimmen Sie die Verringerung der Wärmestromdichte, die in den Raum gelangt.

**Lösung**

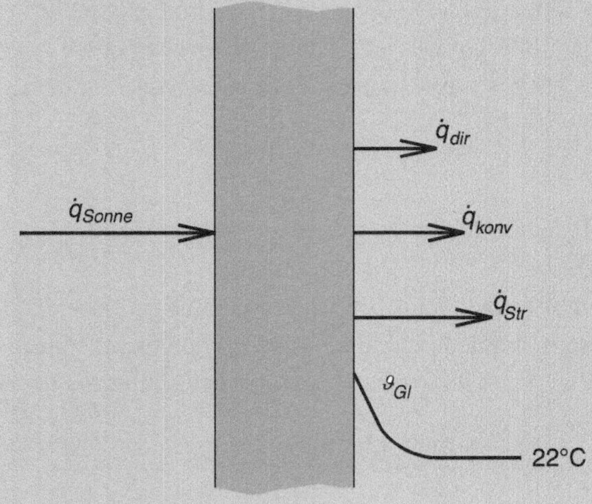

*Schema* Siehe Skizze

*Annahmen*

- Bei freier Konvektion ist die Wärmeübergangszahl konstant.
- Die Temperatur des Glases ist konstant.

*Analyse*

Die Wärmezufuhr zum Raum kann in drei Komponente aufgeteilt werden: Der Anteil der Sonnenstrahlung, der direkt durchgelassen wird, der konvektive Wärmetransfer und die Strahlung von der Scheibe. Jetzt berechnet man die einzelnen Wärmestromdichten für die normale und die wärmedämmende Scheibe.

Der Anteil der Sonnenstrahlen, der direkt durchgelassen wird, ist mit dem Durchlassverhältnis gegeben.

normal    gedämmt

$$\dot{q}_{dir} = \dot{q}_{Sonne} \cdot \tau \qquad\qquad 105\,\text{W/m}^2 \quad 70\,\text{W/m}^2$$

Die Wärmestromdichte durch freie Konvektion:

$$\dot{q}_{konv} = \alpha_{konv} \cdot (\vartheta_{Gl} - \vartheta_R) \qquad\qquad 65\,\text{W/m}^2 \quad 30\,\text{W/m}^2$$

Durch Strahlung von der Scheibe transferierte Wärmestromdichte nach Gl. 7.25:

$$\dot{q}_{Str} = \varepsilon \cdot C_s \cdot \left[ \left(\tfrac{T_{Gl}}{100}\right)^4 - \left(\tfrac{T_R}{100}\right)^4 \right] \qquad\qquad 65\,\text{W/m}^2 \quad 14\,\text{W/m}^2$$

Für die Wärmestromdichte des Normalglases erhält man **235 W/m²**, für die des Wärmedämmglases **114 W/m²**.

*Diskussion*

Die wärmedämmende Glasscheibe reflektiert 50 % der einfallenden Sonnenstrahlen. Das Absorptionsverhältnis ist damit 50 % kleiner, die Scheibe wird weniger aufgeheizt und gibt sowohl durch Konvektion als auch durch Strahlung weniger Wärme an den Raum ab.

**Beispiel 7.2: Berechnung einer Glühbirne**

Der Glühfaden einer 240 Volt-Glühbirne soll bei 3 100 °C Temperatur 100 W elektrische Leistung haben. Der Wolframglühfaden hat einen spezifischen elektrischen Widerstand von $\rho_{el} = 73 \cdot 10^{-9}\,\Omega$ m. Die Glaskörpertemperatur der Glühbirne beträgt 90 °C.

a) Bestimmen Sie den Durchmesser und die Länge des Glühfadens.

b) Bestimmen Sie den Wirkungsgrad der Glühbirne.

**Lösung**

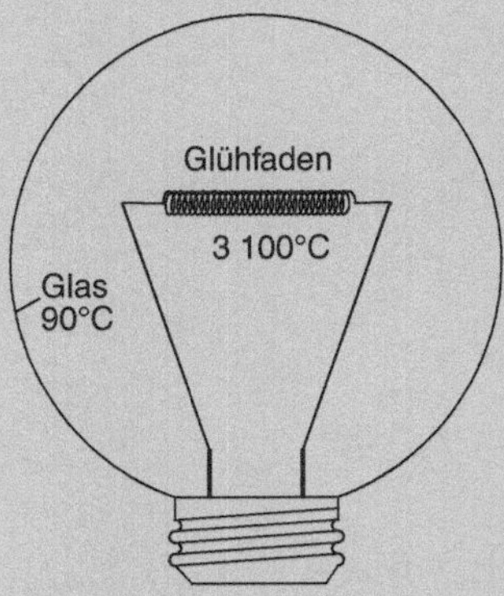


*Schema* Siehe Skizze

*Annahmen*

- Die Fläche des Glases ist sehr viel größer als die des Glühfadens und daher vernachlässigbar.

- Der Einfluss der Halterung und der des konvektiven Wärmetransfers in der Birne können vernachlässigt werden.

- Die Temperatur des Glühfadens ist konstant.

*Analyse*

a) Der durch Strahlung transferierte Wärmestrom entspricht der elektrischen Leistung. Zur Berechnung der Strahlung wird das Emissionsverhältnis des Wolframs benötigt. Aus Tab. 7.1 erhalten wir 0,45. Die Fläche, die für die Strahlungsleistung von 100 W notwendig ist, kann mit Gl. 7.19 berechnet werden. Die Strahlungsaustauschzahl ist nach Gl. 7.25 $C_{12} = \varepsilon \cdot C_s$. Die für die Strahlungsleistung notwendige Fläche beträgt:

$$A = \frac{\dot{Q}}{C_s \cdot \varepsilon \cdot \left\{ \left(\frac{T_1}{100}\right)^4 - \left(\frac{T_2}{100}\right)^4 \right\}} = 3{,}028 \cdot 10^{-5}\,\mathrm{m}^2$$

Der für 100 W elektrische Leistung benötigte elektrische Widerstand ist:

$$R = \frac{U^2}{P_{el}} = \frac{240^2 \cdot \mathrm{V}^2}{100 \cdot \mathrm{W}} = 576\,\Omega$$

Die Fläche $A$ und der elektrische Widerstand $R$ hängen von den Abmessungen des Drahtes ab. Folgende Abhängigkeiten bestehen:

$$A = \pi \cdot d \cdot l \qquad R = \frac{4 \cdot \rho_{el} \cdot l}{\pi \cdot d^2}$$

Nach Umformung erhalten wir für den Durchmesser $d$:

$$d = \sqrt[3]{\frac{4 \cdot \rho_{el} \cdot A}{\pi^2 \cdot R}} = \sqrt[3]{\frac{4 \cdot 73 \cdot 10^{-9} \cdot \Omega \cdot m \cdot 3{,}028 \cdot 10^{-5} \cdot m^2}{\pi^2 \cdot 576 \cdot \Omega}} = \mathbf{0{,}0116\,mm}$$

Die notwendige Fadenlänge ist:

$$l = \frac{A}{\pi \cdot d} = \frac{3{,}021 \cdot 10^{-5}\,m^2}{\pi \cdot 12 \cdot 10^{-6}\,m} = \mathbf{0{,}832\,m}$$

b)  Der Zweck der Glühbirne ist, Licht im sichtbaren Bereich zu erzeugen, der zwischen den Wellenlängen von 0,35 und 0,75 µm liegt. Integriert man Gl. 7.3 zwischen diesen Wellenlängen und multipliziert das Ergebnis mit dem Emissionsverhältnis, erhält man die Wärmestromdichte der Strahlung im sichtbaren Bereich.

$$\dot{q}_{sichtbar} = \int_{\lambda_1}^{\lambda_2} \frac{\varepsilon \cdot C_1}{\lambda^5 \cdot (e^{C_2/(\lambda \cdot T)} - 1)} \, d\lambda$$

$$= \int_{\lambda=0{,}35\mu m}^{\lambda=0{,}75\mu m} \frac{0{,}45 \cdot 3{,}7418 \cdot 10^{-16} \cdot W \cdot m^2}{\lambda^5 \cdot (e^{00{,}1438 \cdot K \cdot m/(\lambda \cdot 3\,373 \cdot K)} - 1)} \, d\lambda = 0{,}5504 \, \frac{MW}{m^2}$$

Die gesamte, durch Strahlung abgegebene Wärmestromdichte beträgt:

$$\dot{q}_{tot} = \frac{P_{el}}{A} = \frac{100\,W}{3{,}028 \cdot 10^{-5} \cdot m^2} = 3{,}303 \, \frac{MW}{m^2}$$

Damit ist der Wirkungsgrad der Glühbirne:

$$\eta_G = \dot{q}_{sichtbar} / \dot{q}_{tot} = \mathbf{0{,}167}$$

***Diskussion***

Die Temperatur des Glühfadens bestimmt die Fläche, die für die Abgabe des 100 W-Wärmestromes durch Strahlung benötigt wird, d. h., die errechnete Fläche strahlt bei

3 100 °C Temperatur 100 W ab. Der Faden wird so gewählt, dass der Widerstand 100 W elektrische Leistung bewirkt und die für die Strahlung notwendige Fläche vorhanden ist. Die relativ lange Fadenlänge einer Glühbirne wird so realisiert, dass der Faden als Wendel ausgebildet und über eine oder mehrere Stützen umgelenkt wird. Fast die gesamte elektrische Leistung einer Glühbirne wird als Wärme an das Glas und von dort an die Umgebung abgegeben. Der errechnete Wirkungsgrad von 17 % wird in der Realität nicht erreicht. Im sichtbaren Bereich werden tatsächlich nur etwa 8 bis 12 % der Strahlung genutzt.

**Beispiel 7.3: Berechnung eines Heizkörpers**

Ein Heizkörper mit 1,2 m Länge, 0,45 m Höhe und 0,02 m Dicke hat eine Oberflächentemperatur von 60 °C. Er ist mit Heizkörperlack überzogen. Die Wände des Raumes haben eine Temperatur von 20 °C, die der Luft beträgt 22 °C.

Bestimmen Sie den durch Strahlung und freie Konvektion transferierten Wärmestrom des Heizkörpers.

Die Stoffwerte der Luft sind: $\lambda = 0{,}0245$ W/(m K), $\nu = 14 \cdot 10^{-6}$ m$^2$/s, $Pr = 0{,}711$.

**Lösung**

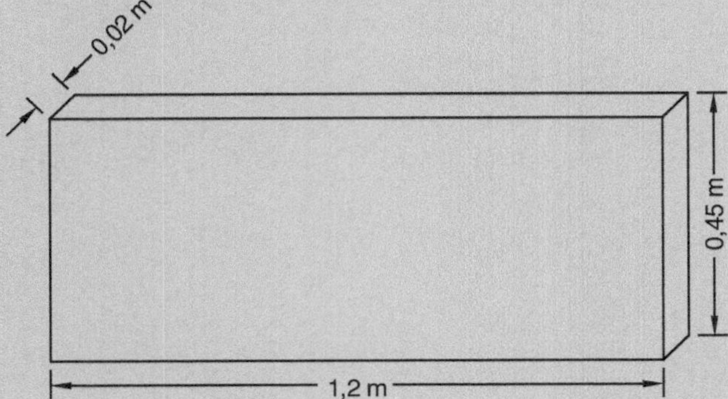


*Schema* Siehe Skizze

*Annahmen*

- Da die Flächen der Wände sehr viel größer als die des Heizköpers sind, können sie vernachlässigt werden.
- Die Kantenflächen des Heizkörpers werden vernachlässigt.
- Die Temperatur des Heizkörpers ist konstant.

*Analyse*

Der durch Strahlung bedingte Wärmestrom kann mit den Gl. 7.19 und 7.25 bestimmt werden. Das Emissionsverhältnis des Heizköpers berechnet man mit Tab. 7.1 und dem Diagramm in Abb. 7.2:

$$\varepsilon = \varepsilon_n \cdot 0{,}96 = 0{,}925 \cdot 0{,}96 = 0{,}89$$

Die Fläche des Heizkörpers beträgt:

$$A = 2 \cdot l \cdot h = 2 \cdot 1{,}2 \cdot 0{,}45 \mathrm{m}^2 = 1{,}08 \mathrm{m}^2$$

Der Wärmestrom der Strahlung ist:

$$\dot{Q}_{Str} = \varepsilon \cdot C_s \cdot A \cdot \left[ (T_1/100)^4 - (T_2/100)^4 \right]$$
$$= 0{,}89 \cdot 5{,}67 \cdot \mathrm{W}/(\mathrm{m}^2 \cdot \mathrm{K}^4) \cdot 1{,}08 \cdot \mathrm{m}^2 \cdot (3{,}332^4 - 2{,}993^4) \cdot \mathrm{K}^4 = \mathbf{257\,W}$$

Der Wärmestrom, der durch freie Konvektion abgegeben wird, kann, wie in Kap. 4 beschrieben, bestimmt werden. Die *Rayleigh*zahl berechnet sich mit den Gl. 4.3 und 4.6.

$$Ra = Gr \cdot Pr = \frac{g \cdot h^3 \cdot (\vartheta_W - \vartheta_0)}{T_0 \cdot v^2} \cdot Pr$$
$$= \frac{9{,}806 \cdot \mathrm{m} \cdot \mathrm{s}^{-2} \cdot 0{,}45^3 \cdot \mathrm{m}^3 \cdot (60 - 22) \cdot \mathrm{K}}{295{,}15 \cdot \mathrm{K} \cdot 14^2 \cdot 10^{-12} \cdot \mathrm{m}^4 \cdot \mathrm{s}^{-2}} \cdot 0{,}711 = 417{,}4 \cdot 10^6$$

Nach den Gl. 4.7 und 4.8 ist die *Nußelt*zahl:

$$f_1(Pr) = \left( 1 + 0{,}671 \cdot Pr^{-9/16} \right)^{-8/27} = \left( 1 + 0{,}671 \cdot 0{,}711^{-9/16} \right)^{-8/27} = 0{,}838$$

$$Nu_h = \left\{ 0{,}852 + 0{,}387 \cdot Ra^{1/6} \cdot f_1(Pr) \right\}^2 = 94{,}51$$

Damit ist die Wärmeübergangszahl:

$$\alpha = Nu_h \cdot \lambda / h = \frac{94{,}51 \cdot 0{,}0245 \cdot \mathrm{W}}{0{,}45 \cdot \mathrm{m} \cdot \mathrm{m} \cdot \mathrm{K}} = 5{,}146 \, \frac{\mathrm{W}}{\mathrm{m}^2 \cdot \mathrm{K}}$$

Die durch freie Konvektion transferierte Wärme ergibt sich zu:

$$\dot{Q}_{konv} = A \cdot \alpha \cdot (\vartheta_1 - \vartheta_0) = 1{,}08 \cdot \mathrm{m}^2 \cdot 5{,}146 \cdot \mathrm{W} \cdot \mathrm{m}^{-2} \cdot \mathrm{K}^{-1} \cdot (60 - 22) \cdot \mathrm{K} = \mathbf{211\,W}$$

*Diskussion*

In diesem Beispiel werden die durch Strahlung und freie Konvektion transferierten Wärmströme verglichen. Der Wärmestrom durch Strahlung ist größer. Der Anteil des Wärmetransfers durch Strahlung steigt mit zunehmender Temperatur stärker an als der der freien Konvektion. Daher ist es nicht erstaunlich, dass früher, als die Heizköper bei Temperaturen von 80 °C arbeiteten, sie Radiatoren, also Strahler, genannt wurden.

**Wichtig**! Hier ist zu beachten, dass für die Berechnung der Strahlung die Temperatur der Wände und für freie Konvektion die der Luft zu verwenden ist.

---

**Beispiel 7.4: Verfälschung der Temperaturmessung durch Strahlung**

Mit einer kugelförmigen Sonde von 2 mm Durchmesser wird die Temperatur des Autoabgases gemessen. Die ermittelten Temperaturen sind im Vergleich zu den erwarteten Werten zu tief. Da man vermutet, dass dieses durch Strahlung verursacht wird, misst man auch die Wandtemperatur des Auspuffrohres. Bei einer gemessenen Gastemperatur von 880 °C beträgt die Wandtemperatur des Auspuffrohres 250 °C. Das Emissionsverhältnis der Sonde ist 0,4, die Geschwindigkeit des Abgases 25 m/s. Die Stoffwerte des Abgases sind:

$$\lambda = 0{,}076\,\text{W/(m K)}, \quad \nu = 162 \cdot 10^{-6}\,\text{m}^2/\text{s}, \quad Pr = 0{,}74.$$

a)  Bestimmen Sie die wirkliche Temperatur des Auspuffgases.

b)  Zeigen Sie Maßnahmen auf, um die Messung zu verbessern.

**Lösung**

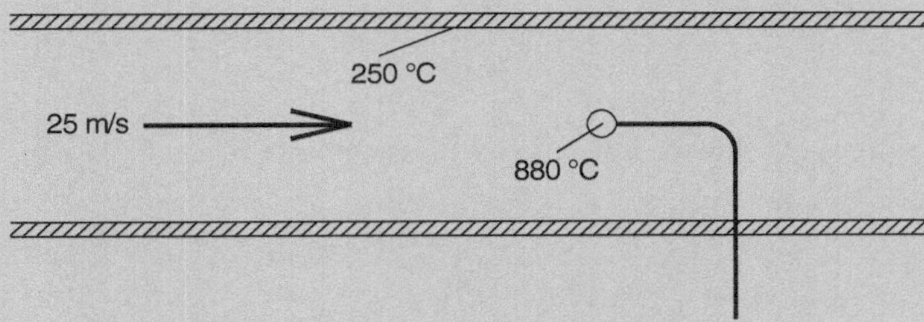


*Schema* Siehe Skizze

*Annahmen*

- Da die Fläche des Auspuffrohres sehr viel größer als die der Sonde ist, kann Gl. 7.25 vewendet werden.

- Die Messung wird von der Halterung der Sonde nicht beeinflusst.

*Analyse*

a)  Die vom Gas aufgeheizte Sonde transferiert durch Strahlung Wärme an die Wand des Auspuffrohres und kühlt deshalb ab. Da die Temperatur der Sonde kleiner als die des Gases ist, wird der Sonde vom Gas ein Wärmestrom zugeführt. Den gleichen Wärmestrom gibt die Sonde durch Strahlung an die Wand ab. Damit gilt:

$$\dot{Q}_{Str} = \dot{Q}_{konv}$$

Der Wärmetransfer durch Strahlung kann mit den Gl. 7.19 und 7.25 bestimmt werden.

$$\dot{Q}_{Str} = \varepsilon \cdot A \cdot C_s \cdot \left[ (T_S/100)^4 - (T_W/100)^4 \right]$$

Die Temperatur der Sonde ist $T_S$, die des Auspuffrohres $T_W$. Die Wärmeübergangszahl des angeströmten Körpers wird, wie in Abschn. 3.2.3 besprochen, bestimmt. Damit wir wissen, welche Gleichungen Anwendung finden, muss zunächst die *Reynolds*zahl berechnet werden.

$$Re_{L'} = c \cdot d/v = 25 \cdot 0{,}002/162 \cdot 10^{-6} = 309$$

Nach Gl. 3.30 ist die *Nusselt*zahl:

$$Nu_{L',lam} = 0{,}664 \cdot \sqrt[3]{Pr} \cdot \sqrt{Re_{L'}} = 0{,}664 \cdot \sqrt[3]{0{,}74} \cdot \sqrt{309} = 10{,}55$$

Damit erhält man bei erzwungener Konvektion für die Wärmeübergangszahl:

$$\alpha = \frac{Nu_{L',lam} \cdot \lambda}{d} = \frac{10{,}55 \cdot 0{,}076 \cdot W}{0{,}002 \cdot m \cdot m \cdot K} = 401 \, \frac{W}{m^2 \cdot K}$$

Der durch erzwungene Konvektion transferierte Wärmestrom beträgt:

$$\dot{Q}_{konv} = \alpha \cdot A \cdot (T_0 - T_S)$$

Beide Wärmeströme gleichgesetzt und nach der Gastemperatur $T_0$ aufgelöst, ergeben:

$$T_0 = \frac{\varepsilon \cdot C_s}{\alpha} \cdot \left[ (T_S/100)^4 - (T_W/100)^4 \right] + T_S$$

$$= \frac{0{,}4 \cdot 5{,}67}{401 \cdot K^3} \cdot (11{,}532^4 - 5{,}232^4) \cdot K^4 + 1153{,}2 \, K = \mathbf{975{,}8\,°C}$$

Die Gastemperatur ist damit um 92,8 K höher als die Sondentemperatur.

b) Die Messung kann verbessert werden, indem außen um das Auspuffrohr eine Isolierschicht installiert wird. Damit verhindert man, dass die Temperatur des Auspuffrohres durch den Fahrtwind abkühlt. Ist das nicht möglich, kann um die Sonde ein Schutzschild angebracht werden. Dieser kann z. B. ein poliertes Stahlröhrchen mit einem Durchmesser von 10 mm, einer Länge von 20 mm und einem

Emissionsverhältnis von 0,06 sein. Der Temperaturfühler der Sonde hat dann praktisch nur mit dem Schutzschild Strahlungsaustauch, der an das Auspuffrohr durch Strahlung Wärme abgibt und durch Konvektion Wärme vom Abgas aufnimmt. Das Röhrchen können wir in guter Näherung als ebene Platte berechnen. Die Länge des Röhrchens ist seine charakteristische Länge. Die *Reynolds*zahl errechnet sich zu:

$$Re_l = c \cdot l / v = 25 \cdot 0{,}02 / 162 \cdot 10^{-6} = 3\,086$$

Die *Nußelt*zahl wird mit Gl. 3.21 berechnet.

$$Nu_{l,lam} = 0{,}664 \cdot \sqrt[3]{Pr} \cdot \sqrt{Re_l} = 0{,}664 \cdot \sqrt[3]{0{,}74} \cdot \sqrt{3\,086} = 33{,}42$$

Bei erzwungener Konvektion ist die Wärmeübergangszahl damit:

$$\alpha = \frac{Nu_{L',lam} \cdot \lambda}{d} = \frac{33{,}42 \cdot 0{,}076 \cdot W}{0{,}02 \cdot m \cdot m \cdot K} = 127{,}0 \, \frac{W}{m^2 \cdot K}$$

Da das Röhrchen durch die erzwungene Konvektion sowohl innen als auch außen Wärme vom Gas aufnimmt, Wärme jedoch durch Strahlung nur nach außen an das Auspuffrohr abgibt, muss für den konvektiv transferierten Wärmestrom die doppelte Fläche eingesetzt werden.

$$\dot{Q}_{konv} = \alpha \cdot 2 \cdot A \cdot (T_0 - T_{Rohr})$$

Beide Wärmeströme gleichgesetzt und nach der Temperatur $T_{Rohr}$ aufgelöst, ergeben:

$$T_{Rohr} = T_0 - \frac{\varepsilon_{Rohr} \cdot C_s}{2 \cdot \alpha} \cdot \left[ (T_{Rohr}/100)^4 - (T_W/100)^4 \right]$$

$$= 1\,249\,K - \frac{0{,}06 \cdot 5{,}67}{2 \cdot 130{,}9 \cdot K^3} \cdot \left[ (T_{Rohr}/100)^4 - 5{,}232^4 \cdot K^4 \right] = \mathbf{947{,}1\,°C}$$

Die Gastemperatur ist damit um 27,6 K höher als die Temperatur des Röhrchens. Die Abweichung der Temperatur an der Sonde kann wie zuvor wie die Temperatur des Röhrchens berechnet werden. Für die Berechnung der Temperatur der Sonde setzt man die Wärmeübergangszahl an der Sonde und die Wandtemperatur des Röhrchens ein.

***Diskussion***

Dieses Beispiel zeigt, dass durch Strahlung bei der Temperaturmessung von Gasen gravierende Fehler auftreten können. Insbesondere bei hohen Temperaturen sind die Fehler erheblich, da die Differenz schon bei kleineren Temperaturunterschieden groß wird. In unserem Beispiel verursacht ein Temperaturunterschied von 27 K bei 950 °C zwischen Sonde und Röhrchen einen Fehler von 8,51 K. Bei Temperaturen unterhalb von 100 °C wäre dieser Fehler kleiner als 0,28 K.

Um die Fehler zu verringern, ist bei Glasthermometern zur Messung der Raumtemperatur ein metallischer Strahlungsschild um den Temperaturfühler angebracht.

## 7.3 Gasstrahlung

Wie Feststoffe oder Flüssigkeiten können auch einige Gase Strahlung emittieren und absorbieren. Die elementaren Gase wie z. B. $O_2$, $N_2$, $H_2$, zweiatomige Gase und Edelgase sind diatherm, d. h., sie sind für Wärmestrahlen durchlässig. Andere Gase und Dämpfe wie z. B. $H_2O$, $CO_2$, $SO_2$, $NH_3$ und $CH_4$ sind wirksame Strahler, die innerhalb enger Wellenlängenbereiche (Banden) Strahlen emittieren und absorbieren (Selektivstrahler, Bandenstrahler). Die Strahlungsintensität von Kohlenwasserstoffen nimmt mit der Zahl der Atome pro Molekül zu. Bezüglich der technischen Belange kann die trockene Luft als diatherm betrachtet werden, da sie nur geringe Anteile an $CO_2$ enthält. Mit der Zunahme des $CO_2$-Anteils in der Luft nimmt auch die Strahlungs- und Absorptionsfähigkeit der Luft zu. Die von der Erdoberfläche emittierten Wärmestrahlen werden vom $CO_2$ absorbiert und wieder an die Erde zurückgestrahlt, was zum Treibhauseffekt führt.

Die von einem Gas durch Absorption aus einer Wärmestrahlung aufgenommene Wärme ist vom Weg $s$ der Strahlung durch das Gas abhängig. Die Abnahme der Strahlungsintensität durch eine Gasschicht der Dicke $s$ ist im gesamten Wellenlängenbereich:

$$i = i_0 \cdot e^{a \cdot s} \tag{7.26}$$

Dabei ist $a$ die *Absorptionskonstante des Gases*. Die vom Gas absorbierte Intensität beträgt damit:

$$i_\alpha = i_0 - i = i_0 \cdot (1 - e^{a \cdot s}) \tag{7.27}$$

Das Absorptionsverhältnis eines Gases wird definiert als:

$$\alpha_g = 1 - e^{a \cdot s} \tag{7.28}$$

Die Absorptionskonstante eines Gases hängt von der Temperatur und dem Druck des Gases ab. Der Raum, der vom Gas eingenommen wird, kann recht komplex sein. An Stelle der Schichtdicke kann ähnlich wie beim hydraulischen Durchmesser eine *gleichwertige Schichtdicke* $s_{gl}$ mit dem Volumen $V_g$ und der Oberfläche $A_g$ des Gasraumes berechnet werden.

$$s_{gl} = f \cdot \frac{4 \cdot V_g}{A_g} \tag{7.29}$$

Der Korrekturfaktor $f$ berücksichtigt die Geometrie und den Druck. Er hat den ungefähren Wert von 0,9.

### 7.3.1 Emissionsverhältnisse von Rauchgasen

Insbesondere in Brennräumen ist die Gasstrahlung für technische Berechnungen von Wichtigkeit. Die dabei auftretenden strahlungsfähigen Gase sind Wasserdampf und Kohlendioxid. Das Brenngas im Brennraum besteht im Wesentlichen aus Stickstoff, unverbranntem Sauerstoff und je nach Zusammensetzung des Brennstoffes aus unterschiedlich großen Anteilen von Wasserdampf und Kohlendioxid. Bei den folgenden Berechnungen wird angenommen, dass das Brenngas eine Mischung aus nicht strahlungsfähigen Gasen (Stickstoff und Sauerstoff), aus Wasserdampf und Kohlendioxid ist. Hier wird nur die Strahlung staubfreier Gase bei 1 bar Druck behandelt. Korrekturen für höhere Drücke und der Einfluss von Feststoffpartikeln im Gas können dem VDI-Wärmeatlas [1] entnommen werden.

Das *Emissionsverhältnis* des Gemisches ist:

$$\varepsilon_g = \varepsilon_{H_2O} + \varepsilon_{CO_2} - (\Delta\varepsilon)_g \tag{7.30}$$

Das Absorptionsverhältnis wird ähnlich angegeben:

$$\alpha_g = \alpha_{H_2O} + \alpha_{CO_2} - (\Delta\varepsilon)_g \tag{7.31}$$

Die Korrektur $\Delta\varepsilon$ ist den Diagrammen in Abb. 7.10 zu entnehmen.

#### 7.3.1.1 Emissionsverhältnisse des Wasserdampfes

In den Abb. 7.7 und 7.8 sind die Emissionsverhältnisse des Wasserdampfes und der Korrekturfaktor $f$ in Abhängigkeit vom Partialdruck des Wasserdampfes, des Druckes und der Temperatur angegeben. Das Emissionsverhältnis bei Gasen ist nicht wie bei festen Körpern gleich dem Absorptionsverhältnis. Ist die Temperatur der Wand $T_W$ nicht gleich wie die Temperatur des Gases $T_g$, gilt folgende Beziehung:

$$\alpha_{gW,H_2O} = \varepsilon_{gW} \cdot (T_g / T_W)^{0,45} \tag{7.32}$$

Dabei ist $\alpha_{gW}$ das Absorptionsverhältnis des Wasserdampfes an der Wand. Aus dem Diagramm in Abb. 7.7 kann $\varepsilon_{gW}$ entnommen werden. Es ist zu berücksichtigen, dass der Partialdruck auf die Wandtemperatur umzurechnen ist.

$$p_{H_2O,W} = p_{H_2O} \cdot (T_W / T_g) \tag{7.33}$$

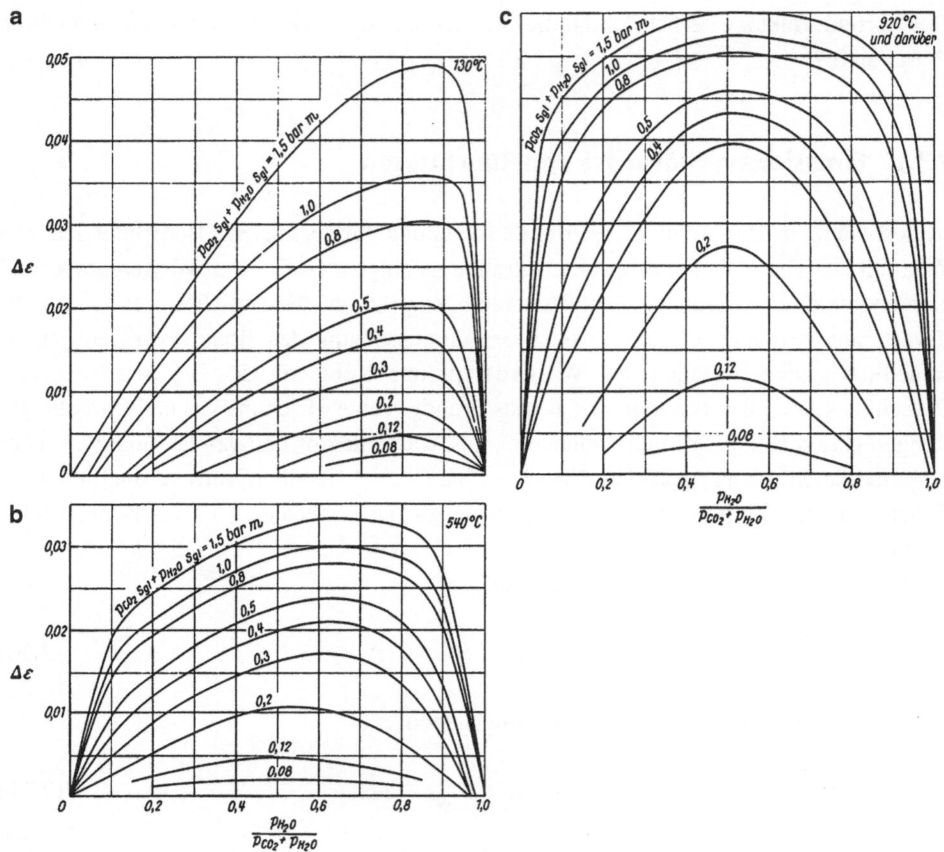

Abb. 7.10  Korrektur $\Delta q\varepsilon$ für Gasmischungen mit Kohlendioxid und Wasserdampf bei **a** 130 °C, **b** 540 °C, **c** 920 °C und darüber. *Quelle* VDI-Wärmeatlas

### 7.3.1.2  Emissionsverhältnisse des Kohlendioxids

In Abb. 7.9 sind die Emissionsverhältnisse des Kohlendioxids in Abhängigkeit vom Partialdruck des Kohlendioxids und der Temperatur angegeben. Wie beim Wasserdampf muss hier der Einfluss der Wandtemperatur berücksichtigt werden.

$$\alpha_{gW,CO_2} = \varepsilon_{gW} = (T_g/T_W)^{0,65} \tag{7.34}$$

Das Absorptionsverhältnis des Gases an der Wand ist $\alpha_{gW}$, aus dem Diagramm in Abb. 7.9 entnimmt man $\varepsilon_{gW}$. Ferner ist zu beachten, dass der Partialdruck auf die Wandtemperatur umgerechnet werden muss.

$$p_{CO_2,W} = p_{CO_2} \cdot (T_W/T_g) \tag{7.35}$$

### 7.3.2  Wärmeaustausch zwischen Gas und Wand

Für den Wärmestrom zwischen dem Gasvolumen und der dieses Volumen umschließenden Wand gilt:

$$\dot{Q}_{gW} = \frac{\varepsilon_W \cdot C_s \cdot A}{1 - (1 - \varepsilon_W) \cdot (1 - \alpha_{gW})} \cdot \left[ \varepsilon_g \cdot \left( \frac{T_g}{100} \right)^4 - \alpha_{gW} \cdot \left( \frac{T_W}{100} \right)^4 \right] \qquad (7.36)$$

In den meisten Fällen ist die Wandtemperatur wesentlich kleiner als die Gastemperatur. Der Einfluss des zweiten Temperaturterms wird relativ gering. Daher kann in vielen Fällen mit folgender vereinfachter Gleichung gerechnet werden:

$$\dot{Q}_{gW} \approx \frac{\varepsilon_g \cdot \varepsilon_W \cdot C_s \cdot A}{1 - (1 - \varepsilon_W) \cdot (1 - \alpha_{gW})} \cdot \left( \frac{T_g}{100} \right)^4 \qquad (7.37)$$

**Beispiel 7.5: Heizleistung eines Feuerraumes**
Der würfelförmige Feuerraum eines Kessels hat eine Kantenlänge von 0,5 m. Die Wandtemperatur beträgt 600 °C, die Gastemperatur 1 400 °C. Das Emissionsverhältnis der Wand ist 0,9. Das Brenngas enthält 12 Vol % Wasserdampf und 10 Vol % $CO_2$. Der Gesamtdruck beträgt 1 bar.

Bestimmen Sie den durch Gasstrahlung an die Wand abgegebenen Wärmestrom.

**Lösung**

*Annahmen*

- Das Brenngas ist homogen.
- Die Temperatur im Feuerraum ist konstant.

*Analyse*

Der Wärmestrom wird mit Gl. 7.37 berechnet. Dazu müssen die Emissions- und Absorptionsverhältnisse bestimmt werden. Die gleichwertige Schichtdicke nach Gl. 7.29 ist:

$$s_{gl} = f \cdot \frac{4 \cdot V_g}{A_g} = 0,9 \cdot \frac{4 \cdot a^2}{6 \cdot a} = 0,6 \cdot a = 0,3 \text{ m}$$

Für die Bestimmung des Emissionsverhältnisses von Wasserdampf und $CO_2$ muss das Produkt aus Partialdruck und gleichwertiger Schichtdicke gebildet werden. Der Partialdruck ist gleich dem Volumenanteil des Gases.

$$p_{H_2O} \cdot s_{gl} = 0,12 \cdot 0,3 = 0,036 \text{ bar} \cdot \text{m} \qquad p_{CO_2} \cdot s_{gl} = 0,1 \cdot 0,3 = 0,03 \text{ bar} \cdot \text{m}$$

Aus den Diagrammen in den Abb. 7.7 bis 7.9 erhält man für die Emissionsverhältnisse:

$$f = 1,06 \qquad \varepsilon_{H_2O} = 0,025 \qquad \varepsilon_{CO_2} = 0,04$$

Die Korrektur $\Delta\varepsilon$ kann aus Abb. 7.10c abgelesen werden und ist $\Delta\varepsilon = 0{,}002$.
Das Emissionsverhältnis des Gases berechnet sich mit Gl. 7.31:

$$\varepsilon_g = \varepsilon_{H_2O} + \varepsilon_{CO_2} - (\Delta\varepsilon)_g = 1{,}06 \cdot 0{,}025 + 0{,}04 - 0{,}002 = 0{,}0645$$

Die Emissions- und Absorptionskoeffizienten an der Wand werden aus den Diagrammen in den Abb. 7.8 bis 7.9 abgelesen und mit den Gl. 7.34 bis 7.37 bestimmt. Das Produkt aus der Schichtdicke und dem Partialdruck an der Wand ist:

$$s_{gl} \cdot p_{H_2O,W} = s_{gl} \cdot p_{H_2O} \cdot T_W/T_g = 873/1\,673 \cdot 0{,}036\,\text{bar} \cdot \text{m} = 0{,}019\,\text{bar} \cdot \text{m}$$

$$s_{gl} \cdot p_{CO_2,W} = s_{gl} \cdot p_{CO_2} \cdot T_W/T_g = 0{,}016\,\text{bar} \cdot \text{m}$$

Aus den Diagrammen in den Abb. 7.7 bis 7.9 erhält man für die Emissionsverhältnisse an der Wand:

$$f = 1{,}06 \qquad \varepsilon_{H_2O,W} = 0{,}047 \qquad \varepsilon_{CO_2,W} = 0{,}066$$

Das Emissionsverhältnis des Brenngases an der Wand ist:

$$\varepsilon_{gW} = f \cdot \varepsilon_{H_2O,W} + \varepsilon_{CO_2,W} - (\Delta\varepsilon)_{gW} = 1{,}06 \cdot 0{,}067 + 0{,}058 - 0{,}002 = 0{,}114$$

Die Absorptionsverhältnisse von Kohlendioxid und Wasserdampf an der Wand sind:

$$\alpha_{H_2O,W} = \varepsilon_{H_2O,W} \cdot (T_g/T_W)^{0{,}45} = 0{,}063$$
$$\alpha_{CO_2,W} = \varepsilon_{CO_2,W} \cdot (T_g/T_W)^{0{,}65} = 0{,}101$$

Das Absorptionsverhältnis des Brenngases an der Wand ist:

$$\alpha_{gW} = \alpha_{H_2O,W} + \alpha_{CO_2,W} - (\Delta\varepsilon)_{gW} = 0{,}063 + 0{,}101 - 0{,}002 = 0{,}161$$

Diese Werte in Gl. 7.36 eingesetzt, ergeben den Wärmestrom.

$$\dot{Q}_{gW} = \frac{\varepsilon_W \cdot C_s \cdot A}{1 - (1 - \varepsilon_W) \cdot (1 - \alpha_{gW})} \cdot \left[ \varepsilon_g \cdot \left(\frac{T_g}{100}\right)^4 - \alpha_{gW} \cdot \left(\frac{T_W}{100}\right)^4 \right]$$

$$= \frac{0{,}9 \cdot 5{,}67 \cdot \text{W} \cdot 6 \cdot 0{,}5^2 \cdot \text{m}^2}{1 - (1 - 0{,}9) \cdot (1 - 0{,}162) \cdot \text{m}^2 \cdot \text{K}^4}$$
$$\cdot [0{,}0645 \cdot 16{,}73^4 - 0{,}162 \cdot 8{,}73^4] \cdot \text{K}^4$$

$$= \mathbf{34{,}38\,kW}$$

*Diskussion*

Bei dieser Berechnung wird davon ausgegangen, dass das Brenngas eine konstante Temperatur hat. In den Brennraum eines Kessels wird Luft eingeblasen und zusammen mit dem Brennstoff entsteht unter Flammenbildung das Brenngas. Durch Strahlung, aber auch durch erzwungene Konvektion wird die Temperatur des Brenngases abgekühlt. Im Bereich der Flammen erfolgt der Wärmetransfer hauptsächlich durch Strahlung. Die Strahlung der im Brenngas enthaltenen, noch nicht verbrannten Rußpartikel liefern einen zusätzlichen Anteil zur Strahlung, der hier unberücksichtigt blieb.

## Literatur


1. Blevin WR, Brown WJ (1971) A precise measurement of the Stefan-Boltzmann constant. Metrologica 7:15–29
2. VDI-Wärmeatlas (2002) 9. Aufl. Springer, Berlin
3. Wagner W (1991) Wärmeübertragung, 3. Aufl. Vogel (Kamprath-Reihe), Würzburg
4. Gubareff G, Jansen JE, Torborg RH (1960) Thermal radiation properties. Honeywell Research Center, Minneapolis
5. Tables of Emissivity of Surfaces (1962) Int J Heat Mass Transfer 5:67–76
6. Siegel R, Howell JR, Lohrengel J (1988) Wärmeübertragung durch Strahlung. Teil 1. Springer, Berlin
7. Baehr HD, Stephan K (2006) Wärme- und Stoffübertragung. Springer, Berlin

# Wärmeübertrager 8

Bei der Berechnung von Wärmeübertragern sind ganz unterschiedliche Aufgaben zu behandeln:

- Auslegung von Wärmeübertragern: Massenströme und Temperaturen der Fluide sind vorgegeben, die Abmessungen des Wärmeübertragers müssen berechnet werden.
- Nachrechnung von Wärmeübertragern: Die Temperaturänderungen der Fluide werden in einem Wärmeübertrager bekannter Geometrie berechnet.
- Optimierung von Wärmeübertragern und Systemen.
- Festigkeitsrechnungen und Konstruktion von Wärmeübertragern.

In der industriellen Praxis geht die Auslegung von Wärmeübertragern Hand in Hand mit der Optimierung und Konstruktion der Apparate. Hier wird die thermische Berechnung von Wärmeübertragern beschrieben und die Optimierung anhand eines Beispiels demonstriert.

Bei den bisher (z. B. in Kap. 1) behandelten *Wärmeübertragern* handelte es sich um Gleich- und Gegenstromapparate oder Fälle, in denen ein Fluidstrom seine Temperatur konstant hielt (Kondensation oder Verdampfung). Für die Berechnung von Wärmeübertragern, in denen die beiden Fluide in komplizierterer Stromführung, beispielsweise kreuzweise strömen, genügen die bisherigen Kenntnisse nicht.

## 8.1 Definitionen und grundlegende Gleichungen

Abb. 8.1 zeigt das Schema eines Wärmeübertragers mit den wichtigsten Bezeichnungen der Stoffströme.

Der Stoffstrom 1 strömt in den Wärmeübertrager mit der Temperatur $\vartheta_1'$ und verlässt ihn mit Temperatur $\vartheta_1''$. Der Stoffstrom 2 strömt in den Wärmeübertrager mit der Temperatur $\vartheta_2'$ und verlässt ihn mit Temperatur $\vartheta_2''$. Die Aufwärmung und Abkühlung der Fluide

© Springer-Verlag Berlin Heidelberg 2017

P. von Böckh und T. Wetzel, *Wärmeübertragung*, https://doi.org/10.1007/978-3-662-55480-7_8

**Abb. 8.1** Schematische
Darstellung eines Wärme-
übertragers

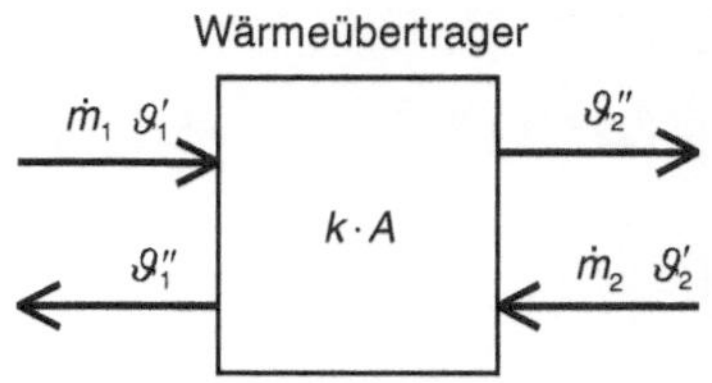


hängt von deren Massenströmen, Eintrittstemperaturen, spezifischen Wärmekapazitäten,
der Wärmedurchgangszahl bzw. der Fläche des Wärmeübertragers und von dessen Stromführung ab. Der im Wärmeübertrager transportierte Wärmestrom ist:

$$\dot{Q}_{12} = k \cdot A \cdot \Delta\vartheta_m \tag{8.1}$$

In Gl. 8.1 wird davon ausgegangen, dass der Wärmeübertrager eine mittlere konstante
Wärmeübergangszahl hat. Dieses ist in vielen Fällen durchaus realistisch.

Ändert sich in einem Apparat die Art der Wärmeübertragung wie beispielsweise dann,
wenn der Dampf bei der Kondensation in einem Rohr vollständig kondensiert und als Flüssigkeit weiterströmt, muss abschnittweise mit lokalen Wärmedurchgangszahlen gerechnet
werden.

Die mittlere Temperaturdifferenz $\Delta\vartheta_m$ ist:

$$\Delta\vartheta_m = \frac{1}{A} \cdot \int\limits_A (\vartheta_1 - \vartheta_2) \cdot \mathrm{d}A \tag{8.2}$$

Die lokale Temperaturdifferenz der Fluide 1 und 2 ist $\vartheta_1 - \vartheta_2$. Für den Gegenstrom-
und Gleichstrom-Wärmeübertrager und in Apparaten, in denen zumindest ein Fluid eine
konstante Temperatur hat, gilt die mittlere Temperaturdifferenz (Kap. 1):

$$\Delta\vartheta_m = \frac{\Delta\vartheta_{gr} - \Delta\vartheta_{kl}}{\ln\left(\Delta\vartheta_{gr}/\Delta\vartheta_{kl}\right)} \quad \text{für} \quad \Delta\vartheta_{gr} - \Delta\vartheta_{kl} \neq 0 \tag{8.3}$$

$$\Delta\vartheta_m = \left(\Delta\vartheta_{gr} + \Delta\vartheta_{kl}\right)/2 \quad \text{für} \quad \Delta\vartheta_{gr} \approx \Delta\vartheta_{kl} \tag{8.4}$$

Der Ausdruck nach Gl. 8.3 wird häufig mittlere logarithmische Temperaturdifferenz
genannt. Die Temperaturdifferenzen zwischen den Fluidströmen am Ein- bzw. am Austritt
des Wärmeübertragers sind $\Delta\vartheta_{gr}$ und $\Delta\vartheta_{kl}$, wobei $\Delta\vartheta_{gr}$ die größere und $\Delta\vartheta_{kl}$ die kleinere Differenz ist. Früher wurde in Gl. 8.4 der Grenzwert für $\Delta\vartheta_{gr} - \Delta\vartheta_{kl} < 1$ K angegeben.
Bei Wärmeübertragern mit kleinen Temperaturdifferenzen kann dieses falsche Ergebnisse
liefern. Mit den heutigen Taschenrechnern und Computern wird bei sehr kleinen Differenzen (z. B. 0,0001 K) die mittlere logarithmische Temperaturdifferenz mit Gl. 8.3 richtig
berechnet. Wie schon oben erwähnt, gilt die mittlere logarithmische Temperaturdifferenz nur für reine Gleich- und Gegenströmer sowie für Wärmeübertrager, bei denen auf

mindestens einer Seite über die gesamte durchströmte Länge reine Kondensation oder Verdampfung vorliegen. Nur dann führt das Integral nach Gl. 8.2 auf die Gl. 8.3. Nachfolgend wird vorgestellt, wie auch für kompliziertere Stromführungen ein Zusammenhang zwischen Wärmedurchgangszahl, Massenströmen, etc. und den Temperaturdifferenzen auf beiden Fluidseiten rechnerisch bestimmt werden kann.

Die Energiebilanzgleichung liefert einen Zusammenhang zwischen der Enthalpieänderung der Fluidströme und dem Wärmestrom.

$$\dot{Q} = \dot{m}_1 \cdot (h_{11} - h_{12})$$
$$\dot{Q} = -\dot{m}_2 \cdot (h_{21} - h_{22})$$
(8.5)

Die Enthalpie $h_{11}$ ist die des Fluids 1 am Eintritt, $h_{12}$ die am Austritt. Entsprechend ist die Enthalpie $h_{21}$ die des Fluids 2 am Eintritt und $h_{22}$ die am Austritt Gl. 8.5. gilt allgemein, also auch bei der Strömung mit Phasenübergang. Bei Fluiden ohne Phasenübergang können die Enthalpien mit der Temperatur berechnet werden.

$$\dot{Q} = \dot{m}_1 \cdot c_{p1} \cdot \left(\vartheta_1' - \vartheta_1''\right)$$
$$\dot{Q} = -\dot{m}_2 \cdot c_{p2} \cdot \left(\vartheta_2' - \vartheta_2''\right)$$
(8.6)

Bei einphasigen Fluiden wird zusätzlich der *Wärmekapazitätsstrom* eingeführt.

$$\dot{W}_1 = \dot{m}_1 \cdot (h_{11} - h_{12})/(\vartheta_1' - \vartheta_1'') = \dot{m}_1 \cdot c_{p1}$$
$$\dot{W}_2 = \dot{m}_2 \cdot (h_{21} - h_{22})/(\vartheta_2' - \vartheta_2'') = \dot{m}_2 \cdot c_{p2}$$
(8.7)

In vielen Büchern, so auch im VDI-Wärmeatlas [6] wird zur Berechnung von Wärmeübertragern mit beliebiger Stromführung die sogenannte $\varepsilon$-NTU-Methodik angegeben. Die Autoren des entsprechenden Abschnitts verwenden das Symbol P statt $\varepsilon$. Wir schließen uns dem hier an, um die parallele Verwendung des Wärmeatlas zu erleichtern. Für die P-NTU-Methode und die Bestimmung mittlerer Temperaturdifferenzen für beliebige Apparate werden folgende dimensionslose Größen eingeführt:

**Dimensionslose mittlere Temperaturdifferenz**

$$\Theta = \frac{\text{mittlere Temperaturdifferenz}}{\text{größte Temperaturdifferenz im System}} = \frac{\Delta\vartheta_m}{\vartheta_1' - \vartheta_2'}$$
(8.8)

**Dimensionslose Temperaturänderungen**
der Fluidströme:

$$P_1 = \frac{\text{Änderung der Temperaturdifferenz des Fluids 1}}{\text{größte Temperaturdifferenz im System}} = \frac{\vartheta_1' - \vartheta_1''}{\vartheta_1' - \vartheta_2'}$$
$$P_2 = \frac{\text{Änderung der Temperaturdifferenz des Fluids 2}}{\text{größte Temperaturdifferenz im System}} = \frac{\vartheta_2'' - \vartheta_2'}{\vartheta_1' - \vartheta_2'}$$
(8.9)

**Anzahl der Übertragugseinheiten $NTU$**
der Fluidströme:

$$NTU_1 = \frac{\text{Temperaturänderung des Fluids 1}}{\text{mittlere Temperaturdifferenz}} = \frac{\vartheta_1{}' - \vartheta_1{}''}{\Delta\vartheta_m} = \frac{k \cdot A}{\dot{W}_1}$$
$$NTU_2 = \frac{\text{Temperaturänderung des Fluids 2}}{\text{mittlere Temperaturdifferenz}} = \frac{\vartheta_2{}'' - \vartheta_2{}'}{\Delta\vartheta_m} = \frac{k \cdot A}{\dot{W}_2} \qquad (8.10)$$

**Wärmekapazitätsstromverhältnisse**
der beiden Fluidströme:

$$R_1 = \frac{\dot{W}_1}{\dot{W}_2} = \frac{1}{R_2} \qquad (8.11)$$

Nach dem Energieerhaltungssatz und unter Voraussetzung eines zur Umgebung hin adiabaten bzw. ideal wärmegedämmten Wärmeübertragers ergeben sich zwischen diesen dimensionslosen Größen folgende Zusammenhänge:

$$\frac{P_1}{P_2} = \frac{NTU_1}{NTU_2} = \frac{1}{R_1} = R_2 \qquad (8.12)$$

$$\Theta = \frac{P_1}{NTU_1} = \frac{P_2}{NTU_2} \qquad (8.13)$$

Die beiden dimensionslosen Temperaturänderungen werden auch Wirkungsgrade genannt, weil sie angeben, wie groß die Temperaturänderung des jeweiligen Stroms bezogen auf die (bei idealer Wärmeübertragung und bei unendlich großer Wärmeübetragungsfläche) maximal mögliche Temperaturänderung im Apparat ist.

## 8.2 Berechnungskonzepte

Es gibt eine große Zahl von Berechnungsverfahren für Wärmeübertrager, die sich durch das Anwendungsgebiet sowie durch den Rechenaufwand und die Genauigkeit unterscheiden. Am genauesten, aber auch am rechenaufwändigsten sind Berechnungen auf Basis numerischer Lösungen der Navier-Stokes-Gleichungen und der Energiegleichung, auf die hier aber nicht eingegangen wird. Viele Auslegungsprogramme beruhen auf einer abschnittsweisen Berechnung mittels lokaler Nußelt- und Druckverlustfunktionen, wodurch Strömungsverhältnisse, Temperaturen und temperaturabhängige Stoffwerte in gewisser Näherung lokal berücksichtigt werden können. Eine mögliche Basis für solche Berechnungen ist die Zellmethode, die im übernächsten Unterkapitel beschrieben wird. Für überschlägige Berechnungen oder für weniger komplizierte Apparate und begrenzte Temperaturänderungen sind die nachfolgend beschriebene P-NTU-Methode und die Berechnung mit mittleren Temperaturdifferenzen gut geeignet, welche am Ende dieses Kapitels beschrieben und mit einem Beispiel illustriert wird.

### 8.2.1 *P(ε)-NTU*-Methode

Zur Ermittlung der mittleren logarithmischen Temperaturdifferenz nach Gl. 8.3 wird die lokale Temperaturdifferenz $\vartheta_1 - \vartheta_2$ der Fluide 1 und 2 nach Gl. 8.2 integriert, wobei die lokale Differenz bei Apparaten im reinen Gleich- und Gegenstrom sowie bei konstanter Temperatur auf einer Fluidseite nur von einer Laufkoordinate längs der wärmeübertragenden Fläche abhängt. Bei komplizierteren Stromführungen wie dem Kreuzstrom oder in Rohrbündelapparaten mit mehreren Umlenkungen kann die lokale Temperaturdifferenz von zwei oder drei Koordinaten abhängen. Entsprechend ist die Mittelung der Temperaturen mathematisch deutlich anspruchsvoller. Dennoch lassen sich für viele Stromführungen Ausdrücke der Form $P_{1,2} = f(NTU_1, NTU_2)$ angeben. Diese Ausdrücke werden Betriebscharakteristik des Wärmeübertragers genannt und sind der Kern der *P-NTU*-Methode.

> Es ist bemerkenswert, dass durch die Ausdrücke beide Austrittstemperaturen bestimmt werden können, wenn neben den NTU nur die Eintrittstemperaturen der Fluide bekannt sind, vgl. die Definitionen von P nach Gl. 8.9.

Diese Eigenschaft wird z. B. in der später beschriebenen Zellmethode genutzt.
Nachstehend sind Betriebscharakteristika für einige Stromführungen angegeben.

reiner Gegenstrom

$$P_i = \frac{1 - \exp\left[(R_i - 1) \cdot NTU_i\right]}{1 - R_i \cdot \exp\left[(R_i - 1) \cdot NTU_i\right]} \quad \text{für} \quad R_1 \neq 1$$

$$P_1 = P_2 = \frac{NTU}{1 + NTU} \quad \text{für} \quad R_1 = 1 \tag{8.14}$$

$$\text{reiner Gleichstrom} \quad P_i = \frac{1 - \exp\left[-(R_i + 1) \cdot NTU_i\right]}{1 + R_i} \tag{8.15}$$

reiner Kreuzstrom

$$P_i = \frac{1}{R_i \cdot NTU_1} \cdot \sum_{m=0}^{\infty} \left\{ \left[ 1 - e^{-NTU_i} \cdot \sum_{j=0}^{m} \frac{NTU_i^j}{j!} \right] \cdot \left[ 1 - e^{-R_i \cdot NTU_i} \cdot \sum_{j=0}^{m} \frac{(R_i \cdot NTU_i)^j}{j!} \right] \right\} \quad i = 1,2 \tag{8.16}$$

$$\text{Kreuzstrom mit einer Rohrreihe} \quad P_1 = 1 - \exp\left[\left(e^{-R_1 \cdot NTU_1} - 1\right) / R_1\right] \tag{8.17}$$

Weitere Ausdrücke für verschiedene Apparate sind in [3], vor allem aber übersichtlich zusammengefasst im VDI-Wärmeatlas [6] angegeben. Für die graphische Darstellung der Betriebscharakteristik haben die Autoren des entsprechenden Abschnitts im VDI-Wärmeatlas, die Herren Roetzl und Spang ein sehr anschaulich nutzbares Diagramm [2] entwickelt, welches in Abb. 8.4 in Abschn. 8.2.3 schematisch dargestellt ist. Auf den Koordinatenachsen sind die dimensionslosen Temperaturdifferenzen $P_1$ und $P_2$ der Stoffströme 1 und 2 aufgetragen. Am Randmaßstab oben ist das Wärmekapazitätsstrom-verhältnis $R_1$ eingezeichnet, rechts das Wärmekapazitätsstromverhältnis $R_2$. Die Linien konstanter Wärmekapazitätsstromverhältnisse sind Ursprungsgeraden. Das Roetzl-Spang-Diagramm nutzt geschickt den Umstand, dass beide Verhältnisse umgekehrt proportional sind, indem für jede Größe nur der Wertebereich 0 bis 1 abgebildet wird. Je nach Arbeits-punkt des Wärmeübertragers liegt immer eine der beiden Größen in diesem Wertebereich und somit im Diagramm. Im Diagramm sind zusätzlich Kurven für $NTU_1 = $ konst. bzw. für $NTU_2 = $ konst. eingezeichnet.

Ein Arbeitspunkt ergibt sich z. B. wenn alle vier Ein- und Austrittstemperaturen be-kannt sind, dann ist er schlicht der Kreuzungspunkt zweier entlang der Achsen für $P_1$ und $P_2$ abgetragenen Geraden. Mittels des Wertes der durch diesen Punkt verlaufenden NTU-Isolinie kann bei bekannten Wärmekapazitätsströmen dann der notwendige kA-Wert für den Wärmeübertrager berechnet werden. Sind kA und die Wärmekapazitätsströme dage-gen bekannt, aber z. B. die Austrittstemperaturen unbekannt, so kann der Schnittpunkt der Isolinien von $NTU_i$ und $R_i$ eingezeichnet und die beiden Temperaturwerte $P_{1,2}$ abgelesen werden.

Die zu den Gln. 8.14 bis 8.17 gehörenden Roetzl-Spang-Diagramme sind in den Abb. 8.5, 8.6, 8.7, 8.8, 8.9, 8.10, 8.11 und 8.12 dargestellt.

## 8.2.2 Zellenmethode

Die Zellenmethode ist vor allem geeignet, um für Netzwerke miteinander verschalteter einzelner Wärmeübertrager die zwischen den Wärmeübertragern auftretenden Fluidtem-peraturen oder aber innerhalb eines Wärmeübertragers mit komplexer Stromführung lo-kale Temperaturen zu bestimmen. Für letzteres wird der Wärmeübertrager in gedachte Teil-Wärmeübertrager zerlegt, die nacheinander in gleicher oder unterschiedlicher Rei-henfolge von beiden Fluidströmen oder Teilen davon durchströmt werden. Jedem Teil-Wärmeübertrager wird eine möglichst realistische Stromführung zugeordnet, für die ei-ne Betriebscharakteristik bekannt sein muss. Auf diese Weise ergibt sich wiederum eine Zusammenschaltung mehrerer Einzelapparate [6].

Durch Umstellung der Beziehungen für die dimensionslosen Temperaturen nach Gl. 8.9 erhält man je Teilapparat (ab hier als Zelle bezeichnet) zwei voneinander un-abhängige Gleichungen, in denen neben den Eintritts- je eine der beiden unbekannten Zell-Austrittstemperatur enthalten ist. Da diese Zellaustrittstemperaturen jeweils die Ein-trittstemperaturen der stromabwärts nachfolgenden Zelle sind, gewinnt man für $n$ Zellen $2n$ Gleichungen für $2n$ unbekannte (Zell-)Austrittstemperaturen.

Das so entstehende Gleichungssystem mit $2n$ Gleichungen enthält die dimensionslosen Temperaturdifferenzen $P_{1,2}$ als Koeffizienten. Da diese aber nach der Betriebscharakteristik ohne Kenntnis der Ein- oder Austrittstemperaturen als Funktion des kA-Werts und der Wärmekapazitätsströme (der Zellen) bestimmt werden können, lässt sich das Gleichungssystem für die Temperaturen algebraisch lösen.

Das Vorgehen soll nachfolgend anhand eines einfachen Rohrbündel-Wärmeübertragers mit Umlenkblechen im Mantelraum beispielartig beschrieben werden. Die Zahl der inneren Durchgänge bzw. Flüsse wird mit $n$, die der äußeren mit $z$ bezeichnet. Die Zahl der Durchgänge ist die Anzahl der Umlenkungen plus 1. Der Wärmeübertrager nach Abb. 8.2 hat somit zwei innere Durchgänge bzw. Flüsse ($n = 2$) und drei äußere Durchgänge ($z = 3$).

Vereinfachend wird zunächst angenommen, dass die Werte von $k \cdot A$ im gesamten Apparat konstant und die Flächen in den Zellen gleich groß sind. Der Apparat hat sechs Zellen, die unterschiedlich durchströmt und mit Buchstabenindizes gekennzeichnet sind. Für den Gesamtapparat gilt:

$$NTU_{1ges} = \frac{k \cdot A}{c_{p1} \cdot \dot{m}_1} \qquad NTU_{2ges} = \frac{k \cdot A}{c_{p2} \cdot \dot{m}_2} = R_1 \cdot NTU_{1ges} \qquad (8.18)$$

Wenn der Wert von $k \cdot A$ konstant ist und die Flächen der Zellen gleich groß sind, gilt für die einzelnen Zellen:

$$NTU_1 = \frac{k \cdot A_i}{c_{p1} \cdot \dot{m}_1} = \frac{NTU_{1ges}}{n \cdot z}$$

$$NTU_2 = \frac{k \cdot A_i}{c_{p2} \cdot \dot{m}_2} = \frac{NTU_{2ges}}{n \cdot z} = R_1 \cdot NTU_1 \qquad (8.19)$$

Oftmals werden die Zelltemperaturen noch zusätzlich mittels der Eintrittstemperaturen der beiden Fluidströme in den Apparat, $\vartheta'_1, \vartheta'_2$ entdimensioniert. Da die so erhaltenen dimensionslosen Zelltemperaturen den Wertebereich 0 bis 1 haben, kann man sehr einfach Besonderheiten im Temperaturverlauf entlang der Fluidströme, z. B. lokale Rückerwärmung, feststellen. Die dimensionslosen Temperaturen der beiden Fluidströme einer

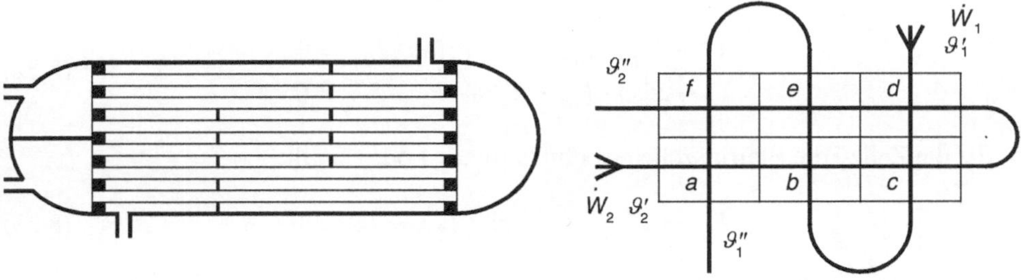


**Abb. 8.2**  **a** Wärmeübertrager mit zwei inneren und drei äußeren Flüssen im Längsschnitt, **b** das Zellenmodell. (Nach [6])

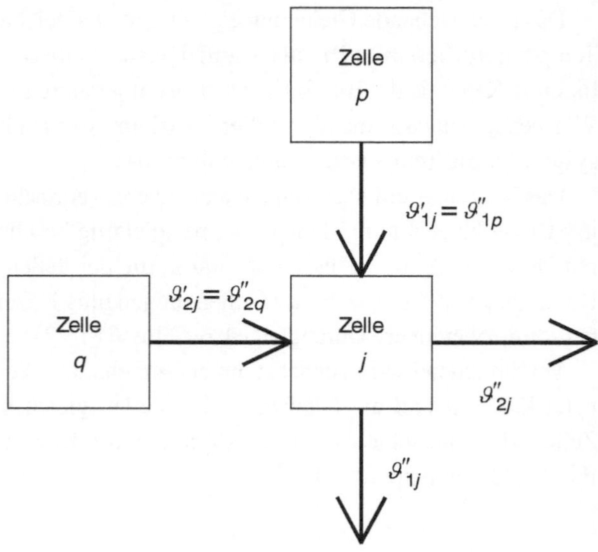



**Abb. 8.3** Temperaturen der Zelle $j$. (Nach [6])

beliebigen Zelle $j$ werden folgendermaßen definiert:

$$T_{1j} = \frac{\vartheta_{1j} - \vartheta'_2}{\vartheta'_1 - \vartheta'_2} \quad \text{und} \quad T_{2j} = \frac{\vartheta_{2j} - \vartheta'_2}{\vartheta'_1 - \vartheta'_2} \tag{8.20}$$

Die Zelle $j$ wird mit dem Fluidstrom 1 aus der Zelle $p$ und mit dem Fluidstrom 2 aus der Zelle $q$ angeströmt (Abb. 8.3).

Mittels der Definition Gl. 8.9 der dimensionslosen Temperaturdifferenzen der beiden Fluidströme $P_{1j}$ und $P_{2j}$ in der Zelle $j$ erhalten wir die folgenden Ausdrücke, die oftmals auch als „Zellwirkungsgrade" bezeichnet werden:

$$P_{1j} = \frac{\vartheta'_{1j} - \vartheta''_{1j}}{\vartheta'_{1j} - \vartheta'_{2j}} \quad \text{und} \quad P_{2j} = \frac{\vartheta''_{2j} - \vartheta'_{2j}}{\vartheta'_{1j} - \vartheta'_{2j}} \tag{8.21}$$

Durch Einführung der dimensionslosen Zelltemperaturen und Umstellung folgen die allgemeinen $2n$ Gleichungen für die $2n$ unbekannten Temperaturen $T_{1j}$ und $T_{2j}$:

$$\begin{aligned}
(1 - P_{1j}) \cdot T''_{1p} - T''_{1j} + P_{1j} \cdot T''_{2q} = 0 \\
(1 - P_{2j}) \cdot T''_{2q} - T''_{2j} + P_{2j} \cdot T''_{1p} = 0
\end{aligned} \tag{8.22}$$

Ist die Zelle $j$ die Eintrittszelle des Fluidstromes 1 oder 2, gilt:

$$T''_{1p} = T'_{1j} = 1 \quad \text{und} \quad T''_{2q} = T'_{2j} = 0 \tag{8.23}$$

Entsprechend gilt, wenn Zelle $j$ die Austrittszelle des Fluidstromes 1 oder 2 ist:

$$P_{1ges} = 1 - T''_{1j} \quad \text{und} \quad P_{2ges} = T''_{2j} \tag{8.24}$$

Für unser Beispiel mit sechs Zellen erhalten wir folgende zwölf Gleichungen:

$$T_{2a}'' = P_{2a} \cdot T_{1f}''$$

$$T_{1a}'' = (1 - P_{1a}) \cdot T_{1f}'' + P_{1a} \cdot T_{2a}''$$

$$T_{2b}'' = (1 - P_{2b}) \cdot T_{2a}'' + P_{2b} \cdot T_{1c}''$$

$$= 1 - P_{1ges}$$

$$T_{2c}'' = (1 - P_{2c}) \cdot T_{2b}'' + P_{2c} \cdot T_{1d}''$$

$$T_{1b}'' = (1 - P_{1b}) \cdot T_{1c}'' + P_{1b} \cdot T_{2a}''$$

$$T_{2d}'' = (1 - P_{2d}) \cdot T_{2c}'' + P_{2d}$$

$$T_{1c}'' = (1 - P_{1c}) \cdot T_{1d}'' + P_{1c} \cdot T_{2b}''$$

$$T_{2e}'' = (1 - P_{2e}) \cdot T_{2d}'' + P_{2e} \cdot T_{1b}''$$

$$T_{1d}'' = (1 - P_{1d}) + P_{1d} \cdot T_{2c}''$$

$$T_{2f}'' = (1 - P_{2f}) \cdot T_{2e}'' + P_{2f} \cdot T_{1e}'' = P_{2ges}$$

$$T_{1e}'' = (1 - P_{1e}) \cdot T_{1b}'' + P_{1e} \cdot T_{2d}''$$

$$T_{1f}'' = (1 - P_{1f}) \cdot T_{1e}'' + P_{1f} \cdot T''$$

Das Gleichungssystem kann mit entsprechenden Berechnungsprogrammen gelöst werden. Im hier vorliegenden Fall eines wegen der konstant angenommenen Zellwirkungsgrade linearen Systems kann sogar eine einfache Tabellenkalkulation benutzt werden. Die Zellwirkungsgrade $P_{1j}$ und $P_{2j}$ sind aus geeigneten Betriebscharakteristika, hier z. B. mittels der Ansätze für reinen Kreuzstrom nach Gl. 8.16 als Funktionen von kA und der Wärmekapazitätsströme zu berechnen.

Bettet man in einen entsprechenden Algorithmus die Berechnung der kA-Werte z. B. aus Nusselt-Korrelationen mit ein, kann man lokal (zellweise) temperaturabhängige Stoffwerte berücksichtigen. Obwohl das Problem hierdurch nichtlinear wird, kann man durch geschicktes iteratives Vorgehen dennoch sehr effiziente Lösungen gewinnen. Dies ist die Basis für Auslegungsprogramme und Analysen selbst komplexester Wärmeübertrager und ihrer Verschaltungen.

**Beispiel 8.1: Berechnung eines Wärmeübertragers mit der Zellenmethode**
Die Stromführung des Wärmeübertragers besteht aus zwei inneren und zwei äußeren Durchgängen mit einer mantelseitigen Umlenkung. Die für die Wärmeübertragung maßgebende Größe $k \cdot A$ ist für alle Zellen gleich und beträgt 4 000 W/K. Der Strom im Außenraum hat den Index 1. Um die Berechnung zu vereinfachen, werden die beiden Wärmekapazitätsströme $\dot{W}_1$ und $\dot{W}_2$ mit 3 500 W/K gleich groß gewählt. Die Eintrittstemperatur des Stromes 1 ist $\vartheta_1' = 100\,°C$ und die des Stromes $2\,\vartheta_2' = 20\,°C$.
Zu bestimmen sind die Austrittstemperaturen $\vartheta_1''$ und $\vartheta_2''$.

**Lösung**

*Schema* Siehe Skizze

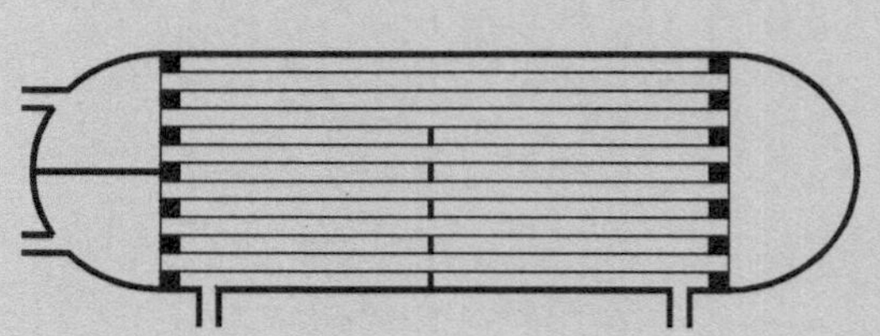
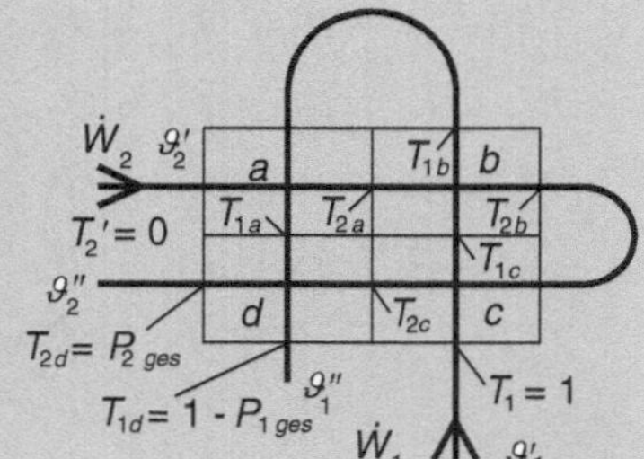


*Annahme*

- Die Wärmedurchgangszahlen und die Austauschflächen der Zellen sind gleich groß.

*Analyse*

Die für das Gesamtsystem benötigten dimensionslosen Größen sind:

$$R_1 = R_2 = \dot{W}_1/\dot{W}_2 = 1$$

$$NTU_{1ges} = k \cdot A/\dot{W}_1 = 4\,000/3\,500 = 1{,}1429 = NTU_{2ges}$$

Für die einzelnen Zellen erhalten wir:

$$NTU_{1,2} = 0{,}25 \cdot NTU_{1ges} = 0{,}2857$$

Wenn die Zellen als Wärmeübertrager mit einer Rohrreihe und mantelseitigem Kreuzstrom angenähert werden, können $P_1$ und $P_2$ mit Gl. 8.17 berechnet werden.

$$P_1 = P_2 = 1 - \exp\left[\left(e^{-R_1 \cdot NTU_1} - 1\right)/R_1\right] = 1 - \exp\left[\left(e^{-0{,}2857} - 1\right)\right] = 0{,}220$$

Die Temperaturänderungen werden den Gln. 8.21–8.24 entsprechend berechnet. Wir erhalten für die acht Unbekannten acht Gleichungen. Da die Größen $P_1$ und $P_2$ für alle Zellen gleich groß sind, vereinfachen sich die Gleichungen. Weil beide Wärmekapazitätsströme gleich groß sind, wird $P_{1ges}$ auch gleich groß wie $P_{2ges}$ sein. Mit Gl. 8.20 gilt ferner, dass $P_{1ges} + P_{2ges} = 1$ ist und damit $P_{1ges} = P_{2ges} = 0{,}5$.

$$T_{2a} = P_1 \cdot T_{1b} \qquad\qquad T_{1a} = (1 - P_1) \cdot T_{1b}$$

$$T_{2b} = (1 - P_2) \cdot T_{2a} + P_1 \cdot T_{1c} \qquad T_{1b} = (1 - P_1) \cdot T_{1c} + P_1 \cdot T_{2a}$$

$$T_{2c} = (1 - P_2) \cdot T_{2b} + P_1 \qquad\quad T_{1c} = (1 - P_1) \cdot 1 + P_1 \cdot T_{2b}$$

$$T_{1d} = 1 - P_{1ges} \qquad\qquad T_{2d} = P_{2ges}$$

Diese acht linearen Gleichungen können mit bekannten mathematischen Methoden nach den dimensionslosen Temperaturen $T_{jx}$ aufgelöst und mittels ihrer Definition Gl. 8.20 in Celsiustemperaturen umgewandelt werden. Die Ergebnisse folgen tabellarisch:

| $T_{2d}$ | $T_{2b}$ | $T_{2c}$ | $T_{2d}$ | $T_{1a}$ | $T_{1b}$ | $T_{1c}$ | $T_{1d}$ | |
|---|---|---|---|---|---|---|---|---|
| 0,153 | 0,306 | 0,458 | 0,5 | 0,542 | 0,694 | 0,847 | 0,5 | |
| $\vartheta_{2d}$ | $\vartheta_{2b}$ | $\vartheta_{2c}$ | $\vartheta_{2d}$ | $\vartheta_{1a}$ | $\vartheta_{1b}$ | $\vartheta_{1c}$ | $T_{1d}$ | |
| 32,2 | 44,5 | 56,6 | 60 | 63,4 | 75,5 | 87,8 | 60,0 | °C |

Die gesamten Temperaturänderungen $P_{1ges}$ und $P_{2ges}$ sind mit 0,5 jeweils gleich groß, d. h., die Austrittstemperaturen sind ebenfalls mit je 60 °C gleich groß.

*Diskussion*

Die Zellenmethode erfordert den Einsatz von Computerprogrammen zur effizienten Umsetzung, ermöglicht dann jedoch die Untersuchung vielfältiger Einflüsse wie temperaturabhängiger Stoffwerte, komplizierter Stromführungen etc.

Es zeigt, dass die Stromführung ungünstig ist, weil beide Fluidströme auf dem Weg zur Zelle $d$ bereits fast die gleiche Temperatur von 60 °C haben und somit in dieser Zelle nur wenig Wärme transferiert wird. Ein etwas günstigeres Ergebnis erzielt man, wenn der Eintritt des Fluidstromes 1 in Zelle $d$ erfolgt.

## 8.2.3  Berechnung mit der mittleren Temperaturdifferenz

Nach Gl. 8.1 kann der im Wärmeübertrager transferierte Wärmestrom berechnet werden. Hierfür müssen alle vier Ein- und Austrittstemperaturen des Wärmeübertragers bekannt sein. Die einfachste Form einer mittleren Temperaturdifferenz ist die für reinen Gleich- und Gegenstrom gültige mittlere logarithmische Temperaturdifferenz nach Gl. 8.3. Mit Hilfe der Betriebscharakteristik aus der P-NTU-Methode lassen sich auch für kompliziertere Stromführungen mittlere Temperaturdifferenzen ermitteln. Sie sind im VDI-Wärmeatlas [6] angegeben.

**Abb. 8.4** Zur Benutzung des
Roetzl-Spang-Diagramms

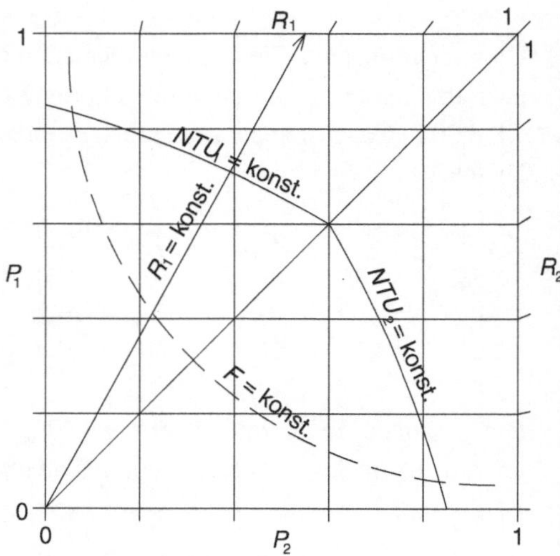


In den Abb. 8.4, 8.5, 8.6, 8.7, 8.8, 8.9, 8.10, 8.11 und 8.12 sind die berechneten mittleren Temperaturdifferenzen zusätzlich in Form von gestrichelten Isolinien eines Korrekturfaktors $F$ für einige Stromführungen zusätzlich zu den durchgezogenen $NTU$-Isolinien dargestellt (Erläuterungen zu den anderen Größen im Diagramm und zu seiner Benutzung siehe Abschn. 8.2.1). Der Korrekturfaktor $F$ ist in folgender Weise definiert:

$$F = \frac{\Delta\vartheta_m}{\Delta\vartheta_{mG}} = \frac{\Delta\vartheta_m \cdot (\Delta\vartheta_{gr} - \Delta\vartheta_{kl})}{\ln(\Delta\vartheta_{gr}/\Delta\vartheta_{kl})} = \frac{NTU_{iG}}{NTU_i} \tag{8.25}$$

Der Index $G$ steht für einen reinen Gegenstromwärmeübertrager. $F$ stellt das Verhältnis der mittleren Temperaturdifferenz für die jeweilige Stromführung zur mittleren (logarithmischen) Temperaturdifferenz des reinen Gegenstromapparats dar. Da letztere bei gleichen Werten für die NTU stets die größte unter allen Stromführungen ist, kann der reine Gegenstromapparat sozusagen als Vergleichsnormal angesehen werden. Keine andere Stromführung kann bei gleicher Fläche, gleichen Eintrittstemperaturen und gleichen Wärmekapazitätsströmen mehr Wärme übertragen. Dementsprechend sind in Abb. 8.6 für den Gegenstromapparat keine Isolinien für $F$ eingezeichnet.

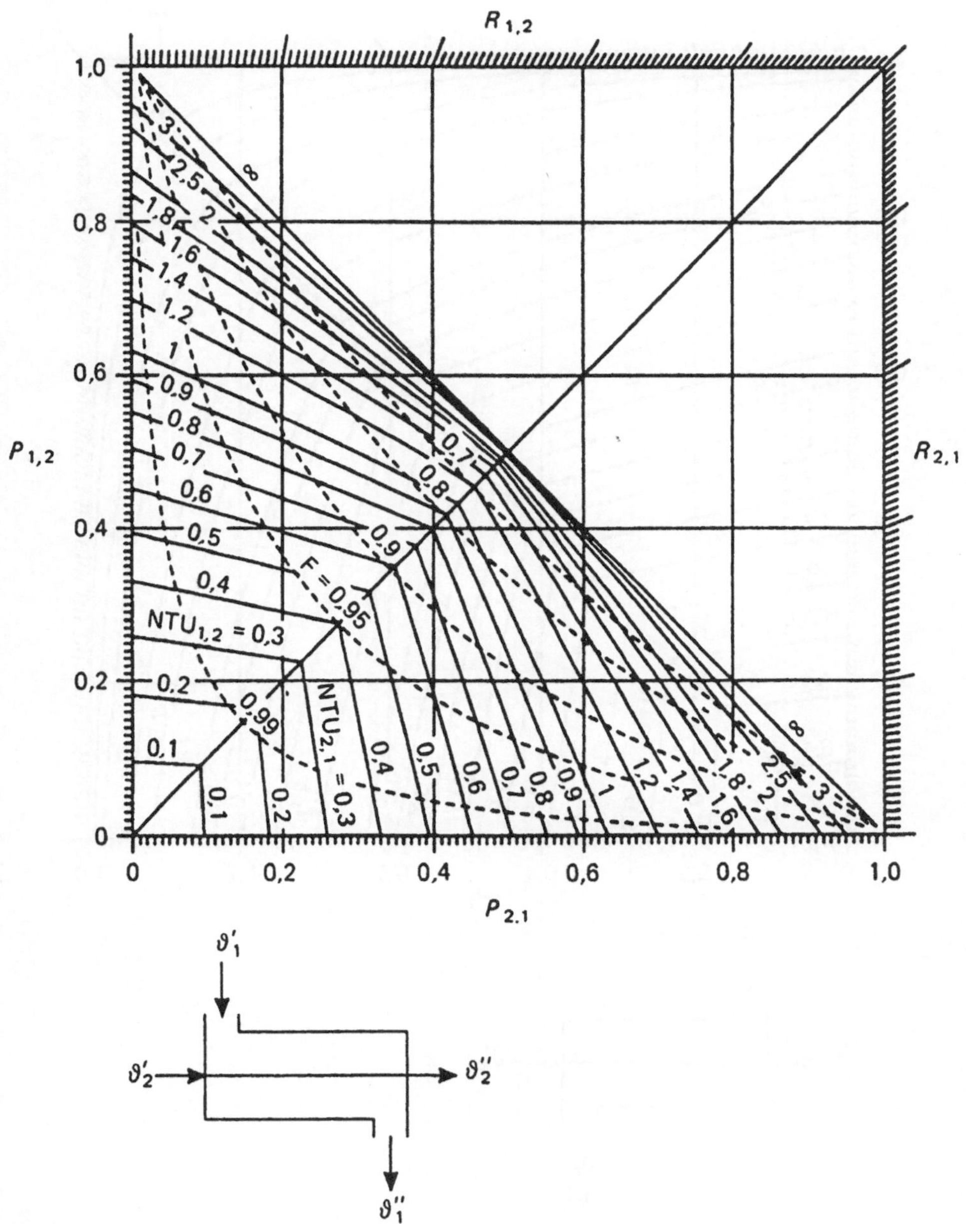


**Abb. 8.5**  Reiner Gleichstrom. (*Quelle* VDI-Wärmeatlas 2002)

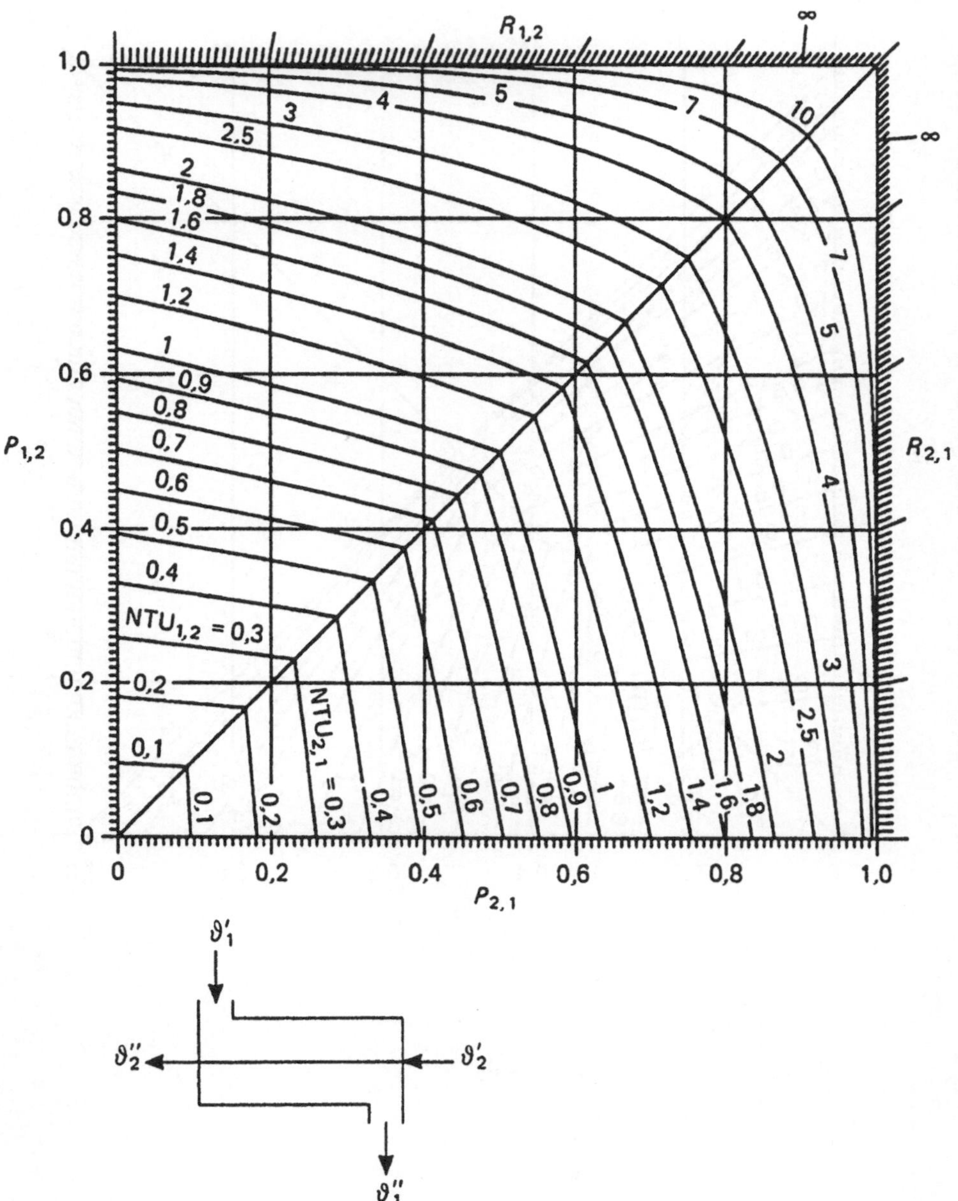


**Abb. 8.6** Reiner Gegenstrom. (*Quelle* VDI-Wärmeatlas 2002)

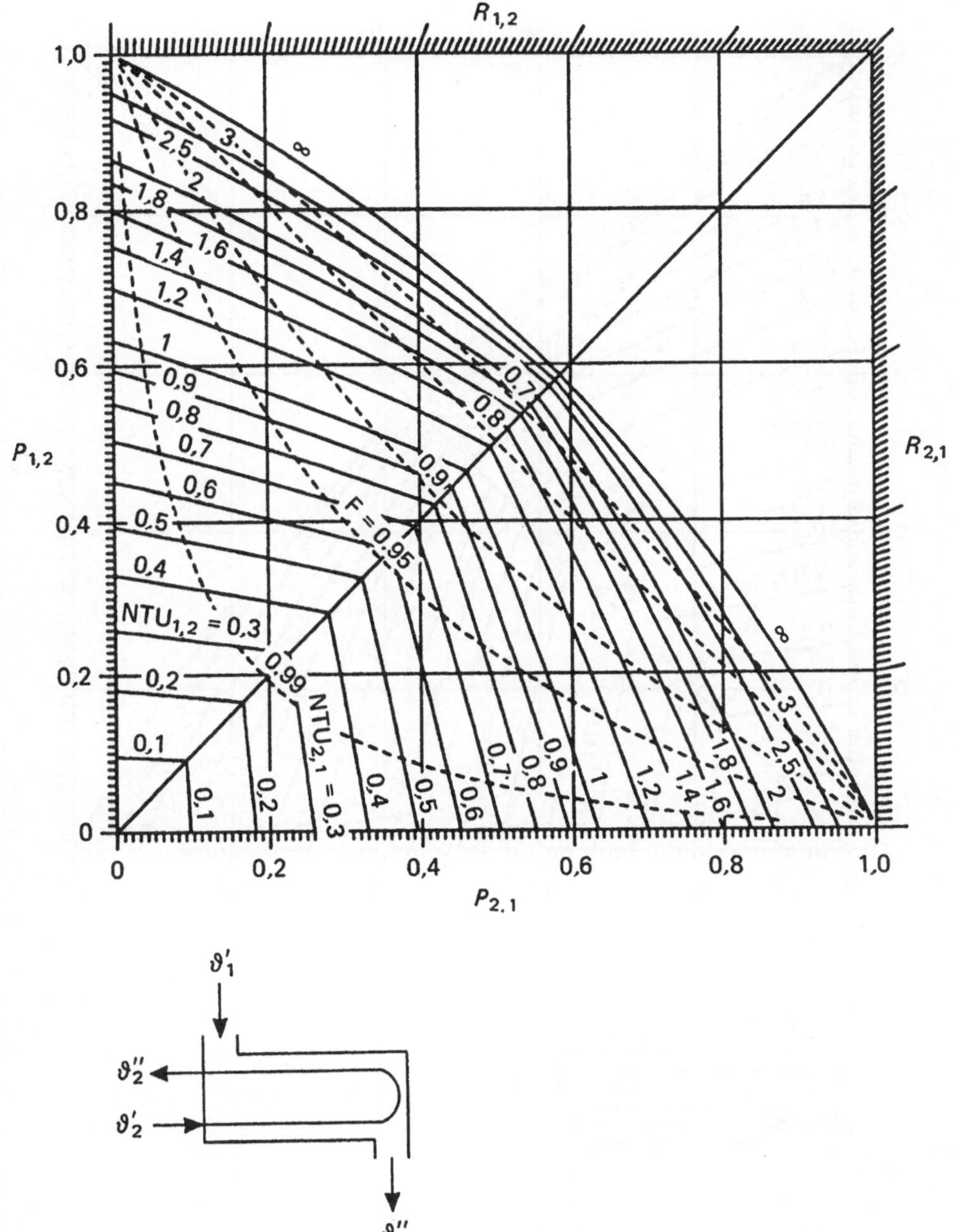



**Abb. 8.7** Rohrbündelwärmeübertrager mit einem äußeren und zwei inneren Durchgängen. (*Quelle* VDI-Wärmeatlas 2002)

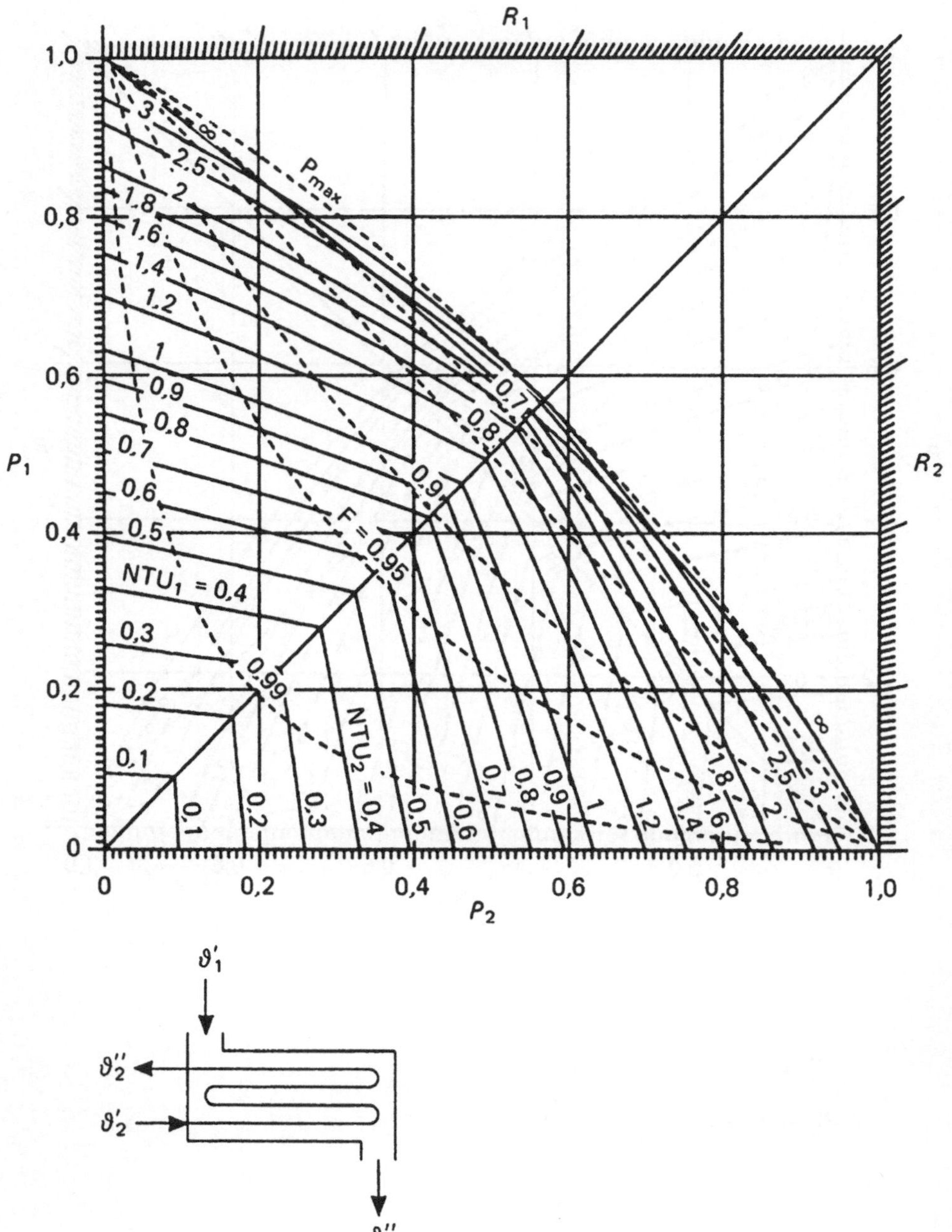



**Abb. 8.8**  Rohrbündelwärmeübertrager mit einem äußeren und vier inneren Durchgängen. (*Quelle* VDI-Wärmeatlas 2002)

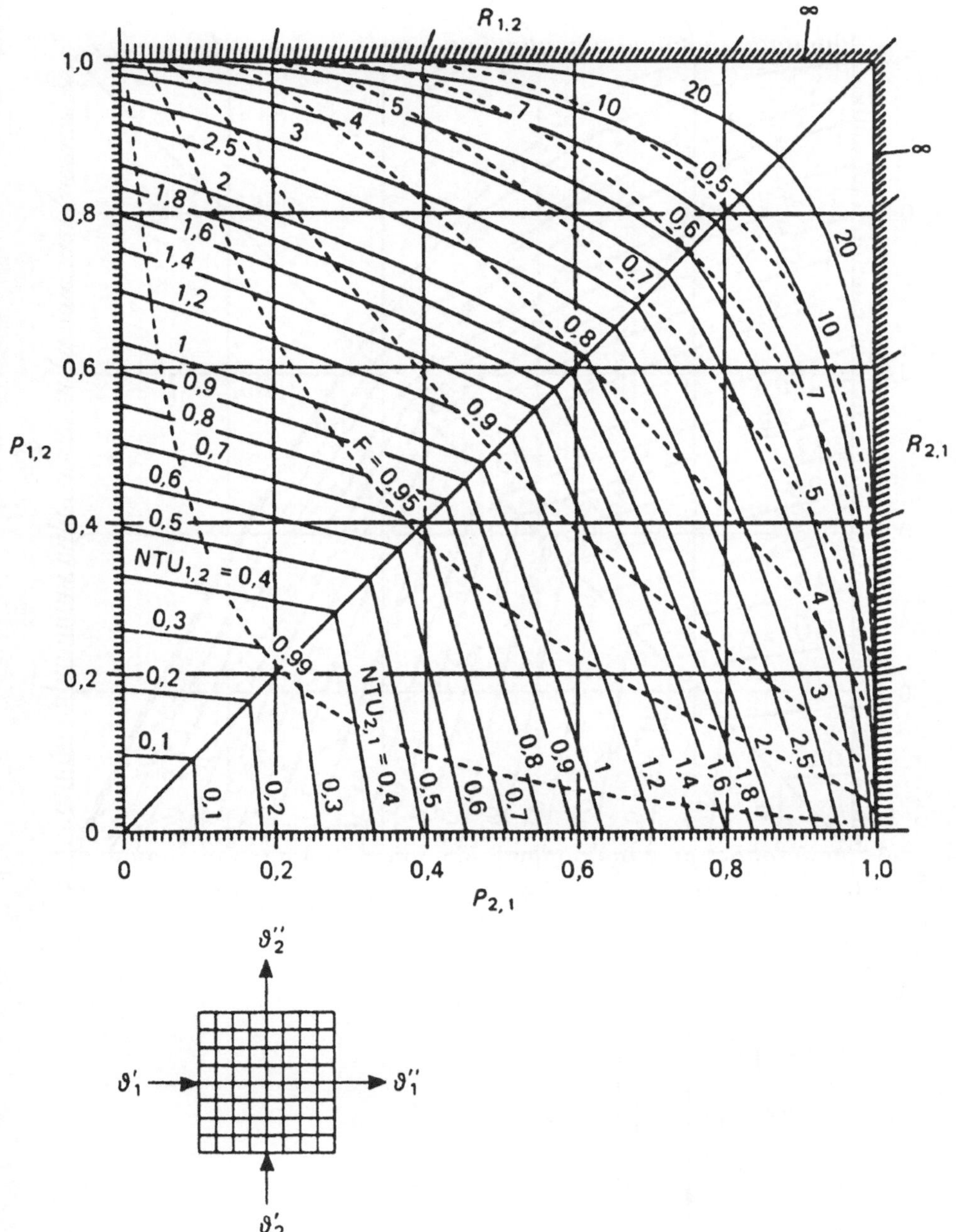



**Abb. 8.9**  Reiner Kreuzstrom. (*Quelle* VDI-Wärmeatlas 2002)

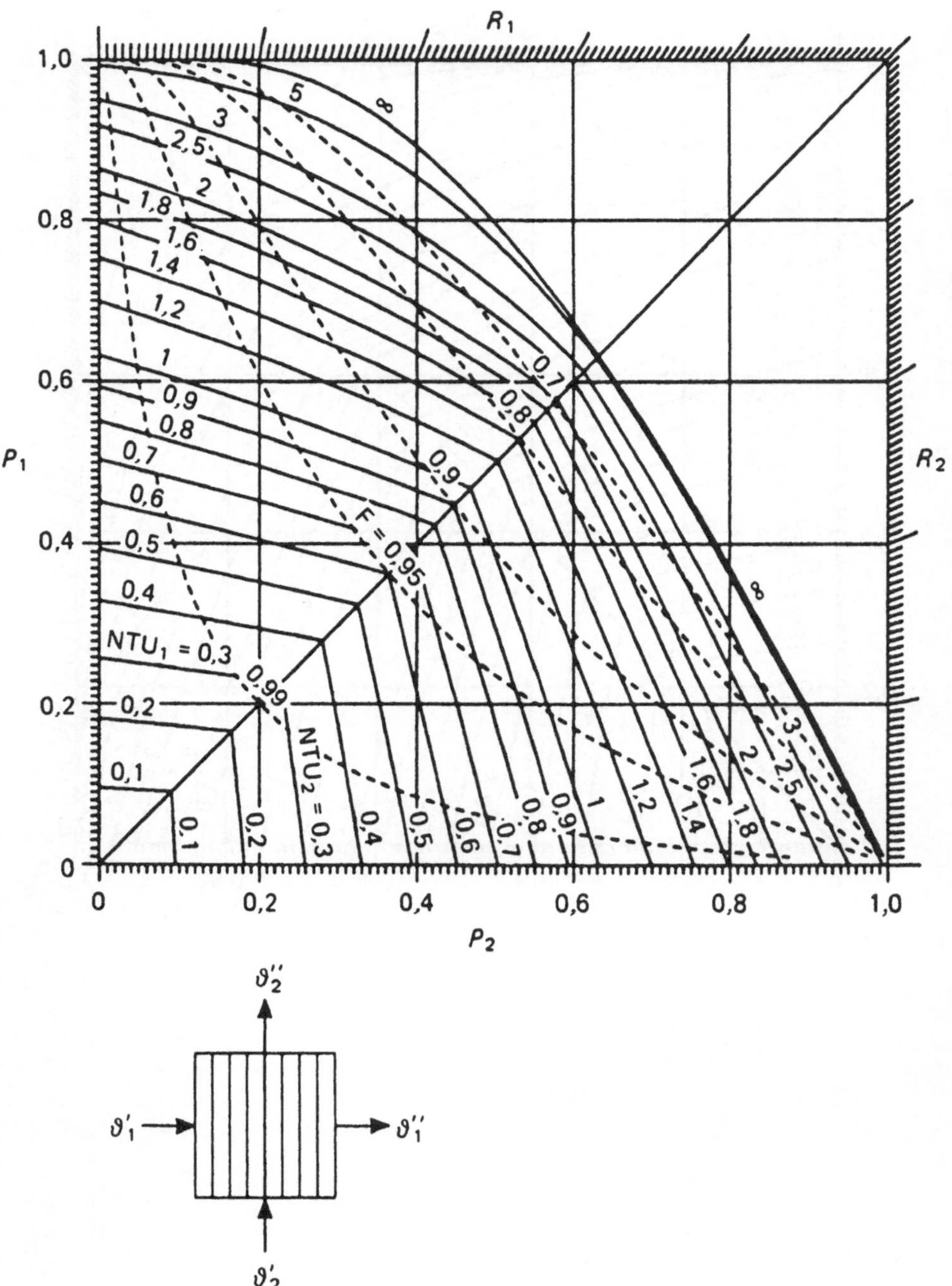



**Abb. 8.10**  Kreuzstrom mit einer Rohrreihe und einseitig quer vermischtem Kreuzstrom. (*Quelle* VDI-Wärmeatlas 2002)

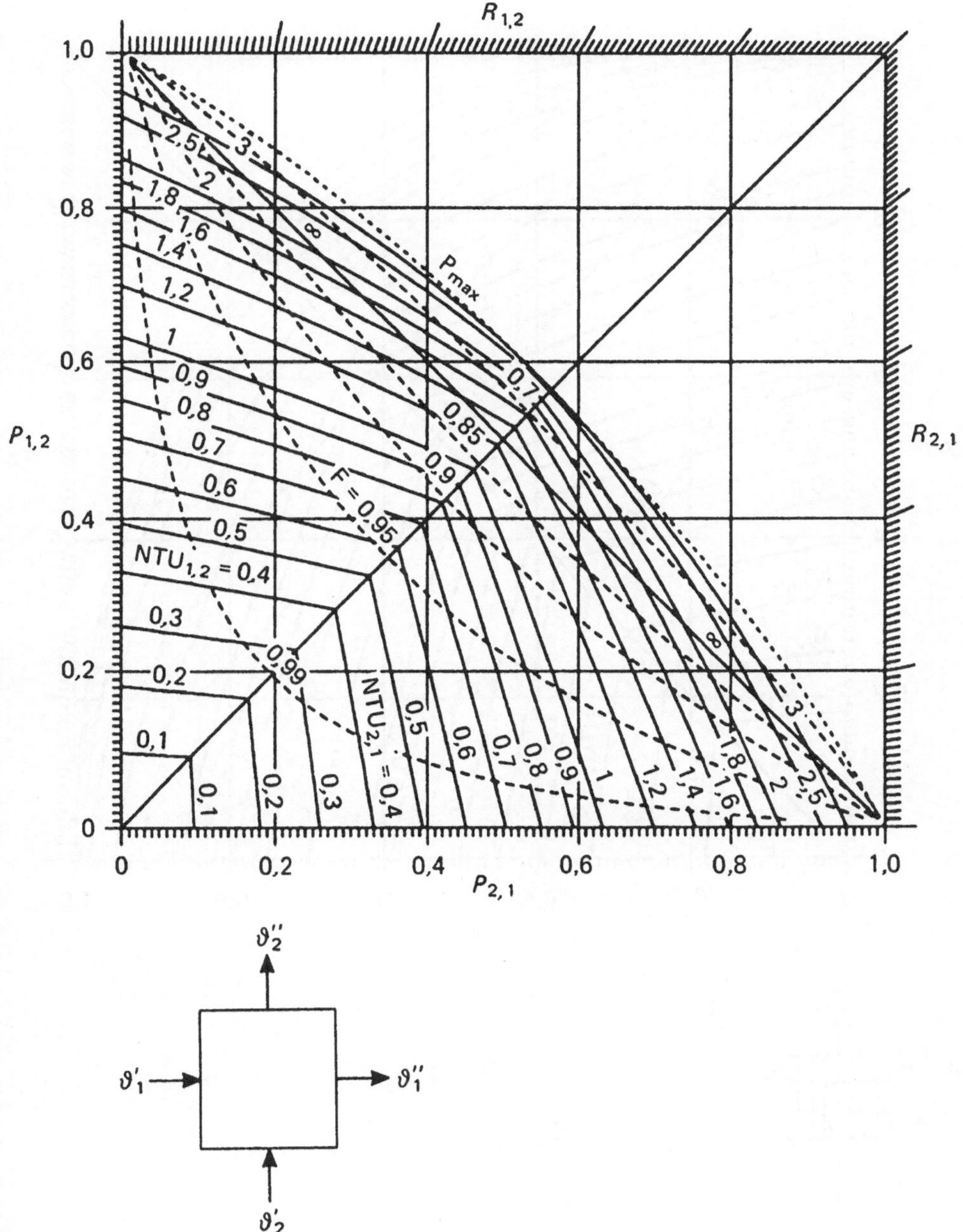


**Abb. 8.11** Beidseitig quer vermischter Kreuzstrom. (*Quelle* VDI-Wärmeatlas 2002)

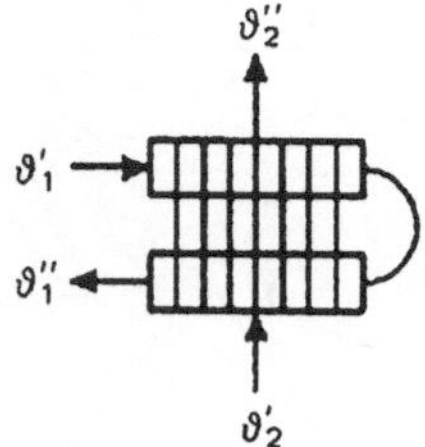

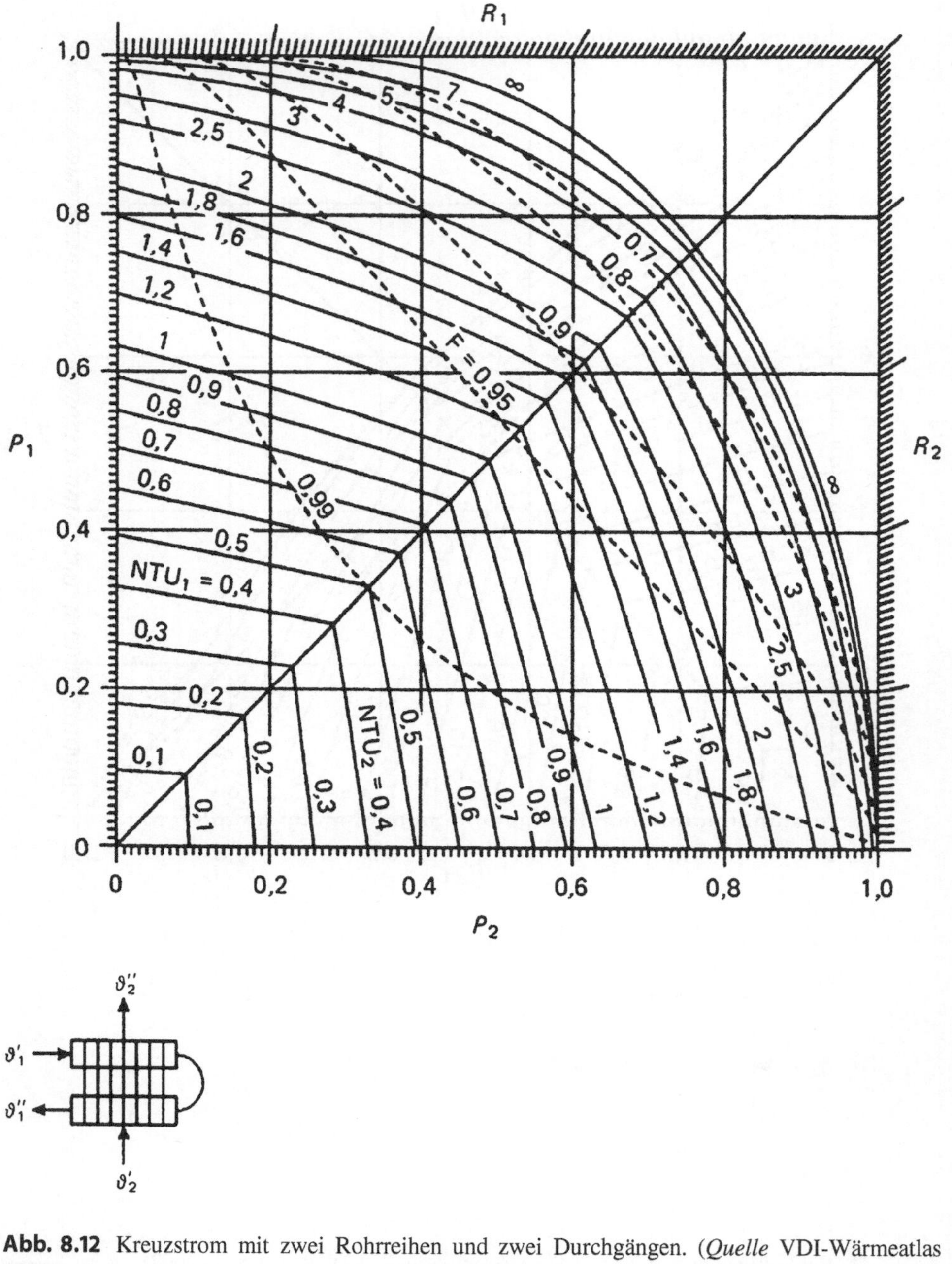

Abb. 8.12 Kreuzstrom mit zwei Rohrreihen und zwei Durchgängen. (*Quelle* VDI-Wärmeatlas 2002)

**Beispiel 8.2: Auslegung eines Autokühlers**

Ein Autokühler soll bei 45 °C Außentemperatur 50 kW Wärme abführen. Dabei wird das Kühlwasser von 94 auf 91 °C abgekühlt. Die Luft strömt im Kühler mit einer Geschwindigkeit von 20 m/s. Die rechteckigen Wasserkanäle des Kühlers haben eine Wandstärke von 1 mm und äußere Kantenlängen von 50 und 6 mm. An den Kanälen sind in 1 mm-Abstand Rippen mit 0,3 mm Dicke angelötet. Die Länge der Kühlwasserkanäle ist 550 mm. Der Abstand der Kühlkanäle beträgt 60 mm. Die Kanalwände und Rippen haben eine Wärmeleitfähigkeit von 120 W/(m K). Die Stoffwerte des Kühlwassers und der Luft sind:

$$\text{Wasser:}\quad \rho = 963{,}6\,\text{kg/m}^3,\quad \lambda = 0{,}676\,\text{W/(m K)},\quad \nu = 0{,}3171 \cdot 10^{-6}\,\text{m}^2/\text{s},$$
$$Pr = 1{,}901,\quad c_p = 4{,}208\,\text{kJ/(kg K)}$$
$$\text{Luft:}\quad \rho = 1{,}078\,\text{kg/m}^3,\quad \lambda = 0{,}028\,\text{W/(m K)},\quad \nu = 18{,}25 \cdot 10^{-6}\,\text{m}^2/\text{s},$$
$$Pr = 0{,}711,\quad c_p = 1{,}008\,\text{kJ/(kg K)}.$$

Bestimmen Sie, wie viele Kanäle benötigt werden.

**Lösung**

*Schema* Siehe Skizze

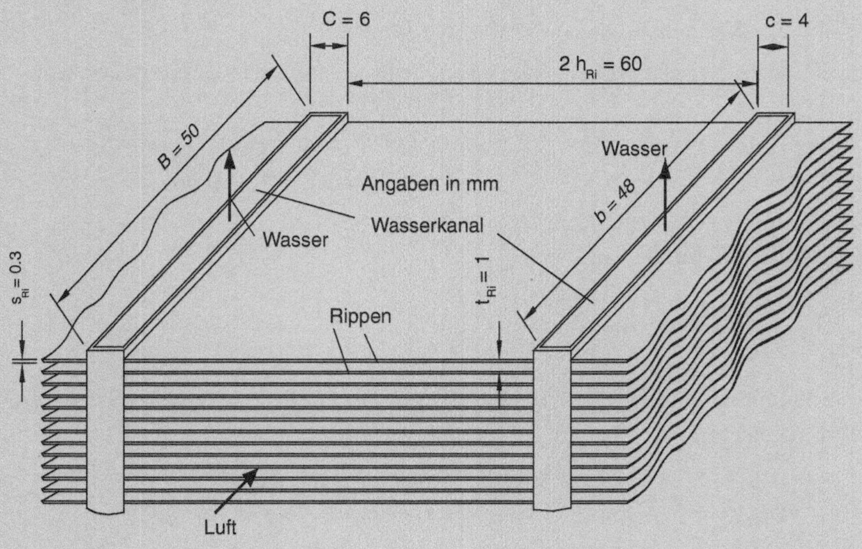


*Annahmen*

- Im gesamten Kühler sind die Wärmedurchgangszahlen gleich groß.
- Der Einfluss der Richtung des Wärmestromes wird nicht berücksichtigt.

*Analyse*

Im Folgenden hat das Kühlwasser den Index 1, die Luft den von 2. Der Massenstrom des Kühlwassers kann mit der Energiebilanzgleichung berechnet werden:

$$\dot{m}_1 = \frac{\dot{Q}}{c_{p1} \cdot \left(\vartheta_1' - \vartheta_1''\right)} = \frac{50 \cdot kW \cdot kg \cdot K}{4{,}208 \cdot kJ \cdot (94 - 91) \cdot K} = 3{,}961\,kg/s$$

Der Massenstrom der Luft hängt von der Anzahl der Kühlkanäle ab. Jeweils die Hälfte der Rippe, d. h. 30 mm, gehören zu einem Kühlwasserkanal. Pro Kühlkanal ist der Strömungsquerschnitt für die Luft:

$$A_2 = 2 \cdot h_{Ri} \cdot (t_{Ri} - s_{Ri}) \cdot n = 2 \cdot h_{Ri} \cdot (t_{Ri} - s_{Ri}) \cdot (1 - s_{Ri}/t_{Ri}) \cdot H$$
$$= 2 \cdot 0{,}03 \cdot 0{,}7 \cdot 0{,}55 \cdot m^2 = 0{,}0231\,m^2$$

Der Luftmassenstrom durch den Kühler ist damit:

$$\dot{m}_2 = z \cdot A_2 \cdot \rho_2 \cdot c_2 = z \cdot 0{,}0231 \cdot m^2 \cdot 1{,}078 \cdot kg/m^3 \cdot 20 \cdot m/s = z \cdot 0{,}498\,kg/s$$

Mit ansteigender Zahl der Kanäle nimmt der Massenstrom der Luft zu, der Massenstrom des Kühlwassers pro Kanal jedoch ab.

Jetzt sind die Wärmeübergangszahlen zu bestimmen.

Die Luftkanäle zwischen den Rippen haben den hydraulischen Durchmesser von:

$$d_{h2} = 4 \cdot h_{Ri} \cdot (t_{Ri} - s_{Ri})/[2 \cdot (t_{Ri} - s_{Ri} + h_{Ri})]$$
$$= 2 \cdot 30 \cdot 0{,}7 \cdot mm^2/(30{,}7 \cdot mm) = 1{,}368\,mm$$

Die *Reynolds*zahl für die Luft ist:

$$Re_2 = c_2 \cdot d_{h2}/v_2 = 20 \cdot 0{,}001368/(18{,}25 \cdot 10^{-6}) = 1\,499$$

Die Strömung ist laminar; die *Nußelt*zahl kann mit Gl. 3.17 und daraus wiederum die Wärmeübergangszahl berechnet werden.

$$Nu_{d_i,lam} = \sqrt[3]{3{,}66^3 + 0{,}644^3 \cdot Pr \cdot (Re_{d_{h2}} \cdot d_{h2}/l)^{3/2}}$$
$$= \sqrt[3]{3{,}66^3 + 0{,}644^3 \cdot 0{,}711 \cdot (1\,499 \cdot 1{,}37/50)^{3/2}} = 4{,}698$$

$$\alpha_2 = \frac{Nu_{d,lam} \cdot \lambda_2}{d_{h2}} = \frac{4{,}698 \cdot 0{,}028 \cdot W}{0{,}001368 \cdot m \cdot m \cdot K} = 96{,}2\,\frac{W}{m^2 \cdot K}$$

Mit der Anzahl der Kanäle ändert sich die Wärmeübergangszahl in der Luft nicht, d. h., sie bleibt konstant.

Im Kühlwasserkanal ist der hydraulische Durchmesser:

$$d_{h1} = 4 \cdot b \cdot c / [2 \cdot (b + c)] = 2 \cdot 48 \cdot 4 \cdot \text{mm}^2 / (52 \cdot \text{mm}) = 7{,}385 \, \text{mm}$$

Der Massenstrom des Kühlwassers teilt sich auf die Kanäle auf, damit ist seine Geschwindigkeit umgekehrt proportional zur Anzahl der Kanäle.

$$c_1 = \frac{\dot{m}_1}{z \cdot A_1 \cdot \rho_1} = \frac{\dot{m}_1}{z \cdot b \cdot c \cdot \rho_1} = \frac{3{,}961 \cdot \text{kg} \cdot \text{m}^3}{z \cdot 0{,}048 \cdot \text{m} \cdot 0{,}004 \cdot \text{m} \cdot 963{,}6 \cdot \text{kg} \cdot \text{s}}$$

$$= \frac{21{,}421}{z} \frac{\text{m}}{\text{s}}$$

*Reynolds*zahl:

$$Re_1 = \frac{c_1 \cdot d_{h1}}{\nu_1} = \frac{21{,}421 \cdot 0{,}00738}{z \cdot 0{,}317 \cdot 10^{-6}} = \frac{499\,015}{z}$$

Für brauchbare Werte von $z$ bleibt die Strömung in den Kanälen turbulent. Wegen der besseren Übersicht verwenden wir die vereinfachte Gl. 3.14 und vernachlässigen die Korrektur der *Reynolds*zahl.

$$Nu_{d_{h1}} = 0{,}0235 \cdot \left(Re_{d_{h1}}^{0,8} - 230\right) \cdot Pr^{0,48} \cdot \left[1 + (d_{h1}/l_1)^{2/3}\right]$$

$$= 1\,222{,}7 \cdot z^{-0,8} - 7{,}773$$

Die von $z$ abhängige Wärmeübergangszahl ist:

$$\alpha_1 = Nu_{d_{h1}} \cdot \lambda_1 / d_{h1} = (111\,932 \cdot z^{-0,8} - 711{,}5) \cdot \text{W}/(\text{m}^2\,\text{K})$$

Um die Wärmedurchgangszahl mit Gl. 3.46 zu berechnen, müssen der Rippenwirkungsgrad und die Flächen $A$, $A_0$ und $A_{Ri}$ bestimmt werden Gl. 2.58. gibt den Rippenwirkungsgrad an.

$$\eta_{Ri} = \frac{\tanh{(m \cdot h_{Ri})}}{m \cdot h_{Ri}} = 0{,}444$$

$$\text{mit} \quad m = \sqrt{\frac{\alpha_2 \cdot U_{Ri}}{\lambda_{Ri} \cdot A_{Ri}}} = \sqrt{\frac{\alpha_2 \cdot 2 \cdot (B + s_{Ri})}{\lambda_{Ri} \cdot B \cdot s_{Ri}}} = \frac{73{,}31}{\text{m}}$$

$$A = 2 \cdot (C + B) \cdot H = 0{,}0616 \, \text{m}^2 \quad A_0 = 2 \cdot B \cdot H \cdot (1 - s_{Ri}/t_{Ri}) = 0{,}0385 \, \text{m}^2$$

$$A_{Ri} = 2 \cdot h_{Ri} \cdot B \cdot H / t_{Ri} = 1{,}65 \, \text{m}^2$$

Die Wärmedurchgangszahl beträgt:

$$\frac{1}{k\,(z)} = \frac{A}{A_0 + A_{Ri} \cdot \eta_{Ri}} \cdot \frac{1}{\alpha_a} + \frac{s_0}{\lambda_R} + \frac{A}{A_i} \cdot \frac{1}{\alpha_i}$$

$$= \frac{A}{A_0 + A_{Ri} \cdot \eta_{Ri}} \cdot \frac{1}{\alpha_a} + \frac{s_0}{\lambda_R} + \frac{C + B}{c + b} \cdot \frac{1}{\alpha_i}$$

$$= \left( \frac{1}{1\,191} + \frac{1}{111\,932 \cdot z^{-0,8} - 711,5} \right) \frac{\mathbf{m^2\,K}}{\mathbf{W}}$$

Die Austrittstemperatur der Luft und damit die dimensionslose Temperatur, das Verhältnis des Wärmekapazitätsstromes und die mittlere Temperaturdifferenz des reinen Gegenstromübertragers sind auch von $z$ abhängig. Damit die mittlere Temperaturdifferenz des Kühlers bestimmt werden kann, tragen wir die Werte der erwähnten Größen tabellarisch auf. Der Korrekturfaktor $F$ kann dem Diagramm in Abb. 8.9 entnommen werden.

Die Austrittstemperatur der Luft ist:

$$\vartheta_2'' = \vartheta_2' + \frac{\dot{Q}}{c_{p2} \cdot \dot{m}_2} = 45\,°C + \frac{75 \cdot kW \cdot kg \cdot K \cdot s}{z \cdot 1,008 \cdot kJ \cdot 0,498 \cdot kg} = 45\,°C + 99{,}6\,K/z$$

Das Verhältnis der Wärmekapazitätsströme berechnet sich zu:

$$R_2 = \frac{\dot{m}_2 \cdot c_{p2}}{\dot{m}_1 \cdot c_{p1}} = \frac{z \cdot 0,498 \cdot 1\,008}{3,961 \cdot 4\,208} = 0,03012 \cdot z$$

Solange $z$ kleiner als 37 ist, bleibt $R_2$ kleiner als 1 und wir müssen unterhalb der Diagonale die Werte für $F$ ermitteln. Die dimensionslose Temperatur $P_2$ können wir mit Gl. 8.9 bestimmen.

$$P_2 = \frac{\vartheta_2'' - \vartheta_2'}{\vartheta_1' - \vartheta_2'} = \frac{99{,}6\,K}{z \cdot 49\,K} = \frac{2,033}{z}$$

Mit einer angenommen Anzahl $z$ der Kühlkanäle ermittelt man $R_2$, $P_2$, $F$, die mittlere Temperaturdifferenz, die Wärmedurchgangszahl $k(z)$ und berechnet damit die notwendige Fläche $A_{tot}$. Daraus bestimmt man die notwendige Anzahl der Kühlkanäle $z_{soll} = A_{tot}/A$.

$$A_{tot} = \frac{\dot{Q}}{k \cdot \Delta\vartheta_m} = \frac{\dot{Q}}{k \cdot F \cdot \Delta\vartheta_{mG}}$$

| $z$ | $\vartheta_2''$ | $R_2$ | $P_2$ | $F$ | $\Delta\vartheta_{mG}$ | $\Delta\vartheta_m$ | $k$ | $A_{tot}$ | $z_{soll}$ |
|---|---|---|---|---|---|---|---|---|---|
| – | °C | – | – | – | K | K | W/(m² K) | m² | – |
| 6 | 61,6 | 0,18 | 0,34 | 0,992 | 38,4 | 38,1 | 1 135 | 1,158 | 19 |
| 19 | 50,2 | 0,57 | 0,11 | 0,996 | 44,8 | 44,6 | 1 054 | 1,064 | 17 |
| 17 | 50,9 | 0,51 | 0,12 | 0,996 | 44,4 | 44,2 | 1 065 | 1,061 | 17 |

### Diskussion

Die Berechnung der mittleren Temperaturdifferenz ist mit Hilfe der Diagramme einfach durchführbar. Wie im o. a. Beispiel könnte man bei kleinen Temperaturänderungen der Stoffströme auch mit der mittleren Temperaturdifferenz eines Gegenstromwärmeübertragers rechnen.

**Beispiel 8.3: Auslegung eines Hochdruckvorwärmers mit Unterkühler und Enthitzer**
In den in Dampfkraftwerken eingesetzten Hoch- und Niederdruckvorwärmern wird das Speisewasser, das in U-Rohren strömt, mit entspanntem Anzapfdampf aus der Turbine erwärmt, dadurch erhöht sich der thermische Wirkungsgrad des Prozesses.

Der hier behandelte Hochdruckvorwärmer (HDVW) hat folgende drei Zonen: Unterkühler, Kondensator (auch Kondensationszone genannt) und Enthitzer.

Der von der Fa. BBC, Schweiz (heute GE) entwickelte HDVW ist vertikal aufgestellt. Der Apparat zeichnet sich dadurch aus, dass im Enthitzer der Dampf nur so weit abgekühlt wird, dass hier keine Kondensation stattfinden kann. Der abgekühlte Dampf aus dem Enthitzer strömt in einen Kanal, der sich zwischen den U-Rohren kleinster Biegeradien befindet. Der Kanal hat seitliche Schlitze, aus denen der Dampf zu den Rohren des Kondensators verteilt wird. Mit dieser Konstruktion vermeidet man bekannte Probleme wie Erosionskorrosion, Ausdampfung von Kondensat und Fehlverteilung des Anzapfdampfes.

Das Rohrbündel soll hier wegen der einfacheren Berechnung des Unterkühlers und Enthitzers möglichst quadratisch sein. Der Unterkühler ist 50 mm kürzer als der Enthitzer auszulegen.

**Thermische Daten**

|  | Unterkühler | Kondensator | Enthitzer |  |
|---|---|---|---|---|
| **_Speisewasser_** | | | | |
| Eintrittsdruck | 300 | | | bar |
| Eintrittstemperatur | 263 | berechnen | $\vartheta_s - 2\,\mathrm{K}$ | °C |
| Austrittstemperatur | berechnen | $\vartheta_s - 2\,\mathrm{K}$ | berechnen | °C |
| **_Anzapfdampf_** | | | | |
| Eintrittsdruck | 80 | | | bar |
| Eintrittstemperatur | $\vartheta_s$ | $\vartheta_s + 60\,\mathrm{K}$ | 440 | °C |
| Austrittstemperatur | berechnen | $\vartheta_s$ | $\vartheta_s + 60\,\mathrm{K}$ | °C |
| **_Geschwindigkeiten und Druckverlust_** | | | | |
| Speisewassereintritt in die Rohre | | 2,0 | | m/s |
| Speisewasser in den Stutzen | | 3,0 | | m/s |
| Anzapfdampfeintritt in den Stutzen | | 20,0 | | m/s |
| Kondensataustritt in den Stutzen | | 3,0 | | m/s |
| Druckverlust des Speisewassers höchstens | | 0,5 | | bar |
| **_Angaben zum Bündel_** | | | | |
| Rohraußendurchmesser/Wandstärke der U-Rohre | | 15/2 | | mm |
| Wärmeleitfähigkeit des Rohres (16Mo3) | | 40 | | W/(m K) |
| Rohrabstand | | 20 | | mm |
| Winkel der Rohranordnung | | 60 | | ° |
| Dicke des Rohrbodens | | 400 | | mm |
| maximaler Abstand der Stützplatten | | 700 | | mm |

Zu bestimmen sind die Anzahl der U-Rohre, die geraden Längen der Rohre im Unterkühler, Kondensator und Enthitzer.

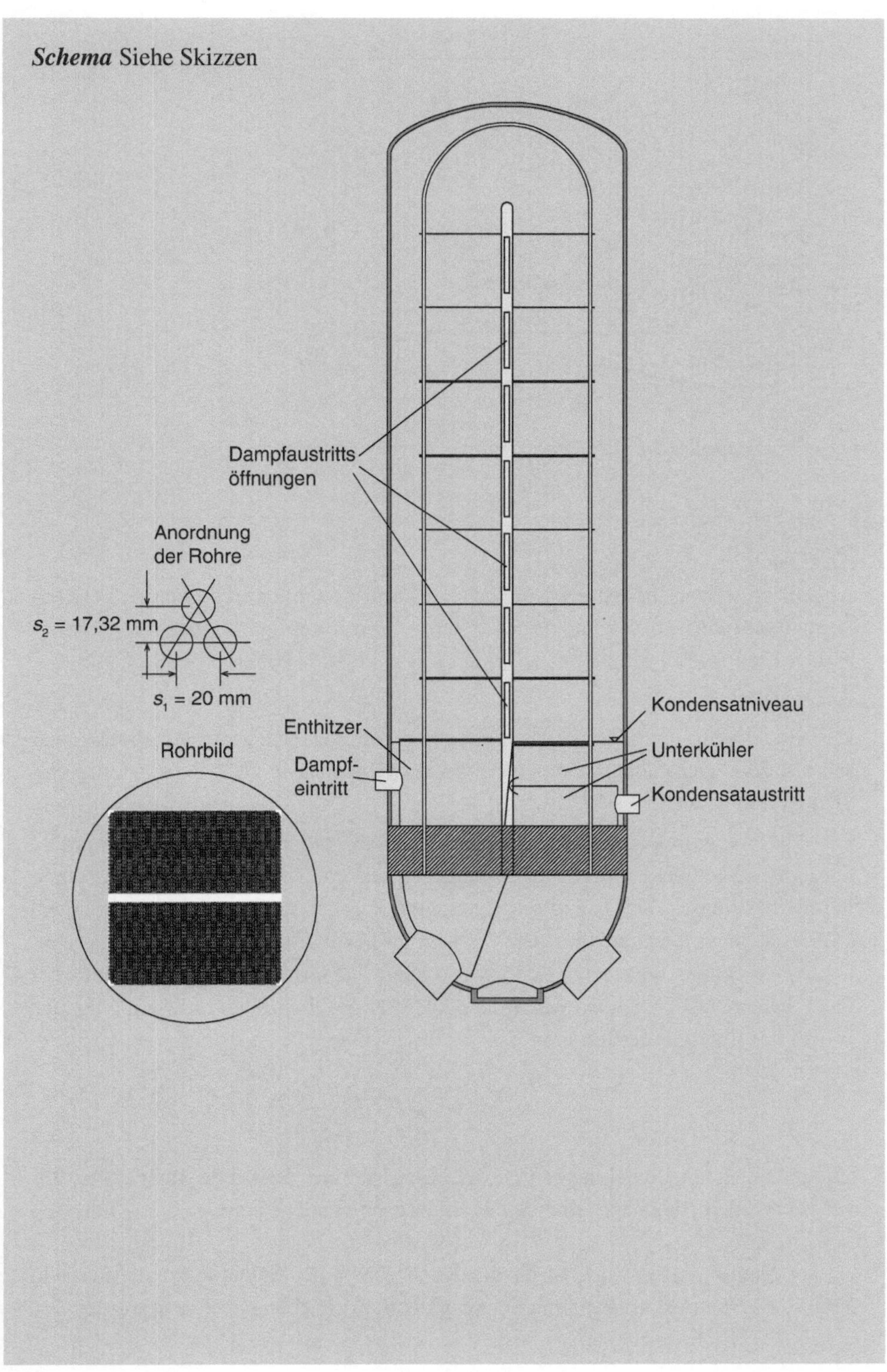

Schema Siehe Skizzen
Dampfaustritts öffnungen
Anordnung der Rohre
$s_2 = 17,32$ mm
$s_1 = 20$ mm
Rohrbild
Enthitzer
Dampf- eintritt
Kondensatniveau
Unterkühler
Kondensataustritt

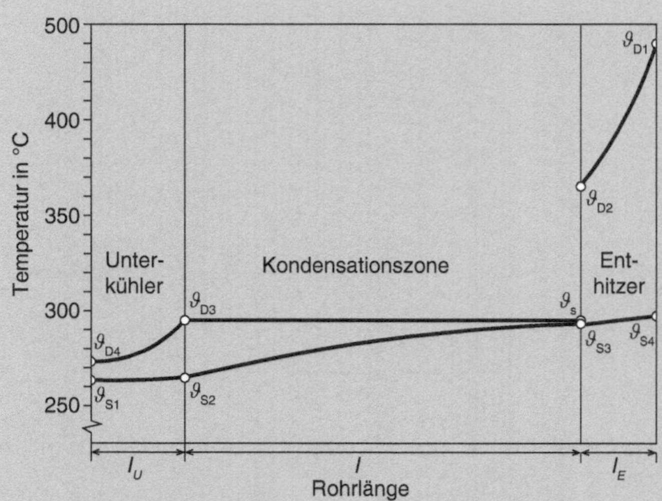


### Annahmen

- Die Stoffeigenschaften des Speisewassers und Anzapfdampfes werden bei konstantem Eintrittsdruck und mittlerer Temperatur bestimmt.
- Der Einfluss der Wandtemperatur auf die *Prandtl*zahl bleibt unberücksichtigt.

### Analyse

Zur Berechnung der Wärmeübergangszahlen und Auslegung des Apparates müssen alle Ein- und Austrittstemperaturen bekannt sein. Die noch unbekannten drei Temperaturen sind: $\vartheta_{S2}$, $\vartheta_{S4}$ und $\vartheta_{D4}$.

Diese Temperaturen können mit den Energiebilanzgleichungen berechnet werden. Die Austrittstemperatur des Speisewassers aus dem Unterkühler $\vartheta_{S2}$ muss man iterativ bestimmen. Dazu wird die Temperatur $\vartheta_{S2}$ bei der Berechnung des Unterkühlers angenommen und ihr neuer Wert daraus bestimmt und der neue Wert erneut in die Berechnung eingesetzt. Das wird so lange wiederholt, bis der letzte und vorletzte berechnete Wert übereinstimmen. Die hier gezeigte Speisewassertemperatur $\vartheta_{S2}$ ist das Ergebnis der Iteration.

$$\vartheta_{S2} = 265{,}22°C$$

In den folgenden Berechnungen ist die bereits iterativ ermittelte Temperatur $\vartheta_{S2}$ verwendet, d. h., die Werte sind bereits Endergebnisse der Iteration.

Der Dampfmassenstrom ist die im Kondensator pro Sekunde kondensierende Masse des Dampfes. Er kann mit der Energiebilanzgleichung bestimmt werden.

Den vom Speisewasser aufgenommenen Wärmestrom im Kondensator erhält man als:

$$\dot{Q}_K = \dot{m}_S \cdot [h(\vartheta_{S3}, p_S) - h(\vartheta_{S2}, p_S)] = 67\,239\,\text{kW}$$

Den vom Dampf abgegebenen gleich großen Wärmestrom gibt folgende Gleichung an:

$$\dot{Q}_K = \dot{m}_D \cdot [h(\vartheta_{D2}, p_D) - h\prime(\vartheta_s)]$$

Dabei ist $h'(\vartheta_s)$ die Enthalpie des gesättigten Kondensats. Nach Gleichsetzung beider Gleichungen erhalten wir für den Dampfmassenstrom:

$$\dot{m}_D = \frac{\dot{Q}_K}{h(\vartheta_{D2}, p_D) - h\prime(\vartheta_s)} = 39{,}85\,\frac{\text{kg}}{\text{s}}$$

Der Wärmestrom im Unterkühler ist:

$$\dot{Q}_U(\vartheta_{S2}) = \dot{m}_S \cdot [h(\vartheta_{S2}, p_S) - h(\vartheta_{S1}, p_S)] = 5\,210\,\text{kW}$$

Der gleich große Wärmestrom wird vom Kondensat abgegeben.

$$\dot{Q}_U = \dot{m}_D \cdot [h\prime_s(\vartheta_s) - h_{D4}(\vartheta_{D4}, p_D)]$$

Die Enthalpie des Kondensats am Austritt des Unterkühlers ist:

$$h_{D4} = h\prime(\vartheta_s) - \frac{\dot{Q}_U(\vartheta_{S2})}{\dot{m}_D} = 1\,185{,}8\,\text{kJ/kg}$$

Die zu dieser Enthalpie gehörende Temperatur $\vartheta_{D4}$ des Kondensats am Austritt aus dem Unterkühler kann man per linearer Interpolation aus den Dampftafeln oder mit Hilfe von Softwareprogrammen berechnen.

$$\vartheta_{D4} = \vartheta(h_{D4}, p_D) = 270{,}40\,°\text{C}$$

Zu Bestimmung der Austrittstemperatur des Speisewassers $\vartheta_{S4}$ aus dem Enthitzer muss man zuerst den vom Dampf im Enthitzer abgegebenen Wärmestrom berechnen.

$$\dot{Q}_E = \dot{m}_D \cdot [h(\vartheta_{D1}, p_D) - h(\vartheta_{D2}, p_D)] = 9\,674{,}7\,\text{kW}$$

Der gleich große Wärmestrom, der dem Speisewasser in den Rohren zugeführt wird, ist mit folgender Gleichung gegeben:

$$\dot{Q}_E = \dot{m}_S \cdot [h(\vartheta_{S4}, p_S) - h(\vartheta_{S3}, p_S)]$$

Die Enthalpie des Speisewassers $h(\vartheta_{S4}, p_s)$ errechnet sich zu:

$$h(\vartheta_{S4}, p_s) = \frac{\dot{Q}_E}{\dot{m}_S} + h(\vartheta_{S3}, p_s) = 1\,313\,\frac{kJ}{kg}$$

Die Temperatur $\vartheta_{S4}$, die zu dieser Enthalpie gehört, kann man aus der Dampftafel mit linearer Interpolation oder mit einem Stoffwertprogramm bestimmen.

$$\vartheta_{S4} = 296{,}86\,^\circ C$$

*Bestimmung **der** Bündelgeometrie*

Die Wärmeübergangszahlen hängen von der Anordnung der Rohre ab. Dazu muss man zunächst bestimmen, wie viele Rohre benötigt werden, um bei 2 m/s Speisewassereintrittsgeschwindigkeit den gegebenen Massenstrom zu erreichen. Die Dichte des Speisewassers am Rohreintritt ist:

$$\rho_{S1} = \rho(\vartheta_{S1}, p_S) = 807{,}94\,kg/m^3$$

Bei einer Strömungsgeschwindigkeit von 2 m/s erhält man für den Massenstrom des Speisewassers in einem Rohr:

$$\dot{m}_{1Rohr} = c_1 \cdot \rho_{S1} \cdot 0{,}25 \cdot \pi \cdot d_i^2 = 0{,}1536\,kg/s$$

Die für den Speisewassermassenstrom benötigte Anzahl der Rohre $nn$ ist:

$$nn = \dot{m}_S / \dot{m}_{1Rohr} = 3\,256$$

Das Rohrbündel soll möglichst quadratisch sein, d. h., die Höhe und Breite des Bündels sollten möglichst gleich groß sein. Die Breite $B$ des Bündels erhält man, indem man die Anzahl der Rohre pro Reihe $n_B$ mit dem Abstand der Rohre $s_1$ multipliziert.

$$B = n_B \cdot s_1$$

Die Höhe $H$ ist die doppelte Anzahl $n_H$ der Rohrreihen, multipliziert mit dem Rohrreihenabstand $s_2$ plus dem doppelten kleinsten Biegeradius $r_{Bi}$.

$$s_2 = 0{,}5 \cdot \sqrt{3} \cdot s_1$$

$$H = 2 \cdot (n_H \cdot s_2 + r_{Bi}) = n_H \cdot \sqrt{3} \cdot s_1 + 2 \cdot r_{Bi}$$

Die gesamte Anzahl der Rohre ist:

$$n = n_B \cdot n_H$$

Sie sollte möglichst gleich groß wie die mit der Geschwindigkeit 2 m/s berechnete Anzahl der Rohre sein. Da angestrebt wird, dass die Höhe und Breite gleich groß sind, erhalten wir folgende Beziehung zwischen $n_B$ und $n_H$:

$$n_B = n_H \cdot \sqrt{3} + 2 \cdot r_{Bi}/s_1$$

Die Anzahl der Rohrreihen $n_H$ kann als eine Funktion von der Anzahl der Rohre pro Rohrreihe angegeben werden.

$$n_H = nn/n_B$$

Die Gleichung für die Anzahl der U-Rohre pro Rohrreihe $n_B$ lautet:

$$n_B^2 = nn \cdot \sqrt{3} + 2 \cdot \frac{r_1}{s_1} \cdot n_B$$

Die Lösung der quadratischen Gleichung liefert: $n_B = 76{,}35$. Aus der Skizze der Rohranordnung wird $\boldsymbol{n_B = 77{,}5}$ (abwechselnd 77 und 78 Rohre pro Reihe) gewählt. Die Anzahl der Rohrreihen ist $\boldsymbol{n_H = 42}$. An den vier äußeren Ecken des Bündels werden links und rechts jeweils 3 U-Rohre weggelassen (Vermeiden von thermischen Spannungen im Rohrboden bei spontanen Temperaturäderungen). Die Anzahl der U-Rohre ist damit:

$$n = n_B \cdot n_H - 6 = 3\,249$$

Die Geschwindigkeit in den Rohren erhöht sich hierdurch nur sehr geringfügig auf 2,004 m/s. Für die Bündelhöhe und Bündelbreite erhalten wir:

$$B = n_B \cdot s_1 = 1{,}550\,\text{m} \quad H = \sqrt{3} \cdot (n_H + r_{Bi}) \cdot s_1 = 1{,}555\,\text{m}$$

***Berechnung*** *der Wärmeübergangszahlen und Rohrlängen*

Folgende Längen sind zu bestimmen: gerade Rohrabschnitte im Unterkühler $l_U$, im Kondensator $l_K$ und im Enthitzer $l_E$.

Da die Wärmeübergangszahl im Enthitzer von der Rohrlänge abhängig ist, muss man neben der Temperatur $\vartheta_{S2}$ auch die Rohrlängen des Enthitzers iterativ berechnen.

Zur Ermittlung der Wärmeübergangszahlen müssen für jeden Iterationsschritt die geänderten Stoffwerte eingesetzt werden.

Sowohl im Enthitzer als auch im Unterkühler erfolgt der Wärmetransfer in einer Kreuzströmung. Die mittlere logarithmische Temperaturdifferenz muss wegen der Kreuzströmung durch einen entsprechenden Korrekturfaktor verringert werden. Für die dimensionslose Temperaturänderung im Enthitzer und Unterkühler erhalten wir:

$$P_{1E} = \frac{\text{Temperaturänderung des Speisewassers im Enthitzer}}{\text{größte Temperaturdifferenz im Enthitzer}}$$

$$= \frac{\vartheta_{S4} - \vartheta_{S3}}{\vartheta_{D1} - \vartheta_{S3}} = 0{,}035$$

$$P_{2E} = \frac{\text{Temperaturänderung des Dampfes im Enthitzer}}{\text{größte Temperaturdifferenz im Enthitzer}}$$

$$= \frac{\vartheta_{D1} - \vartheta_{D2}}{\vartheta_{D1} - \vartheta_{S3}} = 0{,}578$$

$$P_{1U} = \frac{\text{Temperaturänderung des Speisewassers im Unterkühler}}{\text{größte Temperaturdifferenz im Unterkühler}}$$

$$= \frac{\vartheta_{S2} - \vartheta_{S1}}{\vartheta_{s} - \vartheta_{S1}} = 0{,}069$$

$$P_{2U} = \frac{\text{Temperaturänderung des Kondensats im Unterkühler}}{\text{größte Temperaturdifferenz im Unterkühler}}$$

$$= \frac{\vartheta_{s} - \vartheta_{D4}}{\vartheta_{s} - \vartheta_{S1}} = 0{,}764$$

Die Temperaturänderung des Speisewassers ist in beiden Wärmeübertragern sehr gering, deshalb erhält man aus dem Diagramm in Abb. 8.10 für den Korrekturfaktor $F$ Werte, die sehr nahe bei 1 liegen.

$$F_E = 0{,}993 \text{ und } F_U = 0{,}960$$

Die mittleren logarithmischen Temperaturdifferenzen für den Enthitzer und Unterkühler werden folgendermaßen berechnet:

$$\Delta\vartheta_m = F \cdot \frac{\Delta\vartheta_{gr} - \Delta\vartheta_{kl}}{\ln\left(\frac{\Delta\vartheta_{gr}}{\Delta\vartheta_{kl}}\right)}$$

Die Wärmeübergangszahlen im Rohr berechnen sich wie in Abschn. 3.2.1.1 sowie außen am Rohr wie in Abschn. 3.2.4, 3.2.5 und 5.2 beschrieben.

***Enthitzer***

***Wärmeübergangszahl in den Rohren***

Die mittlere Speisewassertemperatur $\vartheta_{SEm}$ und die benötigten Stoffwerte:

$$\vartheta_{SEm} = (\vartheta_{S4} + \vartheta_{S3})/2 = 294{,}93°C$$

$$\rho_{SE} = 759{,}26\,\text{kg/m}^3 \quad \lambda_{SE} = 0{,}592\,\text{W/(m K)}$$
$$\nu_{SE} = 1{,}252 \cdot 10^{-7}\,\text{m}^2/\text{s} \quad Pr_{SE} = 0{,}805$$

Die Geschwindigkeit des Speisewassers:

$$c_E = \frac{4 \cdot \dot{m}_S}{n \cdot \rho_{SE} \cdot \pi \cdot d_i^2} = 2{,}133\,\frac{\text{m}}{\text{s}}$$

Die *Reynolds*zahl errechnet sich zu:

$$Re_E = \frac{c_E \cdot d_i}{\nu_{SE}} = 187\,341$$

Zur Ermittlung der *Nußelt*zahl benötigt man die Reibungszahl.

$$\xi/8 = 0{,}125 \cdot (1{,}8 \cdot \log(Re_E) - 1{,}5)^{-2} = 1{,}958 \cdot 10^{-3}$$

Die *Nußelt*zahl ist:

$$Nu_{Ed_i} = \frac{\xi/8 \cdot Re_E \cdot Pr_{SE}}{1 + 12{,}7 \cdot \xi/8 \cdot \left(Pr_E^{2/3} - 1\right)} = 296{,}315$$

Für die Wärmeübergangszahl in den Rohren des Enthitzers erhalten wir:

$$\alpha_{Ei} = Nu_{Ed_i} \cdot \lambda_{SE}/d_i = 15\,944\,\text{W/(m}^2 \cdot \text{K)}$$

Wärmeübergangszahl außen an den Rohren

Die mittlere Dampftemperatur $\vartheta_{DEm}$ und die benötigten Stoffwerte:

$$\vartheta_{DEm} = 0{,}5 \cdot (\vartheta_{D1} + \vartheta_{D2}) = 397{,}5\ °C$$

$$\rho_{DE} = 29{,}29\,\text{kg/m}^3 \quad \lambda_{DE} = 0{,}065\,\text{W/(m K)}$$
$$\nu_{DE} = 8{,}314 \cdot 10^{-7}\,\text{m}^2/\text{s} \quad Pr_{DE} = 1{,}057$$

Die angenommene Rohrlänge ist:

$$l_E = 0{,}704\,\text{m}$$

Nach der Berechnung der Wärmeaustauschfläche und der Rohrlänge wird die Länge hier neu eingesetzt, bis die Werte gleich groß sind.

Wir erhalten folgende Anströmgeschwindigkeit:

$$c_{E0}(l_E) = \frac{\dot{m}_D}{\rho_{DE} \cdot B \cdot l_E} = 1{,}247\,\frac{\text{m}}{\text{s}}$$

Für die maßgebliche Geschwindigkeit in der *Reynolds*zahl benötigt man den Hohlraumanteil $\Psi$ des Bündels. Die dimensionslosen Rohrabstände sind:

$$a = s_1/d_a = 1{,}33\overline{3} \quad b = s_2/d_a = 1{,}155$$

Der Hohlraumanteil berechnet sich als:

$$\Psi = \left| \begin{array}{ll} 1 - \dfrac{\pi}{4 \cdot a} & \text{wenn} \quad b \geq 1 \\[2mm] 1 - \dfrac{\pi}{4 \cdot a \cdot b} & \text{wenn} \quad b < 1 \end{array} \right. = 0{,}411$$

Die Geschwindigkeit, die in der *Reynolds*zahl benötigt wird, ist:

$$c_E(l_E) = \frac{c_{E0}(l_E)}{\Psi} = 3{,}035\,\frac{\text{m}}{\text{s}}$$

Die charakteristische Länge für die *Reynolds*zahl: $L_E = 0{,}5 \cdot \pi \cdot d_a = 23{,}562\,\text{mm}$

$$\text{Reynoldszahl:} \quad Re_{LE}(l_E) = \frac{c_E(l_E) \cdot d_i}{\nu_{DE}} = 86\,019$$

Die *Nußelt*zahlen:

$$Nu_{lamLE}(l_E) = 0{,}664 \cdot \sqrt[3]{Pr} \cdot \sqrt{Re_{LE}(l_E)} = 198{,}40$$

$$Nu_{turbLE}(l_E) = \frac{0{,}037 \cdot Re_{LE}(l_E)^{0{,}8} \cdot Pr_{DE}}{1 + 2{,}443 \cdot Re_{LE}(l_E)^{-0{,}1} \cdot (Pr_{DE}^{2/3} - 1)} = 336{,}79$$

$$Nu_{LE}(l_E) = \sqrt{Nu_{lamLE}^2 + Nu_{turbLE}^2} = 390{,}87$$

Die Wärmeübergangszahl außen ist:

$$\alpha_{Ea}(l_E) = Nu_{LE}(l_E) \cdot \lambda_{DE}/L_E = 1\,077{,}7 \; \mathrm{W}/(\mathrm{m}^2 \cdot \mathrm{K})$$

Zur Bestimmung der notwendigen Austauschfläche und Rohrlänge müssen die Wärmedurchgangszahl und die mittlere logarithmische Temperaturdifferenz berechnet werden.

$$k_E(l_E) = \left( \frac{1}{\alpha_{Ea}} + \frac{d_a}{2 \cdot \lambda_R} \cdot \ln\left(\frac{d_a}{d_1}\right) + \frac{d_a}{d_i \cdot \alpha_{Ei}} \right) = 933 \; \frac{\mathrm{W}}{\mathrm{m}^2 \cdot \mathrm{K}}$$

$$\Delta\vartheta_{mE} = F_E \cdot \frac{\vartheta_{D1} - \vartheta_{S4} - \vartheta_{D2} + \vartheta_{S3}}{\ln\left(\frac{\vartheta_{D1}-\vartheta_{S4}}{\vartheta_{D2}-\vartheta_{S3}}\right)} = 96{,}201 \; \mathrm{K}$$

Die benötigte Austauschfläche für den Enthitzer erhält man als:

$$A(l_E) = \frac{\dot{Q}_E}{k_E(l_E) \cdot \Delta\vartheta_{mE}} = 107{,}81 \; \mathrm{m}^2$$

Die notwendige Rohrlänge für diese Austauschfläche ist:

$$l_E = \frac{A(l_E)}{n \cdot \pi \cdot d_a} = \mathbf{0{,}704 \; m}$$

Da die angenommene und gerechnete Rohrlänge gleich groß sind, ist die Iteration für $l_E$ beendet.

Es wird überprüft, ob die niedrigste Wandtemperatur der Rohre nicht unter der Sättigungstemperatur des Dampfes liegt, was zu einer Kondensation führte.

Die niedrigste Dampftemperatur am Austritt des Enthitzers ist wie für die Auslegung vorgegeben: $\vartheta_{D2} = \vartheta_s + 60\,^{\circ}\mathrm{C} = 355\,^{\circ}\mathrm{C}$. Die niedrigste Temperatur des Speisewassers ist am Eintritt in den Enthitzer $\vartheta_{S3} = 293\,^{\circ}\mathrm{C}$. Die Temperaturdifferenz zwischen der Dampf- und Speisewassertemperatur ist $\vartheta_{D2} - \vartheta_{S3} = 62\,\mathrm{K}$. Die Wandtemperatur außen am Rohr erhalten wir als:

$$\vartheta_{Wa} = \vartheta_{D2} - (\vartheta_{D2} - \vartheta_{S3}) \cdot k_E/\alpha_{aE} = 301{,}3\,^{\circ}\mathrm{C}$$

Die Wandtemperatur ist somit um 6 K höher als die Sättigungstemperatur.

*Unterkühler*

Der Unterkühler ist schon ausgelegt, da die Rohrlänge vorgegeben ist. Hier berechnen wir die Austrittstemperatur des Speisewassers $\vartheta_{S2}$.

*Wärmeübergangszahl in den Rohren*

Im Gegensatz zum Enthitzer und Kondensator sollte man den Einfluss der Rohrlänge auf die Grenzschichtbildung berücksichtigen.

Die mittlere Speisewassertemperatur $\vartheta_{SUm}$ und die benötigten Stoffwerte:

$$\vartheta_{SUm} = 0,5 \cdot (\vartheta_{S1} + \vartheta_{S2}) = 264,11\,°C$$

$$\rho_{SU} = 806,387\,\text{kg/m}^3 \quad \lambda_{SU} = 0,629\,\text{W/(m K)}$$
$$\nu_{SU} = 1,327 \cdot 10^{-7}\,\text{m}^2/\text{s} \quad Pr_{SU} = 0,80$$

Die Formeln für die Berechnung der Wärmeübergangszahlen sind bis auf die *Nußelt*zahl (wegen des Einflusses der Rohrlänge) die gleichen wie für den Enthitzer. Sie werden hier nicht mehr aufgelistet, nur noch die Ergebnisse folgen.

$$c_U = 2,008\,\text{m/s} \quad Re_U = 166\,465 \quad \xi/8 = 2,004 \cdot 10^{-3}$$

$$Nu_{U d_i}(l_U) = \frac{\xi/8 \cdot Re_U \cdot Pr_{SU}}{1 + 12,7 \cdot \xi/8 \cdot \left(Pr_U^{2/3} - 1\right)} \left[1 + \left(\frac{d_i}{l_U}\right)^{2/3}\right] = 285,2$$

$$\alpha_{Ui}(l_U) = 16\,318\,\text{W/(m}^2 \cdot \text{K)}$$

*Wärmeübergangszahl außen an den Rohren*

Die mittlere Kondensattemperatur $\vartheta_{DUm}$ und die benötigten Stoffwerte:

$$\vartheta_{DUm} = 0,5 \cdot (\vartheta_{D3} + \vartheta_{D4}) = 282,63\,°C$$

$$\rho_{DU} = 747,83\,\text{kg/m}^3 \quad \lambda_{DU} = 0,579\,\text{W/(m K)}$$
$$\nu_{DU} = 1,243 \cdot 10^{-7}\,\text{m}^2/\text{s} \quad Pr_{DE} = 0,850$$

Die Rohrlänge im Unterkühler ist um 50 mm kürzer als die im Enthitzer.

$$l_U = (0,704 - 0,050) \cdot \text{m} = 0,654\,\text{m}$$

Hier folgen wieder nur noch die Ergebnisse:

$$c_{U0} = 0,105\,\text{m/s} \quad L_E = L_U \quad Re_{ul} = 48\,534$$

$$Nu_{lamLu} = 138,61 \quad Nu_{turbLU} = 192,9$$

$$Nu_{LU} = 237,53 \quad \alpha_{Ua} = 5\,839\,\text{W/(m}^2 \cdot \text{K)}$$

Zur Bestimmung der notwendigen mittleren logarithmischen Temperaturdifferenz benötigt man die Austauschfläche, die Wärmedurchgangszahl und den vom Kondensat abgegebenen Wärmestrom.

$$A_U = n \cdot l_U \cdot \pi \cdot d_a = 101{,}13 \text{ m}^2$$

$$k_U = \left( \frac{1}{\alpha_{Ua}} + \frac{d_a}{2 \cdot \lambda_R} \cdot \ln\left(\frac{d_a}{d_1}\right) + \frac{d_a}{d_i \cdot \alpha_{Ui}} \right) = 3\,194 \, \frac{\text{W}}{\text{m}^2 \cdot \text{K}}$$

$$\Delta\vartheta_{mU} = \frac{\dot{Q}_U}{k_U \cdot A_U} = \frac{\dot{Q}_U}{k_U \cdot l_U \cdot n \cdot \pi \cdot d_a} = 15{,}878 \text{ K}$$

Die mittlere logarithmische Temperaturdifferenz ist auch durch die Temperaturen definiert.

$$\Delta\vartheta_{mU} = F_U \cdot \frac{\vartheta_s - \vartheta_{S2} - \vartheta_{D4}(\vartheta_{S2}) + \vartheta_{S1}}{\ln\left(\frac{\vartheta_s - \vartheta_{S2}}{\vartheta_{D4}(\vartheta_{S2}) - \vartheta_{S1}}\right)}$$

Mit einem Gleichungslöser bzw. durch Iteration erhält man für die Temperatur $\vartheta_{S2} = \mathbf{265{,}2158\,°C}$.

### *Kondensator*

### *Wärmeübergangszahl in den Rohren*

Die mittlere Speisewassertemperatur $\vartheta_{SKm}$ und die benötigten Stoffwerte:

$$\vartheta_{SKm} = 0{,}5 \cdot (\vartheta_{S2} + \vartheta_3) = 279{,}11 \,°C$$

$$\rho_{SK} = 784{,}46 \, \text{kg/m}^3 \quad \lambda_{SK} = 0{,}612 \, \text{W/(m K)}$$

$$\nu_{SK} = 1{,}287 \cdot 10^{-7} \, \text{m}^2/\text{s} \quad Pr_{SK} = 0{,}798$$

Ergebnisse:

$$c_K = 2{,}064 \, \text{m/s} \quad Re_{di} = 176\,374 \quad \xi/8 = 1{,}981 \cdot 10^{-3} \quad Nu_{di} = 279{,}73$$

$$\alpha_{Ki} = 15\,565 \, \text{W/(m}^2 \cdot \text{K)}$$

### *Wärmeübergangszahl außen an den Rohren*

Hier werden die Stoffwerte des Sättigungszustandes verwendet.

$$\rho_g = 42{,}501 \, \text{kg/m}^3 \quad \rho_l = 722{,}21 \, \text{kg/m}^3 \quad \lambda_l = 0{,}560 \, \text{W/(m K)}$$

$$\eta_l = 8{,}775 \cdot 10^{-5} \, \text{kg/(m s)} \quad Pr_l = 0{,}879$$

An den senkrechten Rohren ist die Berieselungsdichte und damit auch die *Reynolds*-sowie die *Nußelt*zahl von der Rohrlänge unabhängig. Hier muss noch beachtet werden, dass sich an den Stützplattenunterseiten ein neuer Kondensatfilm bildet. Bei der Berechnung der Berieselungsdichte muss noch die Anzahl der Stützplatten berücksichtigt werden, die aber erst nach Berechnung der Rohrlänge bekannt ist. Hier wurde angenommen, dass 10 Stützplatten notwendig sind.

$$n_{St\ddot{u}tzpl} = 10$$

Die Berieselungsdichte $\Gamma$ ist:

$$\Gamma = \frac{\dot{m}_D}{2 \cdot n \cdot n_{St\ddot{u}tzpl} \cdot \pi \cdot d_a} = 0{,}0130 \ \frac{\text{kg}}{\text{m} \cdot \text{s}}$$

Für die *Reynolds*zahl erhalten wir:

$$Re_L = \Gamma / \eta_l = 148{,}31$$

Die charakteristische Länge zur Bestimmung der Wärmeübergangszahl ist:

$$L = \sqrt[3]{\frac{v_l^2}{g}} = 0{,}01146 \ \text{mm}$$

Die *Nußelt*zahl, äußere Wärmeübergangszahl, Wärmedurchgangszahl, mittlere logarithmische Temperaturdifferenz, notwendige Austauschfläche und Rohrlänge werden wie folgt berechnet.

$$f_{well} = \begin{cases} 1 & \text{für} \quad Re_l < 1 \\ Re_l^{0{,}04} & \text{für} \quad Re_l \geq 1 \end{cases} = 1{,}221$$

$$Nu_{L.lam} = 0{,}925 \cdot \left( \frac{1 - \rho_g / \rho_l}{Re_L(l)} \right)^{1/3} \cdot f_{well} = 0{,}209$$

$$Nu_{L.turb} = \frac{0{,}020 \cdot Re_l^{7/24} \cdot Pr_l^{1/3}}{1 + 20{,}52 \cdot Re_l^{-3/8} \cdot Pr_l^{-1/6}} = 0{,}01954$$

$$Nu_L = \sqrt[1{,}2]{Nu_{L.lam}^{1{,}2} + Nu_{L.turb}^{1{,}2}} = 0{,}112$$

$$\alpha_{Ka} = \frac{Nu_L(l) \cdot \lambda_l}{L} = 3\,382{,}9 \ \frac{\text{W}}{\text{m}^2 \cdot \text{K}}$$

$$k_K = \left( \frac{1}{\alpha_{Ka}} + \frac{d_a}{2 \cdot \lambda_R} \cdot \ln\left(\frac{d_a}{d_i}\right) + \frac{d_a}{d_i \cdot \alpha_{Ki}} \right)^{-1} = 2\,265{,}7 \, \frac{\mathrm{W}}{\mathrm{m}^2 \cdot \mathrm{K}}$$

$$\Delta\vartheta_m = \frac{\vartheta_{S2} - \vartheta_{S1}}{\ln\left(\frac{\vartheta_s - \vartheta_{S1}}{\vartheta_s - \vartheta_{S2}}\right)} = 10{,}287 \, \mathrm{K}$$

$$A = \frac{\dot{Q}_K}{k_K \cdot \Delta\vartheta_m} = 2\,142{,}1 \, \mathrm{m}^2$$

$$l = \frac{A}{2 \cdot n \cdot \pi \cdot d_a} = 6{,}995 \, \mathrm{m}$$

Für diese Länge werden, wie angenommen, 10 Stützplatten benötigt.

Die Bögen der U-Rohre blieben bisher für die Wärmeübertragung unberücksichtigt. Die Wärmeübergangszahl in den U-Bögen ist größer, als in den geraden Rohrabschnitten, weil sich keine Grenzschicht ausbildet bzw. die vorhandene Grenzschicht gestört wird. Außen an den Rohren ist die exakte Berechnung der Wärmeübergangszahl unmöglich. Mit der aus der Praxis bewährten Annahme, daß die Wärmedurchgangszahl etwa gleich groß wie in den geraden Rohren ist, kann die gerade Rohrlänge entsprechend gekürzt werden. Der mittlere Durchmesser der U-Rohre errechnet sich als:

$$D_{Um} = 0{,}5 \cdot (H + 2 \cdot r_{Bi}) = 827 \, \mathrm{mm}$$

Die mittlere Länge der U-Bögen ist:

$$l_{U\text{-}Bögen} = 0{,}5 \cdot \pi \cdot D_{Um} = 1{,}300 \, \mathrm{m}$$

Diese Länge kann von der geraden Länge der U-Rohre in der Kondensationszone abgezogen werden.

$$l_K = l - 0{,}5 \cdot l_{mU\text{-}Bögen} = (6{,}995 - 0{,}5 \cdot 1{,}300) \cdot \mathrm{m} = 6{,}345 \, \mathrm{m}$$

Da die Rohrlänge des Enthitzers 50 mm größer als die des Unterkühlers ist, erhält man für die gerade Rohrlänge vom Unterkühler zum U-Bogen **6,370 m** und die vom U-Bogen zum Enthitzer **6,320 m**.

### Berechnung des Druckverlustes in den Rohren

Der gesamte Strömungsweg des Speisewassers vom Rohreintritt bis zum Rohraustritt ist die Summe der Rohrlängen im Rohrboden, Unterkühler, Kondensationszone, Rohrbögen und Enthitzer.

$$l_{ges} = 2 \cdot l_{RBd} + l_U + 2 \cdot l_K + l_{U\text{-}Bögen} + l_E = 16{,}176 \, \mathrm{m}$$

Für die Berechnung des Speisewasserdruckverlustes benötigt man die mittleren Werte der Dichte und kinematischen Viskosität. Die mittlere Temperatur des Speisewassers ist 279,73 °C.

$$\rho_S = 783{,}195\,\mathrm{kg/m^3},\ \nu_S = 1{,}285 \cdot 10^{-7}\,\mathrm{m^2/s}$$

Die mittlere Geschwindigkeit des Speisewassers in den Rohren beträgt:

$$c_{Sm} = \frac{4 \cdot \dot{m}_S}{n \cdot \rho_s \cdot \pi \cdot d_i^2} = 2{,}068\,\frac{\mathrm{m}}{\mathrm{s}}$$

Die *Reynolds*zahl in den Rohren berechnet sich zu:

$$Re_{d_i} = \frac{c_m \cdot d_i}{\nu_S} = 176\,929$$

Neben dem Druckverlust in den Rohren wird der Druckverlust am Eintritt berücksichtigt. Er ist das 1,5-fache des Staudruckes.

$$\Delta p = \left(1{,}5 + \frac{0{,}3164}{Re_{d_i}^{\,0{,}25}} \cdot \frac{l_{ges}}{d_i}\right) \cdot \frac{c_{Sm}^2 \cdot \rho_S}{2} = \mathbf{0{,}432\,bar}$$

***Berechnung der Durchmesser der Stutzen und des Mantels***

Der Ein- und Austrittsstutzen des Speisewassers soll wie angegeben für eine Geschwindigkeit von 3 m/s berechnet werden.

$$D_S = \sqrt{\frac{4 \cdot \dot{m}_S}{\rho(\vartheta_{Sm}, p_S) \cdot \pi \cdot c_{Sm}}} = 512\,\mathrm{mm}$$

Der Stutzen wird mit DN 500 konstruiert.
Der Eintrittsstutzen des Anzapfdampfes wird für 20 m/s berechnet.

$$D_D = \sqrt{\frac{4 \cdot \dot{m}_D}{\rho(\vartheta_{D1}, p_D) \cdot \pi \cdot c_D}} = 244\,\mathrm{mm}$$

Der Stutzen wird mit DN 250 konstruiert.

Der Austrittsstutzen des Kondensats wird für 3 m/s berechnet.

$$D_K = \sqrt{\frac{4 \cdot \dot{m}_S}{\rho(\vartheta_{D4}, p_S) \cdot \pi \cdot c_K}} = 185\,\mathrm{mm}$$

Der Stutzen wird mit DN 200 konstruiert.

Den Innendurchmesser des Mantels legt man so aus, dass der kleinste Abstand des Rohrbündels zum Mantel größer als 50 mm ist. Man muss berücksichtigen, dass die Höhe und Breite des Bündels am Mittelpunkt der Rohre berechnet wurden. Der Bündeldurchmesser ist:

$$\sqrt{(H - d_a)^2 + (B - d_a)^2} + 100 \cdot \text{mm} = 2\,274\,\text{mm}$$

Der Mantelinnendurchmesser muss mindestens 2 274 mm groß sein.

### Diskussion

Dieses Beispiel zeigt die Vorgehensweise, wie man bei komplexeren Apparaten vorgehen muss. Wichtig ist, vor Beginn der Berechnung eine Strategie festzulegen, wie die Berechnung durchgeführt wird. Man muss immer zuerst prüfen, welche Größen, die für die Berechnung notwendig sind, noch nicht bekannt und deshalb als erstes zu ermitteln sind. In der Praxis werden für die Berechnungen entsprechende Algorithmen erstellt, die auch die iterativen Ermittlungen enthalten.

## 8.3 Verschmutzungswiderstand

Bisher haben wir bei Wärmeübertragern den Wärmewiderstand in den Trennwänden berücksichtigt. Die Wärmeübertragerwände bestehen aus einem Feststoff (meistens Metall, seltener Kunststoff, Glas, Graphit etc.). Die Metalloberflächen sind in der Regel von einer Oxidschicht, deren Wärmeleitfähigkeit kleiner als die des Metalls ist, überzogen. Weiterhin können sich durch die verwendeten Fluide und die in ihnen enthaltenen festen Bestandteile Ablagerungen auf der Oberfläche bilden. Ferner ist die Bildung dicker Oxidationsschichten (Rost) möglich. Auch die gewollte Bildung sogenannter Schutzschichten gegen Korrosion (Kraftwerkkondensatoren mit Messingrohren) stellt einen Widerstand dar.

Eine Rohrwand mit verschiedenen zusätzlichen Schichten hat einen größeren Wärmewiderstand als solche, die wir bisher berechneten. Der durch die Schichten verursachte zusätzliche Wärmewiderstand wird als *Verschmutzungswiderstand* oder *Fouling* (vom engl. fouling resistance) bezeichnet. Nachfolgend ist der Einfluss des Verschmutzungswiderstandes auf die Wärmedurchgangszahl für ein Rohr dargestellt. Für andere Geometrien wie z. B. für ebene Wände erfolgen die Berechnungen analog.

Unter Berücksichtigung der Schmutzschichten geht die exakte Berechnung der Wärmedurchgangszahl davon aus, dass sowohl an der Außen- als auch Innenwand des Rohres eine Verschmutzungsschicht entsteht. Dadurch wird der Innendurchmesser verringert, der

**Abb. 8.13** Verschmutzungswiderstand einer Rohrwand

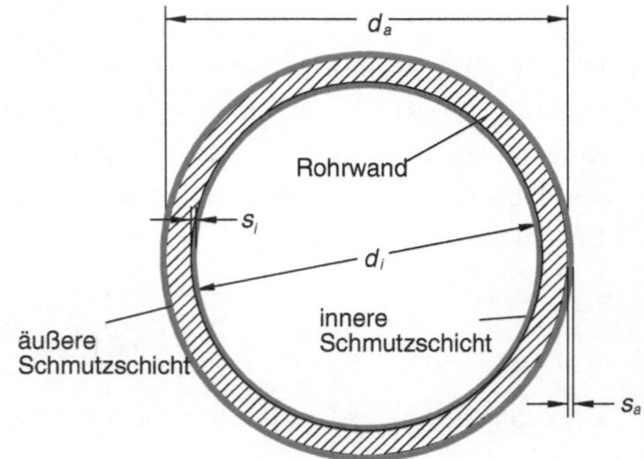


Außendurchmesser vergrößert. Abb. 8.13 illustriert diese Modellvorstellung.

$$\frac{1}{k} = \frac{1}{\alpha_a} + \frac{d_a}{d_a + s_a} \cdot \frac{d_a}{2 \cdot \lambda_{sa}} \cdot \ln\left(\frac{d_a + 2 \cdot s_a}{d_a}\right) + \frac{d_a}{2 \cdot \lambda_R} \cdot \ln\left(\frac{d_a}{d_i}\right) +$$
$$+ \frac{d_a}{d_i} \cdot \frac{d_a}{2 \cdot \lambda_{si}} \ln\left(\frac{d_i}{d_i - 2 \cdot s_i}\right) + \frac{d_a}{d_i - 2 \cdot s_i} \cdot \frac{1}{\alpha_i} \tag{8.26}$$

Dabei sind $s_a$ und $s_i$ die Dicken und $\lambda_{sa}$ und $\lambda_{si}$ die Wärmeleitfähigkeiten der äußeren und inneren Schmutzschicht. Meistens sind weder die exakte Dicke noch die Wärmeleitfähigkeit der Schmutzschicht bekannt. Aus Messungen kennt man die Verringerung der Wärmeübergangszahl und rechnet mit den aus Erfahrung bekannten Schmutzschichtwiderständen. In einigen Fällen sind die inneren und äußeren Verschmutzungswiderstände $R_i$ und $R_a$ bekannt. Meistens kennt man jedoch nur den kumulierten Verschmutzungswiderstand $R_F$.

$$\frac{1}{k} = R_a + R_i + \frac{1}{\alpha_a} + \frac{d_a}{2 \cdot \lambda_R} \cdot \ln\left(\frac{d_a}{d_i}\right) + \frac{d_a}{d_i} \cdot \frac{1}{\alpha_i}$$
$$= R_F + \frac{1}{\alpha_a} + \frac{d_a}{2 \cdot \lambda_R} \cdot \ln\left(\frac{d_a}{d_i}\right) + \frac{d_a}{d_i} \cdot \frac{1}{\alpha_i} \tag{8.27}$$

Bedingt durch Verschmutzungswiderstände (Abb. 8.13) können die Wärmedurchgangszahlen wesentlich verringert sein, was verstärkt bei Wärmeübertragern mit großen Wärmedurchgangszahlen zum Tragen kommt. Für die Auslegung von Wärmeübertragern müssen die Verschmutzungswiderstände berücksichtigt und mit entsprechend größerer Fläche versehen werden.

Von einigen Herstellern, vor allem von solchen aus den USA, wird an Stelle des Verschmutzungswiderstandes ein *Verschmutzungsfaktor* $\varphi$ (fouling factor) angegeben, der als multiplikativer Faktor die Verringerung der Wärmedurchgangszahl berücksichtigt.

$$k = k_{sauber} \cdot \varphi = \left(\frac{1}{\alpha_a} + \frac{d_a}{2 \cdot \lambda_R} \cdot \ln\left(\frac{d_a}{d_i}\right) + \frac{d_a}{d_i} \cdot \frac{1}{\alpha_i}\right)^{-1} \cdot \varphi \tag{8.28}$$

Ändern sich wegen äußerer Einflüsse die Wärmeübergangszahlen, liefert der Verschmutzungsfaktor bei kleineren Wärmedurchgangszahlen praktisch die gleichen Werte wie die, welche mit dem Verschmutzungswiderstand berechnet wurden. Bei großen Wärmedurchgangszahlen kann die Abweichung aber beträchtlich sein.

---

**Beispiel 8.4: Berücksichtigung des Verschmutzungswiderstandes**

Ein Kraftwerkkondensator hat bei 10 °C Kühlwasserein- und 20 °C Kühlwasseraustrittstemperatur die Wärmedurchgangszahl von 3 540 W/(m$^2$ K) und die Sättigungstemperatur von 25 °C. Bei 25 °C Kühlwassereintrittstemperatur ist die Austrittstemperatur 35 °C. Die berechnete Sättigungstemperatur steigt auf 39 °C an. Der Verschmutzungswiderstand hat einen Wert von 0,0565 (m$^2$ K)/kW.

Bestimmen Sie die zu erwartende Sättigungstemperatur, wenn an Stelle des Verschmutzungswiderstandes ein Foulingfaktor von 0,80 verwendet wird.

*Annahme*

- Der dem Kondensator zugeführte Wärmestrom ist unabhängig von der Kühlwassertemperatur.

*Analyse*

Die Wärmestromdichte kann mit der kinetischen Kopplungsgleichung berechnet werden. Dazu wird zunächst die mittlere Temperaturdifferenz bei 10 °C Kühlwassereintrittstemperatur bestimmt.

$$\Delta\vartheta_m = \frac{\vartheta_2 - \vartheta_1}{\ln\left(\frac{\vartheta_s - \vartheta_1}{\vartheta_s - \vartheta_2}\right)} = \frac{10\,\text{K}}{\ln(15/5)} = 9{,}102\,\text{K}$$

$$\dot{q} = k \cdot \Delta\vartheta_m = 3\,540 \cdot \text{W}/(\text{m}^2\,\text{K}) \cdot 9{,}102\,\text{K} = 32\,222\,\text{W/m}^2$$

Bei 25 °C Kühlwassertemperatur ist die mittlere Temperaturdifferenz:

$$\Delta\vartheta_m = \frac{\vartheta_2 - \vartheta_1}{\ln\left(\frac{\vartheta_s - \vartheta_1}{\vartheta_s - \vartheta_2}\right)} = \frac{10\,\text{K}}{\ln(14/4)} = 7{,}982\,\text{K}$$

Das bedeutet, dass die Wärmedurchgangszahl bei der erhöhten Temperatur ansteigt.

$$k = \dot{q}/\Delta\vartheta_m = \frac{32\,225\,\text{W/m}^2}{7{,}982\,\text{K}} = 4{,}037\,\frac{\text{W}}{\text{m}^2\,\text{K}}$$

Die mit dem Verschmutzungswiderstand gerechneten „sauberen" Wärmedurchgangszahlen sind:

$$k_{sauber,10\,°C} = (1/k - R_v)^{-1} = (1/3\,540 - 0{,}0565 \cdot 10^{-3})^{-1} = 4\,425\,\text{W}/(\text{m}^2\,\text{K})$$

$$k_{sauber,25\,°C} = (1/k - R_v)^{-1} = (1/4\,037 - 0{,}0565 \cdot 10^{-3})^{-1} = 5\,230\,\text{W}/(\text{m}^2\,\text{K})$$

Rechnet man mit dem Foulingfaktor von 0,8, ist bei 10 °C Kühlwassereintrittstemperatur die Wärmedurchgangszahl 3 540 W/(m² K) und bei 25 °C beträgt sie 4 184 W/(m² K). Der Unterschied ist 3,51 %. Mit dieser Wärmedurchgangszahl beträgt die mittlere Temperatur 7,702 K. Damit wird die berechnete Sättigungstemperatur:

$$\vartheta_s = \frac{\vartheta_1 - \vartheta_2 \cdot \exp\left[(\vartheta_2 - \vartheta_1)/\Delta\vartheta_m\right]}{1 - \exp\left[(\vartheta_2 - \vartheta_1)/\Delta\vartheta_m\right]} = \frac{25 - 35 \cdot \exp\left[10/7{,}702\right]}{1 - \exp\left[10/7{,}702\right]} = \mathbf{38{,}8\,°C}$$

*Diskussion*

Die mit dem Foulingfaktor berechnete Temperatur ist tiefer als die exakt berechnete. Sie lässt einen besseren Kondensatordruck erwarten. Physikalisch gesehen ist der Foulingfaktor nicht korrekt. Die mit dem Verschmutzungswiderstand berechneten Werte entsprechen der Wirklichkeit. Dieses bedeutet, dass der mit dem Foulingfaktor ausgelegte Kondensator bei 25 °C Kühlwassertemperatur nicht die erwartete Sättigungstemperatur erreicht. Der Kondensator wäre mit einer um 3,5 % zu kleinen Fläche ausgelegt.

## 8.4 Rohrschwingungen

Durch Strömungsinstabilitäten können Rohre in kritische Schwingungen versetzt werden, sodass sie sich gegenseitig berühren oder dass hohe Schallpegel entstehen. Erstes führt zu Rohrleckagen und Rohrbrüchen, Zweites zu unzulässigen Schallpegeln.

### 8.4.1 Kritische Rohrschwingungen

Die Rohrschwingungen werden durch Fluidinstabilitäten verursacht. Die Schwingungen können sowohl durch die infolge senkrechter Anströmung verursachte Wirbelbildung, aber auch durch Resonanzen des Fluids im Mantelraum des Wärmeübertragers oder auch bei der Längsströmung zwischen langen, nicht abgestützten Rohren auftreten. Die Schwingungen können so stark werden, dass sich die Rohre gegenseitig berühren, was zu deren Zerstörung führt. Die Dämpfung der Schwingungen ist durch Stützplatten oder -gitter möglich. Die Länge eines Rohrabschnittes kann man so bestimmen, dass keine gefährlichen Schwingungen mehr auftreten. Diese Rohrlänge hängt von der Strömung des Fluids, vom Trägheitsmoment des Rohres, der internen Dämpfung (logarithmisches Dekrement) und der Befestigung der Rohre ab. Damit keine schädlichen Schwingungen auftreten, ist immer eine genaue Analyse notwendig. Die Stützplatten bzw. -gitter sind meist in gleichen Abständen angeordnet. Dies muss ebenfalls das Resultat einer genauen Untersuchung sein. Rohre, die direkt von Fluidstrahlen getroffen werden, muss man gesondert untersuchen. Ausführliche Berechnungsverfahren und Literaturhinweise findet man im VDI-Wärmeatlas, Kapitel O [4] und TEMA Standard Of The Tubular Heat Exhanger Manufacturers Association, Section 6 [5]. Diese Literatur zu erläutern, würde den Rahmen dieses Buches sprengen, deshalb wird nur eine kurze und einfache Berechnungsmethode beschrieben.

Die Berechnung erfolgt mit einer empirischen Gleichung. In ihr können mit den Rohreigenschaften und der Strömungsgeschwindigkeit die ungestützte Rohrlänge $l_0$, bei der keine schädlichen Schwingungen mehr auftreten, bestimmt werden.

$$c_{Sp}^2 \cdot \rho \cdot l_0^5 \cdot \frac{d_a^2}{\left(d_a^4 - d_i^4\right) \cdot E} \cdot \frac{10^6}{\mathrm{m}^3} \leq 4{,}5 \tag{8.29}$$

Die Spaltgeschwindigkeit $c_{Sp}$ ist die Strömungsgeschwindigkeit zwischen den Rohren, $\rho$ die Dichte des Fluids, $d_a$ der Außen-, $d_i$ der Innendurchmesser und $E$ das Elastizitätsmodul des Rohrmaterials mit der Einheit kN/mm$^2$. Der Term $10^6$/m$^3$ ist eingesetzt, damit das Ergebnis ohne Zehnerpotenzen und dimensionslos erscheint.

Gl. 8.29 liefert für die maximale ungestützte Rohrlänge $l_{0,\,max}$:

$$l_{0,\,max} = \sqrt[5]{\frac{4{,}5 \cdot \left(d_a^4 - d_i^4\right) \cdot E}{d_a^2 \cdot c_{Sp}^2 \cdot \rho} \cdot \frac{\mathrm{m}^3}{10^6}} \tag{8.30}$$

Die Spaltgeschwindigkeit kann durch die Anzahl der angeströmten Rohre, die ungestützte Rohrlänge durch die Anzahl der Stützplatten verändert werden. Wird ein Wert, der größer als 4,5 ist, ermittelt, kann durch Änderung der Spaltgeschwindigkeit oder der ungestützten Rohrlänge der gewünschte Wert erreicht werden. Bei gleichen Stützplattenabständen kann an Stelle von $l_0$ die Gesamtlänge des Rohres, geteilt durch die Anzahl der Stützplatten $N$ plus eins $l_0 = l_{ges}/(N+1)$ eingesetzt werden.

**Beispiel 8.5: Berechnung der notwendigen Anzahl der Stützplatten**
Hier soll untersucht werden, wie bei dem in Beispiel 5.3 ausgelegten Kondensator die Rohre abzustützen sind.

$$d_a = 12\,\mathrm{mm},\ d_i = 10\,\mathrm{mm},\ m_{R134a} = 0{,}5\,\mathrm{kg/s},$$

$$\rho = 66{,}3\,\mathrm{kg/m^3},\ l_{ges} = 5{,}986\,\mathrm{m},\ n = 47$$

Das Elastizitätsmodul des Kupfers ist $110\,\mathrm{kN/mm^2} = 1{,}1 \cdot 10^{11}\,\mathrm{N/m^2}$, der Rohrabstand $s = 17\,\mathrm{mm}$.

*Lösung*

*Schema* Siehe Skizze

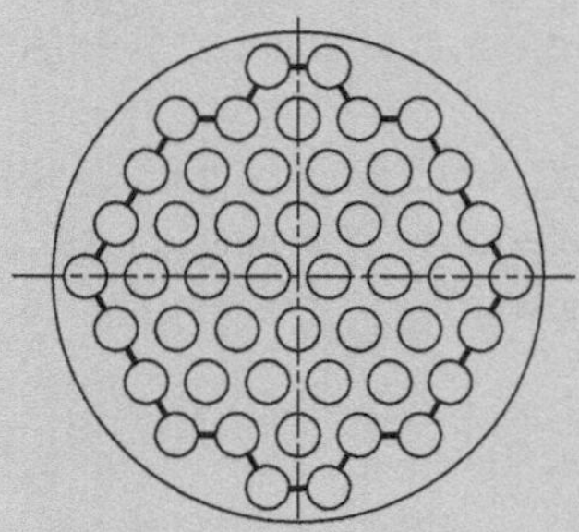

*Annahme*

- Die Strömung im Bündel ist gleichmäßig.

*Analyse*

Zunächst ist die Anordnung der Rohre zu bestimmen. Die Skizze zeigt, dass man in einem zylindrischen Mantel 48 statt der ausgelegten 47 Rohre anordnen kann. Mit dem einen Rohr mehr wird die thermische Leistung erreicht und eine realistische Rohranordnung verwirklicht. Die Einströmöffnungen (Schlitze) sind mit fetten Linien gezeichnet. Am Umfang des Bündels sind 22 Spalte vorhanden. Der für die Einströmung des Dampfes vorhandene Querschnitt ist:

$$A_{in} = 22 \cdot 1 \cdot s = 22 \cdot 5{,}983\,\mathrm{m} \cdot 0{,}005\,\mathrm{m} = 0{,}658\,\mathrm{m}^2$$

Die Spaltgeschwindigkeit zwischen den Rohren erhalten wir zu:

$$c_{Sp} = \frac{\dot{m}}{\rho \cdot A_{in}} = \frac{0{,}5 \cdot \mathrm{kg} \cdot \mathrm{m}^3}{\mathrm{s} \cdot 0{,}658 \cdot \mathrm{m}^2 \cdot 66{,}3 \cdot \mathrm{kg}} = 0{,}011\,\frac{\mathrm{m}}{\mathrm{s}}$$

Jetzt kann das Vibrationskriterium angewendet werden.

$$c_{Sp}^2 \cdot \rho \cdot l_0^5 \cdot \frac{d_a^2}{\left(d_a^4 - d_i^4\right) \cdot E} \cdot \frac{10^6}{\mathrm{m}^3} = 8{,}138 > 4{,}5$$

Für die maximal erlaubte Rohrlänge $l_{0,\,max}$ erhalten wir mit Gl. 8.30:

$$l_{0,\,max} = \sqrt[5]{\frac{4{,}5 \cdot \left(d_a^4 - d_i^4\right) \cdot E}{d_a^2 \cdot c_{Sp}^2 \cdot \rho} \cdot \frac{\mathrm{m}^3}{10^6}} = 5{,}314\,\mathrm{m}$$

Zur Vermeidung von Rohrschwingungen muss mindestens eine Stützplatte installiert werden. Das Vibrationskriterium liefert mit einer Stützplatte den Wert von 0,254 und ist damit wesentlich kleiner als 4,5.

***Diskussion***

In diesem Beispiel sind die Rohre laut Vibrationskriterium ohne Stützplatte vibrationsgefährdet. Eine ungestützte Rohrlänge von 5,314 m ist die Grenze für die Vibrationsgefährdung. Mit einer Stützplatte wird die ungestützte Rohrlänge 3,00 m. Die Anströmgeschwindigkeit ist hier sehr klein, weshalb die erlaubte ungestützte Rohrlänge sehr groß ausfällt. Bei einer größeren Anströmgeschwindigkeit von 10 m/s müsste man eine ungestützte Rohrlänge, die kleiner als 0,354 m ist, vorsehen. Für das in Beispiel 3.6 behandelte Zwischenüberhitzerbündel z. B. müsste man einen Abstand kleiner als 0,510 m wählen.

## 8.4.2 Akustische Resonanz

Bei senkrechter Anströmung zylindrischer Körper entstehen bei *Reynolds*zahlen, die oberhalb von 50 liegen, *Wirbelablösungen*. Am Zylinder bilden sich Wirbel, die sich ablösen und in der Strömung erhalten bleiben. Bildung und Ablösung der Wirbel erfolgen periodisch abwechselnd von der oberen und unteren Seite des Zylinders. Abb. 8.14 zeigt den Wirbelbildungsvorgang. Bei der Ablösung entstehen auf der Rückseite des Zylinders Druckänderungen, die auf den Zylinder periodisch abwechselnde Kräfte ausüben.

Die Pfeifgeräusche von Drähten im Wind werden durch Wirbelablösungen hervorgerufen. Die Schwingungen der Rohre, verursacht durch diese Wirbel, wurden bereits unter Abschn. 8.4.1 besprochen. Hier wird die Entstehung großer Schallpegel besprochen.

Versuche zeigen, dass die Frequenz der Wirbelablösungen durch die *Strouhalzahl Sr* angegeben werden kann, die wiederum von der *Reynolds*zahl abhängt. Die *Strouhal*zahl *Sr* ist definiert als:

$$Sr = \frac{v \cdot d}{c_0} \tag{8.31}$$

Dabei ist $v$ die Frequenz der Wirbelablösungen, die *Strouhalfrequenz* genannt wird, $d$ der Durchmesser des angeströmten Rohres und $c_0$ die Anströmgeschwindigkeit. Bei *Reynolds*zahlen unterhalb von $10^5$ hat die *Strouhal*zahl quer angeströmter zylindrischer

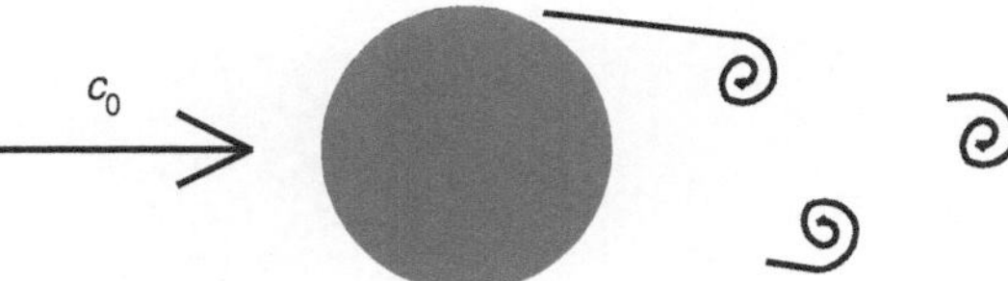


**Abb. 8.14** Wirbelablösungen am Zylinder

Einzelkörper einen Wert von ca. 0,2. Bei höheren *Reynolds*zahlen liegen die Werte zwischen 0,17 und 0,32. Die Geometrie, die Oberflächenbeschaffenheit und bei Rohrbündeln die Anordnung der Rohre sind weitere Einflussgrößen. In Rohrbündeln bewirkt die Ablösung von einer Rohrreihe eine Änderung der Ablösefrequenz nachfolgender Rohrreihen. Bei Rohrbündeln, wie dem in Beispiel 3.6 behandelten Zwischenüberhitzer, hat man *Strouhal*zahlen von 1,0 bis zu 1,6 gemessen.

Ist die *Strouhal*frequenz, die durch die *Strouhal*zahl gegeben ist, in der Nähe der Eigenfrequenz des angeströmten Körpers, kann dieser durch Resonanz in so starke Schwingungen geraten, dass Schäden (Ermüdungsbruch, Kollision) auftreten. Die Tacuma-Narrows-Hängebrücke, eine große Brücke mit 840 m Spannweite im amerikanischen Bundesstaat Washington, geriet 1940 bei Windgeschwindigkeiten von ca. 70 km/h in so starke Schwingungen, dass sie einstürzte. Dieses spektakuläre Ereignis wurde zufällig im Film festgehalten (über einschlägige Internetmedien zugänglich) und wurde daher ein berühmtes Beispiel für potentiell zerstörerische Schwingungen technischer Systeme infolge Anströmung.

Zu jeder *Strouhal*frequenz gehört auch eine akustische Wellenlänge. Sind die Strömungsbegrenzungen (z. B. Bündelhöhe) von gleicher Länge, können Resonanzen auftreten, die zwar keine Beschädigung von Bauteilen verursachen, jedoch unzulässige Lärmbelästigungen erzeugen können. Das Problematische dabei kann sein, dass eine sogenannte *„lock in"-Resonanz* entsteht, die sogar bei einer wesentlichen Änderung der Strömungsgeschwindigkeit bestehen bleibt. Je nach Größe des Bündels und des Massenstromes können die Schallpegel Werte von über 120 dB erreichen.

Bei der Konstruktion und Auslegung von Apparaten, Bauten usw., die von einem Fluid angeströmt werden, muss der Ingenieur untersuchen, ob die Wirbelablösungen nicht zu unzulässigen Resonanzen führen.

**Beispiel 8.6: Akustische Resonanz in einem Rohrbündel**
In dem von Dampf angeströmten Überhitzerbündel aus Beispiel 3.6 wurde eine *Strouhal*zahl von 1,04 ermittelt. Die Rohre des Rohrbündels haben den Durchmesser von 15 mm. Die Bündelhöhe von 1,4 m ist durch eine Strömungsbegrenzung in zwei Teile mit der jeweiligen Höhe von 675 mm aufgeteilt. Die Schallgeschwindigkeit des Dampfes beträgt $a = 517$ m/s. Die Dampfgeschwindigkeit $c_0$ beträgt 6 m/s.

Untersuchen Sie, ob die „lock in"-Resonanz entstehen kann; falls nicht, bei welcher Geschwindigkeit sie zu befürchten ist.

**Lösung**

*Schema* Siehe Skizze

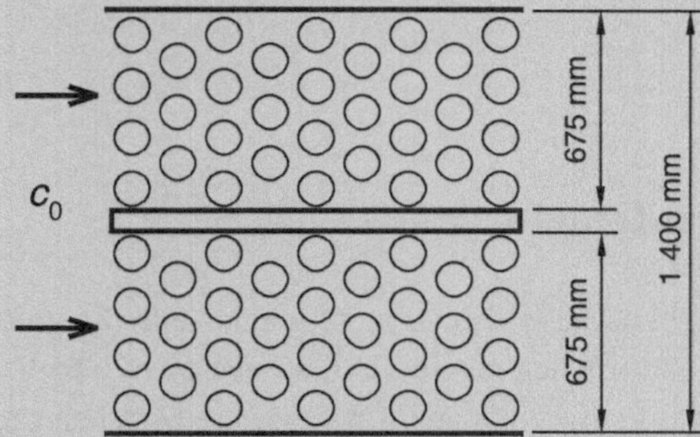


*Annahme*

- Die *Strouhal*zahl ist auf den Außendurchmesser der Rohre und die Anströmgeschwindigkeit bezogen.

*Analyse*

Die Wellenlänge einer akustischen Schwingung beträgt:

$$\lambda_a = \frac{a}{\nu}$$

Die Frequenz $\nu$, die zu einer Wellenlänge von 0,675 m gehört, beträgt:

$$\nu = a/\lambda_a = (517\,\text{m/s})\,/1,4\,\text{m} = 765\,\text{Hz}$$

Mit Gl. 8.31 ist die *Strouhal*frequenz:

$$\nu_{St} = \frac{Sr \cdot c_0}{d} = \frac{1,04 \cdot 6 \cdot \text{m}}{0,015 \cdot \text{m} \cdot \text{s}} = \mathbf{416\,Hz}$$

Sie ist viel kleiner als die zur Wellenlänge 0,675 m gehörende Frequenz. Das Entstehen einer „lock in"-Resonanz ist nicht zu befürchten.

Die Dampfgeschwindigkeit, bei der eine „lock in"-Resonanz entstehen könnte, ermitteln wir zu:

$$c_0 = \frac{\nu_{St} \cdot d}{Sr} = \frac{765 \cdot \text{s}^{-1} \cdot 0,015 \cdot m}{1,04} = \mathbf{11,0\,m/s}$$

***Diskussion***

Die Konstruktion des Zwischenüberhitzerbündels lässt keine „lock in"-Resonanz befürchten. Erst bei einer beinahe doppelt höheren Geschwindigkeit von 11 m/s könnte sie eintreten.

## 8.5  Optimierung von Wärmeübertragern

Die Wärmeübertrager müssen in der Regel so ausgelegt sein, dass einerseits die geforderten thermischen Daten (Wärmestrom, Austrittstemperatur, Druckverlust usw.) erreicht und andererseits ein Herstellpreis erzielt wird, mit dem man im Wettbewerb bestehen kann ist. Dabei sind nicht nur die Fabrikationspreise zu beachten. Die Wärmeübertrager können durch bessere Betriebsdaten dem Kunden Kosten ersparen und zusätzliche Gewinne bringen. Ein kleinerer Druckverlust wird meistens mit einem größeren Wärmeübertrager erreicht. Dies spart dem Kunden bei der Anschaffung von Pumpen oder Gebläsen Geld und verringert den Stromverbrauch, d. h., es ergeben sich geringere Betriebskosten. Auch die erreichbaren Endtemperaturen können dem Kunden einen Gewinn bringen. Bei Dampfkraftwerken erhöht sich der thermische Wirkungsgrad durch eine höhere Austrittstemperatur eines Vorwärmers, bei Wärmepumpen verbessert sich die Leistungsziffer. Beide Effekte benötigen zwar größere Wärmeübertrager, bewirken aber beim Dampfkraftwerk geringere Betriebskosten bzw. höhere Einnahmen und bei der Wärmpumpe weniger Stromverbrauch. Kosten können auch eingespart werden, wenn längere Wartungsintervalle oder eine längere Lebensdauer garantiert werden können. Die beiden letzten Einsparungen werden konstruktiv erreicht und haben relativ wenig Einfluss auf die thermische Auslegung.

Beispiel 8.7 demonstriert die Optimierung eines Hochdruckvorwärmers.

**Beispiel 8.7: Optimierung eins Hochdruckvorwärmers**
Die Ausschreibung zur Lieferung eines Hochdruckvorwärmers gibt Folgendes für das zu erwärmende Speisewasser und für den als Heizmedium zu nutzenden Anzapfdampf vor:

|                     | Speisewasser: | Anzapfdampf: |
|---------------------|---------------|--------------|
| Massenstrom         | 300 kg/s      |              |
| Druck               | 250 bar       |              |
| Druck               |               | 60 bar       |
| Eintrittstemperatur | 243 °C        |              |
| Temperatur          |               | 350 °C       |

Die Austrittstemperatur und die Strömungsgeschwindigkeit im Rohr sind vom Hersteller zu bestimmen. Bei der Evaluierung des Angebots durch den Besteller wird für eine Wasserendtemperatur von über 274 °C ein Bonus von 50 000 €/K und für den speisewasserseitigen Druckverlust ein Malus von 37 000 €/bar angerechnet, d. h., der vom Anbieter angegebene Preis wird bei der Evaluierung entsprechend reduziert oder erhöht. Diese Werte basieren auf betriebswirtschaftlichen Erfahrungsdaten des Bestellers, der solche Anlagen ja zumeist schon betreibt.

Zur Bestimmung der Herstellungskosten des Apparates sind folgende Daten zu verwenden:

Stahlpreis für alle Teile des Vorwärmers außer den Rohren: 8 €/kg

Stahlpreis für Rohre: 12 €/kg

Bohrung des Rohrbodens und der Stützplatten: 10 €/m

Prüfungen, Biegen, Einwalzen und Einschweißen der Rohre: 30 €/Rohr

Die Kosten für andere Schweißarbeiten sind bereits im Materialpreis enthalten. Die Kosten für Stutzen und Trennwand in der Dampfkammer sind vernachlässigbar.

Natürlich müssen die Kosten für Akquisitionen und Verwaltung berücksichtigt werden. Außerdem sollte ein Gewinn erzielt werden. Aus diesen Gründen wird der Herstellungspreis um 18 % erhöht.

Dichte des Stahls: 8 000 kg/m$^3$.

Die Dicke des Mantels, Rohrbodens und der Wasserkammer ist proportional zum Durchmesser des Rohrbodens. Bei 1 m Durchmesser des Rohrbodens ist dessen Dicke 600 mm, die des Mantels 25 mm und die der Wasserkammer 60 mm. Letztere ist eine Halbkugel. Die Stützplatten haben eine Wandstärke von 10 mm und ihre Abstände dürfen 600 mm nicht überschreiten. Hinter der letzten Stützplatte ist vor den Rohrbögen eine gerade Länge von 100 mm vorzusehen.

Die Rohre haben folgende Daten:

- Außendurchmesser 15 mm, Wandstärke 1,5 mm,
- Wärmeleitfähigkeit 42 W/(m K).
- Sie sind mit 20 mm Abstand 60° versetzt angeordnet.

Der Mantel ist zwar mit einem gewölbten Boden verschlossen, für die Berechnung können Sie aber mit einer geraden Wand als Abschluss rechnen. Das Rohrbündel ist möglichst kreisförmig zu gestalten und soll von der Mantelinnenwand einen Abstand von 100 mm haben. Der kleinste Biegeradius der U-Rohre ist 26 mm.

Der Druckverlust in den Rohren kann mit der Gleichung

$$\Delta p = 0{,}3164/\mathrm{Re}^{0{,}25} \cdot d_i / l \cdot (c^2 \cdot \rho)/2$$

ermittelt werden.

Bei den Berechnungen ist der Einfluss der Richtung des Wärmestromes vernachlässigbar. Die Änderung der Stoffwerte des Wassers bei der Variation der Austrittstemperatur kann vernachlässigt werden. Zur Vereinfachung werden die U-Bögen als gerade Rohre mit 50 % der Länge des größten Rohrbogens angenommen.

Verwenden Sie folgende Stoffwerte:

Wasser: $\qquad\rho = 809{,}9\,\mathrm{kg/m^3}$, $c_p = 4{,}698\,\mathrm{kJ/(kg\,K)}$,

$\qquad\qquad\lambda = 0{,}634\,\mathrm{W/(m\,K)}\ v = 1{,}338 \cdot 10^{-7}\,\mathrm{m^2/s}, Pr = 0{,}8027$

Dampf und Kondensat: $\vartheta_s = 275{,}59\,^\circ\mathrm{C}, h_{D1} = 3\,043{,}9\,\mathrm{kJ/kg}, h_s = 1\,213{,}7\,\mathrm{kJ/kg}$,

$\qquad\qquad\lambda_l = 0{,}634\,\mathrm{W/(m\,K)}, v_l = 1{,}26 \cdot 10^{-7}\,\mathrm{m^2/s}$,

$\qquad\qquad\eta_l = 9{,}55 \cdot 10^{-5}\,\mathrm{kg/(m\,s)}, \rho_g = 30{,}82\,\mathrm{kg/m^3}$,

$\qquad\qquad\rho_l = 758{,}0\,\mathrm{kg/m^3}$

Der Vorwärmer ist so auszulegen, dass ein optimaler Preis ermittelt wird.

**Lösung**

***Schema*** Siehe Skizze

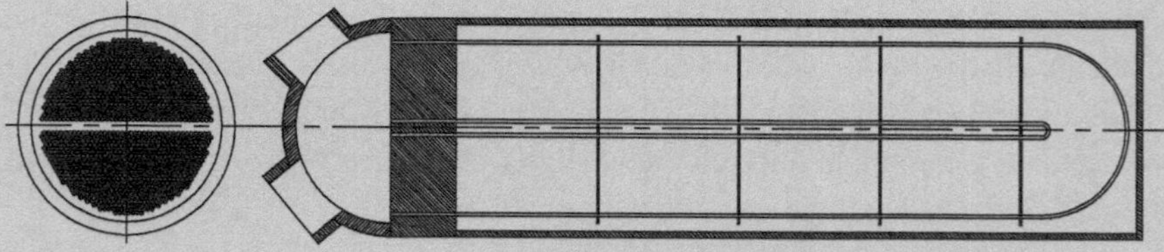

Die Skizze zeigt nur schematisch den für die Berechnung notwendigen Aufbau des Vorwärmers.

***Annahmen***

• Die Annahmen sind oben in der Aufgabenstellung beschrieben.

*Analyse*

Die Strömungsgeschwindigkeit des Wassers bestimmt die Anzahl der Rohre und damit die Kreisfläche für die Berohrung des runden Bündels bzw. den Durchmesser des Apparates. Sie ist außerdem maßgeblich bestimmend für die Wärmeübergangszahlen in den Rohren. Die Austrittstemperatur bestimmt die mittlere logarithmische Temperaturdifferenz und damit die notwendige Austauschfläche und so die Rohrlänge. Die Wärmeübergangszahlen sind eine Funktion der Strömungsgeschwindigkeit $c$, der Rohrlänge $l$ und der Austrittstemperatur $\vartheta_2$.

Der Vorwärmer muss so ausgelegt werden, dass unter Berücksichtigung des Bonus und Malus die Austrittstemperatur und die Strömungsgeschwindigkeit so gewählt wurden, dass der evaluierte Preis so tief wie möglich wird. Die Optimierung muss mit einem Programm durchgeführt werden, da die manuelle Berechnung der für die Optimierung notwendigen Zustände fast ein ganzes Buch füllen würde.

In den folgenden Gleichungen werden die Zahlenwerte bei 3 m/s Strömungsgeschwindigkeit, bei einer Speisewasseraustrittstemperatur von 274 °C und einer angenommenen geraden Schenkellänge der U-Rohre vom 5 m angegeben. Aus dem Massenstrom des Speisewassers kann mit der Strömungsgeschwindigkeit die Anzahl der Rohre bestimmt werden.

$$n(c) = \frac{4 \cdot \dot{m}_W}{c \cdot \rho \cdot \pi \cdot d_i^2} = 1\,092$$

Für eine Geschwindigkeit von 3 m/s erhält man 1 092 Rohre. Die Bestimmung der Wärmeübergangszahlen erfolgt wie in den Kap. 3 und 5 beschrieben. Für die Wärmeübergangszahl im Rohr benötigt man zunächst die *Reynolds*zahl.

$$Re(c) = \frac{c \cdot d_i}{\nu} = 269\,058$$

$$\xi(c) = [1{,}8 \cdot \log(Re) - 1{,}5]^{-2} = 0{,}01461$$

$$Nu(c,l) = \frac{\xi}{8} \cdot \frac{Re(c) \cdot Pr}{1 + 12{,}7 \cdot \sqrt{\xi/8} \cdot \left(Pr^{2/3} - 1\right)} \cdot \left[1 + \left(\frac{l}{d_i}\right)^{2/3}\right] = 430{,}7$$

$$\alpha_i(c,l) = \frac{Nu(c,l) \cdot \lambda}{d_i} = 22\,754 \cdot \frac{\mathbf{W}}{\mathbf{m^2\,K}}$$

Zur Berechnung der Wärmeübergangszahl bei der Kondensation muss zunächst aus der Erwärmung des Wassers der Wärmestrom in Abhängigkeit von der zu optimierenden Größe und die Austrittstemperatur des Speisewassers bestimmt werden.

$$\dot{Q}(\vartheta_2) = \dot{m}_W \cdot c_{pW} \cdot (\vartheta_2 - \vartheta_1) = 43\,691{,}4\,\mathrm{kW}$$

Der Massenstrom des Kondensats wird nicht mit der Verdampfungsenthalpie, sondern mit der Differenz der in der Aufgabestellung gegebenen Dampf- bzw. Kondensatenthalpie berechnet.

$$\dot{m}_l\,(\vartheta_2) = \frac{\dot{Q}\,(\vartheta_2)}{h_{D1} - h_{D2}} = 23{,}872\,\frac{\text{kg}}{\text{s}}$$

Die Berechnung der Wärmeübergangszahl erfolgt wie in Kap. 5 beschrieben.

$$\Gamma(c,\vartheta_2,l) = \frac{\dot{m}(\vartheta_2)}{n(c)\cdot l} = 2{,}187\cdot 10^{-3}\,\frac{\text{kg}}{\text{m s}}$$

$$Re_L(c,\vartheta_2,l) = \frac{\Gamma(c,\vartheta_2,l)}{\eta_l} = 22{,}897$$

$$Nu_L\,(c,\vartheta_2,l) = 0{,}059\cdot\left(\frac{1-\rho_g/\rho_l}{Re_L\,(c,\vartheta_2,l)}\right)^{1/3} = 0{,}333$$

$$L = \sqrt[3]{\frac{\nu^2}{g}} = 1{,}174\cdot 10^{-5}\,\text{m}$$

$$\alpha_a\,(c,\vartheta_2,l) = \frac{Nu_L\,(c,\vartheta_2,l)\cdot\lambda_l}{L} = 17\,985\,\frac{\text{W}}{\text{m}^2\cdot\text{K}}$$

Jetzt können die Wärmedurchgangszahl, die mittlere logarithmische Temperaturdifferenz und die notwendige Austauschfläche bestimmt werden.

$$k\,(c,\vartheta_2,l) = \left(\frac{1}{\alpha_a\,(c,\vartheta_2,l)} + \frac{d_a}{2\cdot\lambda_R}\cdot\ln\left(\frac{d_a}{d_i}\right) + \frac{d_a}{d_i\cdot\alpha_i\,(c,l)}\right)^{-1}$$

$$= 6\,843\,\frac{\text{W}}{\text{m}^2\,\text{K}}$$

$$\Delta\vartheta_m\,(\vartheta_2) = \frac{\vartheta_2 - \vartheta_1}{\ln\left(\dfrac{\vartheta_s - \vartheta_1}{\vartheta_s - \vartheta_2}\right)} = 10{,}264\,\text{K}$$

$$A\,(c,\vartheta_2,l) = \frac{\dot{Q}\,(\vartheta_2)}{k\,(c,\vartheta_2,l)\cdot\Delta\vartheta_m} = 622{,}11\cdot\text{m}^2$$

Die gesuchte Rohrlänge kann nur iterativ ermittelt werden, da die Länge eine Funktion von sich selbst ist. Im Programm ist ein Iterationsprozess eingebaut, der erlaubt, die Rohrlänge als eine iterative Funktion der Geschwindigkeit und der Austrittstemperatur $l(c, \vartheta_2)$ zu ermitteln. In den Gleichungen ist die Rohrlänge $l$, die Länge der beiden geraden Schenkel eines U-Rohres außerhalb des Rohrbodens. Für die Längenbestimmung des Apparates und zur Berechnung der Gewichte muss sie halbiert werden und wird als $l_0$ bezeichnet. Für die oben angegebenen Daten erhalten wir für die Länge $l = 12{,}092\,\mathrm{m}$; die gerade Länge der U-Rohre beträgt $l_0 = 6{,}046\,\mathrm{m}$.

Für die Optimierung sind die Gewichte und daraus die Kosten der Bauteile sowie die Kosten der Arbeiten zu berechnen. Dazu werden zuerst die Volumina der Bauteile bestimmt und dann mit der Dichte des Stahls multipliziert. Um den Durchmesser des Apparates zu bestimmen, muss man zunächst die für die Berohrung benötigte Fläche ermitteln.

Mit der Grundlinie $s_1 = 20\,\mathrm{mm}$ und der Höhe $s_2 = 17{,}32\,\mathrm{mm}$ der dreieckigen Rohranordnung kann die Fläche des Dreiecks bestimmt werden. Ein Rohr benötigt zwei Dreiecke. Die Fläche $A_1$ für die Installation aller U-Rohre ist:

$$A_1(c) = 2 \cdot n(c) \cdot s_1 \cdot s_2 = 0{,}756 \cdot \mathrm{m}^2$$

In einer kreisförmigen Anordnung kann man den Durchmesser $D_B$ des Bündels ermitteln.

$$D_B(c) = 2 \cdot \sqrt{\frac{A_1(c)}{\pi}} = 0{,}981 \cdot \mathrm{m}$$

Hier ist die Fläche, die sich zwischen den Schenkeln der U-Rohre mit dem kleinsten Biegedurchmesser befindet, noch nicht berücksichtigt. Da der Biegeradius mit $26\,\mathrm{mm}$ angegeben ist, hat die unberücksichtigte Fläche eine Breite von $s_0 = 52\,\mathrm{mm}$ minus der Höhe des Teilungsdreieckes, also $35\,\mathrm{mm}$. Unter Berücksichtigung dieser Fläche erhalten wir in sehr guter Näherung folgenden Bündeldurchmesser $D_{Bneu}$:

$$D_{Bneu}(c) = 2 \cdot \sqrt{\frac{A_1(c) + s_0 \cdot D_{neu}(c)}{\pi}} = 1{,}003 \cdot \mathrm{m}$$

Nach der Aufgabenstellung soll der Abstand vom Bündel zum Mantel $100\,\mathrm{mm}$ betragen. Es ist zu berücksichtigen, dass sich die Wandstärke des Mantels mit dem Durchmesser des Mantels ändert. Also ist der Außendurchmesser des Mantels:

$$D_M(c) = D_{Bneu} + 200\,\mathrm{mm} + 2 \cdot s_{Mantel}\frac{D_M(c)}{1 \cdot m}$$

Diese Gleichung kann nach $D_M(c)$ aufgelöst werden und liefert:

$$D_M\,(c) = \frac{D_{Bneu} + 200\,\text{mm}}{1 - \dfrac{2 \cdot s_{Mantel}}{1 \cdot m}} = 1{,}267 \cdot \text{m}$$

Der Korrekturfaktor $K\,(c) \;=\; D_M\,(c)\,/\,(1 \cdot \text{m})$ berücksichtigt die Änderung der Wandstärken mit dem Manteldurchmesser. Jetzt werden die Massen der Bauteile, beginnend mit dem Rohrboden, berechnet.

$$m_{RB} = 0{,}25 \cdot \pi \cdot s_{RB} \cdot K(c) \cdot \rho_{St} D_M\,(c)^2 = 7\,659\,\text{kg}$$

Zur Bestimmung des Mantelgewichts muss zuerst die Länge des Mantels ermittelt werden. Sie ist die Länge $l_0$ plus halber Durchmesser des Bündels und noch der vorgegebene 100 mm Abstand.

$$l_M\,(c, \vartheta_2) = l_0\,(c, \vartheta_2) + 0{,}5 \cdot D_{Bneu}\,(c) + 100 \cdot \text{mm} = 6{,}637\,\text{m}$$

$$m_M\,(c, \vartheta_2) = 0{,}25 \cdot \pi \cdot [D_m(c)^2 - (D_M(c) - 2 \cdot s_M \cdot K(c))^2] \cdot l_M\,(c, \vartheta_2) \cdot \rho_{St}$$
$$= 6\,522\,\text{kg}$$

Für die ebene Platte des Deckels erhalten wir:

$$m_{De}(c) = 0{,}25 \cdot \pi \cdot (D_M(c))^2 \cdot s_M \cdot K(c) = 319\,\text{kg}$$

Die Masse der Wasserkammer beträgt:

$$m_{WK}\,(c) = \frac{\pi}{12} \cdot \left[ D_m\,(c)^3 - (D_M\,(c) - 2 \cdot s_{WK} \cdot K\,(c))^3 \right] \cdot \rho_{St} = 1\,355\,\text{kg}$$

Die Anzahl der Stützplatten ist so zu wählen, dass ihr Abstand kleiner als 0,6 m ist und sie auf der geraden U-Rohrlänge $l_0$ minus 100 mm verteilt sind.

$$n_{Sp}\,(c, \vartheta_2) = \text{aufgerundet}\left( \frac{l_0\,(c, \vartheta_2) - 0{,}1 \cdot \text{m}}{0{,}6 \cdot \text{m}} \right) = 11$$

$$m_{Sp}\,(c, \vartheta_2) = n_{Sp}\,(c, \vartheta_2) \cdot 0{,}25 \cdot \pi \cdot (D_{Bneu} + 0{,}1 \cdot \text{m})^2 \cdot s_{St} \cdot \rho_{st} = 808\,\text{kg}$$

Jetzt fehlt nur noch die Masse der Rohre. Es ist zu berücksichtigen, dass zu der für die Wärmeübertragung notwendigen geraden Länge der U-Rohre $l$ noch die Länge der Rohre im Rohrboden und die mittlere Länge der U-Bögen dazugezählt werden müssen.

$$m_{Rohr}\,(c,\vartheta_2) = n\,(c) \cdot \left[0{,}25 \cdot \pi \cdot \left(d_a^2 - d_i^2\right) + l\,(c,\vartheta_2)\right.$$
$$\left. +0{,}5 \cdot D_{Bneu} + 2 \cdot S_{RB} \cdot K\,(c)\right] \cdot \rho_{St}$$
$$= 8\,420\,\text{kg}$$

Jetzt können die Materialkosten bestimmt werden, in denen auch jene der Schweißarbeiten berücksichtigt sind.

$$m_{Stahl}\,(c,\vartheta_2) = m_{Rb}\,(c) + m_M\,(c,\vartheta_2) + m_{De}\,(c) + m_{WK}\,(c) + m_{Sp}\,(c,\vartheta_2)$$
$$= 16\,663\,\text{kg}$$

$$K_{Mat}\,(c,\vartheta_2) = m_{Sp}\,(c,\vartheta_2) \cdot P_{St} + m_{Rohr}\,(c,\vartheta_2) \cdot P_{Rohr} = 234\,590\,\text{€}$$

Zum Materialpreis kommen noch die Kosten für das Bohren des Rohrbodens und der Stützplatten sowie für die Prüfung der Rohre dazu:

$$K_{Bohr}\,(c,\vartheta_2) = 2 \cdot n\,(c) \left[s_{RB} \cdot \frac{D_M\,(c)}{1 \cdot m} + n_{Sp}\,(c,\vartheta_2) \cdot s_{Sp}\right] \cdot P_{Bohr} = 56\,982\,\text{€}$$

$$K_{Prüf}\,(c) = n\,(c) \cdot P_{Prüf} = 32\,760\,\text{€}$$

Die Gesamtkosten für die Fertigung inklusive Gewinn und Verwaltung betragen:

$$K_{tot}\,(c,\vartheta_2) = \left(K_{Mat}\,(c,\vartheta_2) + K_{Bohr}\,(c,\vartheta_2) + K_{Prüf}(c)\right) \cdot Gewinn$$
$$= 382\,418\,\text{€}$$

Zur Berechnung des evaluierten Malus muss zunächst der Druckverlust in den Rohren bestimmt werden. Dazu wird zuerst die durchströmte Länge des Rohres berechnet:

$$l_{tot}\,(c,\vartheta_2) = l\,(c,\vartheta_2) + 0{,}5 \cdot D_{Bneu}\,(c) + s_{RB} \cdot \frac{D_M\,(c)}{1 \cdot \text{m}} = 14{,}394\,\text{m}$$

$$\Delta p\,(c,\vartheta_2) = \frac{0{,}3164}{Re^{0{,}25}} \cdot \frac{l_{tot}\,(c,\vartheta_2)}{2 \cdot d_i} \cdot c^2 \cdot \rho = 0{,}241\,\text{bar}$$

Zur Bestimmung des evaluierten Preises $P_{ev}$ wird zu den Fertigungskosten der Malus für den Druckverlust addiert und der Bonus für die Austrittstemperatur abgezogen.

$$Preis_{ev}\,(c,\vartheta_2) = K_{tot}\,(c,\vartheta_2) + \Delta p\,(c,\vartheta_2) \cdot Malus - (\vartheta_2 - 274 \cdot {}^\circ\text{C}) \cdot Bonus$$
$$= 354\,914\,\text{€}$$

Mit den zu optimierenden Größen Austrittstemperatur und Geschwindigkeit werden die evaluierten Preise berechnet. Dies wurde mit einem *Mathcad*-Programm durchgeführt; im nachstehenden Diagramm ist der evaluierte Preis als Funktion der Speisewasseraustrittstemperatur und Geschwindigkeit dargestellt.

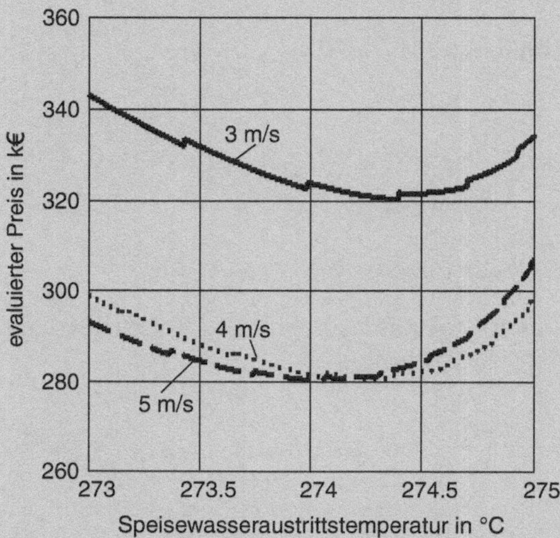


Die Sprünge im Diagramm haben die Ursache, dass sich bei der Erhöhung der Austrittstemperatur die notwendige Austauschfläche und damit die Rohrlänge vergrößern, was zu zusätzlich benötigten Stützplatten führt.

Der errechnete Preis hat bei den Geschwindigkeiten von 4 und 5 m/s zwischen den Temperaturen 274,0 und 274,3 K ein Minimum, das bei etwa 307 000 € liegt.

Der Vorwärmer mit 4 m/s hat den tiefsten evaluierten Preis von 307 700 € bei 274,3 °C Austrittstemperatur und jener mit 5 m/s bei der Austrittstemperatur von 273,7 °C erreicht den evaluierten Preis von 306 800 €.

Einige Daten dieser beiden Apparate:

|  | $n$ | $l_0$ | $A$ | $D_M$ | $k$ | $\Delta p$ |
|---|---|---|---|---|---|---|
|  | – | m | m$^2$ | m | W/(m$^2$ K) | bar |
| Vorwärmer mit 4 m/s | 819 | 7,913 | 610,66 | 1,128 | 7 310 | 1,246 |
| Vorwärmer mit 5 m/s | 655 | 8,950 | 552,50 | 1,034 | 7 450 | 2,035 |

Der Fabrikationspreis inklusive Gewinn liegt bei dem Vorwärmer mit 4 m/s bei 383 119 € und bei jenem mit 5 m/s beträgt er 277 233 €. Die Apparate bietet man mit diesen Preisen an. Der Besteller evaluiert das Angebot. Der Hersteller wird die

Vorwärmer mit 4 bzw. 5 m/s zum Herstellungspreis des Apparates anbieten. Dazu sollte er die Vor- und Nachteile beider Lösungen auflisten. Da beide Apparate fast die gleichen Austrittstemperaturen haben, ist die Leistungserhöhung bei beiden Vorwärmern etwa gleich groß. Beim teureren Vorwärmer mit der Geschwindigkeit von 4 m/s ist der Druckverlust kleiner. Hier müsste der Besteller entscheiden, ob er den Mehrpreis dafür bezahlen will.

Beim teurer angebotenen Apparat mit 4 m/s Wassergeschwindigkeit ist der Druckverlust um 0,789 bar niedriger. Die elektrische Leistungsaufnahme des Pumpenmotors verringert sich um:

$$\Delta P_{el} = \frac{\dot{m}_W \cdot \Delta p_{diff}}{\rho \cdot \eta_{Pumpe}} \cdot \frac{300 \cdot (\text{kg/s}) \cdot 78\,900 \cdot \text{Pa}}{809,9 \cdot (\text{kg/m}^3) \cdot 0,9} = 32,47\,\text{kW}$$

Bei einer jährlichen Laufzeit von 7 000 Stunden spart man 227 312 kWh pro Jahr ein. Rechnet man mit einem Strompreis von 0,1 €/kWh, ist die jährliche Ersparnis 22 731 €. Den um 105 886 € höheren Kaufpreis des Apparates mit 4 m/s Wassergeschwindigkeit spart man schon in relativ kurzer Zeit ein. Teilt man dem Kunden diese Tatsache mit, wird er wohl den teureren Apparat bestellen.

*Diskussion*

Dieses Beispiel zeigt eine Möglichkeit der Optimierung von Wärmeübertragern. Die verwendeten Zahlen für die Preise und Bewertungen von zusätzlichen Mali und Boni entsprechen nicht unbedingt den gängigen Werten, die sich entsprechend dem aktuellen Umfeld – bspw. hinsichtlich der Energie- oder Rohstoffpreise – ständig ändern. Meistens sind vom Besteller keine Boni und Mali angegeben. Der Ingenieur muss dann dem Besteller zeigen, welche wirtschaftlichen Vorteile er mit dem besseren und teureren Produkt erreicht. Wichtig war zu zeigen, dass man für die Auslegung von Apparaten die Größen und Fabrikationskosten so auswählt, dass ein optimaler Preis erzielt wird.

Die Kunden geben selten die Bewertung der verschiedenen Auslegungsparameter an. Meistens muss der Anbieter seine teureren Apparate dem Kunden so verkaufen, dass diesen die wirtschaftlichen Vorteile des Apparates beim Kauf eines teureren Produktes überzeugen.

Die Auslegung eines Wärmeübertragers verlangt meistens, dass nicht nur eine Austauschfläche bestimmt wird, sondern dass die Preise der Materialien, die Kosten der Fabrikation und Installation und außerdem die eventuellen Vorteile des besseren Produktes mit in die Berechnung einfließen.

Man sieht, dass lange schlanke Apparate in der Regel günstigere Herstellungskosten haben als kurze dicke.

In diesem Beispiel wurden einige vereinfachende Annahmen getroffen. Hersteller solcher Apparate haben fertig konstruierte Serienapparate. Zur Bildung der Serie wird dem Rohrbündel eines kleineren Apparates zusätzlich noch eine Rohrreihe um den Umfang des Bündels angeordnet und man erhält so den nächstgrößeren Apparat. Damit kreiert man eine Serie von Apparaten mit jeweils einer bestimmten Anzahl von Rohren. Dies bedeutet, dass man einen Apparat aussucht, bei dem die Anzahl der Rohre eine Geschwindigkeit liefert, die möglichst nahe an den gewünschten Wert kommt. Diese Serienapparate werden mit der notwendigen Rohrlänge, die die notwendige Austauschfläche liefert, versehen. Entsprechend dem vorherrschenden Druck und der Temperatur müssen die Wandstärken des Mantels, Rohrbodens und der Wasserkammer geändert werden. Durch die Eingabe der Zahlenwerte wird die Konstruktion des Apparates geändert. CAD-Programme, mit denen dieVorwärmer konstruiert werden, liefern bereits die Massen der Komponenten, sodass deren Berechnung für die Optimierung entfällt.

## Literatur


1. Martin H (1988) Wärmeübertrager. Thieme, Stuttgart
2. Roetzel W, Spang B (1990) Verbessertes Diagramm zur Berechnung von Wärmeübertragern. Wärme Stoffübertrag 25:259–264
3. Spang B, Roetzel W (1995) Neue Näherungsgleichung zur einheitlichen Berechnung von Wärmeübertragern. Heat Mass Transfer 30:417–422
4. Roetzel W, Heggs PJ, Butterworth D (Hrsg.) (1992) Design and operation of heat exchangers. In Proc. Eurotherm Seminar No. 18, Hamburg, Feb 27–March 1, 1991. Springer, Berlin, S 19–29
5. TEMA Standards of the Tubular Heat Exhangers Manufacturers Association, 9. Aufl., Abschn. 6
6. VDI-Wärmeatlas (1994) 9. Aufl. Springer, Berlin

# Berechnung von Stoffwerten 9

Bei der Berechnung der Wärmeübergangszahlen spielt die Beschaffung von Stoffwerten eine wichtige Rolle.

Wie die Beispiele zeigten, ist oft der Einfluss der Temperatur auf die Stoffwerte zu berücksichtigen und diese muss man dann für eine Iteration immer wieder neu eingeben. Durch die Verwendung von Stoffwertprogrammen kann man auf die aufwändige Suche und Interpolationen in Tabellen verzichten und die Iteration erfolgt mit den Gleichungslösern. In diesem Kapitel stellen wir Programme zur Berechnung der Stoffwerte vor, die in Mathcad 15 und Prime 3.0 verwendbar sind.

Die Stoffwerte von 114 Fluiden können mit dem Programm CoolProp bestimmt werden. Für dieses Programm wurden wesentlich vereinfachte Abrufgleichungen entwickelt. Außerdem sind die Programme mit den Polynomen, die im Buch im Anhang A2 bis A6 beschrieben sind, mit eingeschlossen.

Diese Programme sind: Mathcad 15-Programm „WüKap09.xmcd" und Prime- 3.0-Programm „WüKap09.mcdx".

Beide Programme zum Abrufen von Stoffwerten sind im Internet unter www.tvt.kit. edu/1706.php abrufbar. Man kann sie in andere Mathcad-Programme implementieren und so wird die Änderung der Stoffwerte automatisch berücksichtigt.

## 9.1 CoolProp

Das Programm CoolProp ist im Internet unter www.coolprop.org kostenlos downloadbar, es kann in Mathcad 15, Prime 3.0, Microsoft Excel, Maple und in viele andere mathematische Programme eingebunden werden. Die Einbindung in mathematische Programme sowie die Berechnungsmöglichkeiten sind gut beschrieben.

Hier wird nur die Anwendung von CoolProp mit Mathcad 15 und Prime 3.0 besprochen.

© Springer-Verlag Berlin Heidelberg 2017 313
P. von Böckh und T. Wetzel, *Wärmeübertragung*, https://doi.org/10.1007/978-3-662-55480-7_9

Für Mathcad ist „CoolPropMathcadWrapper.dll" und „CoolPropFluidProperties.xmcd" herunterzuladen. Ersteres ist für Mathcad 15 in den Ordner „Mathcad 15\\userefi" zu installieren. Nach dem Öffnen des Programmes mit Mathcad 15 kann „CoolPropFluid-Properties.xmcd" abgerufen werden. Dort findet man die Anweisungen zur Benutzung des Programms. Bei Prime 3.0 wird „CoolPropMathcadWrapper.dll" in „Mathcad Prime 3.0\\Custom Functions" gespeichert. Nach dem Öffnen Prime 3.0 muss man zunächst „CoolPropFluidProperties.xmcd" in „CoolPropFluidProperties.mcdx" konvertieren und dann öffnen.

In den von uns im Internet gespeicherten und herunterladbaren Programmen „Wü-Kap09.xmcd" und „WüKap09.mcdx" sind vereinfachte Abruffunktionen der Stoffwerte mit Hilfe von CoolProp programmiert. Beim Öffnen dieser Programme erscheint auf dem Bildschirm:

---

Programm zur Zuweisung eines der 114 Fluide----------------------------------------------------------------------------------------

$$\text{strSplit(FluidPropsParams("FluidsList"),",")} =$$

|   | 0 |
|---|---|
| 0 | "Water" |
| 1 | "R134a" |
| 2 | "Helium" |
| 3 | ... |

$$A := "Water"$$

---

Programm zur Erstellung der vereinfachten Aufrufe der Fluide------------------------------------------------------------------------

Der obere versteckte Bereich ist für die Liste der Fluide und die CoolProp Stoffwertabrufe, der untere für die Berechnung der von uns programmierten vereinfachten Abruffunktionen. Für diese erfolgt die Auswahl des Fluids durch Zuweisung des Fluidnamens zu A, z. B. A:=„Water" zwischen den beiden versteckten Bereichen. Der Abruf eines Stoffwertes kann unterhalb des unteren versteckten Bereichs erfolgen. Will man ein anderes Fluid berechnen, kann man zunächst den Namen z. B. mit A:=„R134a" eingeben und darunter den unteren versteckten Bereich kopieren.

Der Abruf der Dichte des Wassers ist im CoolProp folgendermaßen gegeben:

$$\text{FluidProp}\left("D","T",\frac{\vartheta + 273{,}15 \cdot K}{K},"P",\frac{p}{kPa},"Water"\right)$$

Mit unseren Mathcad-Programmen verwendet man für die Dichte den vereinfachten Abruf:

$$\rho(\vartheta, p)$$

Die Temperatur muss in °C und der Druck in bar eingegeben werden. In der CoolProp-Version der Abrufe kann man auch direkt die Zahlenwerte ohne Einheit eingeben, dann muss jedoch der Zahlenwert der Absoluttemperatur und der des Absolutdruckes in kPa entsprechen. In unserer vereinfachten Version werden die Parameter mit den Einheiten eingegeben und die gesuchte Größe erscheint mit der entsprechenden Einheit. Hier einige

Beispiele für Wasser:

$$\rho(20 \cdot {}^\circ\text{C}, 1 \cdot \text{bar}) = 998.21 \, \frac{\text{kg}}{\text{m}^3}$$

Wird die Temperatur auf 200 °C erhöht, existiert das Wasser als Wasserdampf und man erhält:

$$\rho(200 \cdot {}^\circ\text{C}, 1 \cdot \text{bar}) = 0.4603 \cdot \frac{\text{kg}}{\text{m}^3}$$

Die Stoffeigenschaften auf der Sättigungslinie haben den Index $s$. Beim Abruf müssen die Temperatur und der Dampfgehalt eingegeben werden. Für eine gesättigte Flüssigkeit ist der Dampfgehalt 0 und für den gesättigten Dampf 1. Wählt man Werte zwischen 0 und 1, ergeben sich die Stoffwerte des Zweiphasengemisches, was aber nicht bei allen Stoffwerten anwendbar ist, weshalb diese dann nicht berechnet werden. Für die Sättigungstemperatur, den Sättigungsdruck und die Verdampfungsenthalpie benötigt man nur die Eingabe der Temperatur.

$$\vartheta_s(2 \cdot \text{bar}) = 120.21\,{}^\circ\text{C} \quad p_s(100 \cdot {}^\circ\text{C}) = 1.0142\,\text{bar}$$

Für die Dichte des Kondensats und Sattdampfes auf der Sättigungslinie erhält man:

$$\rho_s(100 \cdot {}^\circ\text{C}, 1) = 958.349 \cdot \frac{\text{kg}}{\text{m}^3}$$

$$\rho_s(100 \cdot {}^\circ\text{C}, 0) = 0.5982 \cdot \frac{\text{kg}}{\text{m}^3}$$

Das Programm CoolProp verwendet für Dezimalzahlen einen Punkt und kein Komma. Dies ist bei der Eingabe und beim Resultat zu beachten.

Die vereinfachten Abrufe wurden allerdings nicht für alle möglichen Stoffgrößen programmiert, für die Stoffeigenschaften, die bei der Wärmeübertragung und Thermodynamik wichtig sind, sind folgende Abrufe vorhanden:

| | Ungesättigte Fluide | Gesättigtes Kondensat | Gesättigter Dampf |
|---|---|---|---|
| Dichte | $\rho(\vartheta,p)$ | $\rho_s(\vartheta,0)$ | $\rho_s(\vartheta,1)$ |
| Wärmeleitfähigkeit | $\lambda(\vartheta,p)$ | $\lambda_s(\vartheta,0)$ | $\lambda_s(\vartheta,1)$ |
| Dynamische Viskosität | $\eta(\vartheta,p)$ | $\eta_s(\vartheta,0)$ | $\eta_s(\vartheta,1)$ |
| Kinematische Viskosität | $\nu(\vartheta,p)$ | $\nu_s(\vartheta,0)$ | $\nu_s(\vartheta,1)$ |
| Spezifische Wärmekapazität | $c_p(\vartheta,p)$ | $c_{ps}(\vartheta,0)$ | $c_{ps}(\vartheta,1)$ |
| *Prandtlzahl* | $Pr(\vartheta,p)$ | $Pr_s(\vartheta,0)$ | $Pr_s(\vartheta,1)$ |
| Spezifische Enthalpie | $h(\vartheta,p)$ | $h_s(\vartheta,0)$ | $h_s(\vartheta,1)$ |
| Enthalpie nach isentroper Expansion | $h_{is}(s,p)$ | $h_{is}(s,p)$ | |
| Temperatur nach einer Expansion | $\vartheta(h,p)$ | $\vartheta(h,p)$ | |
| Spezifische Entropie | $ss(\vartheta,p)$ | $s_s(\vartheta,0)$ | $s_s(\vartheta,1)$ |
| Schallgeschwindigkeit | $a(\vartheta,p)$ | | |
| Sättigungstemperatur | | $\vartheta_s(p)$ | |
| Sättigungsdruck | | $p_s(\vartheta)$ | |
| Verdampfungsenthalpie | | $r_s(\vartheta)$ | |

Wird eine andere Abrufart oder Stoffwertgröße benötigt, kann man den ausgeblendeten Bereich öffnen und eine entsprechende Programmierung vornehmen. Dazu muss zuvor das Programm „CoolPropFluidProp.xmcd" aufgerufen werden. Dort sind alle Möglichkeiten zur Stoffwertbestimmung beschrieben.

Nachstehend die Liste der verfügbaren Fluide:

| | | | |
|---|---|---|---|
| Water | R123 | CarbonylSulfide | MD3 M |
| R134a | R11 | n-Decane | D6 |
| Helium | R236EA | HydrogenSulfide | MM |
| Oxygen | R227EA | Isopentane | MD4 M |
| Hydrogen | R365MFC | Neopentane | D4 |
| ParaHydrogen | R161 | Isohexane | D5 |
| OrthoHydrogen | HFE143 m | Krypton | 1-Butene |
| Argon | Benzene | n-Nonane | IsoButene |
| CarbonDioxide | n-Undecane | n-Nonane | cis-2-Butene |
| Nitrogen | R125 | Toluene | trans-2-Butene |
| n-Propane | CycloPropane | Xenon | MethylPalmitate |
| Ammonia | Neon | R116 | MethylStearate |
| R1234yf | R124 | Acetone | MethylOleate |
| R1234ze(E) | Propyne | NitrousOxide | MethylLinoleate |
| R32 | Fluorine | SulfurDioxide | MethylLinolenate |
| R22 | Methanol | R141b | o-Xylene |
| SES36 | RC318 | R142b | m-Xylene |
| Ethylene | R21 | R218 | p-Xylene |
| SulfurHexafluoride | R114 | Methane | EthylBenzene |
| Ethanol | R13 | Ethane | Deuterium |
| DimethylEther | R14 | n-Butane | ParaDeuterium |
| DimethylCarbonate | R12 | IsoButane | OrthoDeuterium |
| R143a | R113 | n-Pentane | Air |
| R23 | R1234ze(Z) | n-Hexane | R404 A |
| n-Dodecane | R1233zd(E) | n-Heptane | R410 A |
| Propylene | AceticAcid | n-Octane | R407 C |
| Cyclopentane | R245 fa | CycloHexane | R507 A |
| R236FA | R41 | MDM | R407 F |
| R152 A | CarbonMonoxide | MD2 M | |

## 9.2   Polynome zur Berechnung der Stoffwerte

Die Polynome zur Berechnung der Stoffwerte von unterkühltem Wasser und Luft bei 1 bar Druck sowie von Wasser und Frigen R134a auf der Sättigungslinie sind in den Anhängen A.2 bis A.6, einschließlich der Werte der Koeffizienten und Exponenten beschrieben. Die

Programme dieser Berechnungen sind in den gleichen Programmen wie die für CoolProp, nämlich in „WüKap09.xmcd" und „WüKap09.mcdx", zu finden.

Hier sind nur die Bereiche und Grenzen der verfügbaren Abrufe aufgelistet.

**Unterkühltes Wasser von 0 °C bis 98 °C bei 1 bar Druck**

| | |
|---|---|
| Dichte | $\rho_W(\vartheta)$ |
| Wärmeleitfähigkeit | $\lambda_W(\vartheta)$ |
| Dynamische Viskosität | $\eta_W(\vartheta)$ |
| Kinematische Viskosität | $\nu_W(\vartheta)$ |
| Isobare spezifische Wärmekapazität | $c_{pW}(\vartheta)$ |
| *Prandtl*zahl | $Pr(\vartheta)$ |
| Raumausdehnungskoeffizient | $\beta_W(\vartheta)$ |

**Wasser, Sättigungslinie von 0 °C bis 320 °C**

| | Kondensat | Sattdampf |
|---|---|---|
| Dichte | $\rho_l(\vartheta)$ | $\rho_g(\vartheta)$ |
| Wärmeleitfähigkeit | $\lambda_l(\vartheta)$ | $\lambda_g(\vartheta)$ |
| Dynamische Viskosität | $\eta_l(\vartheta)$ | $\lambda_g(\vartheta)$ |
| Kinematische Viskosität | $\nu_l(\vartheta)$ | $\nu_g(\vartheta)$ |
| Isobare spezifische Wärmekapazität | $c_{pl}(\vartheta)$ | $c_{pg}(\vartheta)$ |
| *Prandtl*zahl | $Pr_l(\vartheta)$ | $Pr_g(\vartheta)$ |
| Verdampfungsenthalpie | $r(\vartheta)$ | |
| Sättigungstemperatur | $\vartheta_s(p)$ | |
| Sättigungsdruck | $p_s(\vartheta)$ | |

**R134a, Sättigungslinie von −35 °C bis 80 °C**

| | Kondensat | Sattdampf |
|---|---|---|
| Dichte | $\rho_{Rl}(\vartheta)$ | $\rho_{Rg}(\vartheta)$ |
| Wärmeleitfähigkeit | $\lambda_{Rl}(\vartheta)$ | $\lambda_{Rg}(\vartheta)$ |
| Dynamische Viskosität | $\eta_{Rl}(\vartheta)$ | $\lambda_{Rl}(\vartheta)$ |
| Kinematische Viskosität | $\nu_{Rl}(\vartheta)$ | $\nu_{Rg}(\vartheta)$ |
| Isobare spezifische Wärmekapazität | $c_{pR}(l\vartheta)$ | $c_{pgR}(\vartheta)$ |
| *Prandtl*zahl | $Pr_{Rl}(\vartheta)$ | $Pr_{Rg}(\vartheta)$ |
| Verdampfungsenthalpie | $r_R(\vartheta)$ | |
| Sättigungsdruck | $p_{Rs}(\vartheta)$ | |
| Sättigungstemperatur | $\vartheta_{Rs}(p)$ | |

**Luft bei 1 bar Druck von −80 °C bis 1 000 °C**

| | |
|---|---|
| Dichte | $\rho_L(\vartheta)$ |
| Wärmeleitfähigkeit | $\lambda_L(\vartheta)$ |
| Dynamische Viskosität | $\eta_L(\vartheta)$ |
| Kinematische Viskosität | $\nu_L(\vartheta)$ |
| Isobare spezifische Wärmekapazität | $c_{pL}(\vartheta)$ |
| *Prandtl*zahl | $P_L(\vartheta)$ |
| Temperaturleitfähigkeit | $a_W(\vartheta)$ |

Die in den versteckten Bereichen befindlichen Programme können in anderen Mathcad 15 oder Prime 3.0 Programmen kopiert und dort verwendet werden.

Die Eingabe der Temperatur erfolgt mit der Einheit °C, die Stoffwerte erscheinen mit ihren Dimensionen. Für die Dichte des unterkühlten Wassers bei 50 °C erhält man:

$$\rho_W(50 \cdot {}^\circ\text{C}) = 988\,014 \cdot \frac{\text{kg}}{\text{m}^3}$$

Folgende Programme stehen im Internet zur Verfügung:

In „WüKap01.xmcd" bis „WüKap08.xmcd" sind die Berechnungen der Beispiele in den entsprechenden Kapiteln mit Mathcad 15 durchgeführt. Das Programm „WüKap09.xmcd" dient zum Abrufen von Stoffwerten mit CoolProp und mit den von uns entwickelten Polynomen. Die gleichen Programme mit der Endung „.mcdx" sind für Prime 3.0.

# A1 Wichtige physikalische Konstanten

## Kritische Zustandsgrößen

| Stoff | Chemische Formel | Molmasse | $T_{krit}$ | $p_{krit}$ | $z_{krit}$ |
|---|---|---|---|---|---|
| | | kg/kmol | K | bar | – |
| Acetylen | $C_2H_2$ | 26,0380 | 309,0 | 26,8 | 0,274 |
| Ammoniak | $NH_3$ | 17,0305 | 406,0 | 112,8 | 0,284 |
| Argon | Ar | 39,9480 | 151,0 | 48,6 | 0,242 |
| Butan | $C_4H_{10}$ | 58,1240 | 425,0 | 38,0 | 0,274 |
| Ethan | $C_2H_6$ | 30,0700 | 305,0 | 48,8 | 0,285 |
| Ethanol | $C_2H_5OH$ | 46,0690 | 516,0 | 63,8 | 0,249 |
| Ethylen | $C_2H_4$ | 28,0540 | 283,0 | 51,2 | 0,270 |
| Frigen 134a | $CF_3CH_2F$ | 102,0300 | 374,2 | 40,7 | 0,260 |
| Helium | He | 4,0026 | 5,2 | 2,3 | 0,300 |
| Kohlendioxid | $CO_2$ | 44,0100 | 304,0 | 73,9 | 0,276 |
| Kohlenmonoxid | CO | 28,0100 | 133,0 | 35,0 | 0,294 |
| Methan | $CH_4$ | 16,0430 | 191,0 | 46,4 | 0,290 |
| Oktan | $C_8H_{18}$ | 114,2310 | 569,0 | 24,9 | 0,258 |
| Propan | $C_3H_8$ | 44,0970 | 369,8 | 42,4 | 0,276 |
| Sauerstoff | $O_2$ | 31,9988 | 154,0 | 50,5 | 0,290 |
| Schwefeldioxid | $SO_2$ | 64,0650 | 431,0 | 78,7 | 0,268 |
| Stickstoff | $N_2$ | 28,0134 | 126,0 | 33,9 | 0,291 |
| Wasser | $H_2O$ | 18,0153 | 647,1 | 220,6 | 0,233 |
| Wasserstoff | $H_2$ | 2,0159 | 33,2 | 13,0 | 0,304 |

© Springer-Verlag Berlin Heidelberg 2017

P. von Böckh und T. Wetzel, *Wärmeübertragung*, https://doi.org/10.1007/978-3-662-55480-7

## Fundamentale Naturkonstanten

| | | |
|---|---|---|
| *Avogadro* -Konstante | $N_A = (6{,}0221367 \pm 0{,}0000036) \cdot 10^{23}$ | $\text{mol}^{-1}$ |
| Universelle Gaskonstante | $R_m = (8\,314{,}41 \pm 0{,}07)$ | $\text{J/(kmol K)}$ |
| *Boltzmann*-Konstante $R_m/N_A$ | $k = (1{,}380641 \pm 0{,}000012) \cdot 10^{-23}$ | $\text{J/K}$ |
| Elektrische Elementarladung | $e = (1{,}60217733 \pm 0{,}00000049) \cdot 10^{-19}$ | $\text{C}$ |
| *Planck*-Konstante | $h = (6{,}6260755 \pm 0{,}000004) \cdot 10^{-23}$ | $\text{J s}$ |
| Lichtgeschwindigkeit | $c = 299\,792\,458$ | $\text{m/s}$ |
| *Stefan-Boltzmann* -Konstante | $\sigma_s = (5{,}6696 \pm 0{,}0075) \cdot 10^{-8}$ | $\text{W/(m}^2\,\text{K}^4)$ |

# A2 Stoffwerte unterkühlten Wassers bei p = 1 bar

| $\vartheta$ | $\rho$ | $\lambda$ | $\eta$ | $\nu$ | $c_p$ | $Pr$ | $\beta$ |
|---|---|---|---|---|---|---|---|
| °C | kg/m$^3$ | W/(m K) | $10^{-6}$ kg/(m s) | $10^{-6}$ m$^2$/s | kJ/(kg K) | – | 1/K |
| 0 | 999,8 | 0,5611 | 1 791,5 | 1,7918 | 4,219 | 13,473 | −0,068 |
| 2 | 999,9 | 0,5649 | 1 673,4 | 1,6735 | 4,213 | 12,480 | −0,032 |
| 4 | 1 000,0 | 0,5687 | 1 567,2 | 1,5673 | 4,207 | 11,595 | 0,001 |
| 6 | 999,9 | 0,5725 | 1 471,4 | 1,4715 | 4,203 | 10,802 | 0,032 |
| 8 | 999,9 | 0,5763 | 1 384,7 | 1,3849 | 4,199 | 10,089 | 0,061 |
| 10 | 999,7 | 0,5800 | 1 305,9 | 1,3063 | 4,195 | 9,445 | 0,088 |
| 12 | 999,5 | 0,5838 | 1 234,0 | 1,2346 | 4,193 | 8,862 | 0,114 |
| 14 | 999,2 | 0,5875 | 1 168,3 | 1,1692 | 4,190 | 8,332 | 0,139 |
| 16 | 998,9 | 0,5912 | 1 108,1 | 1,1092 | 4,188 | 7,849 | 0,163 |
| 18 | 998,6 | 0,5949 | 1 052,7 | 1,0541 | 4,186 | 7,408 | 0,185 |
| 20 | 998,2 | 0,5985 | 1 001,6 | 1,0034 | 4,185 | 7,004 | 0,207 |
| 22 | 997,8 | 0,6020 | 954,4 | 0,9566 | 4,183 | 6,633 | 0,227 |
| 24 | 997,3 | 0,6055 | 910,7 | 0,9132 | 4,182 | 6,291 | 0,247 |
| 26 | 996,8 | 0,6089 | 870,2 | 0,8730 | 4,181 | 5,976 | 0,266 |
| 28 | 996,2 | 0,6122 | 832,5 | 0,8356 | 4,181 | 5,685 | 0,285 |
| 30 | 995,7 | 0,6155 | 797,3 | 0,8008 | 4,180 | 5,415 | 0,303 |
| 32 | 995,0 | 0,6187 | 764,6 | 0,7684 | 4,179 | 5,165 | 0,320 |
| 34 | 994,4 | 0,6218 | 733,9 | 0,7381 | 4,179 | 4,932 | 0,337 |
| 36 | 993,7 | 0,6248 | 705,2 | 0,7097 | 4,179 | 4,716 | 0,353 |
| 38 | 993,0 | 0,6278 | 678,3 | 0,6831 | 4,179 | 4,515 | 0,369 |
| 40 | 992,2 | 0,6306 | 653,0 | 0,6581 | 4,179 | 4,327 | 0,385 |
| 42 | 991,4 | 0,6334 | 629,2 | 0,6346 | 4,179 | 4,151 | 0,400 |
| 44 | 990,6 | 0,6361 | 606,8 | 0,6125 | 4,179 | 3,986 | 0,415 |
| 46 | 989,8 | 0,6387 | 585,7 | 0,5917 | 4,179 | 3,832 | 0,429 |
| 48 | 988,9 | 0,6412 | 565,7 | 0,5720 | 4,179 | 3,687 | 0,444 |
| 50 | 988,0 | 0,6436 | 546,9 | 0,5535 | 4,180 | 3,551 | 0,457 |
| 52 | 987,1 | 0,6459 | 529,0 | 0,5359 | 4,180 | 3,423 | 0,471 |
| 54 | 986,2 | 0,6482 | 512,1 | 0,5193 | 4,181 | 3,303 | 0,484 |
| 56 | 985,2 | 0,6503 | 496,1 | 0,5035 | 4,181 | 3,189 | 0,498 |

| $\vartheta$ | $\rho$ | $\lambda$ | $\eta$ | $\nu$ | $c_p$ | $Pr$ | $\beta$ |
|---|---|---|---|---|---|---|---|
| °C | kg/m$^3$ | W/(m K) | $10^{-6}$ kg/(m s) | $10^{-6}$ m$^2$/s | kJ/(kg K) | – | 1/K |
| 58 | 984,2 | 0,6524 | 480,9 | 0,4886 | 4,182 | 3,082 | 0,510 |
| 60 | 983,2 | 0,6544 | 466,4 | 0,4744 | 4,183 | 2,981 | 0,523 |
| 62 | 982,2 | 0,6563 | 452,7 | 0,4609 | 4,184 | 2,885 | 0,536 |
| 64 | 981,1 | 0,6581 | 439,6 | 0,4480 | 4,185 | 2,795 | 0,548 |
| 66 | 980,0 | 0,6599 | 427,1 | 0,4358 | 4,186 | 2,709 | 0,560 |
| 68 | 978,9 | 0,6616 | 415,2 | 0,4242 | 4,187 | 2,628 | 0,572 |
| 70 | 977,8 | 0,6631 | 403,9 | 0,4131 | 4,188 | 2,551 | 0,584 |
| 72 | 976,6 | 0,6647 | 393,1 | 0,4025 | 4,189 | 2,478 | 0,596 |
| 74 | 975,5 | 0,6661 | 382,7 | 0,3924 | 4,191 | 2,408 | 0,607 |
| 76 | 974,3 | 0,6675 | 372,9 | 0,3827 | 4,192 | 2,342 | 0,619 |
| 78 | 973,0 | 0,6688 | 363,4 | 0,3735 | 4,194 | 2,279 | 0,630 |
| 80 | 971,8 | 0,6700 | 354,4 | 0,3646 | 4,196 | 2,219 | 0,642 |
| 82 | 970,5 | 0,6712 | 345,7 | 0,3562 | 4,197 | 2,162 | 0,653 |
| 84 | 969,3 | 0,6723 | 337,4 | 0,3481 | 4,199 | 2,107 | 0,664 |
| 86 | 968,0 | 0,6734 | 329,4 | 0,3403 | 4,201 | 2,055 | 0,675 |
| 88 | 966,7 | 0,6744 | 321,8 | 0,3329 | 4,203 | 2,005 | 0,686 |
| 90 | 965,3 | 0,6753 | 314,4 | 0,3257 | 4,205 | 1,958 | 0,697 |
| 92 | 964,0 | 0,6762 | 307,4 | 0,3188 | 4,207 | 1,912 | 0,708 |
| 94 | 962,6 | 0,6770 | 300,6 | 0,3123 | 4,209 | 1,869 | 0,719 |
| 96 | 961,2 | 0,6777 | 294,1 | 0,3059 | 4,212 | 1,827 | 0,730 |
| 98 | 959,8 | 0,6784 | 287,8 | 0,2998 | 4,214 | 1,788 | 0,740 |

*Quelle* [1].

Näherungspolynome für den Bereich von 0 bis 100 °C.

$$\sum_{i=0}^{6} C_i \cdot \vartheta_R^i \qquad \text{mit } \vartheta_R = \frac{\vartheta}{100 \cdot K}$$

| | $\rho$ | $\lambda$ | $\eta$ | $c_p'$ | $Pr$ | $\beta$ |
|---|---|---|---|---|---|---|
| $C_0$ | 999,8500 | 0,56112 | 1,79016 | 4,21895 | 13,460 | −0,06755 |
| $C_1$ | 5,4395 | 0,18825 | −6,11398 | −0,32990 | −51,371 | 1,82260 |
| $C_2$ | −76,5850 | 0,03255 | 15,12250 | 1,15869 | 134,214 | −3,11220 |
| $C_3$ | 43,9930 | −0,23117 | −26,76630 | −2,35378 | −244,081 | 5,36440 |
| $C_4$ | −14,3860 | 0,15512 | 30,43500 | 2,88758 | 282,198 | −6,22770 |
| $C_5$ | 0 | −0,00988 | −19,32300 | −1,84461 | −181,310 | 4,09430 |
| $C_6$ | 0 | −0,01697 | 5,13960 | 0,47973 | 48,664 | −1,12330 |
| Ergebnis in | kg/m$^3$ | W/(m K) | $10^{-3}$ kg/(m s) | kJ/kg | – | 1/K |
| Std.-Abw. % | 0,225 | 0,003 | 0,004 | 0,084 | 0,006 | 0,130 |

**Wichtig:** Nicht für Temperaturen über 100 °C verwenden.

# A3 Stoffwerte gesättigten Wassers und Dampfes

| $\vartheta$ | $p$ | $\rho'$ | $\rho''$ | $\lambda'$ | $\lambda''$ | $c_p'$ | $c_p''$ | $\eta'$ | $\eta''$ | $\nu'$ | $\nu''$ | $Pr'$ | $Pr''$ | $r$ |
|---|---|---|---|---|---|---|---|---|---|---|---|---|---|---|
| °C | bar | kg/m$^3$ | | $10^{-3}$ W/(m K) | | kJ/(kg K) | | $10^{-6}$ kg/(m s) | | $10^{-6}$ m$^2$/s | | — | | kJ/kg |
| 0,01 | 0,00612 | 999,79 | 0,00485 | 561,0 | 17,1 | 4,220 | 1,888 | 1 791,0 | 9,20 | 1,7914 | 1 894,0 | 13,472 | 1,017 | 2 500,9 |
| 10 | 0,01228 | 999,65 | 0,00941 | 579,5 | 17,2 | 4,196 | 1,896 | 1 316,7 | 9,62 | 1,3171 | 1 023,0 | 9,533 | 1,063 | 2 477,2 |
| 20 | 0,02339 | 998,16 | 0,01731 | 598,0 | 17,7 | 4,185 | 1,906 | 1 007,8 | 9,89 | 1,0096 | 571,2 | 7,053 | 1,063 | 2 453,5 |
| 30 | 0,04247 | 995,61 | 0,03041 | 615,2 | 18,5 | 4,180 | 1,918 | 798,7 | 10,09 | 0,8022 | 331,9 | 5,427 | 1,045 | 2 429,8 |
| 40 | 0,07384 | 992,18 | 0,05124 | 630,6 | 19,4 | 4,179 | 1,932 | 651,9 | 10,30 | 0,6570 | 201,0 | 4,320 | 1,024 | 2 406,0 |
| 50 | 0,1235 | 988,01 | 0,08314 | 643,7 | 20,4 | 4,180 | 1,948 | 545,2 | 10,53 | 0,5518 | 126,7 | 3,540 | 1,008 | 2 382,0 |
| 60 | 0,1995 | 983,18 | 0,1304 | 654,7 | 12,3 | 4,183 | 1,966 | 465,1 | 10,81 | 0,4731 | 82,890 | 2,972 | 0,999 | 2 357,7 |
| 70 | 0,3120 | 977,75 | 0,1984 | 663,5 | 22,2 | 4,188 | 1,987 | 403,3 | 11,13 | 0,4125 | 56,100 | 2,546 | 0,997 | 2 333,1 |
| 80 | 0,4741 | 971,78 | 0,2937 | 670,4 | 23,1 | 4,196 | 2,012 | 354,5 | 11,49 | 0,3648 | 39,120 | 2,218 | 1,000 | 2 308,1 |
| 90 | 0,7018 | 965,30 | 0,4239 | 675,7 | 24,1 | 4,205 | 2,042 | 314,9 | 11,87 | 0,3263 | 27,990 | 1,960 | 1,006 | 2 282,6 |
| 100 | 1,014 | 958,35 | 0,5981 | 679,6 | 25,1 | 4,217 | 2,077 | 282,4 | 12,25 | 0,2947 | 20,480 | 1,753 | 1,014 | 2 256,5 |
| 110 | 1,434 | 950,95 | 0,8269 | 682,2 | 26,2 | 4,230 | 2,121 | 255,3 | 12,63 | 0,2685 | 15,280 | 1,583 | 1,023 | 2 229,7 |
| 120 | 1,987 | 943,11 | 1,122 | 683,7 | 27,4 | 4,246 | 2,174 | 232,4 | 13,00 | 0,2465 | 11,590 | 1,444 | 1,032 | 2 202,1 |
| 130 | 2,703 | 934,83 | 1,4968 | 684,3 | 28,7 | 7,265 | 2,237 | 213,0 | 13,34 | 0,2279 | 8,915 | 1,328 | 1,040 | 2 173,7 |
| 140 | 3,615 | 926,13 | 1,9665 | 683,9 | 30,1 | 4,286 | 2,311 | 196,4 | 13,67 | 0,2120 | 6,951 | 1,231 | 1,049 | 2 144,2 |
| 150 | 4,761 | 917,01 | 2,5478 | 682,8 | 31,6 | 4,310 | 2,396 | 182,1 | 13,97 | 0,1986 | 5,485 | 1,150 | 1,060 | 2 113,7 |
| 160 | 6,181 | 907,45 | 3,2593 | 680,8 | 33,2 | 4,338 | 2,492 | 169,8 | 14,26 | 0,1871 | 4,376 | 1,082 | 1,072 | 2 081,9 |
| 170 | 7,921 | 897,45 | 4,1217 | 677,9 | 34,8 | 4,369 | 2,599 | 159,1 | 14,55 | 0,1773 | 3,529 | 1,025 | 1,086 | 2 048,7 |

| $\vartheta$ | $p$ | $\rho'$ | $\rho''$ | $\lambda'$ | $\lambda''$ | $c_p'$ | $c_p''$ | $\eta'$ | $\eta''$ | $\nu'$ | $\nu''$ | $Pr'$ | $Pr''$ | $r$ |
|---|---|---|---|---|---|---|---|---|---|---|---|---|---|---|
| °C | bar | kg/m$^3$ | | 10$^{-3}$ W/(m K) | | kJ/(kg K) | | 10$^{-6}$ kg/(m s) | | 10$^{-6}$ m$^2$/s | | — | | kJ/kg |
| 180 | 10,03 | 887,01 | 5,1583 | 674,3 | 36,5 | 4,406 | 2,716 | 149,8 | 14,83 | 0,1689 | 2,875 | 0,979 | 1,104 | 2 014,0 |
| 190 | 12,55 | 876,08 | 63,948 | 669,7 | 38,3 | 4,447 | 2,846 | 141,6 | 15,13 | 0,1616 | 2,365 | 0,940 | 1,125 | 1 977,7 |
| 200 | 15,55 | 864,67 | 78,603 | 664,3 | 40,1 | 4,494 | 2,990 | 134,3 | 15,44 | 0,1553 | 1,964 | 0,908 | 1,151 | 1 939,7 |
| 210 | 19,07 | 852,73 | 95,875 | 658,0 | 42,0 | 4,548 | 3,150 | 127,7 | 15,77 | 0,1498 | 1,645 | 0,883 | 1,182 | 1 899,6 |
| 220 | 23,19 | 840,23 | 11,614 | 650,7 | 44,1 | 4,611 | 3,328 | 121,8 | 16,13 | 0,1449 | 1,389 | 0,863 | 1,218 | 1 857,4 |
| 230 | 27,97 | 827,12 | 13,984 | 642,4 | 46,3 | 4,683 | 3,528 | 116,3 | 16,51 | 0,1405 | 1,181 | 0,847 | 1,260 | 1 812,8 |
| 240 | 33,47 | 813,36 | 16,748 | 633,0 | 48,6 | 4,767 | 3,755 | 111,1 | 16,91 | 0,1366 | 1,010 | 0,837 | 1,306 | 1 765,5 |
| 250 | 39,76 | 798,89 | 19,965 | 622,5 | 51,2 | 4,865 | 4,012 | 106,3 | 17,33 | 0,1330 | 0,8678 | 0,830 | 1,356 | 1 715,3 |
| 260 | 46,92 | 783,62 | 23,71 | 610,8 | 54,1 | 4,981 | 4,308 | 101,7 | 17,74 | 0,1297 | 0,7482 | 0,829 | 1,412 | 1 661,8 |
| 270 | 55,03 | 767,46 | 28,072 | 597,7 | 57,3 | 5,119 | 4,655 | 97,300 | 18,15 | 0,1268 | 0,6465 | 0,833 | 1,474 | 1 604,6 |
| 280 | 64,16 | 750,27 | 33,163 | 583,0 | 60,9 | 5,286 | 5,070 | 39,170 | 18,55 | 0,1242 | 0,5592 | 0,845 | 1,544 | 1 543,2 |
| 290 | 74,42 | 731,91 | 39,128 | 566,9 | 64,9 | 5,492 | 5,581 | 89,260 | 18,93 | 0,1220 | 0,4838 | 0,865 | 1,628 | 1 476,8 |
| 300 | 85,88 | 712,14 | 46,162 | 549,1 | 69,5 | 5,752 | 6,223 | 85,560 | 19,32 | 0,1201 | 0,4185 | 0,896 | 1,729 | 1 404,8 |
| 310 | 98,65 | 690,67 | 54,529 | 529,8 | 75,1 | 6,088 | 7,051 | 82,020 | 19,74 | 0,1188 | 0,3619 | 0,943 | 1,853 | 1 325,9 |
| 320 | 112,84 | 667,08 | 64,616 | 509,3 | 82,3 | 6,541 | 8,157 | 78,530 | 20,24 | 0,1177 | 0,3132 | 1,009 | 2,006 | 1 238,6 |
| 373,95 | 220,64 | 322,00 | 322 | 1 419,0 | 1 419,0 | | | 43,160 | 43,16 | 0,1340 | 0,1340 | | | 0,0 |

Näherungsformeln für den Sättigungsdruck und die Dichte des gesättigten Dampfes, gültig im gesamten Sättigungsbereich:

$$p_s = \exp(11{,}6885 - 3\,746/T - 288\,675/T^2) \cdot \text{bar} \pm 0{,}8\,\%$$

$$\rho'' = \exp(11{,}41 - 4\,194/T - 99\,183/T^2) \cdot \text{kg/m}^3 \pm 0{,}8\,\%$$

Näherungspolynome für den Bereich von 0 bis 320 °C:

$$\sum_{i=0}^{6} C_i \cdot \vartheta_R^i \quad \text{mit } \vartheta_R = \frac{\vartheta}{\vartheta_{krit}} = \frac{\vartheta}{373{,}95 \cdot °\text{C}}$$

| | $\rho'$ | $\lambda'$ | $\lambda''$ | $c'_p$ | $c''_p$ |
|---|---|---|---|---|---|
| $C_0$ | 999,80 | 0,561 | 17,10 | 4,2196 | 1,888 |
| $C_1$ | 22,92 | 0,671 | −7,55 | −1,0880 | 0,341 |
| $C_2$ | −1 161,00 | 1,283 | 455,10 | 10,4200 | −2,500 |
| $C_3$ | 3 507,00 | −20,700 | −1 917,00 | −46,5700 | 68,200 |
| $C_4$ | −9 975,00 | 79,630 | 20,50 | 98,8400 | −571,000 |
| $C_5$ | 19 710,00 | −162,110 | 26 173,00 | 55,5340 | 2 525,000 |
| $C_6$ | −25 039,00 | 185,110 | −89 184,00 | −709,9000 | −6 074,000 |
| $C_7$ | 18 158,00 | −109,560 | 135 700,00 | 1 454,5000 | 8 195,000 |
| $C_8$ | −6 014,00 | 22,520 | −100 790,00 | −1 303,6000 | −5 864,000 |
| $C_9$ | 264,90 | 3,020 | 29 757,00 | 451,9000 | 1 748,000 |
| Ergebnis in | kg/m$^3$ | W/(m K) | $10^{-3}$ W/(m K) | kJ/(kg K) | kJ/(kg K) |
| Std.-Abw. in % | 0,017 | 0,069 | 0,075 | 0,056 | 0,111 |

| | $\eta'$ | $\eta''$ | $Pr'$ | $Pr'$ | $r$ |
|---|---|---|---|---|---|
| $C_0$ | 1,791 | 9,199 | 13,468 | 1,0173 | 2 500,9 |
| $C_1$ | −21,595 | 20,400 | −181,250 | 2,9730 | −893,0 |
| $C_2$ | 170,010 | −208,000 | 1 510,760 | −58,9400 | 224,0 |
| $C_3$ | −902,200 | 1 499,000 | −8 269,400 | 443,3200 | −2 484,0 |
| $C_4$ | 3 201,520 | −4 926,000 | 29 914,800 | −1 729,3000 | 11 784,0 |
| $C_5$ | −7 522,950 | 8 326,800 | −71 208,642 | 3 922,7000 | −42 215,0 |
| $C_6$ | 11 487,000 | −7 286,300 | 109 707,190 | −5 359,6000 | 87 847,0 |
| $C_7$ | −10 916,000 | 3 077,800 | −104 892,380 | 4 367,8000 | −108 004,0 |
| $C_8$ | 5 849,410 | −655,200 | 56 431,800 | −1 971,3000 | 72 611,0 |
| $C_9$ | −1 347,780 | 173,290 | −13 032,700 | 385,4100 | −20 870,0 |
| Ergebnis in | $10^{-3}$ kg/(m s) | $10^{-6}$ kg/(m s) | − | − | kJ/kg K |
| Std.-Abw. in % | 0,017 | 0,069 | 0,075 | 0,056 | 0,111 |

**Wichtig:** Nicht für Temperaturen über 320 °C verwenden.

# A4 Stoffwerte des Wassers und Dampfes

| $p$ | $\vartheta$ | $\rho$ | $c_p$ | $\eta$ | $\nu$ | $\lambda$ | $Pr$ |
|---|---|---|---|---|---|---|---|
| bar | °C | kg/m$^3$ | kJ/(kg K) | $10^{-6}$ kg/(m s) | $10^{-6}$ m$^2$/s | $10^{-3}$ W/(m K) | – |
| 1 | 0 | 999,844 | 4,219 | 1 791,53 | 1,792 | 561,08 | 13,473 |
|  | 50 | 988,047 | 4,180 | 546,85 | 0,553 | 643,61 | 3,551 |
|  | 100 | 0,590 | 2,074 | 12,27 | 20,810 | 25,08 | 1,015 |
|  | 150 | 0,516 | 1,986 | 14,18 | 27,469 | 28,86 | 0,976 |
|  | 200 | 0,460 | 1,976 | 16,18 | 35,144 | 33,28 | 0,960 |
|  | 250 | 0,416 | 1,989 | 18,22 | 43,841 | 38,17 | 0,949 |
|  | 300 | 0,379 | 2,012 | 20,29 | 53,543 | 43,42 | 0,940 |
|  | 350 | 0,348 | 2,040 | 22,37 | 64,226 | 48,97 | 0,932 |
|  | 400 | 0,322 | 2,070 | 24,45 | 75,864 | 54,76 | 0,924 |
| 2 | 0 | 999,894 | 4,219 | 1 791,28 | 1,791 | 561,13 | 13,468 |
|  | 50 | 988,090 | 4,179 | 546,87 | 0,553 | 643,65 | 3,551 |
|  | 100 | 958,400 | 4,216 | 281,77 | 0,294 | 679,15 | 1,749 |
|  | 150 | 1,042 | 2,067 | 14,13 | 13,566 | 29,54 | 0,989 |
|  | 200 | 0,925 | 2,014 | 16,15 | 17,446 | 33,68 | 0,965 |
|  | 250 | 0,834 | 2,010 | 18,20 | 21,821 | 38,42 | 0,952 |
|  | 300 | 0,760 | 2,025 | 20,28 | 26,691 | 43,59 | 0,942 |
|  | 350 | 0,698 | 2,048 | 22,36 | 32,047 | 49,09 | 0,933 |
|  | 400 | 0,645 | 2,076 | 24,45 | 37,877 | 54,85 | 0,925 |
| 5 | 0 | 1 000,047 | 4,217 | 1 790,53 | 1,790 | 561,30 | 13,454 |
|  | 50 | 988,221 | 4,179 | 546,92 | 0,553 | 643,79 | 3,550 |
|  | 100 | 958,541 | 4,216 | 281,85 | 0,294 | 679,32 | 1,749 |
|  | 150 | 917,020 | 4,310 | 182,47 | 0,199 | 682,06 | 1,153 |
|  | 200 | 2,353 | 2,145 | 16,05 | 6,822 | 34,93 | 0,986 |
|  | 250 | 2,108 | 2,078 | 18,14 | 8,607 | 39,18 | 0,962 |
|  | 300 | 1,913 | 2,066 | 20,24 | 10,579 | 44,09 | 0,948 |
|  | 350 | 1,754 | 2,075 | 22,34 | 12,739 | 49,45 | 0,938 |
|  | 400 | 1,620 | 2,095 | 24,44 | 15,086 | 55,14 | 0,929 |

| $p$ | $\vartheta$ | $\rho$ | $c_p$ | $\eta$ | $\nu$ | $\lambda$ | $Pr$ |
|---|---|---|---|---|---|---|---|
| bar | °C | kg/m$^3$ | kJ/(kg K) | $10^{-6}$ kg/(m s) | $10^{-6}$ m$^2$/s | $10^{-3}$ W/(m K) | – |
| 10 | *0* | *1 000,301* | *4,215* | *1 789,28* | *1,789* | *561,57* | *13,430* |
|  | *50* | *988,438* | *4,177* | *547,01* | *0,553* | *644,02* | *3,548* |
|  | *100* | *958,775* | *4,215* | *281,99* | *0,294* | *679,59* | *1,749* |
|  | *150* | *917,304* | *4,309* | *182,59* | *0,199* | *682,40* | *1,153* |
|  | 200 | 4,854 | 2,429 | 15,89 | 3,274 | 37,21 | 1,037 |
|  | 250 | 4,297 | 2,212 | 18,05 | 4,200 | 40,52 | 0,985 |
|  | 300 | 3,876 | 2,141 | 20,19 | 5,207 | 44,96 | 0,961 |
|  | 350 | 3,540 | 2,123 | 22,31 | 6,303 | 50,07 | 0,946 |
|  | 400 | 3,262 | 2,128 | 24,42 | 7,488 | 55,62 | 0,935 |
| 20 | *100* | *959,242* | *4,212* | *282,25* | *0,294* | *680,14* | *1,748* |
|  | *150* | *917,871* | *4,305* | *182,85* | *0,199* | *683,07* | *1,152* |
|  | *200* | *865,007* | *4,491* | *134,43* | *0,155* | *663,72* | *0,910* |
|  | 250 | 8,970 | 2,560 | 17,86 | 1,991 | 43,49 | 1,051 |
|  | 300 | 7,968 | 2,320 | 20,08 | 2,519 | 46,82 | 0,995 |
|  | 350 | 7,215 | 2,230 | 22,25 | 3,084 | 51,37 | 0,966 |
|  | 400 | 6,613 | 2,200 | 24,40 | 3,689 | 56,62 | 0,948 |
|  | 450 | 6,115 | 2,196 | 26,52 | 4,336 | 62,32 | 0,935 |
|  | 500 | 56,92 | 2,207 | 28,60 | 5,025 | 68,34 | 0,924 |
| 50 | *200* | *867,27* | *4,474* | *666,329* | *135,181* | *0,156* | *0,908* |
|  | *250* | *800,08* | *4,851* | *622,501* | *106,400* | *0,133* | *0,829* |
|  | 300 | 22,05 | 3,171 | 53,848 | 19,799 | 0,898 | 1,166 |
|  | 350 | 19,24 | 2,661 | 22,127 | 1,150 | 55,989 | 1,052 |
|  | 400 | 17,29 | 2,459 | 24,369 | 1,410 | 60,062 | 0,998 |
|  | 450 | 15,79 | 2,371 | 26,550 | 1,681 | 65,105 | 0,967 |
|  | 500 | 14,58 | 2,333 | 28,681 | 1,967 | 70,743 | 0,946 |
|  | 550 | 13,57 | 2,321 | 30,766 | 2,267 | 76,794 | 0,930 |
|  | 600 | 12,71 | 2,324 | 32,810 | 2,582 | 83,135 | 0,917 |
| 100 | *300* | *715,29* | *5,682* | *86,461* | *0,121* | *550,675* | *0,892* |
|  | 350 | 44,56 | 4,012 | 22,151 | 0,497 | 68,088 | 1,305 |
|  | 400 | 37,82 | 3,096 | 24,487 | 0,647 | 67,881 | 1,117 |
|  | 450 | 33,57 | 2,747 | 26,735 | 0,796 | 70,987 | 1,035 |
|  | 500 | 30,48 | 2,583 | 28,911 | 0,949 | 75,607 | 0,988 |
|  | 550 | 28,05 | 2,501 | 31,027 | 1,106 | 81,106 | 0,957 |
|  | 600 | 26,06 | 2,460 | 33,089 | 1,270 | 87,139 | 0,934 |
|  | 650 | 24,38 | 2,442 | 35,103 | 1,440 | 93,478 | 0,917 |
|  | 700 | 22,94 | 2,438 | 37,071 | 1,616 | 99,978 | 0,904 |

| $p$ | $\vartheta$ | $\rho$ | $c_p$ | $\eta$ | $\nu$ | $\lambda$ | $Pr$ |
|---|---|---|---|---|---|---|---|
| bar | °C | kg/m$^3$ | kJ/(kg K) | $10^{-6}$ kg/(m s) | $10^{-6}$ m$^2$/s | $10^{-3}$ W/(m K) | – |
| 200 | 300 | 734,71 | 5,317 | 90,050 | 0,123 | 571,259 | 0,838 |
| | 350 | 600,65 | 8,106 | 69,309 | 0,115 | 463,199 | 1,213 |
| | 400 | 100,51 | 6,360 | 26,034 | 0,259 | 105,458 | 1,570 |
| | 450 | 78,62 | 4,007 | 27,812 | 0,354 | 91,029 | 1,224 |
| | 500 | 67,60 | 3,284 | 29,849 | 0,442 | 89,846 | 1,091 |
| | 550 | 60,35 | 2,955 | 31,901 | 0,529 | 92,785 | 1,016 |
| | 600 | 54,99 | 2,781 | 33,923 | 0,617 | 97,553 | 0,967 |
| | 650 | 50,78 | 2,682 | 35,903 | 0,707 | 103,158 | 0,934 |
| | 700 | 47,32 | 2,625 | 37,841 | 0,800 | 109,109 | 0,910 |
| 500 | 300 | 776,46 | 4,782 | 98,477 | 0,127 | 618,323 | 0,762 |
| | 350 | 693,27 | 5,370 | 83,236 | 0,120 | 541,491 | 0,825 |
| | 400 | 577,74 | 6,778 | 67,983 | 0,118 | 451,173 | 1,021 |
| | 450 | 402,02 | 9,567 | 50,477 | 0,126 | 315,361 | 1,531 |
| | 500 | 257,11 | 7,309 | 40,499 | 0,158 | 202,982 | 1,458 |
| | 550 | 195,37 | 5,103 | 38,690 | 0,198 | 163,650 | 1,206 |
| | 600 | 163,70 | 4,097 | 39,121 | 0,239 | 151,983 | 1,055 |
| | 650 | 143,73 | 3,587 | 40,249 | 0,280 | 149,724 | 0,964 |
| | 700 | 129,57 | 3,288 | 41,648 | 0,321 | 150,918 | 0,907 |
| 1 000 | 300 | 823,18 | 4,400 | 109,110 | 0,133 | 675,330 | 0,711 |
| | 350 | 762,34 | 4,605 | 95,741 | 0,126 | 616,955 | 0,715 |
| | 400 | 692,92 | 4,892 | 84,758 | 0,122 | 548,157 | 0,756 |
| | 450 | 614,19 | 5,258 | 74,911 | 0,122 | 476,087 | 0,827 |
| | 500 | 528,20 | 5,576 | 66,062 | 0,125 | 394,700 | 0,933 |
| | 550 | 444,48 | 5,549 | 59,116 | 0,133 | 319,247 | 1,028 |
| | 600 | 374,22 | 5,171 | 54,690 | 0,146 | 272,029 | 1,040 |
| | 650 | 321,08 | 4,628 | 52,429 | 0,163 | 248,026 | 0,978 |
| | 700 | 282,00 | 4,191 | 51,587 | 0,183 | 236,000 | 0,916 |

*Quelle* [1]

# A5 Stoffwerte des Frigens 134a auf der Sättigungslinie

| $\vartheta$ | $p$ | $\rho'$ | $\rho''$ | $\lambda'$ | $\lambda''$ | $c_p'$ | $c_p''$ | $\eta'$ | $\eta''$ | $\nu''$ | $\nu''$ | $Pr'$ | $Pr''$ | $r$ |
|---|---|---|---|---|---|---|---|---|---|---|---|---|---|---|
| °C | bar | kg/m³ | kg/m³ | $10^{-3}$ W/(m K) | $10^{-3}$ W/(m K) | kJ/(kg K) | kJ/(kg K) | $10^{-6}$ kg/(m s) | $10^{-6}$ kg/(m s) | $10^{-6}$ m²/s | $10^{-6}$ m²/s | – | – | kJ/kg |
| −35 | 0,662 | 1 403,10 | 3,521 | 108,90 | 8,70 | 1,264 | 0,765 | 405,6 | 9,507 | 0,289 | 2,700 | 4,71 | 0,835 | 222,8 |
| −30 | 0,844 | 1 388,40 | 4,426 | 106,80 | 9,14 | 1,273 | 0,781 | 381,1 | 9,719 | 0,274 | 2,196 | 4,54 | 0,830 | 219,5 |
| −25 | 1,064 | 1 373,40 | 5,506 | 104,60 | 9,66 | 1,283 | 0798 | 358,4 | 9,946 | 0,261 | 1,806 | 4,39 | 0,822 | 216,2 |
| −20 | 1,327 | 1 358,30 | 6,785 | 102,40 | 10,11 | 1,293 | 0,816 | 337,2 | 10,160 | 0,248 | 1,498 | 4,26 | 0,820 | 213,0 |
| −15 | 1,639 | 1 342,80 | 8,827 | 100,20 | 10,57 | 1,304 | 0,835 | 317,4 | 10,380 | 0,236 | 1,253 | 4,13 | 0,819 | 209,5 |
| −10 | 2,006 | 1 327,10 | 10,041 | 98,06 | 11,03 | 1,316 | 0,854 | 298,9 | 10,590 | 0,225 | 1,055 | 4,01 | 0,821 | 206,0 |
| −5 | 2,433 | 1 311,10 | 12,077 | 95,87 | 11,49 | 1,328 | 0,875 | 281,6 | 10,810 | 0,215 | 0,895 | 3,90 | 0,823 | 202,4 |
| 0 | 2,928 | 1 294,80 | 14,428 | 93,67 | 11,96 | 1,341 | 0,897 | 265,3 | 11,020 | 0,205 | 0,764 | 3,80 | 0,827 | 198,6 |
| 5 | 3,496 | 1 278,10 | 17,131 | 91,46 | 12,43 | 1,355 | 0,921 | 249,9 | 11,240 | 0,196 | 0,656 | 3,70 | 0,832 | 194,7 |
| 10 | 4,146 | 1 261,00 | 20,226 | 89,25 | 12,92 | 1,370 | 0,946 | 235,4 | 11,460 | 0,187 | 0,567 | 3,61 | 0,839 | 190,7 |
| 15 | 4,883 | 1 243,40 | 23,758 | 87,02 | 13,42 | 1,387 | 0,972 | 221,7 | 11,680 | 0,178 | 0,492 | 3,53 | 0,846 | 186,6 |
| 20 | 5,717 | 1 225,30 | 27,780 | 84,78 | 13,93 | 1,405 | 1,001 | 208,7 | 11,910 | 0,170 | 0,429 | 3,46 | 0,856 | 182,2 |
| 25 | 6,653 | 1 206,70 | 32,350 | 82,53 | 14,46 | 1,425 | 1,032 | 196,3 | 12,140 | 0,163 | 0,375 | 3,39 | 0,867 | 177,8 |
| 30 | 7,701 | 1 187,50 | 37,535 | 80,27 | 15,01 | 1,446 | 1,065 | 184,6 | 12,380 | 0,155 | 0,330 | 3,33 | 0,879 | 173,1 |
| 35 | 8,869 | 1 167,50 | 43,416 | 77,98 | 15,58 | 1,471 | 1,103 | 173,4 | 12,630 | 0,149 | 0,291 | 3,27 | 0,894 | 168,2 |
| 40 | 10,165 | 1 146,70 | 50,085 | 75,69 | 16,19 | 1,498 | 1,145 | 162,7 | 12,890 | 0,142 | 0,257 | 3,22 | 0,911 | 163,0 |
| 45 | 11,598 | 1 125,10 | 57,657 | 73,37 | 16,84 | 1,530 | 1,192 | 152,5 | 13,170 | 0,136 | 0,228 | 3,18 | 0,932 | 157,6 |
| 50 | 13,177 | 1 102,30 | 66,272 | 71,05 | 17,54 | 1,566 | 1,246 | 142,7 | 13,470 | 0,129 | 0,203 | 3,14 | 0,957 | 151,8 |
| 55 | 14,913 | 1 078,30 | 76,104 | 68,71 | 18,30 | 1,609 | 1,310 | 133,2 | 13,790 | 0,124 | 0,181 | 3,12 | 0,987 | 145,7 |
| 60 | 16,816 | 1 052,90 | 87,379 | 66,36 | 19,14 | 1,660 | 1,387 | 124,1 | 14,150 | 0,118 | 0,162 | 3,10 | 1,030 | 139,1 |
| 65 | 18,896 | 1 025,60 | 100,400 | 64,02 | 20,09 | 1,723 | 1,482 | 115,2 | 14,560 | 0,112 | 0,145 | 3,10 | 1,070 | 132,0 |
| 70 | 21,167 | 996,25 | 115,570 | 61,69 | 21,17 | 1,804 | 1,605 | 106,6 | 15,040 | 0,107 | 0,130 | 3,12 | 1,140 | 124,3 |
| 75 | 23,641 | 964,09 | 133,490 | 59,39 | 22,44 | 1,911 | 1,771 | 98,1 | 15,600 | 0,102 | 0,117 | 3,16 | 1,230 | 115,9 |
| 80 | 26,332 | 928,24 | 155,080 | 57,15 | 24,00 | 2,065 | 2,012 | 89,7 | 16,310 | 0,097 | 0,105 | 3,24 | 1,370 | 106,4 |

Näherungsformel für den Sättigungsdruck.

$$p_s = \exp\left(9{,}94333 - 2\,137/T - 78\,124/T^2\right) \cdot \text{bar} \pm 0{,}5\,\%$$

Gültig von $-35$ bis $+80\,°C$:

$$\sum_{i=0}^{6} C_i \cdot \vartheta_R^{\,i} \quad \text{mit } \vartheta_R = \frac{\vartheta}{\vartheta_{krit}} = \frac{\vartheta}{101{,}05°C}$$

Näherungspolynome für den Bereich von $-35$ bis $+80\,°C$.

| | $\rho'$ | $\rho''$ | $\lambda'$ | $\lambda''$ | $c_p{}'$ | $c_p{}''$ |
|---|---|---|---|---|---|---|
| $C_0$ | 1 294,800 | 14,432 | 93,6610 | 11,96200 | 1,3412 | 0,8975 |
| $C_1$ | −333,1800 | 50,335 | −44,4710 | 9,46000 | 0,2586 | 0,4325 |
| $C_2$ | −74,8070 | 71,630 | −1,3931 | 1,37592 | 0,1849 | 0,2574 |
| $C_3$ | −2,0400 | 5,0382 | 0,6391 | 0,95450 | −123,7600 | 2,0974 |
| $C_4$ | −18,4720 | 14,333 | −2,9691 | −0,95880 | −0,0769 | −0,1909 |
| $C_5$ | 76,9178 | −79,744 | 4,3914 | −7,73060 | −2,5225 | −4,0597 |
| $C_6$ | −159,0400 | 163,240 | 1,5307 | 16,07700 | 3,6497 | 5,9750 |
| Ergebnis in | kg/m$^3$ | kg/m$^3$ | $10^{-3}$ W/(m K) | $10^{-3}$ W/(m K) | kJ/(kg K) | kJ/(kg K) |
| Std.-Abw. % | 0,005 | 0,405 | 0,013 | 0,078 | 0,086 | 0,184 |

| | $\eta'$ | $\eta''$ | $Pr'$ | $Pr'$ | $r$ |
|---|---|---|---|---|---|
| | $10^{-6}$ kg/(m s) | $10^{-6}$ kg/(m s) | – | – | kJ/kg |
| $C_0$ | 265,2700 | 11,0235 | 3,7977 | 0,8271 | 198,6140 |
| $C_1$ | −319,7300 | 4,3362 | −2,0036 | 0,0735 | −76,8680 |
| $C_2$ | 192,6100 | 0,2324 | 1,4628 | 0,2551 | −26,1190 |
| $C_3$ | −123,7600 | 2,0974 | −0,2527 | 0,4615 | −14,8650 |
| $C_4$ | 77,2810 | 0,1718 | 0,7457 | 0,1096 | 0,7774 |
| $C_5$ | −42,575 | −5,3073 | −2,8296 | −3,0793 | −11,9400 |
| $C_6$ | 4,5818 | 9,1226 | 3,3467 | 4,0928 | −16,9020 |
| Ergebnis in | $10^{-6}$ kg/(m s) | $10^{-6}$ kg/(m s) | – | – | kJ/kg |
| Std.-Abw. in % | 0,013 | 0,025 | 0,063 | 0,228 | 0,025 |

**Wichtig:** Nicht für Temperaturen, die unter $-35\,°C$ bzw. über $+80\,°C$ liegen, verwenden.

# A6 Stoffwerte der Luft bei p = 1 bar

| $\vartheta$ | $\rho$ | $\lambda$ | $c_p$ | $\eta$ | $\nu$ | $Pr$ | $a$ |
|---|---|---|---|---|---|---|---|
| °C | kg/m$^3$ | $10^{-3}$ W/(m K) | J/(kg K) | $10^{-6}$ kg/(m s) | $10^{-6}$ m$^2$/s | – | $10^{-6}$ m$^2$/s |
| −80 | 1,807 | 17,74 | 1 009 | 12,94 | 7,16 | 0,7357 | 9,73 |
| −60 | 1,636 | 19,41 | 1 007 | 14,07 | 8,60 | 0,7301 | 11,78 |
| −40 | 1,495 | 21,04 | 1 007 | 15,16 | 10,14 | 0,7258 | 13,97 |
| −30 | 1,433 | 21,84 | 1 007 | 15,70 | 10,95 | 0,7236 | 15,13 |
| −20 | 1,377 | 22,63 | 1 007 | 16,22 | 11,78 | 0,7215 | 16,33 |
| −10 | 1,324 | 23,41 | 1 006 | 16,74 | 12,64 | 0,7196 | 17,57 |
| 0 | 1,275 | 24,18 | 1 006 | 17,24 | 13,52 | 0,7179 | 18,83 |
| 10 | 1,230 | 24,94 | 1 007 | 17,74 | 14,42 | 0,7163 | 20,14 |
| 20 | 1,188 | 25,69 | 1 007 | 18,24 | 15,35 | 0,7148 | 21,47 |
| 30 | 1,149 | 26,43 | 1 007 | 18,72 | 16,30 | 0,7134 | 22,84 |
| 40 | 1,112 | 27,16 | 1 007 | 19,20 | 17,26 | 0,7122 | 24,24 |
| 60 | 1,045 | 28,60 | 1 009 | 20,14 | 19,27 | 0,7100 | 27,13 |
| 80 | 0,9859 | 30,01 | 1 010 | 21,05 | 21,35 | 0,7083 | 30,14 |
| 100 | 0,9329 | 31,39 | 1 012 | 21,94 | 23,51 | 0,7070 | 33,26 |
| 120 | 0,8854 | 32,75 | 1 014 | 22,80 | 25,75 | 0,7060 | 36,48 |
| 140 | 0,8425 | 34,08 | 1 016 | 23,65 | 28,07 | 0,7054 | 39,80 |
| 160 | 0,8036 | 35,39 | 1 019 | 24,48 | 30,46 | 0,7050 | 43,21 |
| 180 | 0,7681 | 36,68 | 1 022 | 25,29 | 32,93 | 0,7049 | 46,71 |
| 200 | 0,7356 | 37,95 | 1 026 | 26,09 | 35,47 | 0,7051 | 50,30 |
| 250 | 0,6653 | 41,06 | 1 035 | 28,02 | 42,11 | 0,7063 | 59,62 |
| 300 | 0,6072 | 44,09 | 1 046 | 29,86 | 49,18 | 0,7083 | 69,43 |
| 350 | 0,5585 | 47,05 | 1 057 | 31,64 | 56,65 | 0,7109 | 79,68 |
| 400 | 0,5170 | 49,96 | 1 069 | 33,35 | 64,51 | 0,7137 | 90,38 |
| 450 | 0,4813 | 52,82 | 1 081 | 35,01 | 72,74 | 0,7166 | 101,50 |
| 500 | 0,4502 | 55,64 | 1 093 | 36,62 | 81,35 | 0,7194 | 113,10 |
| 550 | 0,4228 | 58,41 | 1 105 | 38,19 | 90,31 | 0,7221 | 125,10 |

| $\vartheta$ | $\rho$ | $\lambda$ | $c_p$ | $\eta$ | $\nu$ | $Pr$ | $a$ |
|---|---|---|---|---|---|---|---|
| °C | kg/m³ | $10^{-3}$ W/(m K) | J/(kg K) | $10^{-6}$ kg/(m s) | $10^{-6}$ m²/s | – | $10^{-6}$ m²/s |
| 600 | 0,3986 | 61,14 | 1 116 | 39,17 | 99,63 | 0,7247 | 137,50 |
| 650 | 0,3770 | 63,83 | 1 126 | 41,20 | 109,30 | 0,7271 | 150,30 |
| 700 | 0,3576 | 66,46 | 1 137 | 42,66 | 119,30 | 0,7295 | 163,50 |
| 750 | 0,3402 | 69,03 | 1 146 | 44,08 | 129,60 | 0,7318 | 177,10 |
| 800 | 0,3243 | 71,54 | 1 155 | 45,48 | 140,20 | 0,7342 | 191,00 |
| 850 | 0,3099 | 73,98 | 1 163 | 46,85 | 151,20 | 0,7368 | 205,20 |
| 900 | 0,2967 | 76,33 | 1 171 | 48,19 | 162,40 | 0,7395 | 219,70 |
| 1 000 | 0,2734 | 80,77 | 1 185 | 50,82 | 185,90 | 0,7458 | 249,20 |

*Quelle* [3]

Formel für die oberen Stoffwerte von −80 bis 1 000 °C:

$$\sum_{i=0}^{5} C_i \cdot \vartheta_R^i \qquad \text{mit} \quad \vartheta_R = \frac{\vartheta}{\vartheta_0} = \frac{\vartheta}{1\,000 \cdot \,°C}$$

| | $\lambda$ | $c_p$ | $\eta$ | $\nu$ | $Pr$ | $a$ |
|---|---|---|---|---|---|---|
| $C_0$ | 24,18 | 1006,3 | 17,23 | 13,53 | 0,718 | 18,84 |
| $C_1$ | 76,34 | 7,4 | 50,33 | 89,11 | −0,166 | 128,72 |
| $C_2$ | −48,26 | 525,6 | −34,17 | 111,36 | 0,686 | 168,71 |
| $C_3$ | 62,81 | −334,5 | 24,22 | −48,80 | −0,954 | −160,40 |
| $C_4$ | −45,68 | −195,2 | −4,11 | 28,60 | 0,581 | 155,62 |
| $C_5$ | 11,39 | 175,6 | −2,67 | −7,91 | −0,117 | −62,31 |
| Ergebnis in | $10^{-3}$ W/(m K) | J/(kg K) | $10^{-6}$ kg/(m s) | $10^{-6}$ m²/s | – | $10^{-6}$ m²/s |
| Std.-Abw. in % | 0,013 | 0,036 | 0,225 | 0,062 | 0,063 | 0,050 |

# A7 Stoffwerte der Feststoffe

| | $\vartheta$ | $\rho$ | $c_p$ | $\lambda$ | $a$ |
|---|---|---|---|---|---|
| | °C | kg/m$^3$ | J/(kg K) | W/(m K) | $10^{-6}$ m$^2$/s |
| **Metalle und Legierungen** | | | | | |
| Aluminium | 20 | 2 700 | 945 | 238 | 93,4 |
| Blei | 20 | 11 340 | 131 | 35,3 | 23,8 |
| Bronze (6 Sn, 9 Zn, 84 Cu, 1 Pb) | 20 | 8 800 | 377 | 61,7 | 18,6 |
| Eisen | | | | | |
|     Gusseisen 3 % C | 20 | 7 870 | 450 | 58 | 14,7 |
|     Stahl ST 37.8 | 20 | 7 830 | 430 | 57 | 16,9 |
|     Cr-Ni-Stahl 1.4541 | 20 | 7 900 | 470 | 15 | 4,1 |
|     Cr-Stahl X8 Cr7 | 20 | 7 700 | 460 | 25,1 | 7,1 |
| Gold (rein) | 20 | 19 290 | 128 | 295 | 119 |
| Kupfer (rein) | 20 | 8 960 | 385 | 394 | 114 |
| **Baustoffe** | | | | | |
| Ziegelmauerwerk | 20 | 1 400 | 840 | 0,79 | 0,49 |
| | | 1 800 | 840 | 0,81 | 0,54 |
| Verputz | 20 | 1 690 | 800 | 0,79 | 0,25 |
| Tanne, radial | 20 | 600 | 2 700 | 0,14 | 0,09 |
| Sperrholz | 20 | 800 | 2 000 | 0,15 | 0,09 |
| Korkplatten | 30 | 190 | 1 880 | 0,041 | 0,11 |
| Mineralwolle | 50 | 200 | 920 | 0,064 | 0,25 |
| Glaswolle | 0 | 200 | 660 | 0,037 | 0,28 |

| | $\vartheta$ | $\rho$ | $c_p$ | $\lambda$ | $a$ |
|---|---|---|---|---|---|
| | °C | kg/m$^3$ | J/(kg K) | W/(m K) | $10^{-6}$ m$^2$/s |
| **Steine und Gläser** | | | | | |
| Erdreich | 20 | 2 040 | 1 840 | 0,59 | 0,16 |
| Schamottsteine | 100 | 1 700 | 840 | 0,50 | 0,35 |
| Quarz | 20 | 2 100 | 780 | 1,40 | 0,72 |
| Sandstein | 20 | 2 150 | 710 | 1,60 | 1,00 |
| Marmor | 20 | 2 500 | 810 | 2,80 | 1,30 |
| Granit | 20 | 2 750 | 890 | 2,90 | 1,20 |
| Fensterglas | 20 | 2 480 | 700 | 1,16 | 0,50 |
| Pyrexglas | 20 | 2 240 | 774 | 1,06 | 0,61 |
| Quarzglas | 20 | 2 210 | 730 | 1,40 | 0,87 |
| **Kunststoffe** | | | | | |
| Polyamide | 20 | 1 130 | 2 300 | 0,280 | 0,12 |
| Polytetrafluoräthylen (Teflon) | 20 | 2 200 | 1 040 | 0,230 | 0,10 |
| Gummi, weich | 20 | 1 100 | 1 670 | 0,160 | 0,09 |
| Styroporschaumstoff | 20 | 15 | 1 250 | 0,029 | 0,36 |
| Polyvinylchlorid (PVC) | 20 | 1 380 | 960 | 0,150 | 0,11 |

*Quellen* [1, 3]

# A8 Stoffwerte technischer Wärmeträger auf Mineralölbasis

| Stoff | Hersteller | Anwendungs-bereich | $\rho$ | $c_p$ | $\nu$ | $\lambda$ |
|---|---|---|---|---|---|---|
| | | °C | kg/m³ | kJ/(kg K) | $10^{-6}$ m²/s | W/(m K) |
| Farolin U | Aral | −10 | 886 | 1,80 | 15,8 | 0,135 |
| | | 325 | 682 | 3,10 | 0,60 | 0,113 |
| Farolin S | Aral | −25 | 931 | 1,66 | 1 396 | 0,129 |
| | | 305 | 710 | 2,93 | 0,52 | 0,113 |
| Farolin T | Aral | −30 | 914 | 1,74 | 91,9 | 0,132 |
| | | 300 | 695 | 2,84 | 0,56 | 0,111 |
| Thermofluid A | AVIA | −25 | 947 | 1,70 | 804 | 0,133 |
| | | 250 | 751 | 2,68 | 0,52 | 0,114 |
| Thermofluid B | AVIA | 0 | 878 | 1,81 | 300 | 0,136 |
| | | 310 | 688 | 2,94 | 0,59 | 0,113 |
| Transcal N | BP | 0 | 889 | 1,95 | 310 | 0,135 |
| | | 320 | 680 | 3,04 | 0,56 | 0,115 |
| Transcal LT | BP | −20 | 900 | 1,80 | 300 | 0,136 |
| | | 260 | 732 | 2,77 | 0,49 | 0,118 |
| Deacal A 12 | Shell & DEA | 0 | 882 | 1,75 | 82,6 | 0,135 |
| | | 250 | 720 | 2,67 | 0,53 | 0,117 |
| Deacal 32 | Shell & DEA | 0 | 887 | 1,78 | 310 | 0,135 |
| | | 270 | 711 | 2,78 | 0,68 | 0,115 |
| Deacal 46 | Shell & DEA | 0 | 885 | 1,80 | 604 | 0,133 |
| | | 280 | 709 | 2,81 | 0,84 | 0,113 |
| Thermalöl S | Esso | −10 | 893 | 1,80 | 47,3 | 0,134 |
| | | 240 | 731 | 2,67 | 0,52 | 0,116 |
| Thermalöl T | Esso | 0 | 877 | 1,81 | 285 | 0,135 |
| | | 320 | 670 | 3,01 | 0,6 | 0,112 |
| Essotherm 650 | Esso | 0 | 909 | 1,77 | 15 803 | 0,130 |
| | | 320 | 702 | 2,92 | 1,34 | 0,108 |

| Stoff | Hersteller | Anwendungs-bereich | $\rho$ | $c_p$ | $\nu$ | $\lambda$ |
|---|---|---|---|---|---|---|
| | | °C | kg/m³ | kJ/(kg K) | 10⁻⁶ m²/s | W/(m K) |
| Caloran 32 | Fina | 0 | 883 | 1,86 | 300 | 0,134 |
| | | 320 | 648 | 3,25 | 0,62 | 0,111 |
| Mobiltherm 594 | Mobil Oil | −44 | 914 | 1,64 | 300 | 0,135 |
| | | 250 | 724 | 2,70 | 0,42 | 0,116 |
| Mobiltherm 603 | Mobil Oil | −8 | 876 | 1,79 | 300 | 0,137 |
| | | 300 | 677 | 2,98 | 0,52 | 0,113 |
| Thermia Öl A | Shell | −25 | 917 | 1,71 | 300 | 0,133 |
| | | 250 | 751 | 2,68 | 0,52 | 0,114 |
| Thermia Öl B | Shell | −2 | 878 | 1,81 | 300 | 0,136 |
| | | 310 | 688 | 2,93 | 0,59 | 0,113 |
| Mihatherm WU 10 | SRS | −20 | 914 | 1,69 | 341 | 0,133 |
| | | 250 | 752 | 2,80 | 0,50 | 0,113 |
| Mihatherm WU 46 | SRS | 0 | 883 | 1,81 | 529 | 0,135 |
| | | 320 | 678 | 2,97 | 0,60 | 0,112 |

*Quelle* [3]

# A9 Stoffwerte der Kraftstoffe bei p = 1,013 bar

**Benzin**

| $\vartheta$ | $\rho$ | $c_p$ | $\lambda$ | $\eta$ | $a$ | $Pr$ |
|---|---|---|---|---|---|---|
| °C | kg/m$^3$ | J/(kg K) | W/(m K) | $10^{-6}$ kg/(m s) | $10^{-8}$ m/s | |
| −50 | 775 | 2 051 | 0,142 | 0,981 | 8,89 | 14,20 |
| −25 | 755 | 2 093 | 0,141 | 0,686 | 8,89 | 10,20 |
| 0 | 735 | 2 135 | 0,140 | 0,510 | 8,89 | 7,80 |
| 20 | 720 | 2 198 | 0,140 | 0,402 | 8,83 | 6,30 |
| 50 | 690 | 2 260 | 0,143 | 0,294 | 9,17 | 4,65 |
| 100 | 650 | 2 286 | 0,136 | 0,196 | 8,75 | 3,45 |

*Quelle* [3]

**Heizöl S**

| $\vartheta$ | $\rho$ | $c_p$ | $\lambda$ | $\eta$ | $a$ | $Pr$ |
|---|---|---|---|---|---|---|
| °C | kg/m$^3$ | J/(kg K) | W/(m K) | $10^{-3}$ kg/(m s) | $10^{-8}$ m$^2$/s | − |
| 80 | 910 | 2 040 | 0,1190 | 67,34 | 6,41 | 1 155 |
| 90 | 904 | 2 080 | 0,1180 | 44,30 | 6,28 | 780 |
| 100 | 898 | 2 120 | 0,1170 | 30,53 | 6,15 | 553 |
| 110 | 892 | 2 160 | 0,1160 | 22,30 | 6,02 | 415 |
| 120 | 885 | 2 205 | 0,1155 | 16,46 | 5,92 | 314 |
| 130 | 879 | 2 250 | 0,1150 | 12,31 | 5,81 | 240 |
| 140 | 873 | 2 280 | 0,1143 | 9,34 | 5,74 | 186 |
| 150 | 867 | 2 310 | 0,1136 | 7,28 | 5,67 | 148 |
| 160 | 861 | 2 350 | 0,1129 | 5,94 | 5,58 | 124 |
| 170 | 855 | 2 390 | 0,1122 | 5,13 | 5,49 | 109 |
| 180 | 850 | 2 430 | 0,1115 | 4,68 | 5,40 | 102 |

*Quelle* [1]

# A10 Emissionskoeffizienten verschiedener Oberflächen

|  | Temperatur K | $\varepsilon_n$ | $\varepsilon$ |
|---|---|---|---|
| **1. Metalle** |  |  |  |
| Aluminium, walzblank | 443 | 0,039 | 0,049 |
|  | 773 | 0,050 | – |
| -, hochglanzpoliert | 500 | 0,039 | – |
|  | 850 | 0,057 | – |
| -, oxidiert bei 872 K | 472 | 0,110 | – |
|  | 872 | 0,190 | – |
| -, stark oxidiert | 366 | 0,200 | – |
|  | 777 | 0,310 | – |
| Aluminiumoxid | 550 | 0,630 | – |
|  | 1 100 | 0,260 | – |
| Blei, grau oxidiert | 297 | 0,280 | – |
| Chrom, poliert | 423 | 0,058 | 0,071 |
|  | 1 089 | 0,360 | – |
| Gold, hochglanzpoliert | 500 | 0,018 | – |
|  | 900 | 0,035 | – |
| Kupfer, poliert | 293 | 0,030 | – |
| -, leicht angelaufen | 293 | 0,037 | – |
| -, schwarz oxidiert | 293 | 0,780 | – |
| -, oxidiert | 403 | 0,760 | – |
| -, geschabt | 293 | 0,070 | – |
| Inconel, gewalzt | 1 089 | – | 0,690 |
| -, sandgestrahlt | 1 089 | – | 0,790 |
| Gusseisen, poliert | 473 | 0,210 | – |
| Stahlguss, poliert | 1 044 | 0,520 | – |
|  | 1 311 | 0,56 | – |

| | Temperatur<br>K | $\varepsilon_n$ | $\varepsilon$ |
|---|---|---|---|
| Oxidierte Oberflächen: | – | – | – |
| Eisenblech | – | – | – |
| -, rot angerostet | 293 | 0,612 | – |
| -, stark verrostet | 292 | 0,685 | – |
| -, Walzhaut | 294 | 0,657 | – |
| Stahlblech, dicke raue Oxidschicht | 297 | 0,800 | – |
| Gusseisen, raue Oberfläche, stark oxidiert | 311 bis 522 | 0,950 | – |
| Magnesium, poliert | 311 | 0,070 | – |
| | 811 | 0,180 | – |
| Magnesiumoxid | 550 | 0,550 | – |
| | 1 100 | 0,200 | – |
| Messing, nicht oxidiert | 298 | 0,035 | – |
| | 373 | 0,035 | – |
| -, oxidiert | 473 | 0,610 | – |
| | 873 | 0,590 | – |
| Nickel, nicht oxidiert | 298 | – | 0,045 |
| | 373 | – | 0,060 |
| -, oxidiert | 473 | – | 0,370 |
| | 873 | – | 0,478 |
| Platin | 422 | 0,022 | – |
| | 1 089 | 0,123 | – |
| Quecksilber, nicht oxidiert | 298 | 0,100 | – |
| | 373 | 0,120 | – |
| Silber, poliert | 311 | 0,022 | – |
| | 644 | 0,031 | – |
| Titan, oxidiert | 644 | – | 0,540 |
| | 1 089 | – | 0,590 |
| Uranoxid ($U_3O_8$) | 1 300 | – | 0,790 |
| | 1 600 | – | 0,780 |
| Wolfram | 298 | – | 0,024 |
| | 773 | – | 0,071 |
| | 1 273 | – | 0,150 |
| | 1 773 | – | 0,230 |
| verzinktes Eisenblech | – | – | – |
| -, blank | 301 | 0,228 | – |
| -, grau oxidiert | 297 | 0,276 | – |
| **2. Nichtmetalle** | | | |
| Asbest, Pappe | 296 | 0,960 | – |
| -, Papier | 311 | 0,930 | – |
| | 644 | 0,940 | – |

|  | Temperatur K | $\varepsilon_n$ | $\varepsilon$ |
|---|---|---|---|
| Beton, rau | 273 bis 366 | – | – |
| Dachpappe | 294 | 0,910 | – |
| Gips | 293 | 0,8 bis 0,9 | – |
| Glas | 293 | 0,940 | – |
| Quarzglas (7 mm dick) | 555 | 0,930 | – |
|  | 1 111 | 0,470 | – |
| Gummi | 293 | 0,920 | – |
| Holz, Eiche, gehobelt | 273 bis 366 | – | 0,900 |
| -, Buche | 343 | 0,940 | 0,910 |
| Keramik, feuerfest, weißes $Al_2O_3$ | 366 | – | 0,900 |
| Kohlenstoff, nicht oxidiert | 298 | – | 0,810 |
|  | 773 | – | 0,790 |
| -, Fasern | 533 | – | 0,950 |
| -, graphitisch | 373 | – | 0,760 |
|  | 773 | – | 0,710 |
| Korund, Schmirgel, rau |  | – | – |
|  | 353 | 0,850 | 0,840 |
| **3. Lacke, Farben** |  |  |  |
| Ölfarbe, schwarz | 366 | – | 0,920 |
| -, grün | 366 | – | 0,950 |
| -, rot | 366 | – | 0,970 |
| -, weiß | 366 | – | 0,940 |
| Lack, weiß | 373 | 0,925 | – |
| -, matt, schwarz | 353 | 0,970 | – |
| Bakelitlack | 353 | 0,935 | – |
| Mennigeanstrich | 373 | 0,930 | – |
| Heizkörper (nach VDI-74) | 373 | 0,925 | – |
| Emaille, weiß auf Eisen | 292 | 0,897 | – |
| Marmor, hellgrau poliert | 273 bis 366 | – | 0,900 |
| Papier | 273 | – | 0,920 |
|  | 366 | – | 0,940 |
| Porzellan, weiß | 295 | – | 0,924 |
| Ton, glasiert | 298 | – | 0,900 |
| -, matt | 298 | – | 0,930 |
| Wasser | 273 | 0,950 | – |
|  | 373 | 0,960 | – |
| Eis, glatt mit Wasser | 273 | 0,966 | 0,920 |
| -, rauer Reifbelag | 273 | 0,985 | – |
| Ziegelstein, rot | 273 bis 366 | – | 0,930 |

*Quelle* [3]

**Energiebilanzgleichungen**

$$V_{KV} \cdot \rho \cdot c_p \frac{\mathrm{d}\vartheta}{\mathrm{d}t} = \dot{Q}_{12} + \dot{Q}_{Quelle} + \dot{m} \cdot (h_2 - h_1) \quad \text{transient}$$

$$\dot{Q}_{12} + \dot{Q}_{Quelle} = \dot{m} \cdot (h_2 - h_1) = \dot{m} \cdot c_p \cdot (\vartheta_2 - \vartheta_1) \quad \text{stationär}$$

**Kinetische Koppelungsgleichungen**

$$\delta \dot{Q}_{12} = \alpha_2 \cdot (\vartheta_2 - \vartheta_{W2}) \cdot dA_2$$

$$\delta \dot{Q}_{12} = \alpha_W \cdot (\vartheta_{W2} - \vartheta_{W1}) \cdot dA_W$$

$$\delta \dot{Q}_{12} = \alpha_1 \cdot (\vartheta_{W1} - \vartheta_1) \cdot dA_1$$

$$\delta \dot{Q}_{12} = k \cdot (\vartheta_2 - \vartheta_1) \cdot dA_1$$

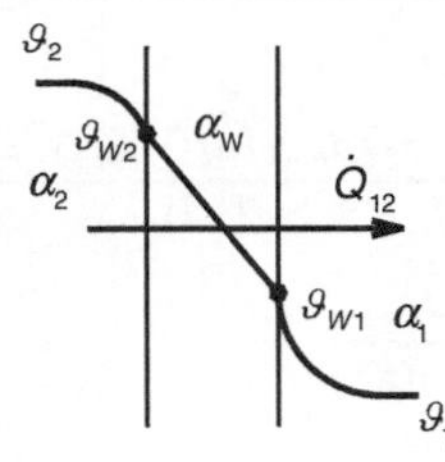


**Wärmeleitung in Festkörpern**

***Ebene Wände***

$$\alpha_i = \lambda_i / s_i$$

$$\frac{1}{k} = \frac{1}{\alpha_{f1}} + \sum_{i=1}^{n} \frac{1}{\alpha_{Wi}} + \frac{1}{\alpha_{f2}} = \frac{1}{\alpha_{f1}} + \sum_{i=1}^{n} \frac{s_i}{\lambda_i} + \frac{1}{\alpha_{f2}}$$

$$\frac{\vartheta_{f1} - \vartheta_1}{\vartheta_{f1} - \vartheta_{f2}} = \frac{k}{\alpha_{f1}}$$

$$\frac{\vartheta_i - \vartheta_{i+1}}{\vartheta_{f1} - \vartheta_{f2}} = \frac{k}{\alpha_{Wi}}$$

$$\frac{\vartheta_2 - \vartheta_{f2}}{\vartheta_{f1} - \vartheta_{f2}} = \frac{k}{\alpha_{f2}}$$

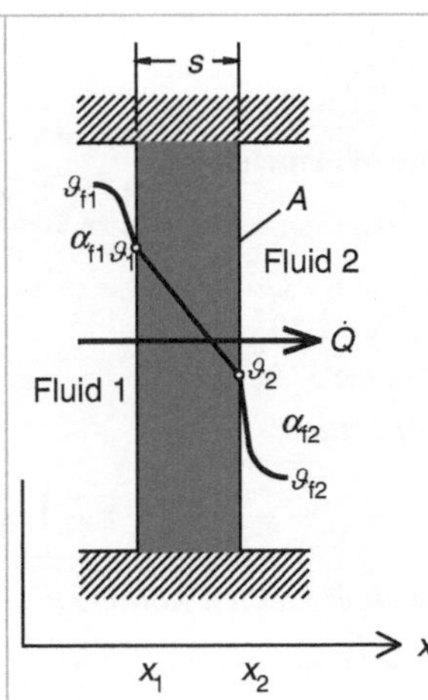

***Hohlzylinder***

$$\alpha_i = \frac{2 \cdot \lambda_i}{d_{n+1} \cdot \ln(d_{i+1}/d_i)}$$

$$\frac{1}{k} = \frac{d_{n+1}}{d_1} \cdot \frac{1}{\alpha_{f1}} + \sum_{i=1}^{i=n} \frac{d_{n+1}}{2 \cdot \lambda_i} \cdot \ln(d_{i+1}/d_i) + \frac{1}{\alpha_{f2}}$$

$$\frac{\vartheta_{f1} - \vartheta_1}{\vartheta_{f1} - \vartheta_{f2}} = \frac{d_{n+1}}{d_1} \cdot \frac{k}{\alpha_{f1}}$$

$$\frac{\vartheta_i - \vartheta_{i+1}}{\vartheta_{f1} - \vartheta_{f2}} = \frac{d_{n+1}}{d_i} \cdot \frac{k}{\alpha_{Wa}}$$

$$\frac{\vartheta_{n+1} - \vartheta_{f2}}{\vartheta_{f1} - \vartheta_{f2}} = \frac{k}{\alpha_{f2}}$$

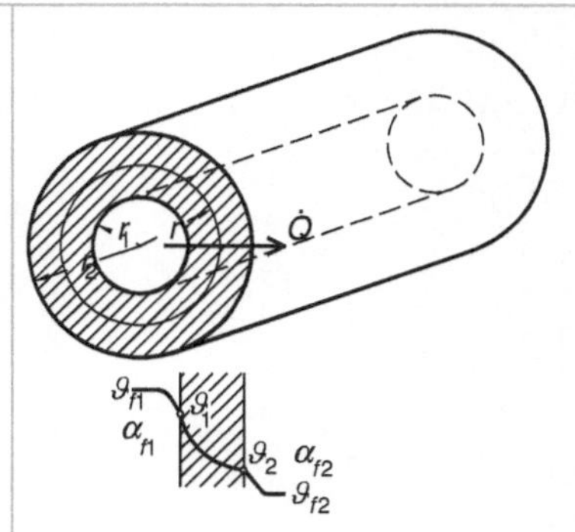


***Hohlkugel***

$$\alpha_{Wa} = \frac{2 \cdot \lambda}{d_2 \cdot (d_2/d_1 - 1)}$$

$$\frac{1}{k} = \frac{d_{n+1}^2}{d_1^2} \cdot \frac{1}{\alpha_{f1}}$$

$$+ \sum_{i=1}^{i=n} \frac{d_{n+1} \cdot (d_{n+1}/d_i - d_{n+1}/d_{i+1})}{2 \cdot \lambda_i} + \frac{1}{\alpha_{f2}}$$

$$\frac{\vartheta_{f1} - \vartheta_1}{\vartheta_{f1} - \vartheta_{f2}} = \frac{d_{n+1}^2}{d_1^2} \cdot \frac{k}{\alpha_{f1}}$$

$$\frac{\vartheta_i - \vartheta_{i+1}}{\vartheta_{f1} - \vartheta_{f2}} = \frac{d_{n+1}^2}{d_i^2} \cdot \frac{k}{\alpha_{Wa}}$$

$$\frac{\vartheta_{n+1} - \vartheta_{f2}}{\vartheta_{f1} - \vartheta_{f2}} = \frac{k}{\alpha_{f2}}$$

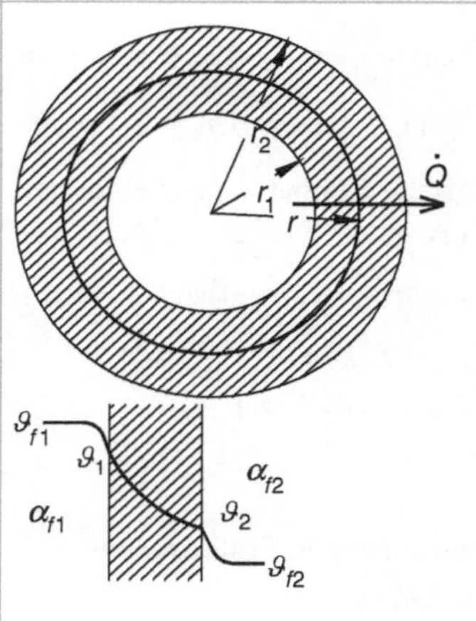


## Instationäre Wärmeleitung

*Dimensionslose Temperatur* $\Theta$: $\Theta = \dfrac{\vartheta - \vartheta_\infty}{\vartheta_A - \vartheta_\infty}$

*Biotzahl:* $Bi = \alpha \cdot s/\lambda$

*Fourierzahl:* $Fo = a \cdot t/s^2$

Siehe Digramme S. 50–52

***Kontakttemperatur:***

$$\vartheta_K = \left(\vartheta_{A1} + \sqrt{\frac{\lambda_2 \cdot \rho_2 \cdot c_{p2}}{\lambda_1 \cdot \rho_1 \cdot c_{p1}}} \cdot \vartheta_{A2}\right) \cdot \left(1 + \sqrt{\frac{\lambda_2 \cdot \rho_2 \cdot c_{p2}}{\lambda_1 \cdot \rho_1 \cdot c_{p1}}}\right)^{-1} \quad \text{Abb. 2.15}$$

***Abkühlung eines kleinen Körpers in einem großen Bad***

$$(\vartheta_1 - \vartheta_{A2}) = (\vartheta_{A1} - \vartheta_{A2}) \cdot e^{-\frac{\alpha \cdot A}{m_1 \cdot c_{p1}} \cdot t}$$

## Erzwungene Konvektion

### Kennzahlen

$$Re_L = \frac{c \cdot L}{\nu} \quad L = \begin{cases} d_h = 4 \cdot A/U & \text{geschlossene Kanäle} \\ l & \text{ebene Fläche } L = \text{Strömungsweg} \\ L' = A/U_{proj} & \text{angeströmter Einzelkörper} \end{cases}$$

$$Nu_L = \frac{\alpha \cdot L}{\lambda}$$

$$Pr = \frac{\nu}{a} = \frac{\eta \cdot c_p}{\lambda}$$

### Geschlossene Kanäle

$$Nu_{d_h,turb} = \frac{\xi}{8} \cdot \frac{Re_{d_h} \cdot Pr}{1 + 12{,}7 \cdot \sqrt{\xi/8} \cdot \left(Pr^{2/3} - 1\right)} \cdot \left[1 + \left(\frac{d_h}{L}\right)^{2/3}\right] \cdot f_2 \quad Re_{d_h} = \frac{c \cdot d_h}{\nu} = \frac{\dot{m} \cdot d_h}{A \cdot \eta}$$

$$d_h = 4 \cdot A/U \quad \xi = \left[1{,}8 \cdot \log(Re_{d_h}) - 1{,}5\right]^{-2} \quad f_2 = \begin{cases} (Pr/Pr_W)^{0{,}11} \\ (T/T_W)^{0{,}45} \end{cases}$$

$$Nu_{d_h,lam} = \sqrt[3]{3{,}66^3 + 0{,}664^3 \cdot Pr \cdot \left(Re_{d_h} \cdot d_h/L\right)^{1{,}5}} \quad \gamma = \frac{Re_{d_h} - 2\,300}{7\,700}$$

$$Nu_{d_h} = \begin{cases} Nu_{d_h,lam} & \text{wenn } Re_{d_h} \leq 2\,300 \\ Nu_{d_h,turb} & \text{wenn } Re_{d_h} \geq 10\,000 \\ (1 - \gamma) \cdot Nu_{d_h,lam}(Re_{d_h} = 2\,300) + \gamma \cdot Nu_{d_h,turb}\left(Re_{d_h} = 10\,000\right) \text{ sonst} \end{cases}$$

Gilt nur für Rohre mit Kreisquerschnitt

### Ebene Wand

$$Nu_{l,lam} = 0{,}644 \cdot \sqrt[3]{Pr} \cdot \sqrt{Re_L}$$

$$Nu_{l,turb} = \frac{0{,}037 \cdot Re_L^{0{,}8} \cdot Pr}{1 + 2{,}443 \cdot Re_L^{-0{,}1} \cdot (Pr^{2/3} - 1)} \cdot \begin{cases} (Pr/Pr_W)^{0{,}25} & \text{für Flüssigkeiten} \\ 1 & \text{für Gase} \end{cases}$$

$$Nu_l = \sqrt{Nu_{l,lam}^2 + Nu_{l,turb}^2}$$

### Quer angeströmte Einzelkörper:

$$Nu_{L',0} = \begin{cases} 2 & \text{Kugel} \\ 0{,}3 & \text{Zylinder} \end{cases}$$

$$Nu_{L',lam} = 0{,}664 \cdot \sqrt[3]{Pr} \cdot \sqrt{Re_{L'}} \qquad \text{für } 1 < Re_{L'} < 1\,000$$

$$Nu_{L',turb} = 0{,}037 \cdot Re_{L'}^{0{,}8} \cdot Pr^{0{,}48} \cdot f_4 \qquad \text{für } 10^5 < Re_{L'} < 10^7$$

$$Nu_{L'} = Nu_{L',0} + \sqrt{Nu_{L',lam}^2 + Nu_{L',turb}^2}$$

$$Nu_{L'} = Nu_{L',0} + \sqrt{Nu_{L',lam}^2 + Nu_{L',turb}^2}$$

$$f_4 = \begin{cases} (Pr/Pr_W)^{0{,}25} & \text{für Flüssigkeiten} \\ (T/T_W)^{0{,}121} & \text{für Gase} \end{cases}$$

## *Quer angeströmte Rohrbündel*:

$a = s_1/d_a, \ b = s_2/d_a$    $s_1$ Rohrteilung senkrecht zur Ströung, $s_2$ parallel dazu

$$\Psi = \left|\begin{array}{ll} 1 - \dfrac{V_{fest}}{V} = 1 - \dfrac{\pi \cdot d^2 \cdot l}{4 \cdot s_1 \cdot d \cdot l} = 1 - \dfrac{\pi}{4 \cdot a} & \text{für } b \geq 1 \\[3mm] 1 - \dfrac{V_{fest}}{V} = 1 - \dfrac{\pi \cdot d^2 \cdot l}{4 \cdot s_1 \cdot s_2 \cdot l} = 1 - \dfrac{\pi}{4 \cdot a \cdot b} & \text{für } b < 1 \end{array}\right.$$

$$c_\Psi = c_0/\Psi$$

$$Re_{\Psi,L'} = \frac{c_\Psi \cdot L'}{\nu} \quad Nu_{\Psi,L'} = Nu_{L'}\,(Re_{\Psi,L'})$$

$$f_A = \left|\begin{array}{ll} 1 + \dfrac{0{,}7 \cdot (b/a - 0{,}3)}{\Psi^{1{,}5} \cdot (b/a + 0{,}7)^2} & \text{fluchtende Anordnung} \\[3mm] 1 + \dfrac{2}{3 \cdot b} & \text{versetzte Anordnung} \end{array}\right.$$

$$f_j = \left|\begin{array}{lll} 0{,}6475 + 0{,}2 \cdot j - 0{,}0215 \cdot j^2 & \text{wenn } j \leq 4 \\[2mm] 1 + 1/\left(j^2 + j\right) + 3 \cdot (2 \cdot j - 1)/\left(j^4 - 2j^3 + j^2\right) & \text{wenn } j \geq 5 & j\text{-te Rohrreihe} \\[2mm] 1{,}028 & \text{wenn } j > 8 \end{array}\right.$$

$$f_n = \frac{1}{n} \cdot \sum_{j=1}^{n} f_j \qquad \text{Bündel mit } n \text{ Rohrreihen}$$

$$Nu_j = \alpha \cdot L'/\lambda = Nu_{L'} \cdot f_A \cdot f_j \qquad Nu_{B\ddot{u}ndel} = \alpha \cdot L'/\lambda = Nu_{L'} \cdot f_A \cdot f_n$$

## Rippenrohr

$$\dot{Q} = k \cdot A \cdot \Delta\vartheta_m$$

$$\frac{1}{k} = \frac{A}{A_0 + A_{Ri} \cdot \eta_{Ri}} \cdot \frac{1}{\alpha_a} + \frac{d_a}{2 \cdot \lambda_R} \cdot \ln\frac{d_a}{d_i} + \frac{d_a}{d_i} \cdot \frac{1}{\alpha_i}$$

$$\eta_{Ri} = \frac{\tanh X}{X} \qquad X = \varphi \cdot \frac{d_a}{2} \cdot \sqrt{\frac{2 \cdot \alpha_a}{\lambda \cdot s}}$$

## Kreisrippen

$$\varphi = (D/d_a - 1) \cdot [1 + 0{,}35 \cdot \ln(D/d_a)]$$

## Rechteckrippen

$$\varphi = (\varphi' - 1) \cdot [1 + 0{,}35 \cdot \ln\varphi'] \quad \text{mit} \quad \varphi' = 1{,}28 \cdot (b_R/d_a) \cdot \sqrt{l_R/b_R - 0{,}2}$$

## Zusammenhängende Rippen

$$\varphi = (\varphi' - 1) \cdot [1 + 0{,}35 \cdot \ln\varphi'] \quad mit \quad \varphi' = 1{,}27 \cdot (b_R/d_a) \cdot \sqrt{l_R/b_R - 0{,}3}$$

## Gerade Rippen auf ebener Grundfläche

$$\varphi = 2 \cdot h/d_a$$

**Rohrbündel mit Kreisrippenrohren**

$$Nu_{d_a} = C \cdot Re_{d_a}^{0,6} \cdot [(A_{Ri} + A_0)/A]^{-0,15} \cdot Pr^{1/3} \cdot f_4 \cdot f_n$$

$C = 0{,}2$ fluchtend, $C = 0{,}38$ versetzt

$$A = \pi \cdot d_a \cdot l \qquad A_0 = \pi \cdot d_a \cdot l \cdot (1 - s/t_R)$$

$$A_{Ri} = 2 \cdot \frac{\pi}{4} \cdot (D^2 - d_a^2) \cdot \frac{l}{t_R} \qquad \frac{A_{Ri}}{A} = [(D/d_a)^2 - 1] \cdot \frac{d_a}{2 \cdot t_R}$$

$$c_e = \begin{cases} c_0 \cdot \left[ \left(1 - \dfrac{1}{a}\right) - \dfrac{s \cdot (D - d_a)}{s_1 \cdot t_R} \right]^{-1} & \text{wenn } b \geq 1 \\[4mm] c_0 \cdot \left[ \sqrt{1 + (2 \cdot b/a)^2} - \dfrac{2}{a} - \dfrac{2 \cdot s \cdot (D - d_a)}{s_1 \cdot t_R} \right]^{-1} & \text{wenn } b < 1 \end{cases}$$

$$Re = \frac{c_e \cdot d_a}{\nu}$$

## Freie Konvektion

**Vertikale Wände**:

$$Gr = \frac{g \cdot L^3 \cdot \beta \cdot (\vartheta_W - \vartheta_0)}{\nu^2} \quad \text{mit} \quad \beta = \frac{1}{T_0} \quad \text{für ideale Gase}$$

$$L = A/U_{proj} \quad Ra = Gr \cdot Pr$$

$$Nu_l = \left\{ 0{,}825 + 0{,}387 \cdot (Gr \cdot Pr)^{1/6} \cdot (1 + 0{,}671 \cdot Pr^{-9/16})^{-8/27} \right\}^2$$

**Geneigte Wände**

$$Nu_l = \begin{cases} Ra \cdot \cos\alpha & \text{wenn } Ra \geq Ra_c \\[2mm] 0{,}56 \cdot (Ra_c \cdot \cos\alpha)^{1/4} + 0{,}13 \cdot [(Ra \cdot \cos\alpha)^{1/3} - Ra_c^{1/3}] & \text{wenn } Ra > Ra_c \end{cases}$$

**Horizontale Zylinder**

$$Nu_{L'} = \left[ 0{,}752 + 0{,}387 \cdot Ra_{L'}^{1/6} \cdot (1 + 0{,}721 \cdot Pr^{-9/16})^{-8/27} \right]^2$$

## Kondensation

**Kondensation an senkrechten Flächen und waagerechten Rohren**

$$L' = \sqrt[3]{\frac{\nu_l^2}{g}} \qquad \Gamma = \frac{\dot{m}_l}{b} \qquad Re_l = \frac{\Gamma}{\eta_l}$$

bei senkrechten Wänden die Breite der Wand: $b = b$

bei senkrechten Rohren die Summe der Rohrumfänge: $b = n \cdot \pi \cdot d$

bei waagerechten Rohren die Summe der Rohrlängen: $b = n \cdot l$

**Lokale Wärmeübergangszahlen**

$$Nu_{L',lam,x} = 0{,}693 \cdot \left( \frac{1 - \rho_g/\rho_l}{Re_l} \right)^{1/3} \cdot f_{well} \qquad Nu_{L',turb,x} = \frac{0{,}0283 \cdot Re_l^{7/24} \cdot Pr_l^{1/3}}{1 + 9{,}66 \cdot Re_l^{-3/8} Pr_l^{-1/6}}$$

$$f_{well} = \begin{cases} 1 & \text{für} \quad Re_l < 1 \\[2mm] Re_l^{0,04} & \text{für} \quad Re_l \geq 1 \end{cases}$$

$$Nu_{L',x} = \frac{\alpha_x \cdot L'}{\lambda_l} = \sqrt{Nu_{L',lam,x}^2 + Nu_{L',turb,x}^2} \cdot (\eta_{ls}/\eta_{lW})^{0,25}$$

### Mittlere Wärmeübergangszahlen

$$Nu_{L',lam} = 0{,}925 \cdot \left( \frac{(1 - \rho_g/\rho_l)}{Re_l} \right)^{1/3} \cdot f_{well} \quad Nu_{L',turb} = \frac{0{,}020 \cdot Re_l^{7/24} \cdot Pr_l^{1/3}}{1 + 20{,}52 \cdot Re_l^{-3/8} Pr_l^{-1/6}}$$

$$Nu_{L'} = \frac{\alpha \cdot L'}{\lambda_l} = \sqrt[1,2]{Nu_{L',lam}^{1,2} + Nu_{L',turb}^{1,2}} \cdot (\eta_{ls}/\eta_{lW})^{0,25}$$

## Kondensation bei der Strömung in Rohren

### Lokale Wärmeübergangszahl bei abwärtsgerichteter Dampfströmung

$$Nu_{L',x}^* = (1 + \tau_{ZP}^*)^{1/3} \cdot \sqrt{(C_{lam} \cdot Nu_{L',lam,x})^2 + (C_{turb} \cdot Nu_{L',turb,x})^2}$$

$$\tau_g^* = \frac{\tau_g}{g \cdot \rho_l \cdot \delta^+} \quad \tau_g = \frac{\zeta_g \cdot \rho_g \cdot \bar{c}_g^2}{8} \quad \zeta_g = 0{,}184 \cdot Re_g^{-0,2} \quad Re_g = \frac{\bar{c}_g \cdot d_i}{\nu_g}$$

$$\tau_{ZP}^* = \tau_g^* \cdot [1 + 550 \cdot F \cdot (\tau_{ZP}^*)^a] \quad a = \begin{cases} 0{,}30 & \text{für} \quad \tau_{ZP}^* \leq 1 \\ 0{,}85 & \text{für} \quad \tau_{ZP}^* > 1 \end{cases}$$

$$F = \frac{\max \left[ (2 \cdot Re_l)^{0,5}; \; 0{,}132 \cdot Re_l^{0,9} \right]}{Re_g^{0,9}} \cdot \frac{\eta_l}{\eta_g} \cdot \sqrt{\frac{\rho_g}{\rho_l}}$$

$$C_{lam} = 1 + (Pr_l^{0,56} - 1) \cdot \tanh(\tau_{ZP}^*) \quad C_{turb} = 1 + (Pr_l^{0,08} - 1) \cdot \tanh(\tau_{ZP}^*)$$

$$\frac{\delta^+}{d} = \frac{6{,}59 \cdot F}{\sqrt{1 + 1\,400 \cdot F}}$$

### Lokale Wärmeübergangszahl bei aufwärtsgerichteter Dampfströmung

$$\tau_{ZP}^* = \tau_g^* \cdot [1 + 1\,400 \cdot (\tau_{ZP}^*)^a]$$

$$We = \frac{\tau_g \cdot \delta^+}{\sigma_l} \quad \text{muss kleiner als 0,01 sein}$$

### Lokale Wärmeübergangszahl in waagerechten Rohren

$$Nu_{L',x}^* = \tau_{ZP}^{*\,1/3} \cdot \sqrt{(C_{lam} \cdot Nu_{L',lam,x})^2 + (C_{turb} \cdot Nu_{L',turb,x})^2}$$

$$\varepsilon = 1 - \frac{1}{1 + \frac{1}{8,48 \cdot F}} \quad \delta = 0{,}25 \cdot (1 - \varepsilon) \cdot d_i \quad c_g = \frac{4 \cdot \dot{m} \cdot x}{\rho_g \cdot \pi \cdot (d_i - 2 \cdot \delta)^2}$$

$$\tau_g = \frac{0{,}184 \cdot Re_g^{-0,2}}{8} \cdot c_g^2 \cdot \rho_g \quad \tau_{ZP}^* = \frac{\tau_g}{g \cdot \rho_l \cdot \delta} \cdot (1 + 850 \cdot F)$$

## Verdampfung

### Blasensieden im Behälter

$$d_A = 0{,}0149 \cdot \beta^0 \cdot \sqrt{\frac{2 \cdot \sigma}{g \cdot (\rho_l - \rho_g)}} \qquad \alpha_B = \frac{\dot{q}}{\vartheta_w - \vartheta_s} = \frac{\dot{q}}{\Delta\vartheta} \qquad Nu_{d_A} = \frac{\alpha_B \cdot d_A}{\lambda_l}$$

Wasser: $\beta^0 = 45°$
Kältemittel: $\beta^0 = 35°$
Benzol: $\beta^0 = 40°$

$$\alpha_B = \alpha_0 \cdot f(p^*) \cdot \left(\frac{\lambda_l \cdot \rho_l \cdot c_{pl}}{\lambda_{l0} \cdot \rho_{l0} \cdot c_{pl0}}\right)^{0{,}25} \cdot \left(\frac{R_a}{R_{a0}}\right)^{0{,}133} \cdot \left| \begin{array}{l} \left(\frac{\ddot{q}}{\dot{q}_0}\right)^{0{,}9-0{,}3 \cdot p*^{0{,}15}} \quad \text{für Wasser} \\[1em] \left(\frac{\ddot{q}}{\dot{q}_0}\right)^{0{,}9-0{,}3 \cdot p*^{0{,}3}} \quad \text{für FCKW} \end{array} \right.$$

$$p^* = p / p_{krit} \qquad R_{a\,0} = 0{,}4 \text{ m} \qquad \dot{q}_0 = 20\,000 \text{ W/m}^2 \qquad p_0{}^* = 0{,}1$$

$$f(p^*) = \left| \begin{array}{l} 1{,}73 \cdot p^{*0{,}27} + \left(6{,}1 + \frac{0{,}68}{1-p^{*2}}\right) \cdot p^{*2} \qquad \text{für Wasser} \\[1em] f(p^*) = 1{,}2 \cdot p^{*0{,}27} + \left(2{,}5 + \frac{1}{1-p^*}\right) \cdot p^* \qquad \text{für andere reine Stoffe} \end{array} \right.$$

$$Nu_{d_A 0} = 0{,}1 \cdot \left(\frac{\dot{q}_0 \cdot d_A}{\lambda_l \cdot T_s}\right)^{0{,}674} \cdot \left(\frac{\rho_g}{\rho_l}\right)^{0{,}156} \cdot \left(\frac{r \cdot d_A^2}{a_l^2}\right)^{0{,}371} \cdot \left(\frac{a_l^2 \cdot \rho_l}{\sigma \cdot d_A}\right)^{0{,}35} \cdot Pr_l^{-0{,}16}$$

$$\alpha_0 = \frac{f(0{,}1)}{f(0{,}03)} \cdot Nu_{d_A 0} \cdot \frac{\lambda_l}{d_A} = \frac{1}{f(0{,}03)} \cdot Nu_{d_A 0} \cdot \frac{\lambda_l}{d_A}$$

---

### Strömungssieden

$$Re_l = \frac{c_{0l} \cdot d_h}{v_l} = \frac{\dot{m} \cdot d_h}{A \cdot \eta_l} \qquad Re_g = \frac{c_{0g} \cdot d_h}{v_l} = \frac{\dot{m} \cdot d_h}{A \cdot \eta_g} \qquad R = \rho_l / \rho_g \qquad \bar{\alpha} = \frac{1}{x_2 - x_1} \cdot$$

$$\int_{x_1}^{x_2} \alpha(x)\mathrm{d}x$$

---

### Vertikale Rohre

$$\frac{\alpha_x}{\alpha_{l0}} = \left\{ \begin{array}{l} (1-x)^{0{,}01} \cdot \left[(1-x)^{1{,}5} + 1{,}9 \cdot x^{0{,}6} \cdot R^{0{,}35}\right]^{-2{,}2} + \\[1em] +x^{0{,}01} \cdot \left[\frac{\alpha_{g0}}{\alpha_{l0}}\left(1 + 8 \cdot (1-x)^{0{,}7} \cdot R^{0{,}67}\right)\right]^{-2} \end{array} \right\}^{-0{,}5}$$

---

### Horizontale Rohre

$$\frac{\alpha_x}{\alpha_{l0}} = \left\{ \begin{array}{l} (1-x)^{0{,}01} \cdot \left[(1-x)^{1{,}5} + 1{,}2 \cdot x^{0{,}4} \cdot R^{0{,}37}\right]^{-2{,}2} + \\[1em] +x^{0{,}01} \cdot \left[\frac{\alpha_{g0}}{\alpha_{l0}}\left(1 + 8 \cdot (1-x)^{0{,}7} \cdot R^{0{,}67}\right)\right]^{-2} \end{array} \right\}^{-0{,}5}$$

**Strahlung**

***Zwei gleich große parallele Platten***

$$\dot{Q}_{12} = C_{12} \cdot A \cdot \left[ \left( \frac{T_1}{100} \right)^4 - \left( \frac{T_2}{100} \right)^4 \right] \qquad C_s = 5{,}67 \cdot \frac{W}{m^2 \cdot K} \text{ vs}$$

***Mehrere gleich große parallele Platten***

$$C_{12} = \frac{C_s}{1/\varepsilon_1 + 1/\varepsilon_2 - 1 + \sum\limits_{i=1}^{n} (1/\varepsilon_{i1} + 1/\varepsilon_{i2} - 1)}$$

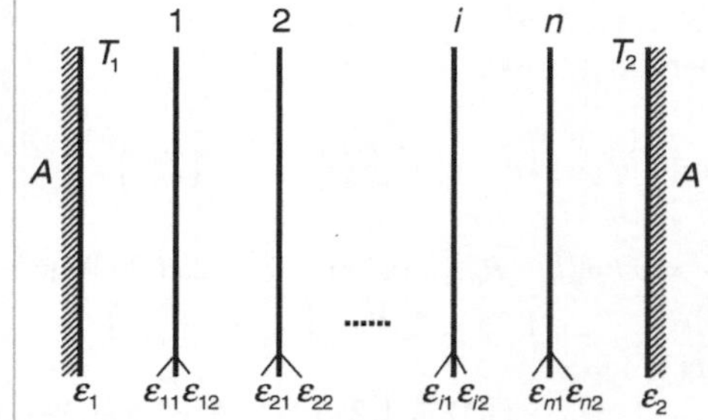


***Umschlossene Körper***

$$C_{12} = \frac{C_s}{\dfrac{1}{\varepsilon_1} + \dfrac{A_1}{A_2} \cdot \left( \dfrac{1}{\varepsilon_2} - 1 \right)}$$

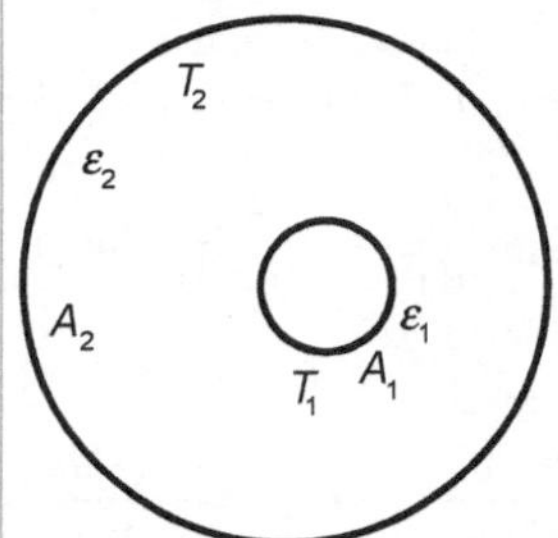

# Deutsch-Englisch-Glossar

**A**

| | |
|---|---|
| Ablaufbreite | condensate film width |
| Absorptionskonstante | absorptivity |
| Ähnlichkeitsgesetze | similarity laws |
| Anzahl der Übertragungseinheiten | number of transfer units NTU |

**B**

| | |
|---|---|
| Behältersieden | pool boiling |
| Berieselungsdichte | mass flow per unit film width |
| Bilanzgleichung | energy balance equation |
| *Biot*zahl | *Biot* number |
| Blasensieden | nucleate boiling |

**C**

| | |
|---|---|
| Charakteristische Länge | characteristic length |

**D**

| | |
|---|---|
| Dichte | density |
| Dimensionslose Größen | dimensionless parameters |
| Dimensionslose Temperatur | dimensionless temperature |
| Druck | pressure |

**E**

| | |
|---|---|
| Ebene Wand | plain wall |
| Elektromagnetische Wellen | electromagnetic waves |

| | |
|---|---|
| Emissionsverhältnis | emissivity |
| Energieerhaltungssatz | conservation of energy principle |
| Erzwungene Konvektion | forced convection |

**F**

| | |
|---|---|
| Filmkondensation | film condensation |
| Filmsieden | film boiling |
| *Fourier*zahl | *Fourier* number |
| Freie Konvektion | free convection |

**G**

| | |
|---|---|
| Gasstrahlung | gaseous radiation |
| *Gauß*'sches Fehlerintegral | error function |
| Glättungstiefe | mean surface roughness |
| Gegenstrom-Wärmeübertrager | counterflow heat exchanger |
| Gleichstrom-Wärmeübertrager | parallel flow heat exchanger |
| Gleichwertige Schichtdicke | equivalent gas radius |
| Grädigkeit | terminal Temperature Difference TTD |
| *Grashof*zahl | *Grashof* number |

**I**

| | |
|---|---|
| Isolation | insulation |

**K**

| | |
|---|---|
| Kinetische Kopplungsgleichung | rate equation |
| *Kirchhoff*'sches Gesetz | *Kirchhoff*'s law |
| Kondensation | condensation |
| – an senkrechten Wänden | – on vertical walls |
| – an waagerechten Rohren | – on horizontal pipes |
| – dimensionslose Gleichungen | – dimensionless equations |
| – nassen oder überhitzten Dampfes | – of wet or superheated steam |
| – strömenden Dampfes | – forced convection condensation |
| Kondensator | condenser |
| Kontakttemperatur | contact temperature |
| Kontrollraum | control volume |
| Kreisrippen | annular fins |
| Kreuzstrom-Wärmeübertrager | cross flow heat exchanger |
| kritische Wärmestromdichte | critical heat flux |

**L**

*Leidenfrost*-Phänomen                     *Leidenfrost* phenomenon

**M**

Massenerhaltungssatz                     conservation of mass principle
Massenstrom                     mass flow rate
Mittlere Geschwindigkeit                     mean velocity
Mittlere logarithmische Temperaturdifferenz log mean temperature difference LMTD
Mittlere Temperatur                     mean temperature
Modellvorstellungen                     model approaches

**N**

*Nußelt*zahl                     *Nusselt*'s number

**O**

Oberflächenspannung                     surface tension

**P**

*Planck*'sches Strahlungsgesetz                     *Planck*'s law of radiation
*Prandtl*zahl                     *Prandtl* number
Projizierter Umfang                     projected circumference

**R**

Randbedingung                     boundary condition
*Rayleigh*zahl                     *Rayleigh* number
*Reynolds*zahl                     *Reynolds* number
Ringspalt                     concentric tube annulus
Rippen                     fins
Rippenrohre                     finned tubes
– mit Kreisrippen                     – annular finned tubes
Rippenwirkungsgrad                     fin efficiency
Rohrbündel                     tube bundle
– Anordnung der Rohre                     – tube arrangement
– mit Umlenkblechen                     – with guide vanes
– -wärmeübertrager                     – tube and shell heat exchanger
Rohrreibungszahl                     tube friction factor

## S

| | |
|---|---|
| Schubspannung | shear stress |
| Schwarzer Körper | blackbody |
| Sieden | boiling |
| – gesättigter Flüssigkeiten | – saturated boiling |
| – unterkühltes | – subcooled boiling |
| – bei erzwungener Konvektion | – forced convection boiling |
| *Stefan-Boltzmann*-Konstante | *Stefan-Boltzmann* constant |
| Stegbreite | pitch |
| Strahlung | radiation |

## T

| | |
|---|---|
| Temperatur | temperature |
| Temperaturgrenzschicht | thermal boundary layer |
| Temperaturleitfähigkeit | thermal diffusivity |
| Thermodynamik | thermodynamics |
| – erster Hauptsatz der | – first law of |
| Trennung der Variablen | separation of variables |
| Tropfenkondensation | dropwise condensation |
| | droplet condensation |

## U

| | |
|---|---|
| Übertemperatur | excess temperature |
| Umgebung | surroundings |

## V

| | |
|---|---|
| Verdampfung | evaporation |
| Verschmutzung | fouling |
| Verschmutzungsfaktor | fouling factor |
| Verschmutzungswiderstand | fouling resistance |
| Viskosität | viscosity |
| – dynamische | – dynamic |
| – kinetische | – kinematic |

## W

| | |
|---|---|
| Wand aus mehreren Schichten | composite wall |
| *Weber*zahl | *Weber* number |

| | |
|---|---|
| Wirkungsgrad | efficiency, effectiveness |
| Wärmebilanzgleichungen | heat balance equations |
| Wärmedurchgangszahl | overall heat transfer coefficient |
| Wärmekapazitätsstrom | heat capacity rate |
| Wärmeleitfähigkeit | thermal conductivity |
| Wärmeleitung | conduction |
| – in einem Hohlzylinder | – in a cylinder |
| – in einer ebenen Wand | – in a plain wall |
| – in einer Hohlkugel | – in a sphere |
| – instationäre | – transient conduction |
| – stationäre | – steady state conduction |
| Wärmestrom | heat transfer rate |
| Wärmestromdichte | heat flux |
| Wärmeübergangszahl | heat transfer coefficient |
| Wärmeübertrager | heat exchanger |
| Wärmewiderstand | thermal resistance |
| *Wien*'sches Verschiebungsgesetz | *Wien*'s displacement law |

## Z

| | |
|---|---|
| Zellenmethode | cell method |
| Zustandsänderung | change of state |
| Zweiphasenströmung | two phase flow |

# Sachverzeichnis